"十二五"职业教育国家规划教材
经全国职业教育教材审定委员会审定

建筑材料与检测

新世纪高职高专教材编审委员会 组编
主　编 陈桂萍
副主编 魏文义
主　审 孙维东

第二版

大连理工大学出版社

图书在版编目(CIP)数据

建筑材料与检测 / 陈桂萍主编. -- 2 版. -- 大连 :
大连理工大学出版社，2019.2(2023.9 重印)
新世纪高职高专建筑工程技术类课程规划教材
ISBN 978-7-5685-1883-3

Ⅰ. ①建… Ⅱ. ①陈… Ⅲ. ①建筑材料－检测－高等
职业教育－教材 Ⅳ. ①TU502

中国版本图书馆 CIP 数据核字(2019)第 011933 号

大连理工大学出版社出版

地址:大连市软件园路 80 号　邮政编码:116023
发行:0411-84708842　邮购:0411-84708943　传真:0411-84701466
E-mail:dutp@dutp.cn　URL:http://dutp.dlut.edu.cn
大连益欣印刷有限公司印刷　大连理工大学出版社发行

幅面尺寸:185mm×260mm　印张:18.75　字数:430 千字
2014 年 6 月第 1 版　2019 年 2 月第 2 版
2023 年 9 月第 8 次印刷

责任编辑:康云霞　责任校对:吴媛媛
封面设计:张　莹

ISBN 978-7-5685-1883-3　定　价:47.80 元

总序

我们已经进入了一个新的充满机遇与挑战的时代，我们已经跨入了21世纪的门槛。

20世纪与21世纪之交的中国，高等教育体制正经历着一场缓慢而深刻的革命，我们正在对传统的普通高等教育的培养目标与社会发展的现实需要不相适应的现状做历史性的反思与变革的尝试。

20世纪最后的几年里，高等职业教育的迅速崛起，是影响高等教育体制变革的一件大事。在短短的几年时间里，普通中专教育、普通高专教育全面转轨，以高等职业教育为主导的各种形式的培养应用型人才的教育发展到与普通高等教育等量齐观的地步，其来势之迅猛，发人深思。

无论是正在缓慢变革着的普通高等教育，还是迅速推进着的培养应用型人才的高职教育，都向我们提出了一个同样的严肃问题：中国的高等教育为谁服务，是为教育发展自身，还是为包括教育在内的大千社会？答案肯定而且唯一，那就是教育也置身其中的现实社会。

由此又引发出高等教育的目的问题。既然教育必须服务于社会，它就必须按照不同领域的社会需要来完成自己的教育过程。换言之，教育资源必须按照社会划分的各个专业（行业）领域（岗位群）的需要实施配置，这就是我们长期以来明乎其理而疏于力行的学以致用问题，这就是我们长期以来未能给予足够关注的教育目的问题。

众所周知，整个社会由其发展所需要的不同部门构成，包括公共管理部门如国家机构、基础建设部门如教育研究机构和各种实业部门如工业部门、商业部门，等等。每一个部门又可做更为具体的划分，直至同它所需要的各种专门人才相对应。教育如果不能按照实际需要完成各种专门人才培养的目标，就不能很好地完成社会分工所赋予它的使命，而教育作为社会分工的一种独立存在就应受到质疑（在市场经济条件下尤其如此）。可以断言，按照社会的各种不同需要培养各种直接有用人才，是教育体制变革的终极目的。

随着教育体制变革的进一步深入，高等院校的设置是否会同社会对人才类型的不同需要一一对应，我们姑且不论，但高等教育走应用型人才培养的道路和走研究型（也是一种特殊应用）人才培养的道路，学生们根据自己的偏好各取所需，始终是一个理性运行的社会状态下高等教育正常发展的途径。

高等职业教育的崛起，既是高等教育体制变革的结果，也是高等教育体制变革的一个阶段性表征。它的进一步发展，必将极大地推进中国教育体制变革的进程。作为一种应用型人才培养的教育，它从专科层次起步，进而应用本科教育、应用硕士教育、应用博士教育……当应用型人才培养的渠道贯通之时，也许就是我们迎接中国教育体制变革的成功之日。从这一意义上说，高等职业教育的崛起，正是在为必然会取得最后成功的教育体制变革奠基。

高等职业教育才刚刚开始自己发展道路的探索过程，它要全面达到应用型人才培养的正常理性发展状态，直至可以和现存的（同时也正处在变革分化过程中的）研究型人才培养的教育并驾齐驱，还需要假以时日；还需要政府教育主管部门的大力推进，需要人才需求市场的进一步完善，尤其需要高职教学单位及其直接相关部门肯于做长期的坚韧不拔的努力。新世纪高职高专教材编审委员会就是由全国100余所高职高专院校和出版单位组成的、旨在以推动高职高专教材建设来推进高等职业教育这一变革过程的联盟共同体。

在宏观层面上，这个联盟始终会以推动高职高专教材的特色建设为己任，始终会从高职高专教学单位实际教学需要出发，以其对高职教育发展的前瞻性的总体把握，以其纵览全国高职高专教材市场需求的广阔视野，以其创新的理念与创新的运作模式，通过不断深化的教材建设过程，总结高职高专教学成果，探索高职高专教材建设规律。

在微观层面上，我们将充分依托众多高职高专院校联盟的互补优势和丰裕的人才资源优势，从每一个专业领域、每一种教材入手，突破传统的片面追求理论体系严整性的意识限制，努力凸现高职教育职业能力培养的本质特征，在不断构建特色教材建设体系的过程中，逐步形成自己的品牌优势。

新世纪高职高专教材编审委员会在推进高职高专教材建设事业的过程中，始终得到了各级教育主管部门以及各相关院校相关部门的热忱支持和积极参与，对此我们谨致深深谢意，也希望一切关注、参与高职教育发展的同道朋友，在共同推动高职教育发展、进而推动高等教育体制变革的进程中，和我们携手并肩，共同担负起这一具有开拓性挑战意义的历史重任。

新世纪高职高专教材编审委员会

2001年8月18日

前　言

《建筑材料与检测》(第二版)是"十二五"职业教育国家规划教材,也是新世纪高职高专教材编审委员会组编的建筑工程技术类课程规划教材之一。

按照现行高职人才培养标准要求,"建筑材料与检测"课程作为高职建筑工程技术、工程造价、工程管理、工程监理等专业的一门实践性很强的专业核心课,在专业人才培养课程体系中,承担着培养学生关键能力和核心能力的重任。通过该课程的教学,着重培养学生对建筑材料进行检测、对检测结果进行评价和应用的能力;培养学生科学的思维方式,能够运用所学理论知识,分析解决工程实际问题的能力以及良好的沟通和团结协作的社会能力等关键能力。这样,一方面可为后续的专业课(如建筑施工、建筑结构、建筑预算等)提供建筑材料方面的基本知识,为从事工程实践和科学研究奠定基础;另一方面,可为学生毕业后适应职业发展和职业迁移奠定基础。

本教材在编写过程中力求突出以下特色:

1.针对性强

课程内容与建筑行业职业岗位工作对接,密切联系工程实际,实现了学校所学即工程所用,体现了"学与工结合"的职业特点。

2.实用性强

有机嵌入最新的国家或行业技术规范和技术标准,跟踪新知识、新工艺和新方法,体现了教学内容的前瞻性、先进性和实用性强特点。

3.适用性强

依据高职学生的认知规律和特点,理论知识的讲解深入浅出,实践技能的训练循序渐进。学习和工作目标明确,通过"跟踪自测""知识拓展"等内容,学生可以适时自主检验学习效果,引导学生主动学习,提高自主学习能力,拓宽知识视野,实现理论、实践、知识、技能及综合素养的整合与提升。

4.立体化教学资源建设

为了满足课堂教学的需要，本教材配有移动在线自测及教案和图、文、声、像并茂的多媒体课件习题等，支持教学效果的最大化，激发学生的学习兴趣。

本教材共分八个模块，具体包括建筑材料与检测基本知识、无机胶凝材料及其性能检测、普通混凝土及其性能检测、建筑砂浆及其性能检测、建筑钢材及其性能检测、墙体材料及其性能检测、建筑功能材料及其性能检测、建筑材料与检测综合试验实训。

本教材由辽宁省交通高等专科学校陈桂萍任主编；辽宁省交通高等专科学校魏文义任副主编；辽宁省交通高等专科学校曹迎春参与了部分内容的编写工作。具体编写分工如下：模块一的单元一和单元四、模块三、模块四、模块七和模块八由陈桂萍编写；模块二、模块五由魏文义编写；模块一的单元二、单元三和模块六由曹迎春编写。辽宁省交通高等专科学校甲级检测中心高级工程师孙维东任主审。

在编写过程中，我们参考了许多文献资料，在此谨向这些文献的作者致以最诚挚的谢意！

尽管我们在探索《建筑材料与检测》教材特色的建设方面做出了许多努力，但由于编者水平有限，教材中仍可能存在一些错误和不足，恳请各教学单位和读者在使用本教材时多提宝贵意见，以便下次修订时改进。

编 者

2019 年 1 月

所有意见和建议请发往：dutpgz@163.com
欢迎访问职教数字化服务平台：http://sve.dutpbook.com
联系电话：0411-84707424 84706676

目　录

模块一　建筑材料与检测基本知识

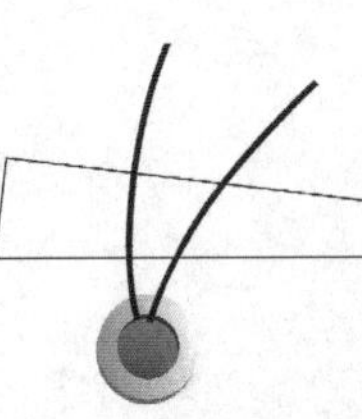

建筑业是国民经济的支柱产业，建筑材料是建筑业的基石。工程建设中，正确选择和合理使用建筑材料，对建筑物和构筑物的适用性、安全性、耐久性及经济性等都有着十分重要的现实意义和深远的历史意义。

建筑材料的检测工作在建筑施工生产、施工控制和施工质量管理中占有十分重要的地位。检测可以确定材料的技术指标是否满足工程设计和使用要求，为科学地选择材料、合理地配制材料、正确地使用材料提供试验数据佐证和技术依据，同时也是保障工程质量、降低生产成本、提高企业效益的有效途径。

本模块学习单元介绍了建筑材料的定义及分类，建筑材料与建筑工程的关系，建筑材料的发展趋势，建筑材料检测应遵循的法律法规、相关制度和见证取样、送检工作流程，建筑材料检测的质量标准体系及检测误差和数据修约规则，建筑材料基本技术性质，有关技术指标的检测方法和工程意义。工作单元重点训练学生砂石材料的取样，材料密度、表观密度、堆积密度技术指标的测定、测定结果的处理及评价。

学习单元

单元一 建筑材料概述

【知识目标】

1. 了解建筑材料的定义及分类。
2. 了解建筑材料在建筑工程中的地位、作用及材料未来的发展趋势。

一、建筑材料的定义及分类

建筑材料是指在建筑工程、水利工程、交通工程、地下工程、基础工程等各种土木工程中建造的建筑物、构筑物所使用的各种原材料、半成品、建筑构件及零配件的总称。

建筑材料种类繁多,性能各异,可以从不同的角度进行分类。通常按照材料的组成、工程项目、主要性能可做如下分类:

1. 按材料的组成分

建筑材料按组成可分为无机材料、有机材料和复合材料三大类,见表 1-1。

表 1-1 建筑材料按组成的分类

材料种类	示例	
无机材料	金属材料	建筑钢材、铝材、铜材
	非金属材料	天然石材(毛石、碎石、卵石等)、砂、各种水泥、石灰、混凝土、玻璃、砖、砌块
有机材料	天然有机材料	木材、竹材
	合成有机材料	塑料、涂料、胶黏剂、合成高分子防水卷材
复合材料	无机-无机复合材料	钢纤维混凝土、水泥砂浆、钢筋混凝土
	有机-无机复合材料	沥青混合料、聚合物混凝土

2. 按工程项目分

建筑材料按工程项目可分为主体材料和装修材料。

(1)主体材料

主体材料指用于建造建筑物主体工程的材料,包括水泥及其制品、混凝土及其预制构件、砌块、墙体保温材料等。

(2)装修材料

装修材料指用于建筑物室内、室外,起装饰和美化作用的材料,包括内、外墙装饰材料、地面装饰材料、室内顶棚用的石膏板等装饰材料、室内装饰用品及配套设备、零配件,如灯具、卫生洁具、管件等。

3. 按主要性能分

建筑材料按主要性能可分为结构性材料、围护性材料、功能性材料和装饰性材料。

(1)结构性材料

结构性材料指构成建筑物受力构件和结构所用的材料,如构成梁、板、柱、基础等构件或结构所用的水泥、混凝土、钢筋混凝土、钢材、石材等。

(2)围护性材料

围护性材料指用于建筑物围护结构的材料,如墙体、门窗、屋面等部位所用的加气混凝土、砖用板材、墙用板材、彩钢板等。

(3)功能性材料

功能性材料指担负建筑物某些非承重功能的材料,如高分子防水材料、轻质多孔的吸声材料、建筑防火材料、保温隔热材料和密封材料等。

(4)装饰性材料

装饰性材料指起装饰和美化作用的材料,如建筑防水防腐涂料、外墙饰面砖、彩色涂料、水磨石、玻璃和陶瓷等。

二、建筑材料在建筑工程中的地位和作用

建筑材料是建筑工程的物质基础,是工程质量保障的前提。材料种类的选择是否合理、技术性能是否合格、用量配比是否恰当,均影响着建筑结构的安全性、耐久性及经济性。

建筑材料的使用量很大,因此材料的费用影响工程的造价。大量的工程实际统计分析表明,一般工程的材料费用均占工程总造价的50%～60%,重要工程可达70%～80%。因此合理地选择和使用材料,对节约工程投资、降低工程造价有着十分重要的经济意义。

随着人们生活水平的不断提高,对居住质量的要求也越来越高,建筑材料则是建筑物各种使用功能顺利实现的保障。例如,抗冻性材料的涌现保证了严寒地区混凝土使用功能的实现;高性能防水材料的生产和使用,实现了地下结构和屋面结构的使用耐久性。

设计水平和施工工艺的发展,依赖于建筑材料的更新换代。新材料的出现和使用,带动和推进了新技术、新工艺的发展,最终实现了工程建筑设计水平和施工工艺水平的新突破。例如,轻质高强材料的发展,推动了高层建筑水平的不断提升;绿色建筑材料的开发和利用,出现了绿色建筑、生态建筑等新型建筑。

三、建筑材料的发展趋势

近些年来,我国材料科学发展迅猛,尤其在墙体材料、装饰材料、防水材料领域的新型材料得到了长足的发展。为了推进我国经济社会全面协调可持续发展,切实提高人们生活水平和生活质量,未来的建筑材料将向着资源节约型、能源节约型、环境友好型、功能多

样化及可循环再生利用的方向发展，具体体现在以下几个方面：

(1)向轻质高强的方向发展

大力发展轻质高强的建筑材料，提高材料的比强度，可以减小承重结构的截面尺寸，降低建筑结构构件的自重，提高建筑物的结构抗震性能，减少基础材料用量，减少构件运输、安装工作量，实现现代建筑的高层化、大跨化和轻量化。

(2)向高性能的方向发展

开发具有高性能的长寿命建筑，大幅度降低建筑工业的材料消耗，如发展高性能混凝土，使其不但能满足易浇捣、易密实、不离析的性能要求，而且能长期保持优越的力学性质，形成早期强度高、体积稳定、在恶劣环境下使用寿命长等特性。

(3)向绿色、生态、节能、环保的方向发展

在我国，建材工业能源综合消耗比国外先进国家要高20%～50%。建材工业的总能耗位居各工业部门前列，其中水泥工业是第一能耗大户，墙体材料是第二能耗大户，因此节能降耗减排，降低单位产品原材料能耗，充分利用可回收资源，利用工业废料成为建材工业可持续发展的关键。发展能大幅度减少建筑能耗的建材制品，如具有防水、保温、隔热、隔音等优异功能的新型复合墙体和门窗材料，将纳米技术与建筑材料相结合，开发出具有抗菌、除臭、消毒等功能的生态建筑材料等。这些材料可改善人们的生活环境，提高生活水平和生活质量。

单元二 建筑材料检测的意义及相关规定

【知识目标】

1. 了解检测工作应遵循的法律法规及相关制度；熟悉见证取样和送检工作流程。
2. 掌握建筑材料质量标准体系的分类及表示方法。

一、建筑材料检测的意义

建筑材料检测就是用定量的方法，按照国家质量标准和设计文件的要求，对用于建筑工程的各种原材料、成品或半成品进行科学地鉴定和客观地评价。

建筑材料检测是实现建筑工程科学化、规范化管理的重要手段和途径。检测工作的好坏，直接关系到建设工程的质量。客观、准确、及时、有效的试验检测数据，是工程质量的真实记录，是指导、控制、评定工程质量的必要依据，也是评价工程质量缺陷、鉴定和预防工程质量事故的手段。只有性质或性能合格且同时满足建筑设计要求的材料方可用于建筑结构中。

二、建筑材料检测的相关规定

1. 检测机构的条件

建筑材料的检测，通常是委托检测机构完成的。能够承担委托检测任务的检测机构

必须同时具备两个条件，一是要通过“计量认证”，即要通过省级质量技术监督部门等权威机构对检测机构的基本条件和能力予以承认的合格性评定；二是要具有“检测资质证书”，即要取得省级建设行政主管部门颁发的“检测机构资质证书”，以示该检测机构能向社会出具“具有证明作用的数据和结果”。

2. 相关的法律法规

检测工作要以检测标准为依据，以法律为准绳，严格执行以下有关的法律法规。

(1)《中华人民共和国建筑法》

《中华人民共和国建筑法》施行于1998年3月1日(最新修正于2011年4月22日)。其中第五十九条规定：建筑施工企业必须按照工程设计要求、施工技术标准和合同的约定，对建筑材料、建筑构配件和设备进行检验，不合格的不得使用。

(2)《建设工程质量管理条例》

《建设工程质量管理条例》施行于2000年1月10日(最新修正于2017年10月7日)。其中第二十九条规定：施工单位必须按照工程设计要求、施工技术标准和合同约定，对建筑材料、建筑构配件、设备和商品混凝土进行检验，检验应当有书面记录和专人签字；未经检验或检验不合格的，不得使用。第三十一条规定：施工人员对涉及结构安全的试块、试件以及有关材料，应当在建设单位或者工程监理单位监督下现场取样，并送具有相应资质等级的质量检测单位进行检测。

3. 见证取样送检制度

取样，是按照有关技术标准、规范的规定，从检验(或检测)对象中抽取试验样品的过程；送检，是指取样后将样品从现场移交有检测资格的单位承检的过程。取样和送检是工程质量检测的首要环节，其真实性和代表性直接影响到检测数据的公正性。

为保证试样能代表母材的真实质量状况，保证建设工程质量检测的公正性、科学性和权威性，提高工程质量，国家规定在工程建设中，检测机构从事检测工作时，必须遵循“见证取样送检制度”。

见证取样送检工作通常由见证单位书面委托的见证人和取样单位的取样人共同完成。见证单位通常是建设单位或建设单位授权委托的本工程的监理单位，取样送检见证人则是工程建设单位书面授权委派的1～2名本工程监理单位的现场监理人员；取样人则为施工单位的从事试验检测的工作人员。

见证取样送检制度是指在建设单位或监理单位授权见证人的见证下，由施工单位的现场试验人员对工程中涉及结构安全的试块、试件和材料在施工现场取样，同时，也在建设单位或监理单位授权见证人的见证下，送至具备相应检测资质的检测机构进行检测，要求见证人员和取样人员要对试样的代表性和真实性负责。

4. 见证取样和送检的范围及送检程序

(1)见证取样和送检的范围

按照国家有关见证取样和送检的规定，涉及结构安全的试块、试件和材料，见证取样和送检的比例不得低于有关技术标准中规定取样数量的30%，对下列试块、试件和材料必须实施见证取样和送检：

①用于承重结构的混凝土试块。

②用于承重墙体的砌筑砂浆试块。

③用于承重结构的钢筋及连接接头试件。

④用于承重墙的砖和混凝土小型砌块。

⑤用于拌制混凝土和砌筑砂浆的水泥。

⑥用于承重结构的混凝土中使用的掺加剂。

⑦地下、屋面、厕浴间使用的防水材料。

⑧国家规定必须实行见证取样和送检的其他试块、试件和材料。

(2)见证取样的送检程序

①取样送检之前，建设单位应向质量监督站和工程检测单位递交"见证单位、见证人和取送样人授权委托书"，授权委托书应写明本工程现场委托的见证单位、取送样人和见证人姓名等简况，以便检查核对。见证单位、见证人和取送样人授权委托书样本如下：

见证单位、见证人和取送样人授权委托书

××××工程质量监督局(站)：

现授权×××监理公司为我单位的×××××工程的见证单位，负责该工程见证取样的送检工作。该工程已委托×××××检测机构为本工程的见证试验单位，负责《××省房屋建筑工程和市政基础设施工程实行见证取样和送检的管理规定》中规定的涉及结构安全的试块、试件和材料的见证试验。本工程施工单位××××取送样人×××和监理单位见证人×××由其所在单位进行授权确认，共同对试件(试样)的真实性和代表性负责，并在试验报告单上签字。

见证人和取送样人情况登记表

人员类别	姓名	年龄	职称	证书编号	联系电话	本人签字
见证人						
取送样人						

建设单位(公章)　　监理单位(公章)　　施工单位(公章)
法人代表签字：　　法人代表签字：　　法人代表签字：

年　月　日

附注：本委托书一式五份：建设单位、监理单位、施工单位、质量监督单位、检测机构各持一份

②施工企业的取样人员在见证人的全程见证下，完成在施工现场的取样和制作试件工作，并在见证人的见证下送至检测机构检测。见证人和取样人对试样的代表性和真实性负法律责任。

③送检单位填写检测试验委托单。待检样品送至检测机构时，委托检测的单位需要填写检测委托单，确认委托检测的试验项目、检测依据，并保证所提供样品和资料的真实性，按时交付检测费用，凭取检测报告凭证领取检测报告单及退样。见证人应出示《见证人员证书》，并与取样人一同在检测委托单上签名。

④检测单位按照委托单的有关要求实施检测，待完成检测工作后，检测单位应在检测报告单备注栏中注明见证单位和见证人姓名。

检测过程中，检测单位要保证检测的公正性，对检测数据负责，对委托方提供的样品及其有关资料保密。

⑤当出现不合格项目时，检测机构要及时通知工程质量监督站和见证单位。影响结构安全的项目，应在 24 小时内报告。

⑥检测试验委托流程示意图如图 1-1 所示。

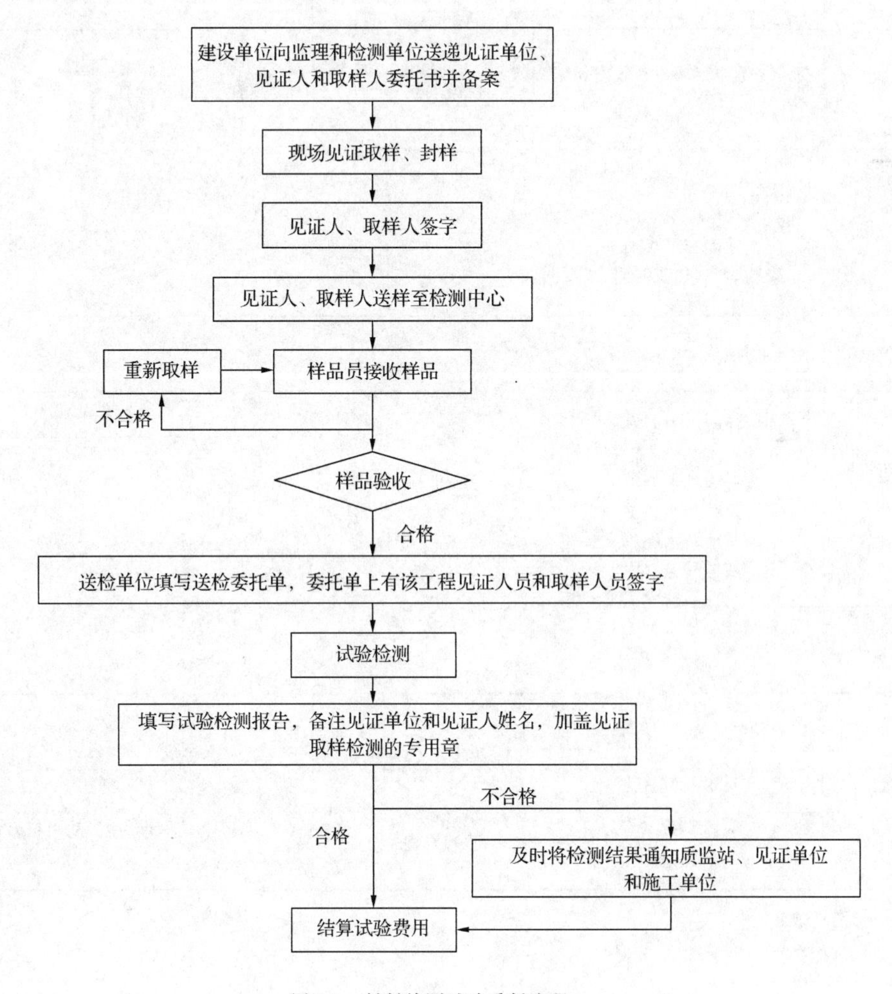

图 1-1　材料检测试验委托流程

水泥技术性能检测委托协议书样书

报告编号：* * *

<table>
<tr><td>样品状态</td><td colspan="5">□ 正常
□ 异常</td><td colspan="2">检验费用</td><td colspan="3">共计　　元</td></tr>
<tr><td>委托单位</td><td colspan="3">辽宁省 ××学校</td><td colspan="2">委托单位地址</td><td colspan="5">辽宁省沈阳市××区××路××号</td></tr>
<tr><td>见证单位</td><td colspan="3">辽宁省××建筑监理有限公司</td><td>见证人</td><td colspan="3">签字：刘××
联系电话：×××</td><td colspan="2">见证人
证书编号</td><td>A* * *</td></tr>
<tr><td>工程名称</td><td colspan="3">辽宁省 ××学校大学生活动中心工程</td><td>工程委托</td><td>×××</td><td colspan="2">送样人</td><td colspan="3">签字：王××
联系电话：×××</td></tr>
<tr><td>施工单位</td><td colspan="3">辽宁省沈阳市×××建筑有限公司</td><td colspan="2">样品处理意见</td><td colspan="4">□ 取样合格，不退样</td><td>□取样不合格，退样</td></tr>
<tr><td>检验项目</td><td colspan="10">□ 安定性
□ 抗折强度(3 d、28 d)
□ 抗压强度(3 d、28 d)
□ 凝结时间(初凝时间、终凝时间)</td></tr>
<tr><td>检验依据</td><td colspan="10">□ 通用硅酸盐水泥 GB 175—2007</td></tr>
<tr><td rowspan="2">水泥品种</td><td colspan="6" rowspan="2">□ 硅酸盐水泥 P・Ⅰ
□ 硅酸盐水泥 P・Ⅱ
□ 普通硅酸盐水泥 P・O
□ 矿渣硅酸盐水泥 P・S・A
□ 矿渣硅酸盐水泥 P・S・B
□ 粉煤灰硅酸盐水泥 P・F
□ 火山灰硅酸盐水泥 P・P
□ 复合硅酸盐水泥 P・C</td><td colspan="4">强度等级</td></tr>
<tr><td colspan="4">□ 32.5
□ 32.5R
□ 42.5
□ 42.5R
□ 52.5
□ 52.5R
□ 62.5
□ 62.5R</td></tr>
<tr><td>检验编号</td><td>出厂编号</td><td>出厂日期</td><td colspan="3">产地厂名牌号</td><td colspan="3">生产许可证号</td><td colspan="2">×××</td></tr>
<tr><td>* * *</td><td>××××</td><td>……</td><td colspan="3">辽宁省××水泥(集团)有限责任公司 工源牌水泥</td><td colspan="3">工程部位</td><td colspan="2">大学生活动中心钢筋混凝土梁</td></tr>
</table>

收样人：

收样日期：　　年　　月　　日

<table>
<tr><th colspan="12">混凝土抗压强度试验委托单</th></tr>
<tr><td colspan="3">(取送样见证人签章)</td><td colspan="4"></td><td colspan="2">试验编号</td><td colspan="3"></td></tr>
<tr><td colspan="2">委托日期</td><td colspan="5"></td><td colspan="2">建设单位</td><td colspan="3"></td></tr>
<tr><td colspan="2">委托单位</td><td colspan="5"></td><td colspan="2">工程名称</td><td colspan="3"></td></tr>
<tr><td colspan="2">施工部位</td><td colspan="5"></td><td colspan="2">设计强度等级</td><td colspan="3"></td></tr>
<tr><td colspan="2">试件规格</td><td colspan="4"></td><td>cm</td><td colspan="2">坍落度(工作度)</td><td colspan="2"></td><td>(mm 或 s)</td></tr>
<tr><td colspan="2">搅拌方法</td><td colspan="5"></td><td colspan="2">捣固方法</td><td colspan="3"></td></tr>
<tr><td colspan="2">工作量</td><td colspan="4"></td><td>m³</td><td colspan="2">养护方法和温度</td><td colspan="2"></td><td>℃</td></tr>
<tr><td colspan="2">成型日期</td><td colspan="5"></td><td colspan="2">试压日期</td><td colspan="3"></td></tr>
<tr><td colspan="4">水　泥</td><td colspan="3">砂　子</td><td rowspan="2">水</td><td colspan="4">石　子</td></tr>
<tr><td>试验单编号</td><td>品种强度等级</td><td>出厂日期</td><td>水泥厂</td><td>产地</td><td>细度模数</td><td>种类</td><td>产地</td><td>种类</td><td>规格</td><td>级配情况</td></tr>
<tr><td></td><td></td><td></td><td></td><td></td><td></td><td></td><td></td><td></td><td></td><td></td><td></td></tr>
<tr><td rowspan="2">配合比编号</td><td rowspan="2">砂　率
%</td><td rowspan="2">水胶比</td><td colspan="6">每 m³ 混凝土材料用量(kg)</td></tr>
<tr><td>水泥</td><td>砂</td><td>石子</td><td>水</td><td>掺和料</td><td>外加剂</td></tr>
<tr><td></td><td></td><td></td><td></td><td></td><td></td><td></td><td></td><td></td></tr>
<tr><td colspan="2">试件制作人签字:</td><td colspan="2"></td><td colspan="2">试件送检人签字:</td><td colspan="2"></td><td colspan="2">收样人签字:</td><td colspan="2"></td></tr>
</table>

5. 见证人员的基本要求和职责

(1)见证人员的基本要求

①见证人员应由建设单位或该工程监理单位中具备建筑施工专业初级以上技术职称和具有建筑施工专业知识的人员担任。

②见证人员必须持证上岗。见证人员必须参加建设行政主管部门组织的见证取样人员资格考核,考核合格后经建设行政主管部门审核颁发"见证取样员"证书。

③见证人员对工程实行见证取样、送检时应有该工程建设单位签发的见证人书面授权书。见证人书面授权书由建设单位和见证单位书面通知施工单位、检测单位和负责该项工程的质量监督机构。

④见证人员的基本情况由当地建设行政主管部门备案,每隔 3～5 年换证一次。

(2)见证人员的职责

①制订送检计划。工程施工前,见证人员应会同施工项目负责人、取样人员,对涉及结构安全的试块、试件和材料,共同制定送检计划,计划应包括取样部位、取样时间、样品名称和样品数量、送检时间等内容,并作为工程见证取样工作的指导性技术文件。

②必须现场见证，做好见证记录，对见证工作负法律责任。取样时，见证人员必须在旁见证，随时做好见证记录，并会同取样人员共同签字，对试样的真实性和代表性负责。工程竣工时见证记录将归入施工档案。

③见证人员必须对试样进行监护，并和送样人员一起将试样送至检测单位。

④见证人员必须在送检委托单上签字，以备检测单位核验。

⑤见证人员应具有良好的职业道德。廉洁奉公，秉公办事，一经发现见证人员有违规行为，发证单位有权吊销“见证取样员”证书。

三、建筑材料的技术标准体系

技术标准是人们从事产品生产、工程建设、科学研究以及商品流通等工作所必须共同遵循的技术依据。建筑材料的技术标准（又称规范）通常包括原料、材料及产品的质量、规格、等级、性质要求以及检验方法、生产及设计的技术规定等内容。

1. 技术标准的分类

根据发布单位与适用范围，技术标准可分为国家标准、行业标准、地方标准和企业标准四类。

①国家标准：需要在全国范围内统一的技术要求。国家标准是国内的最高标准。

②行业标准：全国性的某行业范围内的技术标准。当国家有相应标准颁布实施时，该项行业标准即废止。

③地方标准：没有国家标准和行业标准，又需要在省、自治区、直辖市范围内统一的技术标准。在公布国家或者行业标准之后，该地方标准即应废止。

④企业标准：当企业生产的产品，没有国家标准和行业标准依据时，企业应当制定企业标准（代号“QB”），以作为组织生产的依据。已有国家标准或行业标准的，国家鼓励企业制定严于国家标准或者行业标准的企业标准，在企业内部使用。

2. 技术标准的表示

技术标准的表示形式中，通常包括标准的“代号、编号和内容名称”三个部分。例如，通用硅酸盐水泥的技术标准可表示为“GB 175—2007　通用硅酸盐水泥”，图解释义如下：

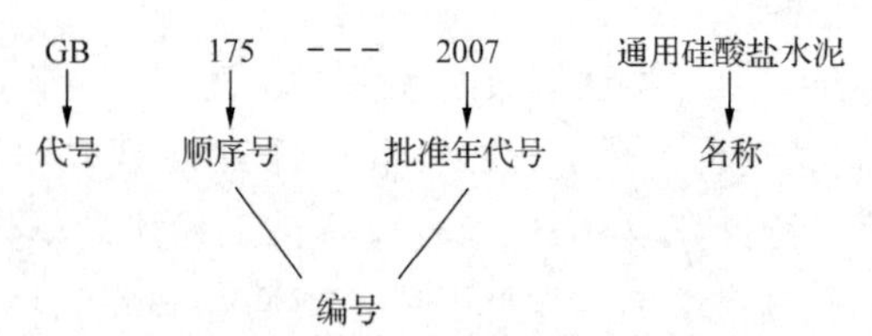

代号——标准的类型。用汉语拼音的首字母表示，如上例中的 GB 为国家标准；JG 为建筑工业标准；JC 为建材标准等。

编号——标准的顺序号和颁布或修订的年份，用阿拉伯数字表示。

名称——标准的内容。

按照我国标准化法的规定，标准的法律属性可分为强制性和推荐性两种。

①强制性标准是国家要求对其规定的各项内容必须无条件遵照执行的标准；否则，国

家将依法追究当事人的法律责任。

②推荐性标准是国家鼓励自愿采纳、具有指导作用而又不宜强制执行的标准。但是，推荐性标准一旦经法律、法规或经济合同采纳，被引用的推荐性标准则在规定的相应范围内强制执行。

表示推荐性的技术标准时，在标准代号后加字母“T”，以示与强制性标准的区分。我国国家标准及有关的几个行业标准代号示例见表1-2。

表1-2　　国家标准和行业标准代号示例

标准名称	代号(汉语拼音缩写)		示　例
国家标准	强制性:GB		GB 175—2007《通用硅酸盐水泥》
	推荐性:GB/T		GB/T 50107—2010《混凝土强度检验评定标准》 GB/T 700—2006《碳素结构钢》
行业标准	建设部建工类	强制性:JGJ	JGJ 52—2006《普通混凝土用砂、石质量及检验方法标准》
		推荐性:JGJ/T	JGJ/T 98—2010《砌筑砂浆配合比设计规程》
	国家建材工业局	强制性: JC	JC/T 962—2005《雷氏夹膨胀值测定仪》
		推荐性: JC/T	
地方标准	地标 DB		DB 2101/TJ05—2008《沈阳地铁混凝土技术规范》
企业标准	QB		QB/T《制盐工业通用检测方法铁的测定》

技术标准具有时效性，只反映某一时期内的技术水平和技术要求。随着新材料、新技术、新工艺和新结构的不断涌现，技术标准亦要做相应的修订和完善。目前国内外都确定技术标准的修订周期为每五年左右一次。

【知识拓展】 国际及部分国外主要国家的标准代号见表1-3。

表1-3　　国际及国外主要国家的标准代号

标准名称	标准缩写(全名)
国际标准	ISO(International Standards Organization)
美国国家标准	ANS (American National Standards)
英国标准	BS(British Standards)
日本工业标准	JIS(Japanese Industrial Standards)

3. 建筑材料检测常用的技术标准

(1)产品标准

产品标准是产品质量检测的技术依据。如《钢筋混凝土用钢 第2部分:热轧带肋钢筋》(GB/T 1499.2—2018)，规定了钢筋混凝土用热轧带肋钢筋的定义、分类、牌号、规格、重量及允许偏差、技术要求、试验方法、包装等内容。

(2)方法标准

方法标准是以试验、检查、分析、抽样、统计、计算、测定和作业等各种方法为对象制定的标准。如《水泥取样方法》(GB/T 12573—2008)，《普通混凝土用砂、石质量及检验方法标准》(JGJ 52—2006)等。

(3)基础标准

基础标准是指在一定范围内作为其他标准的基础,有广泛指导意义的标准。例如,《水泥命名定义和术语》《砖和砌块名词术语》等。

检测机构对接受的委托检测项目,应依据委托方指定的标准进行检测;对承担的见证检测项目,应依据国家标准、行业标准中的强制性标准进行检测。

单元三 建筑材料检测误差及数据修约规则

【知识目标】

1. 了解检测误差产生的原因及减小误差的途径。
2. 掌握试验数据修约规则。

一、建筑材料检测误差

在试验检测工作中,尽管试验操作人员按照有关规范规定的操作方法、操作程序和试验条件等认真进行试验,但测定值与被测对象的真实数值之间仍将存在一定差异,这个差异称为检测误差。导致误差的主要原因有以下四个方面:

1. 检测人员误差

检测人员个体感官鉴别能力、反应敏感程度、生理变化、检测技术熟练程度、固有的某种习惯等因素,导致在仪器设备的组装、调试、数字信息采集等方面产生误差。如某检测人员读取液体体积始终采取仰视或俯视的读数方式,对准测量标记时始终偏左或偏右。

2. 仪器设备误差

每种仪器设备都有一定的测量精度,不同材质的仪器具有一定的使用条件限制,同时仪器本身在设计、制造、安装、校正等方面也存在一定的误差。如温度计、天平、温度传感器导致的误差。

3. 环境误差

由于各种环境因素与要求的标准环境条件不符所带来的误差。如试验温度、湿度、风速等的变化导致的误差。

4. 方法误差

由于试验方法选择不尽合理或经验公式中各种系数的近似值选定不当等引起的误差。

二、减小检测误差的途径

1. 取样

试验检测取样方式包括全样检测和抽样检测两种,常规检测一般都采用抽样检测方式。正确的抽样方法应保证所取试样的代表性和随机性。代表性是指保证抽取的子样应代表母体的质量状况;随机性是指保证抽取的子样应由随机因素而并非人为因素决定。样品的仪表性和随机性直接影响到检测数据的准确性和公正性。抽样操作方法因检测对象而异，抽取样品的数量视检测内容而异。例如，对于散粒状的砂石材料，可以采用缩分法取样；对于建筑钢材，先确定取样批量，然后再根据检测项目确定取样量。

2. 制备试件

检测前一般应将取得的试样进行加工或成型，制备成满足要求的标准试样或试件。制备方法须考虑检测项目并严格按照试验检测方法标准操作。

3. 选择仪器设备

为了确保称量或测量的准确性，减小试验误差，要求试验前选取满足一定精度要求的仪器设备。如试样称量精度要求为 0.1 g 的天平，一般称量精度大致为试样质量的 0.1%；抗压试验机度盘的读数落在第二、第三象限内误差较小等。

4. 选择检测条件

(1)温度

试验温度对检测结果的影响程度，视检测对象而异。一般情况下，对像沥青这种感温性强的材料，温度的改变对试验结果会产生较大的影响，因此要严格控制试验检测温度。另外，对因温度改变会产生线胀或体胀的材料或容器，需严格控制检测温度，如测定材料密度时，使用李氏比重瓶量取液体体积必须在规定的温度下恒温操作等。

(2)湿度

通常试件的湿度越大，测得的强度值越低。在物理性能检测中，材料的干湿程度对检测结果的影响更为明显。因此，进行检测时试件的湿度应控制在规定的范围内。

(3)试件形状、尺寸及表面状态

进行试件抗压强度测定时，同一待测试件，形状相同的小试件强度比大试件强度值高；当待测试件受压面相同时，高宽比大的比高宽比小的强度值低；当待测试件受荷面粗糙不平整时，测定的强度会降低，这是由于不平整的表面，易引起应力集中而使强度大为降低。

(4)加荷速度

试验表明：进行材料力学试验时，加荷速度越慢或当受荷面有油或水时，测定的强度值越低。因此，规范规定了不同种材料或同一种材料在不同强度等级下的不同加荷速度。例如，测定强度等级为 C30 及以上等级的水泥混凝土抗压强度时，加荷速率控制在 0.5～0.8 MPa/s。

三、检测试验数据的记录及修约

1. 有效数字及数据记录

(1)有效数字

在试验检测分析中，直接能从仪器设备上读取的准确数字称为可靠数字，把通过估读得到的那部分数字称为存疑数字。把测量结果中能够反映被测量大小的带有一位存疑数字的全部数字称为有效数字。例如，读取李氏密度瓶上的刻度，甲读数为 24.52 mL，乙读数为 24.51 mL，这 4 位数字中前 3 位是准确的，第 4 位数字因为是没有刻度而估读出来的，所以是不准确的，故称为存疑数字，这 4 位数字都是有效数字。

在有效数字中，从最左一位非零数字向右数而得到的位数就是有效数字的位数，有效数字的位数代表测量仪具的精度。例如，若记录液体体积为 16.00 mL，则其有效数字的位数是四位，表明是用精度为 0.1 mL 的滴定管或吸管量取的，估读至 0.01 mL。若写成 16.0 mL，则有效数字是三位，通常是用精度为 1 mL 的小量筒量取的，估读至 0.1 mL。

(2)试验数据的读取及记录

读取及记录试验数据，一定要按照所用仪器设备的测量精度及数值修约规则进行，应当保留一位存疑数字，绝不可随意增加或减少数字的位数。

试验结束后出示的检测报告，要按数值修约规则对记录的试验数据进行整理、处理或计算，而不可以直接把原始的记录结果报告出来。

2. 数值修约及统计

(1)数值修约规则

检验数据和计算结果都有一定的精度要求，对精度范围以外的数字，应按照《数值修约规则》进行修约。修约规则可简单概括为"四舍六入五留双"规则。即拟舍去数字小于 5 则舍去，大于 5 则进 1，恰好等于 5 时，若 5 后有非零数字则进 1，若 5 后皆为零时则看 5 前，5 前为偶数(含 0)应舍去，5 前为奇数则进 1。进舍规则具体应用举例说明如下：

①拟舍弃数字的最左一位数字小于 5 时，则舍去，保留其余各位数字不变。

例如：将 15.243 1 修约到个位数。因其拟舍弃数字自左至右依次为"243 1"，最左一位数 2 小于 5，则直接舍去"243 1"，修约结果为 15，同理，将 15.243 1 修约到一位小数，得 15.2。

②拟舍弃数字的最左一位数字大于 5，则进 1，即保留数字的末位数字加 1。

例如，将 26.484 3 修约成三位有效数字。其拟舍弃数字自左至右依次为"843"，其最左一位数字 8 大于 5，则向前进 1，修约结果为 26.5。

③拟舍弃数字的最左一位数字是 5，且其后有非"零"数字时进 1，即保留数字的末位数字加 1。

例如，将 10.500 1 修约到个位数。其拟舍弃数字自左至右依次为"5 001"，最左一位数字是 5，且其后有非"零"数字 1，这时进 1，得修约结果 11。

④拟舍弃数字的最左一位数字是 5，且其后皆为 0 时，若所保留的末位数字为奇数则进 1，若所保留的末位数字为偶数(含 0)，则舍去。

例如：将 0.350 0、0.450 0、1.050 0 修约到保留一位小数。修约结果为：0.4、0.4、1.0。

⑤负数修约时，先将它的绝对值按上述规定进行修约，然后在修约值的前面加上负号。

例如：将－15.6 修约成两位有效数字。先将其绝对值 15.6 修约成两位有效数字为 16，然后在修约值 16 前加上"－"号，最终修约结果为－16。

⑥拟舍弃的数字，若为两位以上的数字，不得连续修约，应根据保留数后边(右边)第一个数字的大小，按上述规定"一次修约"出结果。

例如：将 16.454 6 修约成整数。正确的修约方法是：一次修约后得 16，而不可以分两次修约：第一次修约得 16.4，继续修约后得 16。

⑦0.5 单位修约：0.5 单位修约指修约间隔为指定位数的 0.5 单位。修约规则是先将拟修约数值乘以 2，按指定位数依照进舍规则修约，所得数值再除以 2。

例:将下列数字修约到个位数的 0.5 单位。

拟修约数值(A)	乘以 2(2A)	2A 修约值	A 修约值
60.25	120.50	120	60.0
−60.75	−121.50	−122	−61.0

(2)数值统计

①算术平均值。当试验次数极大地增加时,算术平均值接近真值。但事实上试验次数不可能太多,所以很多试验项目都规定进行 3 次平行试验,取三次试验所得数据的算术平均值作为最终的试验结果。算术平均值按式(1-1)计算

$$\overline{x}=\frac{x_1+x_2+\cdots+x_n}{n} \tag{1-1}$$

式中 $x_1,x_2,\cdots,x_n$——各个试验数据。

②标准差。在试验数据比较分散的情况下,将算术平均值作为试验结果时,个别的大误差在平均过程中被众多的小误差所掩盖,导致对试验对象做出不准确的评价。为了恰当地评价试验对象,通常采用标准差来衡量试验数据的波动性,或称分散程度。标准差 σ 按式(1-2)计算

$$\sigma=\sqrt{\frac{(x_1-\overline{x})^2+(x_2-\overline{x})^2+\cdots+(x_n-\overline{x})^2}{n-1}} \tag{1-2}$$

通常情况下,标准差值越大,表明试验数据的分散性或离散性越大,精密度越小。

单元四 建筑材料的基本性质

【知识目标】

1. 了解建筑材料应具备的基本技术性质。
2. 掌握材料物理性质指标的含义、计算方法及耐久性指标的含义。

建筑材料在不同的建筑结构或建筑结构的不同部位所起的作用有所不同,因而要求的技术性质或技术指标有所不同,例如,用作梁、板、柱等结构的材料,要承受拉力、压力等荷载的作用,要求具有足够的强度;房屋屋面和其他防水部位的材料,要求应具有良好的防水作用;房屋外墙材料要求良好的保温、隔热性能等。此外,建筑物还会长期承受风吹、雨淋、日晒及环境化学腐蚀等作用,要求具有良好的耐久性。对用于室内外装饰的材料,还应该具有良好的装饰美观性能等。

将建筑材料应具备的各种技术性质归纳起来可概括为物理性质、力学性质、化学性质和耐久性四个基本技术性质。本单元重点介绍物理性质、力学性质和耐久性。

一、材料的物理性质

材料的物理性质主要包括与质量有关的性质、与水有关的性质和与热有关的性质的三个方面。

1. 与质量有关的性质

(1)材料的微观体积构成

如图 1-2 所示,从微观的角度分析块状或粒状材料的体积(V),通常由以下三个部分构成:矿质实体体积(V_s)、闭口孔隙(不与外界连通)体积(V_n)和开口孔隙(与外界连通)体积(V_i)。

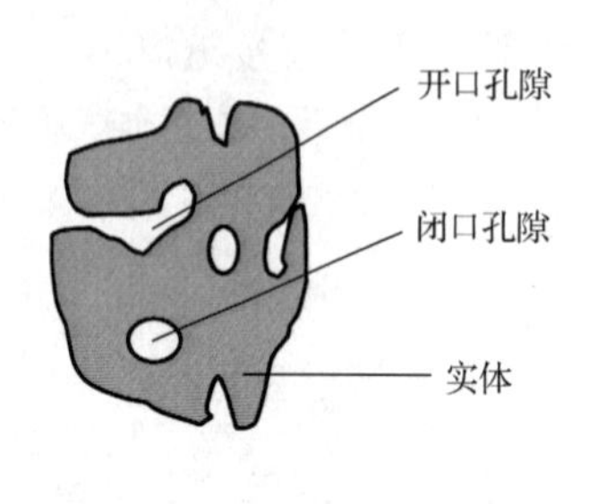

(a)材料微观结构组成示意图

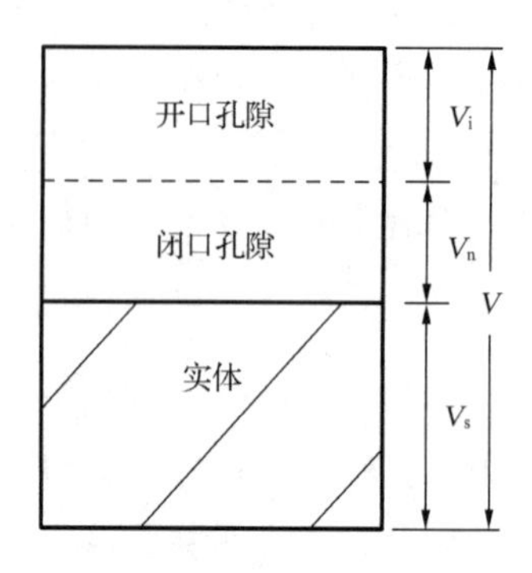

(b)材料质量与结构体积关系图

图 1-2 材料微观结构示意图

如图 1-3 所示,堆积起来的散粒状或粉末状材料的微观体积亦由三部分组成,分别是颗粒总的实体体积、颗粒总的闭口孔隙体积、颗粒间的空隙体积。其中空隙体积包括颗粒自身的开口孔隙体积和颗粒间由于嵌挤不紧密而产生的缝隙体积。当把散粒状或粉末状材料盛装于容器中时,盛满状态下容器的容积则为材料的堆积体积。

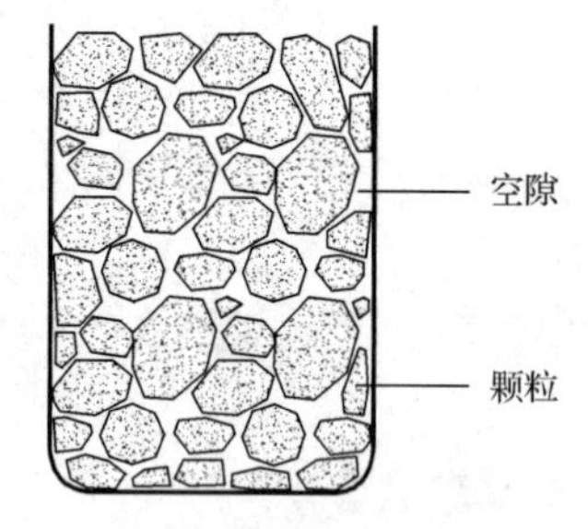

图 1-3 堆积体积示意图

(2)反映质量和体积关系的参数

①密度:密度是指材料在绝对密实(不含任何孔隙)状态下,单位矿质实体体积所具有的质量。按式(1-3)计算

$$\rho=\frac{m}{V_s} \tag{1-3}$$

式中 ρ——材料密度,g/cm³;

m——材料在干燥状态下的质量,g;

V_s——材料绝对体积或矿质实体体积,cm³。

建筑工程中材料的密度通常是采用李氏比重瓶法测定的。测定前,须先把待测材料(如砖、石等)磨成粒径小于 0.2 mm 的细粉状(去掉其内部孔隙),经干燥后再用李氏比重瓶测定一定量细粉所具有的矿质实体体积,从而计算其密度。

材料内部所含孔隙越少,结构越密实,强度越高。建筑材料中除钢材、玻璃等少数材料接近绝对密实外,绝大多数材料内部都包含有一些孔隙。

②表观密度:表观密度是指在干燥状态下,材料单位表观体积(实体体积+闭口孔隙体积)所具有的质量。按式(1-4)计算

$$\rho_a=\frac{m}{V_0}=\frac{m}{V_s+V_n} \tag{1-4}$$

式中　ρ_a——材料的表观密度，g/cm³；

m——材料在干燥状态下的质量，g；

V_0——材料的表观体积，cm³；

V_n——材料闭口孔隙的体积，cm³；

V_s——意义同前。

材料的闭口孔隙越少，表观密度越大、强度越高。

实际工程中进行混凝土配合比设计时经常要用到砂石材料的表观密度。砂的表观密度通常采用容量瓶法测定，石子的表观密度则采用网篮法测定。

③毛体积密度：毛体积密度是材料在自然状态下，单位体积（矿质实体＋闭口孔隙＋开口孔隙）所具有的质量，以 ρ_b 表示，按式(1-5)计算

$$\rho_b=\frac{m}{V}=\frac{m}{V_0+V_i} \tag{1-5}$$

式中　ρ_b——材料的毛体积密度，g/cm³；

V_0——意义同前；

V_i——材料开口孔隙体积，cm³。

设$(V_s+V_n+V_i)=V$，则 V 是材料在自然状态下的总体积。

工程中材料毛体积密度可视材料的性质，分别采用“量体积法”或“封蜡法”测定。对于强度较高的、体积稳定的材料宜采用“量体积法”测定，即将待测材料加工为规则形状的试件称其质量，再采用精密量具测量其几何尺寸的方法计算其体积；而对于遇水崩解、溶解或干缩湿胀（体积不稳定）的松软材料，则宜采用“封蜡法”测定。

④堆积密度：堆积密度是指散粒或粉末状材料，在自然堆积状态下单位体积（包括矿质实体＋闭口孔隙＋开口孔隙＋颗粒间缝隙的体积）具有的质量，按式(1-6)计算

$$\rho_0'=\frac{m}{V_0'} \tag{1-6}$$

式中　ρ_0'——材料的堆积密度，kg/m³；

m——材料在自然堆积状态下的质量，kg；

V_0'——材料的自然堆积体积（堆积体积＝矿质实体＋闭口孔隙＋开口孔隙＋颗粒间缝隙体积），即盛装材料的容器的容积，m³。

材料的堆积密度可分为在自然状态下堆积的松散堆积密度和在振实、压实状态下堆积的紧密堆积密度两种，可分别用容量筒法测定。

通常情况下，材料的表观密度越大、含水量越大、堆积得越紧密，则其堆积密度越大。工程中经常利用堆积密度计算颗粒状或粉末状材料的堆放空间。

(3)孔隙率和密实度

①孔隙率：材料中孔隙体积（闭合孔＋开口孔）占材料总体积（矿质实体＋闭口孔隙＋开口孔隙）的百分率，以 P 表示，按式(1-7)计算

$$P=\frac{V-V_s}{V}\times 100\%=\left(1-\frac{\rho_b}{\rho}\right)\times 100\% \tag{1-7}$$

式中　P——孔隙率，%；

V、V_s——意义同前。

孔隙率直接反映材料结构的致密程度。孔隙率越大，材料结构越疏松，强度越低。材

料内部开口孔隙增多会使材料的吸水性、吸湿性、透水性、吸声性提高，抗冻性和抗渗性变差，闭口孔隙增多会提高材料的保温隔热性能。

②密实度：材料固体部分的体积（矿质实体体积）占材料总体积（实体体积＋闭合孔体积＋开口孔体积）的百分率，以 D 表示，按式(1-8)计算

$$D=\frac{V_s}{V}\times 100\%=\frac{\rho_b}{\rho}\times 100\% \tag{1-8}$$

式中　D——材料的密实度，%。

含有孔隙的材料的密实度均小于1。材料的 ρ_b 与 ρ 愈接近，D 愈接近于1，材料结构就愈密实。

(4)空隙率和填充率

①空隙率：空隙率是指散粒或粉末状材料颗粒之间的空隙体积占总体积的百分率，用 P' 表示，按式(1-9)计算

$$P'=\frac{V_0'-V_0}{V_0'}\times 100\%=\left(1-\frac{\rho_0'}{\rho_a}\right)\times 100\% \tag{1-9}$$

式中　P'——材料的空隙率，%；

V_0'、V_0——意义同前。

空隙率的大小反映了散粒材料的颗粒堆积起来互相填充的紧密程度。混凝土用粗骨料的空隙率越大，则填充空隙用的细骨料相对就越多，包裹骨料表面需要的水泥浆量亦将越多，在一定程度上降低混凝土的技术和经济性能。

②填充率：填充率是指散粒或粉状材料颗粒体积占其自然堆积体积的百分率，用 D' 表示，按式(1-10)计算

$$D'=\frac{V_0}{V_0'}\times 100\%=\frac{\rho_0'}{\rho_a}\times 100\%=1-P' \tag{1-10}$$

表 1-4　　常用建筑材料的密度、表观密度、堆积密度和孔隙率

材　料	密度 $\rho/(g\cdot cm^{-3})$	表观密度 $\rho_0/[(kg\cdot m^3)^{-1}]$	堆积密度 $\rho_0'/[(kg\cdot m^3)^{-1}]$	孔隙率 ρ/%
石灰岩	2.60	1 800～2 600	—	—
花岗岩	2.60～2.90	2 500～2 800	—	0.5～3.0
碎石(石灰岩)	2.60	—	1 400～1 700	—
砂	2.60	—	1 450～1 650	—
水泥	3.10	—	1 200～1 300	—
普通混凝土	—	2 000～2 800	—	5～20
轻骨料混凝土	—	800～1 900	—	—
钢材	7.85	7 850	—	0

【跟踪自测】　某块状材料的干燥质量为100 g，自然状态下的体积为40 cm^3，绝对密实状态下的体积为33 cm^3，该材料的密度为(　　)g/cm^3；毛体积密度为(　　)g/cm^3。

2. 与水有关的性质

(1)亲水性与憎水性

当材料与水接触时，若水比较容易在材料表面铺展开，则说明材料对水有亲和性，这

种材料称为亲水性材料；而当水较难在材料表面铺展开时，则说明材料对水有排斥性，这种材料称为憎水性材料。

材料的亲水性或憎水性通常用润湿角划分。如图1-4所示，润湿角是在材料、水和空气的三相交点处，沿水滴表面的切线与水和固体接触面所成的夹角，用符号“θ”表示。

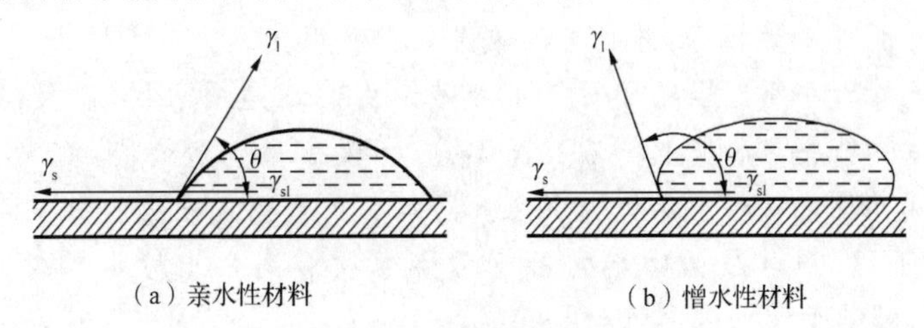

图1-4　材料润湿示意图

$\theta \leqslant 90°$的材料为亲水性材料；$\theta > 90°$的材料为憎水性材料。润湿角越小，材料越易被水润湿，亲水性越强。

工程中使用的石料、砖、水泥混凝土、木材等都属于亲水性材料，即水不但能在这些材料表面铺展开，而且能通过毛细管作用自动渗入材料内部。而沥青、石蜡、沥青防水卷材等则属于憎水性材料，即水不能在其表面铺展开，也很难通过毛细管作用渗入材料内部。

憎水性材料在建筑工程中，既能用作防水材料，又能对亲水性材料的表面进行处理，以降低亲水性材料的吸水性。

(2)吸水性

材料在浸水状态下吸收水分的能力称为吸水性。根据材料吸水能力的差异，吸水性可分别用质量吸水率和体积吸水率两种方法表示。

①质量吸水率：对于非轻质的结构较密实的材料而言，其吸水率通常用质量吸水率表示，即材料吸水饱和时，所吸收水分的质量占材料干燥质量的百分率，按式(1-11)计算

$$W_{质}=\frac{m_{湿}-m_{干}}{m_{干}}\times 100\% \tag{1-11}$$

式中　$W_{质}$——质量吸水率，%；

$m_{湿}$——材料在吸水饱和状态下的质量，g；

$m_{干}$——材料在绝对干燥状态下的质量，g。

②体积吸水率：对于轻质多孔材料(如加气混凝土、软木等)而言，其质量吸水率通常大于100%。为了方便表示，通常用体积吸水率表示其吸水性，即材料吸水饱和时，吸入水分的体积占干燥材料自然体积的百分率，按式(1-12)计算

$$W_{体}=\frac{V_{水}}{V_0}\times 100\%=\frac{m_{湿}-m_{干}}{V_0}\times\frac{1}{\rho_{H_2O}}\times 100\% \tag{1-12}$$

式中　$W_{体}$——体积吸水率，%；

V_0——干燥材料在自然状态下的体积，cm^3；

ρ_{H_2O}——水的密度，常温下取1 g/cm^3。

体积吸水率与质量吸水率的关系为

$$W_{体}=W_{质}\,\rho_0 \tag{1-13}$$

式中 ρ_0——材料在干燥状态下的毛体积密度。

【知识拓展】 用于建筑工程中的砂石材料，其孔隙较少，结构比较密实，通常其毛体积密度和表观密度可视为相等，并且与其自身的密度很接近。

材料吸水率的大小不仅取决于材料本身是亲水的还是憎水的，而且与材料自身孔隙率的大小及孔隙特征密切相关。一般孔隙率愈大，吸水率也愈大；孔隙率相同的情况下，具有细小连通开口孔的材料比具有较多粗大开口孔隙或闭口孔隙的材料吸水性更强。

【跟踪自测】 1. 用作屋面防水的沥青防水卷材和高分子防水卷材，其润湿角一定(　　)90°，它们同属于(　　)水性材料。

2. 材料吸水后，质量会(　　)，强度会(　　)，抗冻性会(　　)。

3. 某工程现场搅拌混凝土，每罐需加入干砂 120 kg，而现场只有含水率为 3%的湿砂。那么每罐应加入这种湿砂(　　)kg。其中含水质量为(　　)kg。

(3)吸湿性

吸湿性是指材料在潮湿空气中吸收空气中水分的性质。

材料的吸湿性用含水率表示。即材料所含水的质量占材料干燥质量的百分率，按式(1-14)计算

$$W_{含}=\frac{m_{含}-m_{干}}{m_{干}}\times 100\% \tag{1-14}$$

式中 $W_{含}$——材料的含水率，%；

$m_{含}$——材料含水时的质量，g；

$m_{干}$——材料干燥至恒重时的质量，g。

材料的含水率大小，除与材料的组成成分、组织构造等有关外，还与周围环境温度、湿度有关。气温越低，相对湿度越大，材料的含水率也就越大。

【知识拓展】 平衡含水率

材料的含水率随空气湿度的不同而改变。在不同湿度的空气中，材料既能在空气中吸收水分，又可向空气中扩散水分，直至达到与空气湿度平衡一致，此时的含水率称为平衡含水率。木材的吸湿性随着空气湿度变化特别明显。例如木门窗制作后如果长期处在空气湿度小的环境中，为了与周围湿度平衡，木材便向外散发水分，于是门窗体积收缩而致干裂。

(4)耐水性

材料长期处于吸水饱和状态下，其结构不被破坏、强度也不显著降低的性质称为材料的耐水性。

耐水性的评价指标是软化系数，以 $K_{软}$ 表示，其值等于材料在吸水饱和状态下的抗压强度与其在干燥状态下抗压强度的比值。软化系数 $K_{软}$ 按式(1-15)计算

$$K_{软}=\frac{f_{饱}}{f_{干}} \tag{1-15}$$

式中　$K_{软}$——材料的软化系数；

$f_{饱}$——材料在吸水饱和状态下的抗压强度，MPa；

$f_{干}$——材料在干燥状态下的抗压强度，MPa。

软化系数越大，材料的耐水性越好。通常认为软化系数大于0.80的材料是耐水材料。对于长期处于潮湿环境中的重要混凝土结构所用的材料，其软化系数不得低于0.85；对于受潮较轻或次要结构所用材料，软化系数不宜小于0.75。

【知识拓展】　"长期处于潮湿环境中的重要混凝土结构"指的是处于潮湿或干湿交替环境，直接与水或潮湿土壤接触的混凝土工程及有外部碱源，并处于潮湿环境的混凝土结构工程。如地下构筑物、地下室建筑物和桩基础等。

【跟踪自测】　1.软化系数的取值范围是(　　)。软化系数为0.8的材料，表明其在吸水饱和状态下的抗压强度为干燥状态下的(　　)%，即材料的强度降低了(　　)%。

2.某材料在干燥状态下的抗压强度是268 MPa，吸水饱和后的抗压强度是249 MPa。此材料(　　)用于潮湿环境的重要结构。

(5)抗冻性

抗冻性是指材料在吸水饱和状态下抵抗多次冻融循环而不破坏，强度也无显著降低的性质。按照国家标准规定，材料的抗冻性可采取快冻和慢冻两种试验方法测定，分别用抗冻等级或抗冻标号表示其抗冻性能的大小。抗冻等级越高或抗冻标号越大，说明材料可以经受的冻融循环次数越多，其抗冻性越好，耐久性越好。

抗冻性的大小不但取决于材料的孔隙率及孔隙特征，而且还与材料受冻前的吸水饱和程度以及冻结条件(如冻结温度、速度、冻融循环作用的频繁程度等)有关，通常具有以下规律：

①材料开口孔隙率越大，孔隙充水程度越高，抗冻性越差。

②冻结温度越低，速度越快，冻融循环作用越频繁，材料产生的冻害就越严重。

对于受大气和水作用的材料，抗冻性往往决定着它的耐久性。抗冻等级越高(或者标号越大)，材料耐久性越好。一般认为，软化系数小于0.8的材料，抗冻性较差。

实际工程中选择材料抗冻等级时要综合考虑工程种类、结构部位、使用条件、气候条件等因素。如外墙陶瓷面砖要求抗冻等级为F15。对处于冬季室外温度低于−10℃的寒冷地区，建筑物的外墙及露天工程中使用的材料必须进行抗冻性检验。

【知识拓展】　慢冻试验法是使待测材料在室内常温(20 ℃±2 ℃)和1个大气压条件下吸水至饱和后，置于−15 ℃以下冻结4 h，然后取出放入20 ℃±5 ℃的水中融解4 h，如此为一次冻融循环，经反复冻融至规定次数为止。当材料的质量损失不超过5%、压力损失不超过25%且试件表面无剥落、裂缝、分层及掉边等现象时，抗冻性合格。

(6)抗渗性

抗渗性是指材料抵抗压力水或其他液体(油、酒精等)渗透的性质。抗渗能力的大小视不同材料表示的方法不同。

①渗透系数：实际工程中，渗透系数通常用于表示防水卷材等材料的抗渗性能。

如图 1-5 所示，当材料两侧存在一定水压时，水便会从压力较高的一侧通过材料内部的孔隙及缺陷等处，向压力较低的一侧渗透。材料的抗渗性能用抗渗系数表示，按式(1-16)计算

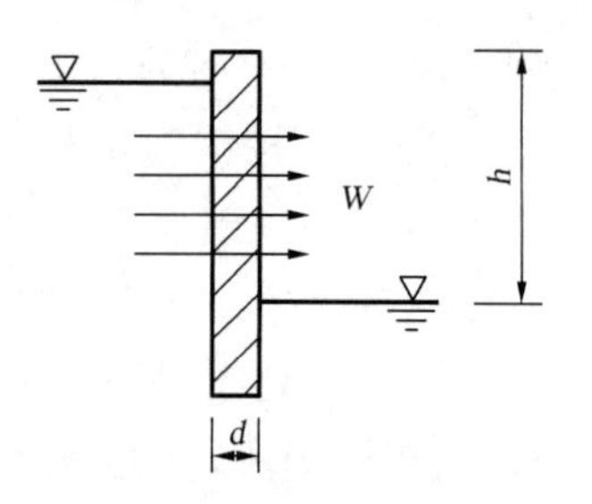

图 1-5　材料透水示意图

$$K=\frac{Wd}{Ath} \tag{1-16}$$

式中　K——渗透系数，cm/h；

W——渗水量，cm^3；

A——渗水面积，cm^2；

h——材料两侧的水压差，cm；

d——渗水试件厚度，cm；

t——渗水时间，h。

渗透系数越小，材料的抗渗性越强。

②抗渗等级：抗渗等级通常用于表示防水混凝土等材料的抗渗性能，是指用标准方法进行透水试验时，材料标准试件在透水前所能承受的最大水压力。抗渗等级划分为 P4、P6、P8、P10 等，分别表示试件最大能承受 0.4 MPa、0.6 MPa、0.8 MPa、1.0 MPa 等的水压而不渗透。抗渗等级越高，抗渗性越好。

材料抗渗性取决于材料与水的亲和程度、材料的孔隙率及孔隙特征。憎水性、孔隙率小而且孔隙封闭的材料具有较高的抗渗性；亲水性、具有连通孔隙、孔隙率较大的材料，抗渗性较差。

地下建筑、水工建筑等经常受压力水作用的工程所用的材料及防水材料都应该具有足够的抗渗性，避免出现渗水或漏水现象。如地下建筑中使用的防水混凝土，要求其应满足抗渗等级等于或大于 P6(抗渗压力为 0.6 MPa)，对于防水卷材则要求具有更高的抗渗性。

3. 与热有关的性质

(1)导热性

导热性是材料传导热量的能力，用热导率 λ 表示，按式(1-17)计算

$$\lambda=\frac{Qa}{At(T_2-T_1)} \tag{1-17}$$

式中　λ——热导率，W/(m·K)；

Q——传导的热量，J；

a——材料厚度，m；

A——热传导面积，m^2；

t——热传导时间，h；

T_2-T_1——材料两侧温度差，K。

热导率取值通常在 0.023～400 W/(m·K)范围内。热导率越小，材料的保温隔热性能越好。通常将 $\lambda \leqslant 0.15$ W/(m·K)的材料称为绝热材料。影响材料热导率的因素可概括为以下几点：

①材料的化学组成和物理结构。一般来讲,金属材料、无机材料、晶体材料的热导率分别大于非金属材料、有机材料、非晶体材料的热导率。即$\lambda_{金属}>\lambda_{非金属}$;$\lambda_{无机}>\lambda_{有机}$;$\lambda_{晶体}>\lambda_{非晶体}$。

②孔隙率与孔隙特征。材料的孔隙越多,热导率越小。因为空气的热导率($\lambda_{空气}\leqslant$ 0.025 W/(m·K))远远小于固体物质的热导率。孔隙率相同时,由微小而封闭孔隙组成的材料,可以减少或避免材料孔隙内热的对流传导,其热导率低于由粗大而连通孔隙组成的材料。

③含水状况及导热时的温度。由于$\lambda_{水}=0.60$ W/(m·K)、$\lambda_{冰}=2.20$ W/(m·K),因此当材料受潮或受冻时会使材料热导率急剧增大,导致材料的保温隔热效果变差。除金属外,大多数建筑材料的热导率会随导热时温度升高而增大。

(2)热容量

材料在受热时吸收热量、冷却时放出热量的性质称为材料的热容量,用比热容表示。比热容是单位质量(1 g)材料温度升高或降低 1 K 时所吸收或放出的热量。比热容用符号 c 表示,按式(1-18)计算

$$c=\frac{Q}{m(T_2-T_1)} \tag{1-18}$$

式中 c——材料的比热容,J/(g·K);

Q——材料吸收或放出的热量,J;

m——材料的质量,g;

T_2-T_1——材料受热或冷却前、后的温差,K。

材料的热导率和比热容是设计建筑物维护结构、进行热工计算时的重要参数,选用热导率小、比热容大的材料可以节约能耗并长时间的保持室内温度的稳定。常用建筑材料的热导率和比热容见表 1-5。

表 1-5 常用建筑材料的热导率和比热容指标

材料名称	热导率/[W·(m·K)$^{-1}$]	比热容/[J·(g·K)$^{-1}$]	材料名称	热导率/[W·(m·K)$^{-1}$]	比热容/[J·(g·K)$^{-1}$]
建筑钢材	58	0.48	黏土空心砖	0.64	0.92
花岗岩	3.49	0.92	松木	0.17～0.35	2.51
普通混凝土	1.28	0.88	泡沫塑料	0.03	1.30
水泥砂浆	0.93	0.84	冰	2.20	2.05
白灰砂浆	0.81	0.84	水	0.60	4.19
普通黏土砖	0.81	0.84	静止空气	0.025	1.00

(3)耐燃性与耐火性

耐燃性是指材料在火焰和高温作用下能否燃烧以及燃烧的难易程度的性质。建筑构件按燃烧性能分为三类,即不燃烧体、难燃烧体和燃烧体。

耐火性是指材料在火焰和高温作用下,保持其完整性不破坏、性能不明显下降的能力,用耐火极限表示。耐火极限是指材料从受到火的作用时起,到失去支持能力或完整性被破坏或失去隔火作用时为止所经历的时间,单位是小时(h)。耐火极限越长,材料抵抗火焰或高温作用的能力越强。

燃烧性能和耐火极限用于确定房屋主要构件的耐火等级，不同耐火等级的建筑物所用构件的燃烧性能和耐火极限见表 1-6。

表 1-6　部分建筑物构件的燃烧性能和耐火极限　h

构件名称		耐火等级			
		一级	二级	三级	四级
墙	防火墙	不燃烧体 3.0	不燃烧体 3.0	不燃烧体 3.0	不燃烧体 3.0
	承重墙	不燃烧体 3.0	不燃烧体 2.50	不燃烧体 2.00	难燃烧体 0.50
	非承重墙	不燃烧体 1.00	不燃烧体 1.00	不燃烧体 0.50	燃烧体
	楼梯间的墙、电梯井的墙	不燃烧体 2.00	不燃烧体 2.00	不燃烧体 1.50	难燃烧体 0.50
	疏散走道两侧的隔墙	不燃烧体 1.00	不燃烧体 1.00	不燃烧体 0.50	难燃烧体 0.25
	房间隔墙	不燃烧体 0.75	不燃烧体 0.50	难燃烧体 0.50	难燃烧体 0.25
柱		不燃烧体 3.0	不燃烧体 2.50	不燃烧体 2.00	难燃烧体 0.50
梁		不燃烧体 2.00	不燃烧体 1.50	不燃烧体 1.00	难燃烧体 0.50
楼板		不燃烧体 1.50	不燃烧体 1.00	不燃烧体 0.50	燃烧体
屋顶承重构件		不燃烧体 1.50	不燃烧体 1.00	燃烧体	燃烧体

耐燃性与耐火性是两个不同的概念，耐燃的材料不一定耐火，而耐火的材料一般都耐燃。如钢材是耐燃材料（不燃烧性材料），但非耐火材料，因其耐火极限仅为 0.25 h，即在高温作用下，在十几分钟内就会变形、熔融。

二、材料的力学性质

1. 强度、比强度、强度等级

（1）强度

强度是材料在外力（荷载）作用下抵抗破坏的最大能力。

材料在建筑物上所受的外力主要有压力、拉力、剪力、弯曲等，如图 1-6 所示。材料抵抗这些外力破坏的能力分别称为抗压、抗拉、抗剪、抗弯（抗折）强度等。

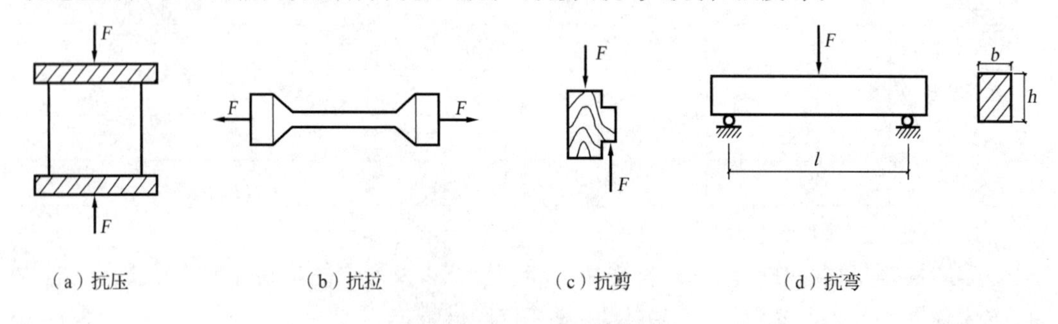

图 1-6　材料承受各种外力示意图

材料的抗压、抗拉、抗剪强度可按式(1-19)计算

$$f=\frac{F_{max}}{A} \tag{1-19}$$

式中　f——抗拉或抗压或抗剪强度，MPa；

F_{max}——材料破坏时的最大荷载，N；

A——试件的受力面积，mm^2。

材料的抗弯强度与受力情况有关，一般试验方法是将条形试件放在两端的两支点上，中间作用一集中荷载，对于矩形截面试件，其抗弯强度用式(1-20)计算

$$f_w=\frac{3F_{max}l}{2bh^2} \tag{1-20}$$

式中　f_w——材料的抗弯强度，MPa；

F_{max}——材料受弯破坏时的最大荷载，N；

l——两支点的间距，mm；

b——试件横截面的宽度；

h——试件横截面的高度。

影响材料强度的因素可概括为以下几点：

①材料的组成和构造：矿物组成、岩石的结构和构造、裂隙的分布等不同，材料强度特征不同。如混凝土、石材、砖等材料的抗压强度高而抗拉强度相对较小，这类材料不适合作受弯构件，而钢材的抗压和抗拉强度基本上是相等的，所以钢材有着良好的工程适用性。

②试验条件：同一种岩石，试件的形状相同时，尺寸越大，抗压强度值越小；加荷速度越快，强度值越大。

③含水状态：干燥状态下的强度要大于水饱和状态下的强度，水饱和状态下的强度又要大于冻融循环状态下的强度。

常用建筑材料的强度值见表1-7。

表1-7　常用建筑材料的强度值　MPa

材料	抗压强度	抗拉强度	抗弯强度
花岗岩	100～250	5～8	10～14
普通混凝土	5～60	1～9	—
建筑石膏	2.9～4.9	—	1.8～2.5
玻璃	600～1 200	40～800	—
松木(顺纹)	30～50	80～120	60～100
钢材	240～1 500	240～1 500	—

(2)比强度

比强度是指按单位质量计算的材料强度，其值等于材料的强度与其表观密度之比。比强度值越大，表明单位质量的材料具有的强度值越高，材料具有轻质高强的特点。优质的材料必须具有较高的比强度。

建筑材料中，玻璃钢和木材的比强度较大，属于轻质高强材料，混凝土和烧结普通砖的比强度较小。几种主要材料的比强度见表1-8。

表 1-8　　几种主要材料的比强度

材料	表观密度/($kg \cdot m^{-3}$)	强度/MPa	比强度/($MPa \cdot kg^{-1}$)
玻璃钢	2 000	450	0.225
松木(顺纹抗拉)	500	100	0.200
低碳钢	7 850	420	0.054
普通混凝土(抗压)	2 400	40	0.017
烧结普通砖(抗压)	1 700	10	0.006

发展和使用轻质高强材料,可以减轻建筑物的自重,提高建筑结构性能,节省材料成本和施工成本。

(3)强度等级

强度等级是将材料按强度特性进行的分级。如水泥混凝土、建筑砂浆等脆性材料,其在结构中主要承受压力,通常以抗压强度来划分强度等级;而建筑钢材在建筑物中主要承受拉力,所以用抗拉强度来划分等级;而各种通用水泥则根据其 3 d、28 d 的抗压和抗弯强度值划分强度等级。

需要说明的是,强度等级是人为划分的,具有数值不连续的特点。同时,根据强度划分强度等级时,规定的各项指标都合格才能定为某强度等级,否则就要降低级别或定为不合格品。

2. 弹性和塑性

(1)弹性

材料在外力作用下产生变形,当外力取消后能够完全恢复原来形状的性质称为弹性。这种完全恢复的变形称为弹性变形(或瞬时变形),变形值的大小与外力成正比,其比例系数称为弹性模量 E。

在弹性变形范围内,弹性模量 E 为常数,其值等于应力 σ 与应变 ε 的比值,用式(1-21)表示

$$E=\frac{\sigma}{\varepsilon} \tag{1-21}$$

式中　E——材料的弹性模量,MPa;

σ——材料的应力(作用于材料表面或内部单位面积上的力),MPa;

ε——材料的应变(材料在外力作用方向上所发生的相对变形值)。

弹性模量是衡量材料抵抗变形能力的一个指标,其值越大,材料越不易产生变形。

(2)塑性

材料在外力作用下产生变形,外力取消后仍能保持变形后的形状和尺寸,并且不产生裂缝的性质称为塑性。这种不能恢复的变形称为塑性变形(或永久变形)。

实际上,不同的材料在力的作用下表现出不同的变形特征。没有只发生单纯的弹性或塑性变形的材料。例如,低碳钢在受力不大时仅产生弹性变形,此时,应力与应变的比值为一常数,随着外力增大直至超过弹性极限时,不但会出现弹性变形,还会出现塑性变形。

沥青混凝土在受力后，同时发生弹性变形和塑性变形，除去外力后，弹性变形可以恢复，而塑性变形不能恢复，其应力-应变关系曲线如图1-7所示，具有上述变形特征的材料称为弹塑性材料。

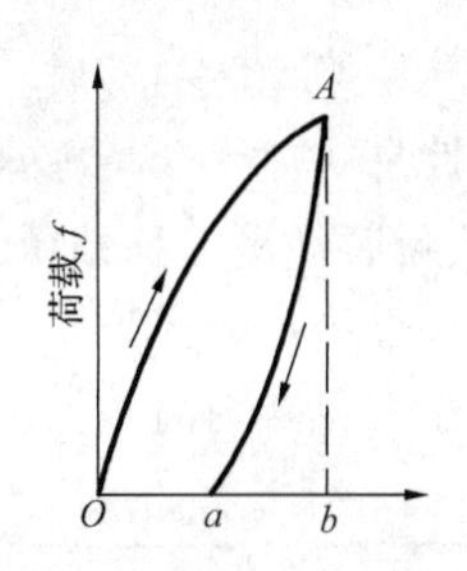

图 1-7　弹塑性材料变形曲线

ab—可恢复的弹性变形；Oa—不可恢复的塑性变形

3. 脆性和韧性

(1)脆性

材料在外力作用下，直至断裂前只发生很小的弹性变形，而不出现塑性变形就突然产生破坏的性质称为脆性，具有这种性质的材料称为脆性材料。如天然石材、陶瓷、玻璃、普通混凝土、砂浆等均属于脆性材料。脆性材料的抗压强度远高于抗拉和抗弯强度，抵抗冲击或振动荷载的能力差，常用于承受静压力作用的工程部位，如基础、墙体、墩座等。

(2)韧性

材料在冲击或动力荷载作用下，能吸收较大能量而产生一定的塑性变形而不被破坏的性质称为韧性(或冲击韧性)，韧性以试件破坏时单位面积所消耗的功表示。如工程中经常使用的沥青混合料、建筑钢材等属于韧性材料。韧性材料的抗拉强度接近或高于抗压强度，常被用于路面、桥梁、吊车梁及有抗震要求的结构中。

4. 硬度和耐磨性

(1)硬度

硬度是材料抵抗其他硬物刻画、压入其表面的能力。不同材料的硬度测定方法不同。

天然矿物的硬度用刻画法确定，并按滑石、石膏、方解石、萤石、磷灰石、正长石、石英、黄玉、刚玉、金刚石的顺序，划分为 10 个硬度等级。工程上使用的混凝土、陶瓷、砖、砂浆等材料的表面硬度通常用回弹法测定。

一般情况下，硬度大的材料耐磨性较强，加工难度大。

(2)耐磨性

耐磨性是材料表面抵抗磨损的能力，用磨耗率表示，按下式计算

$$G=\frac{m_1-m_2}{A} \tag{1-22}$$

式中　G——材料的磨耗率，g/cm^2；

m_1——材料磨损前的质量，g；

m_2——材料磨损后的质量，g；

A——材料试件的受磨面积，cm^2。

建筑工程中，用于道路、地面、踏步等部位的材料，均应考虑其硬度和耐磨性。强度较高且密实的材料，其硬度较大，耐磨性也较好。

三、材料的耐久性

1. 耐久性的含义

耐久性是指材料在使用过程中，抵抗自身及外界环境各种因素及有害介质的作用，长

久地保持其使用性能的性质。

耐久性是一项综合指标,包括抗冻性、抗渗性、抗化学侵蚀性、抗碳化性、大气稳定性、抗老化性、耐磨性等多种性质。

2. 耐久性的影响因素

常用建筑材料的耐久性影响因素见表1-9。

表1-9 影响材料耐久性的因素

建筑材料	耐久性破坏因素	破坏原因	评价指标
水泥混凝土	压力水	渗透	抗渗等级
	水	冻融	抗冻等级
	CO_2、H_2O	碳化	碳化深度
	水、过量碱、活性 SiO_2	碱-骨料反应	膨胀率
建筑钢材	H_2O、O_2、Cl^-	电化学腐蚀	电位锈蚀率
建筑石材	机械力、流水、泥沙	磨损	磨耗值、磨光值
沥青	阳光、空气、水、紫外线	老化	蒸发损失率或针入度比
防水卷材	压力水	渗透	渗透系数
沥青混合料	水	渗透	残留稳定度

3. 耐久等级的指标

耐久等级是衡量建筑物耐久程度的指标,具体用耐久年限表示。在《民用建筑设计通则》(GB 50352—2005)中对建筑物的耐久年限的规定见表1-10。

表1-10 建筑物的耐久年限规定

耐久等级	耐久年限	适用范围
一级	100年以上	重要的建筑和高层建筑
二级	50～100年	一般性建筑
三级	25～50年	次要的建筑(如住宅)
四级	15年以下	临时性或简易建筑

工作单元

任务一　砂、石取样及试样处理

【知识准备】

材料检测取样规则是什么？对所取试样有何要求？

【技能目标】

1. 能按照规范要求，确定取样批和取样方法。

2. 会按照规范要求，依据砂石材料的试验内容确定取样量，并能独立进行试样处理。

一、取样批的确定

(1)购料单位取样，应按一列火车、一批货船或一批汽车所运的产地和规格均相同的砂或石为一批，但总数不宜超过400 m^3 或600 t。

(2)在料堆上取样时，一般也以400 m^3 或600 t为一批。

(3)人工生产或用小型工具(如拖拉机等)运输的砂，以产地和规格均相同的200 m^3 或300 t为一批。

二、取样方法

(1)在料堆上取样时，取样部位应均匀分布。取样前先将取样部位表层铲除，然后由各部位抽取大致相等的试样，砂共取8份，石子为16份，组成各自一组试样。

(2)从皮带运输机上取样时，应在皮带运输机机尾的出料处，用接料器定时抽取砂4份、石子8份组成各自一组试样。

(3)从火车、汽车、货船上取样时，应从不同部位和深度抽取大致相等的砂8份，石子16份组成各自一组试样。

三、取样数量

对每一单项试验，应不小于最少取样的数量。须做几项试验时，如确能保证试样经一项试验后，不致影响另一项试验的结果，可用同一组试样进行几项不同的试验。表1-11是砂常规单项试验的最小取样量。

表 1-11 砂常规单项试验的最小取样量

序号	试验项目	最小取样数量/kg
1	颗粒级配	4.4
2	含泥量	4.4
3	泥块含量	20.0
4	表观密度	2.6
5	松散堆积密度与空隙率	5.0

四、试样的处理

1. 试样的缩分

将所取每组试样置于平板上，若为砂样，则操作方法如图 1-8 所示。在潮湿状态下搅拌均匀，并堆成厚度约为 2 cm 的“圆饼”，然后沿互相垂直的两条直径，把“圆饼”分成大致相等的四份，取其对角的两份重新拌匀，再堆成“圆饼”。重复上述过程，直至缩分后的材料质量，略多于进行试验所必需的质量为止。

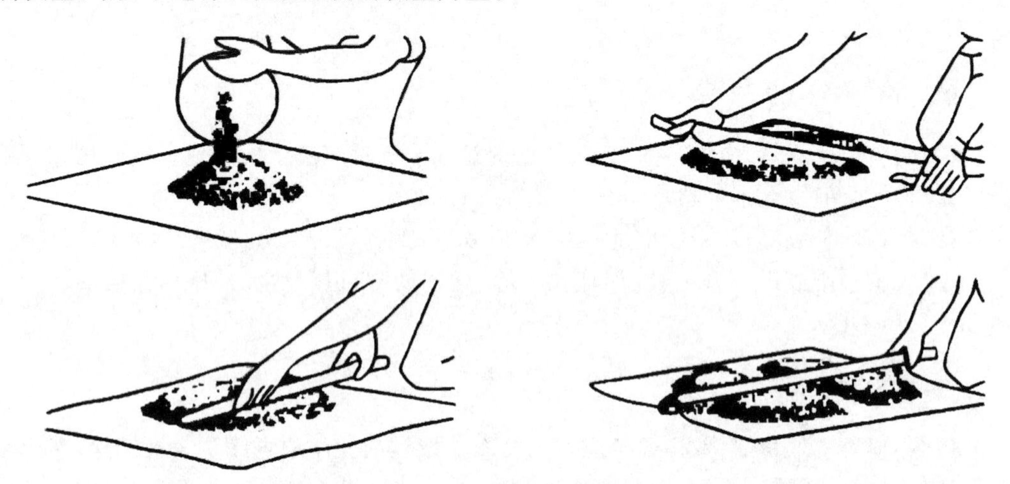

图 1-8 四分法取样示意

若为石子试样，在自由状态下搅拌均匀，并堆成锥体，然后沿相互垂直的两条直径，把锥体分成大致相等的四份。取其对角的两份重新拌匀，再堆成锥体。重复上述过程直至缩分后材料的质量，略多于进行试验所必需的质量为止。

有条件时，也可以用分料器对试样进行缩分。碎石或卵石的含水率及堆积密度检验，所用的试样不经缩分，拌匀后直接进行试验。

2. 试样的包装

每组试样应采用能避免细料散失及防止污染的容器包装，并附卡片标明试样编号、产地、规格、质量、要求检验项目及取样方法等。

任务二　砂、石表观密度的测定

【知识准备】

1. 砂、石表观体积的含义。
2. 容量瓶法和网篮法测定砂、石表观密度的原理。
3. 砂表观密度测定中若容量瓶中的气泡未排尽，对试验结果的影响。

【技能目标】

1. 学会用容量瓶法测定砂的表观密度，用网篮法测定石子的表观密度。
2. 会记录数据且对试验结果进行处理及评价。

一、砂表观容度的测定(容量瓶法)

1. 试验仪具

(1)容量瓶：500 mL。

(2)烧杯：500 mL。

(3)天平：称量 1 kg，感量不大于 0.1 g。

(4)烘箱：能控温在 105 ℃±5 ℃。

(5)冷开水。

(6)其他：搪瓷盘、干燥器、温度计、滴管、毛刷等。

2. 试样制备

按规定取样，并将来样拌匀，用四分法缩分至约 660 g，放在 105 ℃±5 ℃烘箱中烘干至恒重，并置于干燥器中冷却至室温，分成大致相等的两份备用。

3. 试验步骤

(1)称取烘干的试样约 300 g(m_0)，装入容量瓶，注入冷开水至接近 500 mL 的刻度处。

(2)用手旋转摇动容量瓶，排除瓶内气泡。塞紧瓶塞，静置 24 h。

(3)用滴管小心加水至容量瓶 500 mL 刻度线处，塞紧瓶塞，擦干瓶外水分，称其总质量 m_1(g)。

(4)倒出瓶内水和试样，洗净容量瓶，再向容量瓶内注水(水温控制在 15～25 ℃，且与上述水温相差不超过 2 ℃)至 500 mL 刻度处，塞紧瓶塞，擦干瓶外水分，称其总质量 m_2(g)。

【规范提示】　在砂的表观密度试验过程中应测量并控制水的温度，试验期间的温差不得超过 1 ℃。

4. 结果计算及要求

(1)砂的表观密度按式(1-23)计算(计算至小数点后 3 位)

$$\rho_a=\left(\frac{m_0}{m_0+m_2-m_1}-\alpha_T\right)\times\rho_w \tag{1-23}$$

式中　ρ_a——砂的表观密度，g/m^3；

m_0——试样的烘干质量，g；

m_1——试样、水及容量瓶的总质量，g；

m_2——水及容量瓶的总质量,g;

ρ_w——试验温度下水的密度,g/cm³;

α_T——试验时的水温对水密度影响的修正系数,按表1-12取值。

(2)以两次平行试验结果的算术平均值作为测定值,如两次结果之差值大于0.02 g/cm³,应重新取样进行试验。

表1-12　　不同温度下水的密度 ρ_w

水温/℃	15	16	17	18	19	20
水的密度 ρ_w/(g/cm³)	0.99 913	0.99 897	0.99 880	0.99 862	0.99 843	0.99 822
水温的修正系数 α_T	0.002	0.003	0.003	0.004	0.004	0.005
水温/℃	21	22	23	24	25	
水的密度 ρ_w/(g/cm³)	0.99 802	0.99 779	0.99 756	0.99 733	0.99 702	
水温的修正系数 α_T	0.005	0.006	0.006	0.007	0.007	

5.试验数据记录及结果处理

砂表观密度试验数据记录及结果处理见表1-13。

表1-13　　砂表观密度试验数据记录及结果处理

试验次数	砂烘干质量 m_0/g	砂+水+容量瓶质量 m_2/g	水+容量瓶质量 m_1/g	水的密度 ρ_w/(g·m⁻³)	砂表观密度 ρ_a/(g·m⁻³)	
					个别值	平均值
1						
2						

【技术提示】

1.将试样装入容量瓶中时,切忌洒落损失。

2.必须使容量瓶中的气泡排尽。

3.读取容量瓶中液面高度时,一定要注意刻度线、视线连成的直线与溶液的凹液面相切。

4.试验过程中应测量并控制水的温度,试验期间的温差不得超过1℃。

二、石子表观密度的测定(网篮法)

1.试验仪具

(1)液体天平:可悬挂吊篮测定石子在水中的质量,称量应满足试样数量称量要求,称量5 kg,感量5 g。网篮试验装置如图1-9所示。

(2)吊篮:耐锈蚀的金属材料制成,直径和高为150 mm左右,四周及底部用孔径为1~2 mm的筛网编制成,具有密集的孔眼。

(3)溢流水槽:使称量试样在水中时能保持水面高度一定。

(4)烘箱:能控温105℃±5℃。

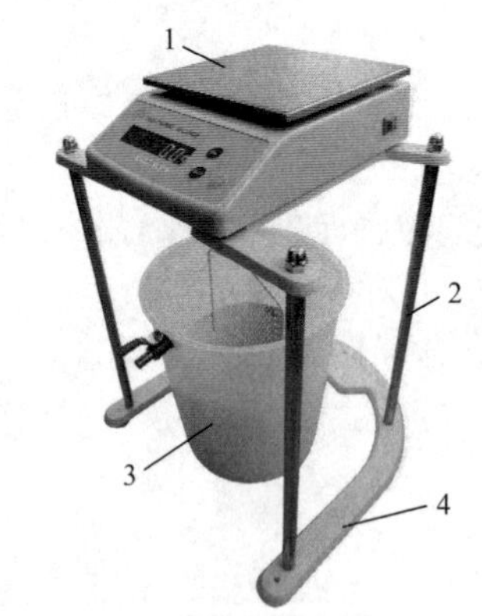

图1-9　网篮试验装置
1—底部可悬挂网篮的天平;2—天平支架;3—内部可盛网篮的盛水容器;4—支架底座

(5)试验筛:孔径为 4.75 mm 的筛一只。

(6)其他用具:盛水容器(有溢流孔)、温度计(0～100 ℃,分度为 1 ℃)、刷子、毛巾(纯棉、洁净)等。

2. 试样制备

按规定取样,筛除公称粒径为 4.75 mm 以下的颗粒,并缩分至每份略大于表 1-14 中规定的数量(共取两份),风干后筛除公称粒径小于 4.75 mm 的颗粒,冲洗干净备用。

表 1-14　石子表观密度试验所需试样最小质量

公称最大粒径/mm	4.75	9.5	16	19	26.5	31.5	37.5	63	75
每一份试样的最小质量/kg	0.8	1	1	1	1.5	1.5	2	3	3

3. 试验步骤

(1)将试样分别装入干净的搪瓷盘中,注入洁净的水,水面至少应高出试样 50 mm,轻轻搅动石料,使附着在石料上的气泡完全逸出,在室温下保持浸水 24 h。

(2)将吊篮挂在天平的吊钩上,浸入溢流水槽中,向溢流水槽中注水,水面高度至水槽的溢流孔,将天平调零。吊篮的筛网应保证集料不会通过筛孔流失,对 2.36～4.75 mm 的试样应更换更小孔的筛网,或在网篮中放入一个浅盘。

(3)调节水温在 15 ℃～25 ℃,将试样移入吊篮中,并用上下升降吊篮的方法排除气泡,每秒升降 1 次,升降高度为 30～50 mm,称取试样在水中的质量(溢流水槽中的水面高度由水槽的溢流孔控制维持不变)。

(4)提起吊篮,将试样倒入浅搪瓷盘中,放入 105 ℃±5 ℃的烘箱中烘干至恒重。

【知识拓展】 恒重指相邻两次称量间隔时间大于 3 h 的情况下,其前后两次称量之差小于要求的称量精度(精度要求 0.1%)。

(5)取出浅盘,在干燥器中冷却至室温,称取石子的烘干质量 m_a(一般,在烘箱中烘烤的时间不得少于 4～6 h)。

(6)取另一份石子进行平行试验,取两次平均值作为试验结果。

4. 结果计算及要求

(1)石子的表观密度按下式计算

$$\rho_a=\left(\frac{m_a}{m_a-m_w}-\alpha_T\right)\times\rho_w \tag{1-24}$$

式中　ρ_a——石子的表观密度(计算精确至 0.01),g/m³;

ρ_w——试验温度下水的密度,g/m³;

α_T——试验时的水温对水密度影响的修正系数;

m_a——石子的烘干质量,g;

m_w——石子的水中质量,g。

(2)以两次试验结果的算术平均值作为测定值,两次结果相差不得超过 20 kg/m³。否则应重新进行试验。对颗粒材质不均匀、两次试验结果超过规定误差者,可取 4 次试验的算术平均值作为试验结果。

5. 试验数据记录及结果处理

石子表观密度试验数据记录及结果处理见表 1-15。

表 1-15 石子表观密度试验数据记录及结果处理

<table>
<tr><td rowspan="2">试验次数</td><td rowspan="2">石子的烘干质量 m_0/g</td><td rowspan="2">石子的水中质量 m_w/g</td><td colspan="2">石子表观密度 ρ_a/(g·cm^{-3})</td><td rowspan="2">备注</td></tr>
<tr><td>个别值</td><td>平均值</td></tr>
<tr><td>1</td><td></td><td></td><td></td><td rowspan="2"></td><td rowspan="2"></td></tr>
<tr><td>2</td><td></td><td></td><td></td></tr>
</table>

【技术提示】

1. 试样的各项称量可以在 15～25 ℃的温度范围内进行，从试样加水静置的最后 2 h 起直至试验结束，温度相差不应超过 2 ℃。

2. 称量过程不要有石子颗粒丢失。

任务三 砂、石松装堆积密度的测定

【知识准备】

1. 材料堆积体积的含义，砂、石堆积体积与装砂、石材料的容器容积的关系。

2. 砂、石堆积的紧密程度对堆积密度有何影响？

3. 砂、石松装堆积密度测定中，校正容量筒容积时，对水温有何要求？为什么要考虑水温的影响？

【技能目标】

1. 会用容量筒测定砂、石的松装堆积密度。

2. 会进行数据处理和试验结果评价。

一、砂的松装堆积密度的测定

1. 试验仪具

(1)容量筒：圆柱形金属筒，容积约为 1 L。

(2)台秤：称量 10 kg，感量 1 g。

(3)烘箱：能控制温度在 105 ℃±5 ℃。

(4)方孔筛：孔径为 4.75 mm 筛一只。

(5)漏斗：如图 1-10 所示。

(6)其他：直尺、浅搪瓷盘、料勺、带三脚架的金属漏斗、铁铲。

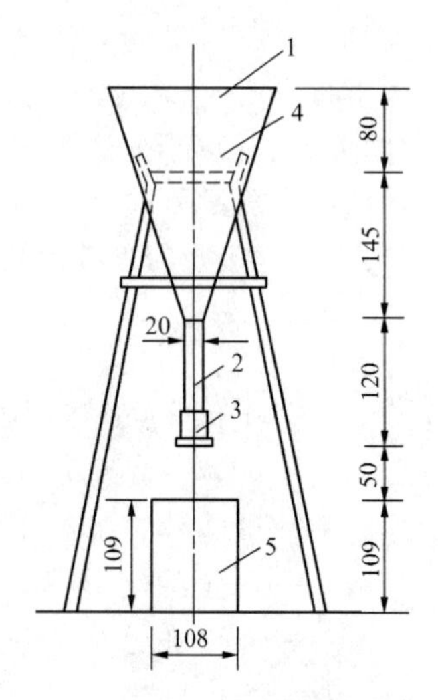

图 1-10 砂松装堆积密度试验装置示意图

1—漏斗；2—φ20mm 管子；3—活动门；4—方孔筛；5—金属容量筒

2. 试验准备工作

(1)试样的制备

按规定取样，用搪瓷盘装取试样约 3 L，放在干燥箱中于 105 ℃±5 ℃下烘干至恒重，待冷却至室温后，筛除小于4.75 mm 的颗粒，分成大致相等的两份备用。

(2)容量筒容积的校正

将温度为 20 ℃±2 ℃的饮用水装满容量筒，用一玻璃板沿筒口推移，使其紧贴水面。擦干筒外壁水分，然后称取容量筒、水、玻璃板的合重。容量筒容积按式(1-25)计算。

$$V=(m'_2-m'_1)/\rho_w \tag{1-25}$$

式中　m'_1——容量筒和玻璃板的总质量，g；

m'_2——容量筒、玻璃板和水的总质量，g；

ρ_w——试验温度下水的密度，g/cm^3，见表 1-12。

3. 试验步骤

(1)称取容量筒的质量 m_0。

(2)取试样一份，用料勺或漏斗将试样从容量筒中心上方 50 mm 处徐徐倒入，让试样以自由落体下落，当容量筒上部试样呈锥体，且容量筒四周溢满时，即停止加料。然后用直尺沿筒口中心线向两边把多余的试样去掉(试验中严禁触动容量筒)。

(3)称取容量筒及试样的总质量 m_1(g)。

4. 结果计算及要求

(1)松装堆积密度按式(1-26)计算

$$\rho=\frac{m_1-m_0}{V} \tag{1-26}$$

式中　ρ——砂的松装堆积密度，g/cm^3；

m_0——容量筒的质量，g；

m_1——容量筒和砂的总质量，g；

V——容量筒容积，mL。

以两次试验结果的算术平均值作为测定值(精确至 0.01 g/cm^3)。

(2)空隙率按式(1-27)计算(精确至 0.1%)

$$n=(1-\frac{\rho}{\rho_a})\times 100\% \tag{1-27}$$

式中　n——砂的空隙率；

ρ——砂的松装堆积密度，g/cm^3；

ρ_a——砂的表观密度，g/cm^3。

5. 试验数据记录及结果处理

砂松装堆积密度试验数据记录及结果处理见表 1-16。

表 1-16　砂松装堆积密度试验数据记录及结果处理

试验内容	试验次数	容量筒容积 V/L	容量筒质量 m_0/g	试样+容量筒质量 m_1/g	试样质量 m/g	松装堆积密度 ρ/($g\cdot cm^{-3}$)		备注
						个别值	平均值	
松装堆积密度/(g/cm^3)	1							
	2							

【技术提示】

1. 测定砂松装堆积密度时，从试样开始通过漏斗装入容量筒至开始称料前，筒不许受到振动。

2. 漏斗的出料口与容量筒筒口距离应控制在约 50 mm 处，漏斗中所盛砂量应保证一次性将容量筒装满。

二、石子松装堆积密度的测定

1. 试验仪具

(1)天平或台秤:称量 10 kg,感量 10 g。

(2)容量筒:金属铁圆筒,根据石子的最大粒径,参考表 1-17 选取。

表 1-17　石子松装堆积密度试验容量筒的规格要求

石子的最大粒径/mm	容量筒的容积/L	容量筒的规格		筒壁厚度/mm
		内径/mm	净高/mm	
$D_{max}\leqslant 26.5$	10	208	294	2
31.5、37.5	20	294	294	3
53、63、75	30	360	294	4

(3)烘箱:能控温在 105 ℃±5 ℃内。

(4)其他:直尺、平头铁锹、玻璃板等。

2. 试样准备

按规定取样,用四分法取具有代表性的试样(质量应符合试验要求),在 105 ℃±5 ℃下的烘箱中烘干,或摊在清洁的地面上风干,拌匀后分成大致相等的两份备用。

3. 试验步骤

(1)取料:取试样一份置于平整干净的水泥地上(或铁板上)。

(2)装料:用平头铁锹将试样铲起,使石子自由落入容量筒内。此时,从铁锹的齐口至容量筒上口的距离应保持为 50 mm 左右。装满容量筒除去凸出筒口表面的颗粒,并以合适的颗粒填入凹陷部分,使表面稍凸部分和凹陷部分的体积大致相等,称取试样和容量筒的总质量 m_2,精确至 10 g。

(3)容量筒容积的标定:同砂(此处略)。

4. 结果计算及要求

(1)计算容量筒的容积:同砂(此处略)。

(2)石子松装堆积密度的计算:按式(1-28)计算

$$\rho=\frac{m_2-m_1}{V}\times 1\ 000 \tag{1-28}$$

式中　ρ——石子松装堆积密度(精确至 0.01 kg/m³),kg/m³;

m_1——容量筒的质量,kg;

m_2——容量筒与试样的总质量,kg;

V——容量筒的容积,L。

5. 试验数据记录及结果处理

石子松装堆积密度试验记录及结果处理见表 1-18。

表 1-18　石子松装堆积密度试验记录及结果处理

试验次数	容量筒容积 V/L	容量筒质量 m_1/kg	容量筒和试样质量 m_2/kg	试样质量 m_0/kg	松装堆积密度 ρ/(kg·cm⁻³)		备　注
					个别值	平均值	
1							
2							

知识与技能综合训练

一、名词和符号解释

1. 有效数字　2. 表观密度　3. 比强度　4. 含水率　5. 软化系数

二、填空

1. 取样是按照有关技术标准、规范的规定，从检验(　　)对象中抽取(　　)的过程；送检是指取样后将样品从现场移交有(　　)资格的单位承检的过程。

2. 检测机构从事检测工作时，必须遵循(　　)取样送检制度。

3. 某材料在干燥状态下的抗压强度是268 MPa；吸水饱和后的抗压强度是249 MPa。此材料(　　)用于潮湿环境的重要结构。

4. 耐火性是指材料在火焰和高温作用下，保持其不破坏、性能不明显下降的能力，用耐火(　　)表示。

5. 将26.4843修约成三位有效数字，修约结果为(　　)。

三、简答题

1. 说明哪些试块、试件和材料必须实施见证取样和送检。

2. 用什么方法测定石子的表观密度？怎样确定取样量？简述测定方法和步骤。

四、计算题

1. 石子表观密度的测定，若试样烘干后的质量为1 500 g，试样在水中重940 g，则石子的表观密度为多少？(忽略温度对水密度的影响)

2. 某一块状材料的烘干质量为100 g，自然状态下的体积为40 cm^3，绝对密实状态下的体积为30 cm^3，试计算其密度、体积密度、密实度和孔隙率。

建筑材料与检测基本知识

模块二　无机胶凝材料及其性能检测

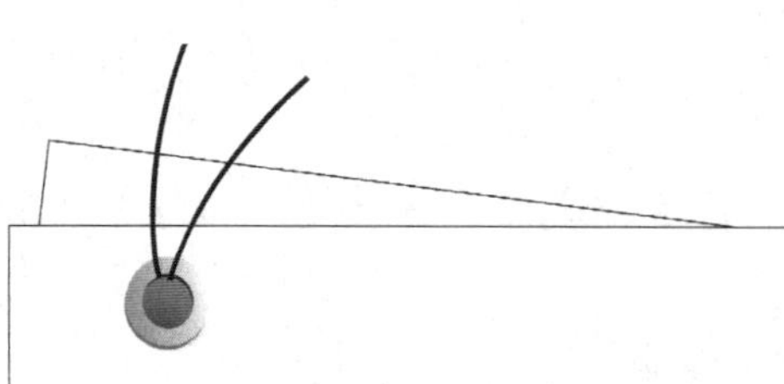

胶凝材料又称胶结材料，是指能通过自身的物理和化学作用，把其他材料（散粒状、块状、粉末状、纤维状等）胶结成为具有一定强度的整体的材料。

按化学成分不同，胶凝材料可分为有机胶凝材料和无机胶凝材料。有机胶凝材料是以天然或合成高分子化合物为基本组成的一类胶凝材料（如沥青）；无机胶凝材料是以无机化合物为主要成分的一类胶凝材料。无机胶凝材料按凝结和硬化的条件不同，又可分为气硬性胶凝材料和水硬性胶凝材料两大类。

水泥是建筑工程中使用量最大、使用范围最广的无机胶凝材料，素有建筑业粮食之称。

水泥的种类很多，按照矿物组成可分为硅酸盐水泥、铝酸盐水泥、硫铝酸盐水泥等；按性能和用途可分为通用硅酸盐水泥、专用水泥和特性水泥，其中通用硅酸盐水泥是建筑工程中使用最多的水泥。

本模块的学习单元重点介绍通用硅酸盐水泥，概要介绍专用水泥和特性水泥及石灰、石膏、水玻璃的主要技术性质和工程应用。工作单元重点训练通用硅酸盐水泥技术性能的检测及检测结果的评价和应用。

学习单元

单元一　水硬性胶凝材料

【知识目标】

1. 了解通用硅酸盐水泥、专用水泥、特性水泥的定义、分类、组成材料及各种水泥的工程应用。

2. 理解水泥的凝结、硬化机理及其影响因素。

3. 掌握通用水泥的技术性质、水泥的运输和保管方法。

一、通用硅酸盐水泥

1. 通用硅酸盐水泥的定义及分类

通用硅酸盐水泥是以硅酸盐水泥熟料和适量石膏及规定的混合材料制成的水硬性胶凝材料。

依据混合材料的品种和掺量，通用硅酸盐水泥可分为硅酸盐水泥、普通硅酸盐水泥、矿渣硅酸盐水泥、火山灰质硅酸盐水泥、粉煤灰硅酸盐水泥和复合硅酸盐水泥。

2. 通用硅酸盐水泥的生产

(1)原料

生产硅酸盐水泥的原料又称生料，主要有石灰质和黏土质两大类。常用的石灰质原料如石灰石、白垩等，主要提供 CaO；常用的黏土质原料如黏土、黄土等，主要提供 SiO_2、Al_2O_3 及 Fe_2O_3。为了弥补两种原料化学组成的不足，还要加入少量校正原料，如黄铁矿渣等。生料中化学成分的含量见表 2-1。

表 2-1　　生料中化学成分的含量

化学成分	CaO	Al_2O_3	SiO_2	Fe_2O_3
含量范围/%	62～67	4～7	20～24	2.5～6.0

(2)生产工艺

硅酸盐水泥的生产工艺，可概述为“两磨一烧”，即生料的磨细、生料的煅烧和熟料的磨细。其生产工艺流程如图 2-1 所示。

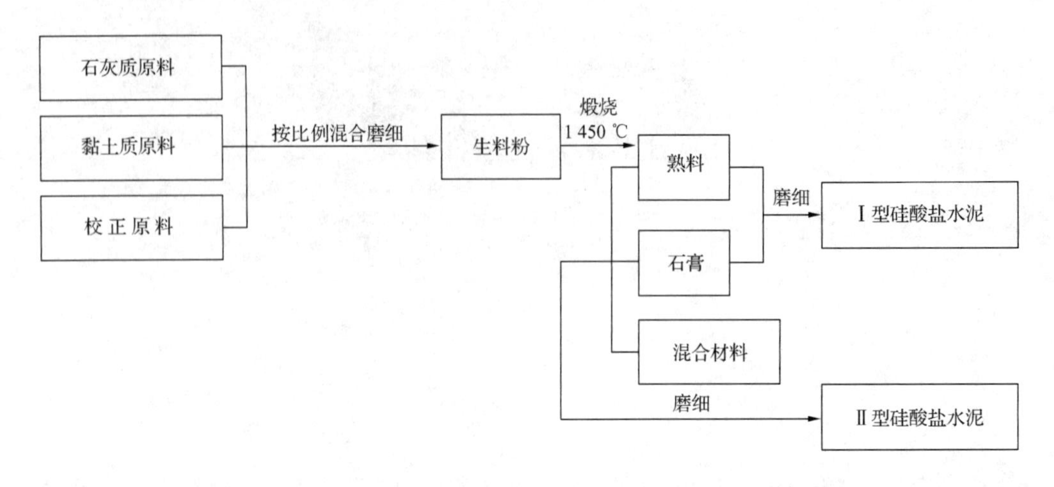

图 2-1 硅酸盐水泥生产工艺流程示意图

【知识拓展】 煅烧水泥熟料的窑型

煅烧水泥熟料的窑型有回转窑和立窑两类。回转窑产量高，产品质量较好，广泛应用于现代化的大型水泥生产厂。规模较小的水泥生产厂多采用立窑生产水泥，但由于产品的质量均匀性较差，因此逐步被淘汰。国外普遍采用新型干法水泥生产线，即采用窑外分解新工艺生产水泥。其生产以悬浮预热器和窑外分解技术为核心，采用新型原料、燃料均化和节能粉磨技术及装备，全线采用计算机集散控制，实现水泥生产过程自动化并使其具有高效、优质、低耗、环保的特点。

3. 通用硅酸盐水泥的组分与材料

(1)组分

按《通用硅酸盐水泥》(GB 175—2007)规定，通用硅酸盐水泥的组分见表 2-2。

表 2-2 通用硅酸盐水泥的组分

品种(简称)	代号	组分/%				
		熟料+石膏	粒化高炉矿渣	火山灰质混合材料	粉煤灰	石灰石
硅酸盐水泥	P·Ⅰ	100	—	—	—	—
	P·Ⅱ	≥95	≤5	—	—	—
		≥95	—	—		≤5
普通硅酸盐水泥(普通水泥)	P·O	≥80 且<95	>5 且≤20			—
矿渣硅酸盐水泥(矿渣水泥)	P·S·A	≥50 且<80	>20 且≤50	—	—	—
	P·S·B	≥30 且<50	>50 且≤70	—	—	—
火山灰质硅酸盐水泥(火山灰水泥)	P·P	≥60 且<80	—	>20 且≤40	—	—
粉煤灰硅酸盐水泥(粉煤灰水泥)	P·F	≥60 且<80	—	—	>20 且≤40	—
复合硅酸盐水泥(复合水泥)	P·C	≥50 且<80	>20 且≤50			

注：表中所列各组分材料均要符合 GB 175—2007 中规定的各技术标准的要求。

(2)材料

①硅酸盐水泥熟料。硅酸盐水泥熟料是指由磨细的原料(又称生料)在窑体中经高温煅烧所形成的煅烧产物，主要是由四种矿物组成的混合物，各种矿物的名称、化学式、简式及含量等见表 2-3。

表 2-3　　硅酸盐水泥熟料的主要矿物

矿物名称	化学式	简式	含量
硅酸三钙	$3CaO \cdot SiO_2$	C_3S	36%～60%
硅酸二钙	$2CaO \cdot SiO_2$	C_2S	15%～38%
铝酸三钙	$3CaO \cdot Ai_2O_3$	C_3A	7%～15%
铁铝酸四钙	$4CaO \cdot Ai_2O_3 \cdot Fe_2O_3$	C_4AF	10%～18%

由表 2-3 所列四种矿物的化学组成可知，所谓的硅酸盐水泥熟料矿物，就是由黏土质原料中的氧化物(SiO_2、Al_2O_3 及 Fe_2O_3)，与石灰质原料高温下分解生成的氧化物(CaO)，以及在高温下反应生成的各种钙盐的混合物。

②石膏。生产水泥时加入适量石膏，可以起到延长水泥凝结时间的作用。

③活性混合材料。生产水泥时使用的活性混合材料主要有粒化高炉矿渣、火山灰质混合材料和粉煤灰等工业废料，它们的共同特点是磨成细粉后加水本身不硬化，但与水泥或石灰等拌和在一起，加水后既能在水中又能在空气中硬化。

④非活性混合材料。非活性混合材料是指不具有活性或活性甚低的人工或天然的矿物质材料，如石英砂、石灰石、干黏土等。

水泥中掺入非活性混合材料，可起到调节水泥强度等级范围、增加水泥产量、降低水泥水化热等作用。

4. 通用硅酸盐水泥的水化、凝结和硬化

(1)水泥熟料的水化

①水化特性。水泥熟料与水发生的反应称为水化。四种熟料矿物单独与水作用的性质归纳见表 2-4。

表 2-4　　各种熟料矿物单独与水作用的性质

性　质		硅酸三钙(C_3S)	硅酸二钙(C_2S)	铝酸三钙(C_3A)	铁铝酸四钙(C_4AF)
水化速度		较快	慢	快	中
水化热		较高	低	高	中
强度	早期	高	低	较高	较高
	后期	高	高	较高	较高
耐化学腐蚀能力		中	良	差	优
干缩性		中	小	大	小

由表 2-4 可知，四种熟料矿物与水单独作用时表现出不同的性质。改变生料的配比及各种矿物组分在熟料中的含量可生产出不同性能的水泥。

②水化产物。硅酸盐类水泥加水拌和后，水泥熟料的水化反应，实质上是熟料中的各

种盐与水发生的水解反应。如果忽略一些次要和少量的成分，水泥水化后主要生成五种水化产物，见表 2-5。

表 2-5 硅酸盐水泥熟料的水化产物

水化产物	结构形态	性 能
水化硅酸钙（CSH）（70%）	凝胶体	凝胶性强，强度高，不溶于水
水化铁酸钙（CFH）	凝胶体	呈絮凝状，凝胶性差，强度低，难溶于水
氢氧化钙（CH）（20%）	板状晶体	强度较高，溶于水
水化铝酸钙（C_3AH_6）	立方晶体	强度低，溶于水
水化硫铝酸钙（AF_t）（7%）	针状晶体	强度高，不溶于水，能提高水泥石早期强度

由表 2-5 可得出如下结论：五种水化产物中含量最多的是水化硅酸钙凝胶体，约占产物总量的 70%；其次是氢氧化钙板状晶体，约占产物总量的 20%。水化硅酸钙和氢氧化钙是提供水泥石强度的两种主要成分；硅酸盐水泥水化反应体系呈碱性。

③水化热。伴随着水化反应放出的热量称为水化热。硅酸盐水泥各主要矿物成分在不同龄期的水化热见表 2-6。

表 2-6 硅酸盐水泥各主要矿物成分在不同龄期的水化热 J/g

矿物名称	龄期					完全水化
	3 d	7 d	28 d	90 d	180 d	
C_3S	406	460	485	519	565	669
C_2S	63	105	167	184	209	331
C_3A	590	661	874	929	1 025	1 063
C_4AF	92	251	377	414	—	569

由表 2-6 可知，同一种熟料矿物在不同龄期的水化热不同；四种熟料矿物在同一龄期的水化热也各不相同，其中以 C_2S 的放热量最低。实际生产中，当提高 C_2S 的含量时，可获得适用于大型块状基础、水坝、桥墩等大体积混凝土构筑物施工的低热水泥。

④活性混合材料的二次水化。与硅酸盐水泥和普通硅酸盐水泥不同，粉煤灰水泥、火山灰水泥、矿渣水泥和复合水泥等掺活性混合材料的水泥，其水化反应的特点是“二次水化”。即当把上述四种水泥加水拌和后，首先是水泥中的熟料发生水化反应，即“一次水化”，其水化产物与硅酸盐水泥的水化基本相同；其次是水泥中的活性混合材料在一次水化生成的 $Ca(OH)_2$ 的激发下发生的水化，即“二次水化”，其水化产物为具有胶凝性质的水化硅酸钙和水化铝酸钙等。掺活性混合材料水泥的水化，是一次水化和二次水化交替进行、相互促进的化学反应过程。

（2）凝结与硬化

水泥加水拌和后最初形成的是具有可塑性的水泥浆体。伴随着水化产物的不断生成，浆体逐渐变稠并开始失去可塑性，这一过程称为初凝；当浆体稠度增大至完全失去可塑性并开始产生强度时称为终凝。终凝以后强度逐渐提高并变成坚硬的石状体（水泥石）的过程称为硬化。

硬化后的水泥石由水化产物(凝胶体、结晶体)、未水化的水泥颗粒和水分蒸发形成的毛细孔、凝胶体中的凝胶孔组成。水泥石的强度主要取决于各水化产物的相对含量和孔隙的数量、大小、形状和分布状态。上述过程如图 2-2 所示。

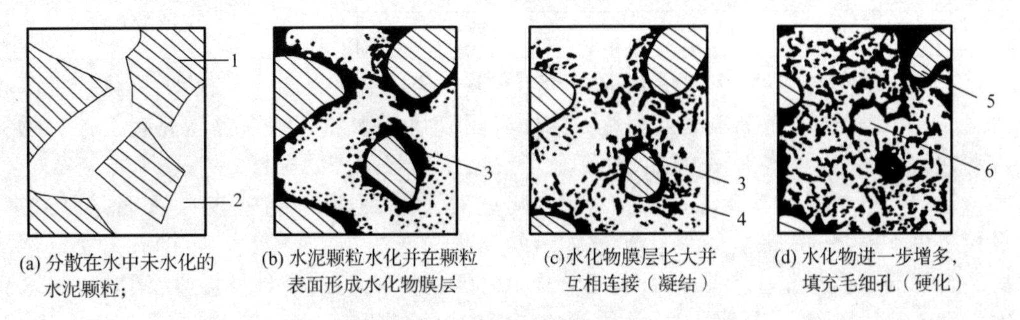

图 2-2　水泥凝结硬化过程示意图

1—水泥颗粒;2—水分;3—凝胶;4—晶体;5—水泥颗粒中未水化的内核;6—毛细孔

影响水泥凝结硬化的主要因素有以下七个方面:

①水泥熟料的矿物组成。硅酸盐水泥各矿物成分的强度增长情况如图 2-3 所示。

如图 2-3 所示,在龄期相同的条件下,水泥中四种主要熟料矿物的强度各不相同。因此它们的相对含量改变时,水泥的强度及其增长速度也随之改变,如图 2-4 所示。

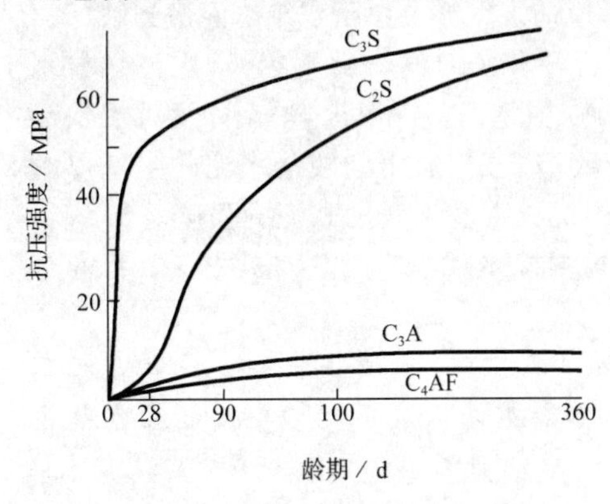

图 2-3　四种熟料矿物龄期-抗压强度曲线

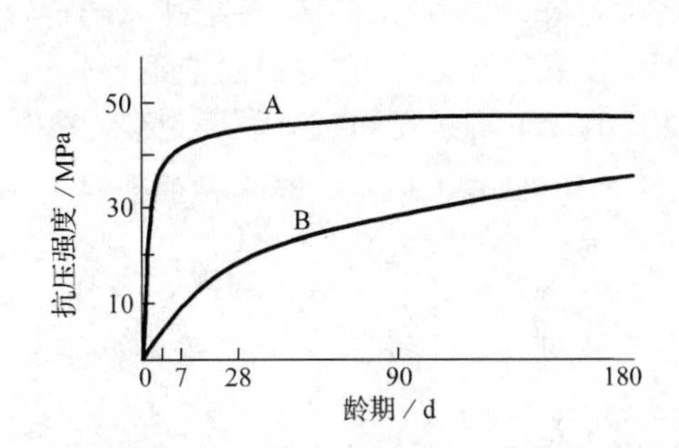

图 2-4　相对含量改变时,水泥的龄期-抗压强度曲线

A 线—70%的 C_3S+10%的 C_2S;B 线—30%的 C_3S+50%的 C_2S

②水泥细度。细度即水泥颗粒的粗细程度。当熟料矿物成分相同时,水泥越细,颗粒平均粒径越小,比表面积越大,水化时与水的接触面积越大,水化越迅速、越充分,凝结硬化的速度越快,早期强度越高。一般认为,水泥颗粒小于 40 μm 时具有较高的活性,而大于 100 μm 时,活性较小。

③拌和用水量。水泥水化的理论需水量一般占水泥质量的 15%～25%,为了满足拌和要求,实际加水量占水泥质量的 40%～70%。加水量增多,水泥浆变稀,利于水泥的水化,但多余的水分延长了水泥的凝结时间,且水分蒸发后在硬化的水泥石内形成毛细孔,降低了水泥石的强度。

水胶比对水泥石的孔隙率和强度的影响见表 2-7。

表 2-7　　水胶比对水泥石的孔隙率和强度的影响

水胶比	孔隙率	强度变化
0.40	29.6%	渐低↓
0.70	50.3%	

在施工条件允许时，应尽量减少拌和用水量。若需调整混凝土的流动性，则应在不改变水胶比的情况下，增减水泥浆用量。切忌采用直接加水的办法来提高混凝土拌和物的流动性，否则将由于增大了水胶比而降低了混凝土的强度和耐久性。

④石膏的掺量。石膏起着延缓水泥水化进程的缓凝作用。试验表明，石膏掺量过少，缓凝效果不明显；掺量过大，将会生成大量的体积膨胀的钙矾石晶体，导致水泥安定性不良。合理的石膏掺量主要取决于水泥中 C_3A 的含量和石膏的品种及质量，同时也与水泥细度和熟料中的 SO_3 含量有关，具体掺量应通过试验确定。

⑤混合材料掺量。混合材料的掺量越多，水泥水化反应速度越慢，早期强度越低。

⑥养护条件。养护条件通常指养护的温度和湿度。潮湿的环境有利于水泥的水化、硬化，有利于强度的增大；干燥的环境中，水泥不能充分水化，硬化也将停止，严重时会由于水分的蒸发导致水泥石发生裂缝。较高温度的环境有利于水泥的水化、凝结和硬化。当环境温度低于 5 ℃时，水泥的凝结硬化速度将大大降低，当环境温度低于 0 ℃时，水化、凝结和硬化作用基本停止，强度也将停止增大，并且已形成的强度亦会由于水结冰而遭到破坏。

⑦龄期。龄期是指从水泥加水拌和时起所经历的养护时间。龄期越长，水泥颗粒水化程度越高，水化产物越多，毛细孔隙越少，水泥石强度越高。一般地，早期强度发展快而后期强度发展慢。《通用硅酸盐水泥》(GB 175—2007)规定：通用硅酸盐水泥的强度以龄期为3 d、28 d 的抗压和抗弯强度为准，并以 28 d 的抗压强度来表示水泥的强度等级。

【跟踪自测】 1.普通硅酸盐水泥的水化速度较矿渣水泥(　　)。水泥中活性掺和料含量越大，水泥的早期强度越(　　)。

2.生产水泥时掺加的活性混合材料主要包括(　　)、(　　)和(　　)。它们单独不能与水作用，但与水泥或(　　)等拌和在一起，加水后则既能在(　　)中又能在空气中硬化。

3.其他条件一定时，水胶比与水泥石强度成(　　)比例关系。在良好的养护条件下，龄期越长，水泥石强度越(　　)。

5.通用硅酸盐水泥的技术要求和技术标准

(1)技术要求

①物理性质

a.细度。水泥细度影响水泥水化反应速度。理论上水泥颗粒越细，水化反应越快、越完全，早期强度也越高。但实际生产中水泥磨得过细，一方面提高了水泥的生产成本，另一方面增大了水泥在空气中储存的难度，过细的水泥颗粒在空气中更易受潮结硬，降低水泥的黏结性能和利用率。

《通用硅酸盐水泥》(GB 175—2007)规定：硅酸盐水泥和普通硅酸盐水泥的细度以比表面积法表示，不得小于 300 m^2/kg；矿渣硅酸盐水泥、火山灰硅酸盐水泥、粉煤灰硅酸盐水泥和复合硅酸盐水泥以筛余量表示，80 μm 方孔筛筛余不大于 10%或 45 μm 方孔筛筛余不大于 30%。

b. 凝结时间

◎ 标准稠度用水量

标准稠度是指维卡仪的试杆在水泥净浆中下落，距离玻璃底板(6±1)mm 时的净浆稠度。达到标准稠度时所需的拌和水质量占水泥质量的百分比，称为标准稠度用水量。

相同质量的水泥，颗粒越细，达到规定的稠度所需的水量越多，标准稠度用水量越大。测定水泥的标准稠度用水量，目的是为测定水泥的凝结时间和安定性提供标准稠度的水泥净浆，使测定结果具有可比性。

◎ 初凝时间和终凝时间

水泥凝结时间分为初凝时间和终凝时间。初凝时间是水泥全部加入水中至水泥浆呈现初凝状态所经历的时间；终凝时间是水泥全部加入水中至水泥浆呈现终凝状态所经历的时间。凝结时间的单位为“min”。

试验检测时，初凝状态的水泥浆是指维卡仪的初凝试针沉入标准稠度的水泥净浆中，至距玻璃底板 3～5 mm 时的状态；终凝状态的水泥浆是指维卡仪的终凝试针沉入水泥试体不大于 0.5 mm，即终凝试针上的环形附件开始不能在试体上留下痕迹时的状态。

图 2-5 为水泥初、终凝时间示意图。

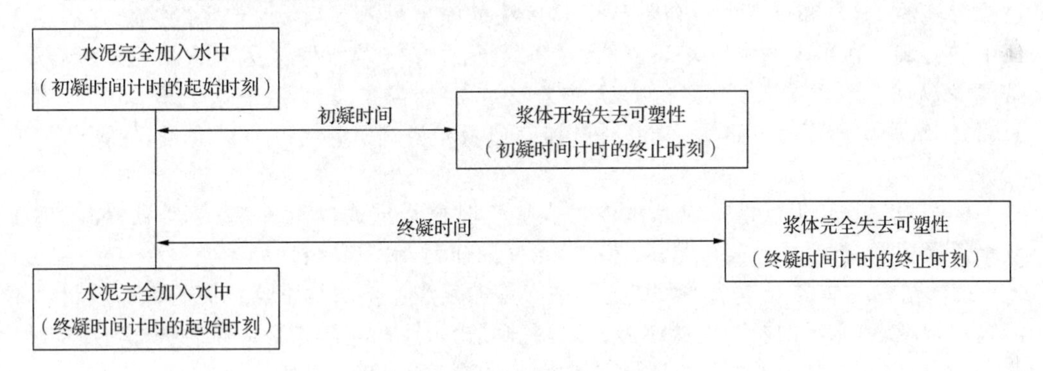

图 2-5　水泥初、终凝时间示意图

凝结时间受水泥熟料的矿物组成、水泥细度、加水量、环境的温度和湿度等影响。熟料中铝酸三钙含量高、水泥颗粒细，则水化作用快，凝结时间短；水灰比越小，凝结时的温度越高，凝结越快；混合材料掺量增大，水泥凝结缓慢。

测定水泥凝结时间一方面可用于水泥合格性检验，另一方面用于指导水泥混凝土的施工。

《通用硅酸盐水泥》(GB 175—2007)规定：硅酸盐水泥初凝时间不小于 45 min，终凝时间不大于 390 min。其他五种通用硅酸盐水泥初凝时间不小于 45 min，终凝时间不大于 600 min。凝结时间不合格的水泥为不合格品水泥。

混凝土施工中，要求水泥初凝时间不能过短，以保证有足够的时间在水泥初凝之前完成混凝土的搅拌、运输、浇捣和砌筑等各施工工序；但终凝时间又不宜过长，以便混凝土在浇捣完毕后，尽快硬化，产生强度，以利于下一道施工工序的进行。

c. 体积安定性。体积安定性是指水泥在凝结硬化过程中体积变化的均匀性和稳定性。安定性不良的水泥，凝结硬化后产生不均匀不稳定的体积膨胀，导致硬化后的水泥制品、混凝土构件等产生翘曲变形、膨胀裂缝，甚至崩塌等质量事故。

引起安定性不良的因素包括过量游离的 CaO、过量游离的 MgO 和过量的 SO_3。

游离的 CaO 和游离的 MgO 是指在煅烧水泥过程中，未参与化学反应，而是以游离状态存在于熟料中并被高温煅烧的过火 CaO 和 MgO。由于过火 CaO 和 MgO 水化反应速度很慢，并且在正常的凝结硬化后才进行水化反应，反应后在水泥石中不均匀地生成体积膨胀的 $Ca(OH)_2$ 和 $Mg(OH)_2$，所以易使水泥石出现开裂、翘曲或疏松等质量事故。过量的 SO_3 来源于生产水泥时掺入过多的石膏，在水泥硬化后，残余的石膏与水化的铝酸钙反应生成体积膨胀的晶体钙矾石，从而导致水泥石开裂。

《通用硅酸盐水泥》(GB 175—2007)规定：硅酸盐类水泥的体积安定性经沸煮法检验必须合格。安定性不良的水泥为不合格品水泥。

用沸煮法只能检验出由游离 CaO 引起的安定性不良；游离 MgO 产生的危害与游离 CaO 相似，但由于其过烧程度更为严重，因此水化反应速度更慢，必须用压蒸法才能检验出来；石膏产生的体积安定性不良则需长时间在温水中浸泡才能发现。

d. 密度与堆积密度。硅酸盐水泥的密度通常为 3.0～3.2 g/cm^3，水泥的松装堆积密度为 900～1 300 kg/m^3，紧密堆积状态下的密度为 1 400～1 700 kg/m^3。

②化学性质

a. MgO 和 SO_3 含量。MgO 来源于生产水泥的原料中含有的少量菱镁矿石。由于过量游离的 MgO 和过量的石膏都能引起水泥的安定性不良，因此要严格控制它们在水泥中的含量。通用水泥中游离 MgO 含量不得超过 5%(若水泥经压蒸法快速检验合格，游离 MgO 含量可放宽到 6%)，石膏掺量为水泥质量的 3%～5%，保证 SO_3 不超过 3.5%。水泥生产厂通过定量化学分析，控制熟料中游离 MgO 和 SO_3 含量，保证长期安定性合格。

b. 烧失量。烧失量是指成品水泥再次煅烧时质量损失的百分率。水泥煅烧不理想或水泥受潮后，都会导致烧失量的增大。烧失量越大，水泥黏结性能越差。

c. 不溶物。主要是指水泥煅烧过程中存留的残渣。不溶物影响水泥的黏结质量。不溶物含量越多，水泥的胶凝性能越差。通用硅酸盐水泥的化学指标应符合表 2-8 规定。

表 2-8　通用硅酸盐水泥的化学指标要求　%

<table>
<tr><th>品种</th><th>代号</th><th>不溶物（质量分数）</th><th>烧失量（质量分数）</th><th>三氧化硫（质量分数）</th><th>氧化镁（质量分数）</th><th>氯离子（质量分数）</th></tr>
<tr><td rowspan="2">硅酸盐水泥</td><td>P·Ⅰ</td><td>≤0.75</td><td>≤3.0</td><td rowspan="3">≤3.5</td><td rowspan="3">≤5.0[a]</td><td rowspan="8">≤0.06[c]</td></tr>
<tr><td>P·Ⅱ</td><td>≤1.50</td><td>≤3.5</td></tr>
<tr><td>普通硅酸盐水泥</td><td>P·O</td><td>—</td><td>≤5.0</td></tr>
<tr><td rowspan="2">矿渣硅酸盐水泥</td><td>P·S·A</td><td>—</td><td>—</td><td rowspan="2">≤4.0</td><td>≤6.0[b]</td></tr>
<tr><td>P·S·B</td><td>—</td><td>—</td><td>—</td></tr>
<tr><td>火山灰硅酸盐水泥</td><td>P·P</td><td>—</td><td>—</td><td rowspan="3">≤3.5</td><td rowspan="3">≤6.0[b]</td></tr>
<tr><td>粉煤灰硅酸盐水泥</td><td>P·F</td><td>—</td><td>—</td></tr>
<tr><td>复合硅酸盐水泥</td><td>P·C</td><td>—</td><td>—</td></tr>
</table>

注：1. 如果水泥压蒸试验合格，则水泥中氧化镁的含量(质量分数)允许放宽至 6%；如果水泥中氧化镁的含量大于 6%，需进行水泥压蒸试验并合格；当有更低要求时，该指标由买卖双方协商确定。

2. 水泥中碱含量按 $Na_2O+0.658K_2O$ 计算值表示。若使用活性骨料，当用户要求提供低碱水泥时，水泥中的碱含量应不大于 0.60%或由买卖双方协商确定。

③力学性质

水泥的力学性质主要指强度和强度等级。水泥强度反映了水泥的黏结能力，用强度等级表示。

《水泥胶砂强度试验》(GB/T 17671—2007)规定了水泥强度等级的确定方法为：硅酸盐水泥、普通硅酸盐水泥以及矿渣水泥的强度，以水泥胶砂强度的方法确定。即以 1∶3 的水泥和标准砂，按 0.5 的水灰比，用标准方法制作成 40 mm×40 mm×160 mm 的标准试件。在标准养护条件下(20 ℃±1 ℃的水中或 20 ℃±1 ℃、大于 90%的相对湿度)达到规定的龄期(3 d、28 d)，分别测定其 3 d 和 28 d 的抗压和抗折强度，按《通用硅酸盐水泥》(GB 175—2007)规定的各龄期的抗压强度和抗折强度划分水泥强度等级。

【知识拓展】 1.用作水泥强度等级测定的标准砂，是由不同粒径砂组成的级配砂，其质量和颗粒分布见表 2-9。

表 2-9 标准砂(每袋 1 350 g)的颗粒级配组成情况

砂规格	颗粒粒径/mm	质量组成/g
细砂	0.08～0.5	450
中砂	0.5～1.0	450
粗砂	1.0～2.0	450

2.火山灰硅酸盐水泥、粉煤灰硅酸盐水泥、复合硅酸盐水泥和掺火山灰质混合材料的普通硅酸盐水泥的胶砂强度，用胶砂流动度方法检验，其水胶比为 0.5，胶砂流动度不小于 180 mm。

现行国家标准还将水泥按 3 d 强度分为早强型(R 型)和普通型。早强型水泥 3 d 的抗压强度可以达到 28 d 抗压强度的 50%，同强度等级的早强型水泥 3 d 抗压强度较普通型的可以提高 10%～24%。

不同品种不同强度等级的通用硅酸盐水泥，其不同龄期的强度应符合表 2-10 的规定。

表 2-10 通用硅酸盐水泥各龄期强度

品种	强度等级	抗压强度/MPa		抗折强度/MPa	
		3 d	28 d	3 d	28 d
硅酸盐水泥	42.5	≥17.0	≥42.5	≥3.5	≥6.5
	42.5R	≥22.0		≥4.0	
	52.5	≥23.0	≥52.5	≥4.0	≥7.0
	52.5R	≥27.0		≥5.0	
	62.5	≥28.0	≥62.5	≥5.0	≥8.0
	62.5R	≥32.0		≥5.5	
普通硅酸盐水泥	42.5	≥17.0	≥42.5	≥3.5	≥6.5
	42.5R	≥22.0		≥4.0	
	52.5	≥23.0	≥52.5	≥4.0	≥7.0
	52.5R	≥27.0		≥5.0	

（续表）

品　种	强度等级	抗压强度/MPa		抗折强度/MPa	
		3 d	28 d	3 d	28 d
矿渣硅酸盐水泥 火山灰硅酸盐水泥 粉煤灰硅酸盐水泥 复合硅酸盐水泥	32.5	≥10.0	≥32.5	≥2.5	≥5.5
	32.5R	≥15.0		≥3.5	
	42.5	≥15.0	≥42.5	≥3.5	≥6.5
	42.5R	≥19.0		≥4.0	
	52.5	≥21.0	≥52.5	≥4.0	≥7.0
	52.5R	≥23.0		≥4.5	

各种强度等级、型号、龄期的强度不得低于标准规定的数值，若有一项指标低于规定的数值，则应降低等级使用。

（2）技术标准

《通用硅酸盐水泥》（GB 175—2007）规定：通用硅酸盐水泥的技术标准应符合表 2-11 的要求。其中烧失量、SO_3、MgO、Cl^-、凝结时间、安定性、强度指标中，任一项不符合本标准规定时水泥均为不合格品。

表 2-11　　通用硅酸盐水泥的技术标准

水泥品种	凝结时间	细度	安定性
硅酸盐水泥	初凝≥45 min 终凝≤390 min	比表面积>300 m^2/kg	沸煮法 必须合格
普通硅酸盐水泥	初凝≥45 min 终凝≤600 min		
矿渣硅酸盐水泥		0.08 mm 方孔筛筛余≤10% 或 0.045 mm 方孔筛筛余≥30%	
火山灰硅酸盐水泥			
粉煤灰硅酸盐水泥			
复合硅酸盐水泥			

【跟踪自测】 1. 拌制水泥胶砂用去标准砂 1 350 g，则需加水泥（　　）g，加水（　　）g。

2. 42.5 级的 P·S·A 水泥，其初凝时间不能（　　）45 min，终凝时间不能长于（　　）min。凝结时间不合格的水泥是（　　）品。

3. 引起水泥体积安定性不良的因素包括（　　）、（　　）和（　　）。沸煮法检验的是由（　　）引起的安定性不良。由（　　）引起的安定性不良必须用压蒸法检验。国家标准规定水泥安定性用（　　）法检验必须合格。安定性不合格的水泥为（　　）品水泥。

4. 测定水泥的（　　）和（　　）两个技术指标时必须使用标准稠度的水泥净浆，目的是使测定结果具有（　　）性。

6. 水泥石的腐蚀和防护

硅酸盐水泥硬化以后在通常的使用条件下，有着较好的耐久性。但由于使用环境中经常存在如流动的淡水、酸性物质、强碱性物质等，它们会与水泥石发生一系列有害的化学反应，导致水泥石组成改变、结构疏松、强度下降，即水泥石被腐蚀了。腐蚀严重时会引起整个工程结构物的破坏。

水泥石的腐蚀是一个相当复杂的物理和化学过程，引起腐蚀的原因也很多，以下介绍几种典型的腐蚀及导致腐蚀的原因和防腐蚀的措施。

(1)腐蚀的类型

①软水的腐蚀(溶析性腐蚀)

不含或含有较少量的碳酸氢钙和碳酸氢镁的水称为软水。生活中常见的雨水、雪水、蒸馏水、工厂冷凝水等都是软水。水泥石的软水腐蚀又称溶析性腐蚀。

研究表明，水泥石的各种水化产物必须在一定浓度的氢氧化钙溶液中才能稳定存在，如果溶液中的氢氧化钙浓度小于水化产物稳定存在所要求的极限浓度，水化产物将被溶解或分解，从而造成水泥石结构的破坏，即水泥石被腐蚀。硅酸盐水泥各种水化产物中，$Ca(OH)_2$ 的溶解度最大(25 ℃时溶解度约为 1.2 g/L)。当水泥石处于少量的或静止的软水中时，$Ca(OH)_2$ 很快就能达到溶解饱和状态，水泥石的结构不会因腐蚀而遭到破坏。

但当水泥石处于大量或者是流动的、有水压的软水中时，其中的 $Ca(OH)_2$ 较难达到溶解饱和，或者溶解后即被流水带走。$Ca(OH)_2$ 溶失后，体系中的碱度降低，继而又会引起其他水化产物的缓慢分解，使水泥石结构遭到破坏，强度不断降低，最后引起整个建筑物的毁坏。

水质越软(含碳酸盐越多)，腐蚀危害性越大。研究表明，当 $Ca(OH)_2$ 溶出 5% 时，水泥石强度下降 7%；溶出 24% 时，强度下降 29%。

而对密实性高的混凝土来说，软水的腐蚀(溶析性腐蚀)一般发展很慢。

【知识拓展】　硬水

含有较多的钙和镁等碳酸氢盐的水叫硬水。雨水、雪水都是软水，泉水、深井水、海水、江水、河水、湖水都是硬水。

水的软硬用“硬度”指标划分。硬度为 1 度相当于每升水中含有 10 毫克氧化钙。低于 8 度的水称为软水，高于 17 度的水称为硬水，8～17 度的水称为中度硬水(又称软化水)。硬水可以抑制水泥混凝土制品的溶析性腐蚀。因为当水中含有较多碳酸氢盐时，其将与水泥石中的氢氧化钙反应，生成几乎不溶于水的碳酸钙，沉积在已硬化水泥石的孔隙中，对孔隙起到自动填实作用，还可以在水泥石表面形成致密的保护层，阻止外界水的继续侵入及内部氢氧化钙的扩散析出，从而抑制了溶析性腐蚀的延续。

②酸类的腐蚀

a.碳酸的腐蚀。在雨水、工业污水及地下水中，常含有较多的 CO_2。当 CO_2 含量超过一定量时，便会发生如下反应

$$Ca(OH)_2+CO_2+nH_2O \rightarrow CaCO_3+(n+1)H_2O$$

$$CaCO_3+CO_2+H_2O \rightarrow Ca(HCO_3)_2$$

当水中含有较多的二氧化碳并超过平衡浓度时，则上述反应向右进行，使水泥石中的氢氧化钙逐渐转变为易溶的碳酸氢钙而溶失。氢氧化钙浓度降低后，会导致水泥石中其他水化物的分解，使腐蚀作用进一步加剧，水泥石结构遭破坏，强度降低。

b.其他酸的腐蚀。在工业废水、地下水、沼泽水中常含有盐酸、硝酸、氢氟酸等无机酸和醋酸、蚁酸等有机酸；工业窑炉中的废气常含有二氧化硫，遇水后即生成亚硫酸。各

种酸对水泥石都有不同程度的腐蚀作用。

以盐酸、硫酸与水泥石中的氢氧化钙作用为例，其反应式如下

$$2HCl+Ca(OH)_2=CaCl_2+2H_2O$$

$$H_2SO_4+Ca(OH)_2=CaSO_4\cdot 2H_2O$$

生成的氯化钙易溶于水，生成的二水石膏不但在水泥石中结晶产生膨胀，还可以和水泥石中的水化铝酸钙反应生成含有大量体积膨胀的水化硫铝酸钙晶体(又称钙矾石，体积可膨胀 1.5 倍左右)，对水泥石具有严重的破坏作用。

③盐类的腐蚀

a. 硫酸盐的腐蚀。在海水、湖水、地下水、某些工业污水中常含有钾、钠、铵等的硫酸盐，它们与水泥石中的氢氧化钙反应生成硫酸钙。当水中硫酸盐浓度较高时，硫酸钙将在孔隙中直接结晶成 $CaSO_4\cdot 2H_2O$，由于体积膨胀而导致水泥石破坏。

b. 镁盐的腐蚀。在海水及地下水中，常含有大量的易引起腐蚀的镁盐。如氯化镁与水泥石中的氢氧化钙发生复分解反应

$$MgCl_2+Ca(OH)_2=CaCl_2+Mg(OH)_2$$

生成的氢氧化镁松软且无胶凝能力，氯化钙易溶于水，结果导致水泥石强度降低；而硫酸镁与水泥石中的氢氧化钙发生复分解反应

$$MgSO_4+Ca(OH)_2+2H_2O=CaSO_4\cdot 2H_2O+Mg(OH)_2$$

生成的二水石膏则又会进一步引起硫酸盐的破坏作用。因此，硫酸镁对水泥石起到了镁盐和硫酸盐的双重腐蚀作用。

④强碱的侵蚀

水泥石在一般情况下能够抵抗碱类的腐蚀，但是长期处于较高浓度的强碱溶液中时，也会受到腐蚀，而且温度升高，腐蚀作用加快。

对于铝酸三钙含量较多的硅酸盐水泥而言，遇到强碱也会产生破坏作用。如氢氧化钠与水泥石中未水化的铝酸三钙作用，生成易溶于水的铝酸钠。铝酸钠进一步与空气中的二氧化碳作用生成碳酸钠，碳酸钠在水泥石毛细孔中结晶沉淀，可导致水泥石膨胀破坏。

(2)腐蚀的原因

引起水泥石腐蚀的外因是环境中的侵蚀性介质，内因则主要有两个方面：一是水泥石中含有易引起腐蚀的氢氧化钙和水化铝酸钙等水化产物；二是水泥石本身结构的不密实性。

水泥石的腐蚀过程往往是几种腐蚀同时存在、相互影响的过程。环境温度高、水流速较快、结构物经常处于干湿交替的环境中时，腐蚀程度往往会加重。

(3)防腐措施

①合理选择水泥品种。防止水泥石腐蚀的重要措施是根据使用环境特点，合理选用水泥品种。在软水侵蚀条件下的工程，可选用水化生成物中氢氧化钙含量少的水泥，如掺和料水泥。而在六种通用硅酸盐水泥中，以硅酸盐水泥的耐软水腐蚀能力最差，如无可靠防护措施则不宜使用。在有硫酸盐侵蚀的工程中，可选用铝酸盐含量低于 5% 的抗硫酸盐水泥。

②提高水泥石的密实度。水泥石中的毛细管孔隙是引起水泥石腐蚀加剧的内在原因

之一。水泥石结构越密实，抗渗能力越强，腐蚀性介质侵入的难度越大，耐侵蚀能力越强。

在混凝土施工中，采取机械搅拌、加强振捣、掺外加剂等措施，或者在混凝土配合比设计中，在满足施工操作的前提下尽量降低水胶比、改善集料的级配等，均可提高混凝土结构物的密实度。也可在使用前，将混凝土和砂浆制品在空气中放置一段时间，使其表面碳化而进一步密实，以减少侵蚀介质的渗入。

③敷设耐蚀保护层。当混凝土结构物所处的环境中有不可避免的侵蚀源，采用以上措施不能完全防止腐蚀时，可在混凝土表面敷设耐腐蚀性能强且不透水的保护层，如沥青层、沥青毡、不透水的水泥砂浆、沥青砂浆等，提高结构物的耐腐蚀性。

7.通用硅酸盐水泥的特点及工程应用

(1)硅酸盐水泥和普通硅酸盐水泥

①凝结硬化快，早期和后期强度均高。特别适用于地上、地下和水中重要结构的高强度混凝土、钢筋混凝土和预应力混凝土工程。

②水化热大、抗冻性好。凝结硬化较快，尤其是早期强度增长率大，水化热大，抗冻性好。适用于早期强度要求高或拆模快的工程及冬季施工或严寒地区遭受反复冻融的混凝土工程。但不适用于大体积混凝土工程。

③碱度高、抗碳化能力强。对埋置于混凝土中的钢筋起着保护作用，特别适用于重要的钢筋混凝土结构和预应力混凝土工程。

④耐腐蚀性差。水泥石中含有较多的氢氧化钙和水化铝酸钙，耐软水腐蚀能力差，所以不适用于长期流动的淡水工程，也不适用于海水、矿物水等有腐蚀性作用的工程。

⑤耐热性较差。随着温度的升高，水泥的水化产物开始脱水，当温度达到 500～600 ℃时，$Ca(OH)_2$ 分解，水泥石强度明显下降；当温度达到 700～1 000 ℃时，强度降低更多，甚至完全破坏。因此，硅酸盐水泥不宜用于配制耐热混凝土，也不适用于耐热要求高的混凝土工程。

⑥湿热养护效果差。在常规养护条件下硬化快、强度高。但经过蒸汽养护后，再经自然养护，28 d 的抗压强度往往低于未经蒸汽养护的 28 d 抗压强度。

(2)矿渣、火山灰、粉煤灰、复合硅酸盐水泥

①共性及应用

a.早期强度低，后期强度高。由于熟料含量少，且二次水化速度慢，故凝结硬化稍慢，早期强度较低，如图 2-6 所示，适用于无早强要求的工程。

b.水化热低，抗冻性差。掺和料水泥的熟料较少，二次水化反应慢，水化热低，适用于大体积混凝土工程。

c.抵抗软水、海水和硫酸盐腐蚀能力较强，抗碳化能力较差。由于熟料含量低及活性混合材料二次水化反应，所以水泥石中氢氧化钙含量很少。因此它们抵抗软水、海水和硫酸盐腐蚀能

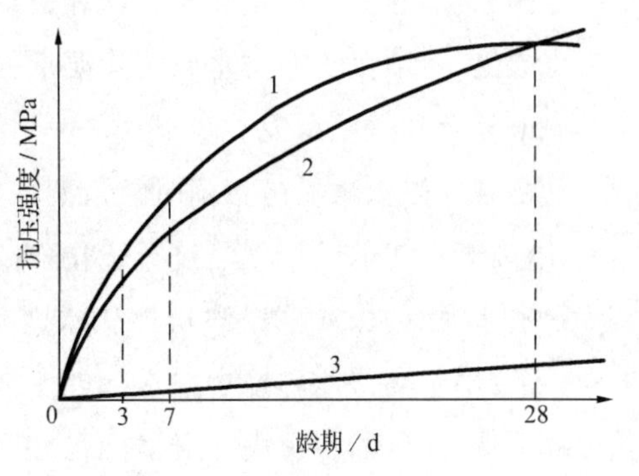

图 2-6 水泥强度增长比较

1—硅酸盐水泥；2—矿渣水泥；3—粒化高炉矿渣

力较强，适用于有腐蚀性要求的基础、水工和海港工程中。但由于水泥硬化后的碱度较低，故抗碳化能力较差，对钢筋的保护能力不如硅酸盐水泥。

②特性及应用

a. 矿渣水泥

耐热性较强。常作为水泥耐热掺料使用，可用于耐热混凝土工程，还可掺加耐火砖粉等耐热掺料配制成耐热混凝土。

泌水性和干缩性大，抗渗性差。矿渣颗粒本身为玻璃体结构，亲水性差，因此拌制混凝土时易泌水，形成毛细管通道或粗大孔隙，硬化时产生干缩裂缝，其抗冻性、抗渗性和抵抗干湿交替的性能均不及普通硅酸盐水泥。

b. 火山灰水泥

抗渗性好，耐水性强。火山灰质混合材料颗粒较细，泌水性小，对湿热反应敏感，当处在潮湿环境或水中养护时，火山灰质混合材料和 $Ca(OH)_2$ 作用生成较多的水化硅酸钙凝胶，使水泥石结构致密，抗渗性和耐水性提高。

干燥环境中收缩大，易产生裂缝。火山灰质混合材料的表面粗糙多孔，标准稠度用水量较大，且水化产物中胶体含量大。在干燥环境中，不但水化反应会停止，而且已形成的水化硅酸钙凝胶会逐渐失水，产生干缩裂缝，同时由于空气中的二氧化碳能使水化硅酸钙凝胶分解成碳酸钙和氧化硅的粉状混合物，使已经硬化的水泥石表面产生“起粉”现象，因此火山灰水泥不适用于干燥地区和高温结构中的混凝土工程，适用于水中及地下混凝土工程。

c. 粉煤灰水泥

干缩性小，抗裂性好。粉煤灰水泥内含很多球状玻璃体颗粒，比表面积小，结构致密，吸附能力小，标准稠度需水量小。凝结硬化时干缩性小，抗裂性好。用粉煤灰水泥制成的砂浆或混凝土，和易性好，体积稳定性好，混凝土的抗拉强度高，不易产生裂缝。

泌水快，易失水产生裂缝。粉煤灰颗粒保水能力差，泌水快，失水后收缩，在制品表面产生裂缝，不适用于有防水或抗渗要求的混凝土工程中。

d. 复合硅酸盐水泥

复合硅酸盐水泥是指同时掺入两种或两种以上混合材料的硅酸盐水泥。复掺混合材料，可以对水泥的综合性能进行优化，有利于施工操作。复合硅酸盐水泥 3 d 龄期强度高于矿渣水泥、火山灰水泥和粉煤灰水泥，使用范围一般与掺大量混合材料的其他水泥相同，主要用于高湿度环境中或永远处于水下的混凝土、大体积混凝土以及受侵蚀性介质作用的混凝土工程，不得用于对早期强度要求高的工程以及受冻工程。

六种通用硅酸盐水泥的特征及应用见表 2-12。

表 2-12　通用硅酸盐水泥的特性及应用

名称	硅酸盐水泥（P·Ⅰ和P·Ⅱ）	普通硅酸盐水泥（P·O）	矿渣硅酸盐水泥（P·S·A和P·S·B）	火山灰硅酸盐水泥（P·P）	粉煤灰硅酸盐水泥（P·F）	复合硅酸盐水泥（P·C）
主要特征	1.早期强度高 2.水化热高 3.抗冻性好 4.耐热性差 5.耐腐蚀性差 6.干缩性小	1.早期强度高 2.水化热较高 3.抗冻性较好 4.耐热性较差 5.耐腐蚀性较差 6.干缩性较小	1.早期强度低，后期强度高 2.水化热较低 3.耐热性较好 4.耐腐蚀性好 5.抗冻性较差 6.干缩性较大 7.抗渗性差 8.抗碳化能力差	1.早期强度低，后期强度增长较快 2.水化热较低 3.耐热性较差 4.耐腐蚀性好 5.抗冻性较差 6.干缩性大 7.抗渗性较好 8.抗碳化能力差	1.早期强度低，后期强度增长较快 2.水化热较低 3.耐热性较差 4.耐腐蚀性好 5.抗冻性较差 6.干缩性小，抗裂性好 7.抗渗性较好 8.抗碳化能力差	1.早期强度较高 2.其他性能同矿渣水泥
适用范围	钢筋混凝土及预应力混凝土结构；遭受冻融循环的结构和要求早强的混凝土结构	与硅酸盐水泥基本相同，可用于各种混凝土及钢筋混凝土结构	1.大体积混凝土工程；高温车间和要求耐热的混凝土结构 2.地下和水中的混凝土及钢筋混凝土 3.有腐蚀性要求的结构 4.蒸汽养护的结构和构件	1.地下、水中及大体积混凝土工程 2.有抗渗要求的工程 3.蒸汽养护的混凝土构件 4.耐腐蚀要求高的工程 5.养护较好的一般混凝土及钢筋混凝土	1.各种大体积混凝土 2.蒸汽养护的混凝土 3.抗裂性要求较高的结构 4.腐蚀性要求较高的工程 5.养护较好的一般混凝土和钢筋混凝土	1.大体积混凝土 2.高湿或水中混凝土 3.受侵蚀性介质作用的混凝土
不适用范围	1.大体积混凝土工程 2.受化学及海水侵蚀的工程 3.耐热混凝土工程	同硅酸盐水泥	1.早期强度要求较高的混凝土工程 2.有抗冻要求的混凝土工程	1.早期强度要求较高的混凝土工程 2.有抗冻要求的混凝土工程 3.干燥环境的混凝土工程 4.有耐磨性要求的工程	1.早期强度要求较高的混凝土工程 2.有抗冻要求的混凝土工程 3.有耐磨性要求的工程	1.早期强度要求高的混凝土 2.水位升降范围内的混凝土 3.严寒地区的混凝土

二、专用水泥

专用水泥是指适应某些专门用途的水泥。专用水泥通常是以其所适用的工程来命名，如砌筑水泥、大坝水泥、道路硅酸盐水泥、油井水泥等。

1. 砌筑水泥

(1)定义

砌筑水泥是由一种或一种以上的水泥混合材料（矿渣、粉煤灰、煤矸石、沸腾炉渣或沸石等），加入适量硅酸盐水泥熟料和石膏，经磨细制成的工作性能较好的水硬性胶凝材料，代号为 M。

(2)技术要求

《砌筑水泥》(GB/T 3183—2017)规定,砌筑水泥的技术要求如下:

①三氧化硫:不大于 4.0%。

②细度:80 μm 方孔筛筛余不大于 10%。

③凝结时间:初凝时间不早于 60 min,终凝时间不迟于 12 h。

④体积安定性:用沸煮法检验必须合格。

⑤保水率:保水率不低于 80%。

⑥强度:砌筑水泥强度分 12.5 级和 22.5 级两个等级。强度应满足表 2-13 要求。

表 2-13 砌筑水泥强度等级要求

强度等级	抗压强度/MPa		抗折强度/MPa	
	7 d	28 d	7 d	28 d
12.5	7.0	12.5	1.5	3.0
22.5	10.0	22.5	2.0	4.0

(3)性能及应用

砌筑水泥的主要特点是强度低、硬化慢,但其和易性好。主要用于工业与民用建筑的砌筑砂浆、内墙抹面砂浆和基础垫层的混凝土等工程,允许用于生产砌块及瓦等制品。砌筑水泥一般不得用于配制混凝土。通过试验,允许用于制作低强度等级的混凝土,但不得用于钢筋混凝土或承重结构中的结构混凝土等。

2. 大坝水泥

(1)定义

大坝水泥又称为低水化热的硅酸盐水泥,是专门用于要求水化热较低的大坝和大体积混凝土工程的水泥品种。大坝水泥主要品种有三种,《中热硅酸盐水泥、低热硅酸盐水泥》(GB/T 200—2017)对这三种水泥做出了规定:

①中热硅酸盐水泥,简称中热水泥,是指由适当成分的硅酸盐水泥熟料,加入适量石膏,磨细制成的具有中等水化热的水硬性胶凝材料,代号 P·MH。在中热水泥中,C_3S 的含量不超过 55%,C_3A 的含量不超过 6%,游离氧化钙的含量不超过 1.0%。

②低热硅酸盐水泥,简称低热水泥,是指在适当的硅酸盐水泥熟料中,加入适量石膏,磨细制成的具有低水化热的水硬性胶凝材料,代号为 P·LH。低热水泥中 C_3S 的含量不小于 40%,C_3A 的含量不超过 6%,游离氧化钙的含量不超过 1.0%。

(2)技术要求

①MgO 和 SO_3 含量。中热水泥和低热水泥中 MgO 含量不宜大于 5%,如水泥压蒸安定性试验合格,则氧化镁的含量允许放宽到 6.0%;水泥中 SO_3 含量不得超过 3.5%。

②细度、凝结时间。三种水泥的比表面积不应低于 250 m^2/kg,初凝时间不得早于 60 min,终凝时间不得迟于 12 h。

③安定性。三种水泥的安定性用沸煮法检验必须合格。

④水化热和强度。《中热硅酸盐水泥、低热硅酸盐水泥》(GB/T 200—2017)规定：三种水泥的水化热、强度等级和各龄期强度见表 2-14。

表 2-14　三种中低热水泥的水化热及强度

品种	水化热/(kJ·kg⁻¹)		强度等级	抗压强度/MPa			抗折强度/MPa		
	3 d	7 d		3 d	7 d	28 d	3 d	7 d	28 d
中热水泥	251	293	42.5	12.0	22.0	42.5	3.0	4.5	6.5
低热水泥	230	260	42.5	—	13.0	42.5	—	3.5	6.5
低热矿渣水泥	197	230	32.5	—	12.0	32.5	—	3.0	5.5

对于三种水泥，凡比表面积、终凝时间、烧失量、混合材料名称和掺量、水化热、强度中任一项不符合国家标准规定时为不合格品。水泥包装标志中水泥品种、生产者名称和出厂编号不全的为不合格品。三种水泥中凡 MgO、SO_3、初凝时间和安定性中有一项不符合国家标准的为不合格品。

(3)技术特性及工程应用

①中热水泥。中热水泥具有水化热低，抗硫酸盐性能强，干缩率低，耐磨性能好等优点，主要适用于大坝溢流面的面层和水位变动区等要求较高耐磨性和抗冻性的工程。中热水泥占水工水泥的 30%左右，是我国目前用量最大的特种水泥，曾经作为三峡工程水工混凝土的主要胶凝材料。

②低热水泥。低热水泥绝热温度比中热硅酸盐水泥混凝土低 35 ℃，干缩小，自生体积变形为微膨胀，可以减少大坝混凝土的裂缝，提高其抗裂性及耐久性。

低热硅酸盐水泥所配制的混凝土后期强度远高于中热硅热酸盐水泥混凝土，特别适用于水工混凝土、大体积混凝土、高强高性能混凝土工程中。

③低热矿渣水泥。低热矿渣水泥具有水化热低，抗硫酸盐性能良好，干缩小的特点，主要适用于大坝或大体积混凝土建筑物内部及水下工程。

3. 道路硅酸盐水泥

(1)定义

以适当成分的生料烧至部分熔融，所得以硅酸钙为主要成分和较多量铁铝酸盐的硅酸盐水泥熟料称为道路硅酸盐水泥熟料。以道路硅酸盐水泥熟料、0～10%活性混合材料和适量石膏磨细制成的水硬性胶凝材料，称为道路硅酸盐水泥，简称道路水泥，代号为 P·R。

(2)矿物组成

《道路硅酸盐水泥》(GB/T 13693—2017)规定：道路水泥中道路硅酸盐水泥熟料应占 90%以上，活性混合材料的掺量为 0～10%，C_4AF 含量不得小于 16%，C_3A 含量不得大于 5%。

(3)技术标准

《道路硅酸盐水泥》(GB/T 13693—2017)规定，道路硅酸盐水泥的技术指标应满足表 2-15 的要求。

表 2-15　道路硅酸盐水泥的技术要求

要求项目	MgO/%	SO_3/%	烧失量/%	安定性(沸煮法)	28 d 干缩率/%	耐磨性 28 d 磨耗量/($kg \cdot m^{-2}$)	凝结时间/min	
							初凝	终凝
指标	≤5.0	≥3.5	≥3.0	必须合格	≥0.10	≥3.00	≥90	≤600

强度等级	抗压强度/MPa		抗折强度/MPa	
	3 d	28 d	3 d	28 d
32.5	16.0	32.5	3.5	6.5
42.5	21.0	42.5	4.0	7.0
52.5	26.0	52.5	5.0	7.5

《道路硅酸盐水泥》(GB/T 13693—2017)规定:凡是氧化镁、三氧化硫、初凝时间、安定性中的任一项不符合本标准规定时,均为废品;凡比表面积、终凝时间、烧失量、干缩率和耐磨性任一项不符合本标准规定,或强度低于商品等级规定的指标时,均为不合格品;水泥包装标志中水泥品种、等级、出厂名称和出厂编号不全的,也属于不合格品。

(4)技术性质

①耐磨性好。与同强度等级的硅酸盐水泥相比,其磨耗率低 20%~40%。

②强度高,特别是抗折强度高。道路水泥早期强度增长率相当于或高于同强度等级硅酸盐水泥 R 型的增长率,且抗折强度的增长率高于抗压强度的增长率,28 d 抗折强度高于同强度等级的 R 型硅酸盐水泥。

③干缩率低。道路水泥干缩率低于硅酸盐水泥 10% 以上。干缩稳定期短,施工时可减少路面预留缝的数量,从而提高了路面平整度和行车舒适度。

④水化热低,耐久性好。道路水泥的水化热可以达到中热硅酸盐水泥的要求,在冻融交替环境下,具有良好的耐久性。

⑤抗硫酸盐腐蚀能力较强。熟料中 C_3A 含量较少,因此抗硫酸盐腐蚀能力较强。

(5)工程应用

道路水泥是综合技术性能非常好的专用水泥,表现在抗折强度高、耐磨性好、干缩性小、抗冲击性好、抗冻性和抗硫酸盐腐蚀性好,能较好地承受高速车辆的车轮摩擦、冲击和震动荷载的作用,特别适用于公路路面、机场路面、车站及城市广场等工程的面层混凝土,可减少混凝土路面的裂缝和磨耗等,减少维修费用,延长路面的使用年限。

三、特性水泥

特性水泥是指具有比较突出的某种性能的水泥。特性水泥是以其主要性能命名的,如快硬硅酸盐水泥、膨胀水泥等。

1. 快硬硅酸盐水泥

(1)定义

凡是以硅酸盐水泥熟料和适量石膏磨细制成的、以 3 d 抗压强度表示标号的水硬性胶凝材料,称为快硬硅酸盐水泥(简称快硬水泥)。

(2)矿物组成

熟料中C_3A和C_3S的含量较高，其C_3S含量为50%～60%，C_3A含量为8%～14%，石膏含量较硅酸盐水泥多。

(3)技术指标

①细度：比表面积在330～450 m^2/kg。采用80 μm方孔筛筛余不得大于10%。

②凝结时间：初凝时间不得早于45 min，终凝时间不得迟于10 h。

③体积安定性：熟料中MgO含量不得大于5.0%，如压蒸试验安定性合格，MgO含量允许放宽至6.0%；SO_3 含量不得超过4.0%。

④强度：以3 d强度表示强度等级。各龄期强度不得低于表2-16规定的强度值。

表2-16　快硬硅酸盐水泥强度指标值

水泥标号	抗压强度/MPa			抗折强度/MPa		
	1 d	3 d	28 d①	1 d	3 d	28 d①
325	15.0	32.5	52.5	3.5	5.0	7.2
375	17.0	37.5	57.5	4.0	6.0	7.6
425	19.0	42.5	62.5	4.5	6.4	8.6

注：表中上角标①指供需双方参考指标。

(4)技术特性及工程应用

①技术特性。快硬硅酸盐水泥具有凝结硬化快、早期强度高的特点，3 d强度可达到强度等级，后期强度有一定程度的增长，28 d强度只作为供需双方参考指标。不透水性和抗冻性优于硅酸盐水泥。

②工程适用性。快硬硅酸盐水泥主要用于早期强度要求高的工程，如紧急抢修工程、军事工程、冬季施工及预应力钢筋混凝土构件制作等工程。

③工程不适用性。快硬硅酸盐水泥不适用于蒸汽养护、蒸压养护的混凝土工程，不适用于大体积混凝土和耐腐蚀要求高的工程。

2.膨胀水泥

(1)定义及分类

膨胀水泥是硬化过程中能产生一定程度体积膨胀的水泥。

① 按胶凝材料分

a.硅酸盐膨胀水泥：由适当比例的硅酸盐水泥或普通硅酸盐水泥、高铝水泥和二水石膏共同磨细制成的，硬化后具有体积膨胀性的水硬性胶凝材料。

b.铝酸盐膨胀水泥：由高铝水泥熟料、二水石膏按适当比例混合，再加助磨剂共同磨细制成的，硬化后具有体积膨胀性的水硬性胶凝材料。

②按膨胀值分

a.收缩补偿水泥：是膨胀性能较弱，膨胀时所产生的压应力能大致抵消干缩时引起的拉应力，可防止混凝土产生干缩裂缝的膨胀性水泥。

b.自应力水泥：指膨胀值较大，用其所配制的混凝土膨胀变形稳定后的自应力不小于2 MPa的膨胀水泥。

【知识拓展】 自应力水泥用于钢筋混凝土中，混凝土对钢筋有一定的握裹力，钢筋必然随混凝土膨胀而被拉长，混凝土则因受到钢筋的限制而产生压应力。当混凝土因受外界荷载而产生拉应力时，就可被预先具有的压应力抵消或降低，有效地改善混凝土抗拉强度差的性能。

(2)技术特性及工程应用

①膨胀水泥在硬化过程中，形成大量膨胀性物质，如水化硫铝酸钙等，使水泥石结构密实，抗渗性强，适用于制作砂浆防水层和防水抗渗混凝土、加固结构、填塞孔洞、修补缝隙等工程，也适用于浇筑机器底座或固结地脚螺栓、浇注装配式构件的接头或建筑物之间的连接等。

②自应力水泥膨胀过程中，产生较大的自应力，有效地改善混凝土抗拉强度差的性能，适用于制造自应力钢筋混凝土压力管道及其配件。

四、水泥的验收、运输及保管

1.验收

(1)检验报告

水泥进场时，必须提供检验报告。报告内容包括出厂检验项目、细度、混合材料品种和掺加量、石膏和助磨剂的品种及掺加量、属旋窑或立窑生产及合同约定的其他技术要求。

(2)外观包装验收

①袋装水泥：水泥包装袋上应清楚标明执行标准、水泥品种、代号、强度等级、生产者名称、生产许可证标志(QS)及编号、出厂编号、包装日期和净含量。掺火山灰混合材料的矿渣水泥还应注明“掺火山灰”字样。

包装袋两侧应印刷水泥名称和强度等级，硅酸盐水泥和普通硅酸盐水泥采用红色，矿渣硅酸盐水泥采用绿色，火山灰硅酸盐水泥、粉煤灰硅酸盐水泥和复合硅酸盐水泥采用黑色或蓝色。

②散装水泥：散装水泥发运时应提交与袋装标志相同内容的卡片。

(3)数量验收

水泥可以散装或袋装，通用硅酸盐袋装水泥每袋净含量为50 kg，且应不少于标志质量的99%；随机抽取20袋总质量(含包装袋)应不少于1 000 kg。其他包装形式由买卖双方协商确定，但有关袋装质量要求，应符合上述规定。水泥包装袋应符合《水泥包装袋》(GB/T 9774—2010)的规定。

【知识拓展】 不同品种的袋装水泥其净含量不同，快硬硅酸盐水泥每袋净含量为45 kg±1 kg，砌筑水泥每袋净含量为40 kg±1 kg；硫铝酸盐早强水泥每袋净含量为46 kg±1 kg。

(4)质量验收

水泥进入现场交货时，需进行质量验收。验收有两种方式，一是采取抽取实物试样的检验结果为依据，二是以生产者同编号水泥的检验报告为依据。采取何种方法验收由买卖双方商定，并在合同或协议中注明。

①以抽取实物试样的检验结果为验收依据。以抽取实物试样的检验结果为验收依据

时，买卖双方应在发货前或交货地共同取样和签封。取样数量为 20 kg，缩分为两等份。一份由卖方保存 40 d，一份由买方按标准规定的项目和方法进行检验。

在 40 d 以内，买方检验认为产品质量不符合本标准要求而卖方又有异议时，则双方应将卖方保存的另一份试样送省级或省级以上国家认可的水泥质量监督检验机构进行仲裁检验。但水泥安定性仲裁检验应在取样之日起 10 d 以内完成。

②以生产者同编号水泥的检验报告为验收依据。以生产者同编号水泥的检验报告为验收依据时，在发货前或交货时买方在同编号水泥中取样，双方共同签封后由卖方保存 90 d，或认可卖方自行取样、签封并保存 90 d 的同编号水泥的封存样。

在 90 d 内，买方对水泥质量有疑问时，则买卖双方应将共同认可的试样送省级或省级以上国家认可的水泥质量监督检验机构进行仲裁检验。

2. 运输和保管

(1)水泥在运输和保管期间，应注意防雨、防潮，避免水泥受潮风化而结块失效。

(2)袋装水泥应按品种、强度等级(标号)、出厂日期及生产厂家等分别堆放，不得混杂，应先到先用。散装水泥应按品种、强度等级及出厂日期分库存放。

(3)袋装水泥码垛时，地面垫板要离地 30 cm 左右，四周离墙 30 cm 左右，堆放高度以 10 袋为宜，最多不得超过 15 袋。

(4)一般情况下，袋装水泥不宜露天堆放。确因受库房限制需库外堆放时，下面应有防潮垫板，上有防雨篷布。

(5)水泥储存期不宜过长。自出厂日期算起，通用水泥有效的储存期为 3 个月，快硬硅酸盐水泥的储存期为 1 个月，高铝水泥的储存期为 2 个月。储存期越长，强度降低得越多。

3. 使用注意事项

(1)安定性不合格的水泥在放置一段时间后有可能变为合格。在安定性不合格的水泥中，有些是因为水泥在磨制后的存储时间太短，残存的游离 CaO 未完全水化消解，如果存放一段时间后，游离 CaO 会吸收空气中的水分消解，使其含量减少，安定性有可能变为合格。但当经过再次检验一旦确认水泥的安定性确属不合格时，则禁止用于任何工程。

(2)新出厂的水泥不能立即使用。新出厂的水泥温度一般可达 50～100 ℃，残存的游离 CaO 未消解，会引起水泥安定性不良，通常水泥出厂后存放 10 d 左右方可使用，存放的这段时间称为“水泥安定期”。

(3)复检。按照《混凝土结构工程施工质量验收规范》(GB 50204—2015)以及工程质量管理的有关规定，用于承重结构的水泥或试验部位有强度等级要求的混凝土用水泥，或水泥出厂超过 3 个月(砌筑水泥为 2 个月，快硬硅酸盐水泥为 1 个月)，在使用前必须进行复检，并按复检结果使用；复检抽样应符合建筑材料见证取样送检的相关规定。

水泥复检的项目包括不溶物、氧化镁、三氧化硫、烧失量、碱含量、细度或比表面积、凝结时间、安定性、抗折和抗压强度。实际工程中，通常主要复检凝结时间、安定性和水泥胶砂抗折、抗压强度，其结果应符合《通用硅酸盐水泥》(GB 175—2007)等的相关规定。

(4)钢筋混凝土结构、预应力混凝土结构中，严格控制使用含氯化物的水泥。

(5)不合格水泥的处理。不合格的水泥可以根据不合格的项目具体分析，也可以按复检结果使用或降级使用。

(6)过期水泥以及虽未过期但有受潮结块现象的水泥，必须重新试验，确定其实际强度后方可使用。受潮水泥的鉴别与处理见表 2-17。

表 2-17 受潮水泥的鉴别与处理

受潮情况		处理方法	使用
外观情况	烧失量		
有粉块，用手可捏成粉末	4%～6%	将粉块压碎后再使用，加强搅拌	经试验后，根据实际强度使用。一般用于次要建筑物
部分结成硬块	6%～8%	将硬块筛除，粉块压碎	经试验后，根据实际强度使用，用于受力小的部位，或强度要求不高的工程，可用于配制砂浆
大部分或全部结成硬块	>8%	不将硬块粉碎磨细	不能作为水泥使用，可掺入新水泥中作为混合材料使用(掺量小于 25%)，并要延长其搅拌时间

单元二 气硬性胶凝材料

【知识目标】

1. 了解石灰的生产及分类。
2. 了解石灰的凝结和硬化机理；掌握石灰技术指标的含义及质量评价方法。
3. 了解建筑石膏和水玻璃的技术性质及工程应用。

一、石灰

石灰由于原料来源广泛、生产工艺简单、成本低，而被广泛应用于土木建筑工程中。建筑上所用石灰，又称建筑石灰，包括建筑生石灰和建筑消石灰。

1. 建筑生石灰

(1)建筑生石灰的生产

建筑生石灰是由石灰石(钙质石灰石、镁质石灰石)焙烧而成，呈块状、粒状或粉状，化学成分主要为氧化钙。焙烧过程的主要化学反应为

$$CaCO_3 \xrightarrow{>900\ ℃} CaO + CO_2\uparrow$$

在原料石灰岩中含有少量的菱镁矿等杂质，故在煅烧中伴随着下列副反应

$$MgCO_3 \xrightarrow{>600\ ℃} MgO + CO_2\uparrow$$

考虑到环境热损失等因素的影响，煅烧温度通常控制在 1 000 ℃左右。由于 $MgCO_3$ 的分解温度远低于 $CaCO_3$ 的分解温度，因此长时间的高温煅烧，很容易形成水化速度很慢的过烧氧化镁。

当原料颗粒大小适中、粒径搭配比较合理，并控制在正常的煅烧温度和煅烧时间时，可制得优质的生石灰，又称正火灰。但实际生产过程中，往往由于煅烧原料的尺寸过大、料块粒径搭配不当，或煅烧温度和煅烧时间控制不当等原因，使生石灰中含有“欠火灰”和“过火灰”。正火灰、欠火灰、过火灰性能比较见表 2-18。

表 2-18　　正火灰、欠火灰、过火灰性能比较

特　征	正 火 灰	欠 火 灰	过 火 灰
颜　色	洁白或略带灰色	发青	呈黑色
密　度	密度较小	密度较大	密度大
硬　度	颗粒硬度较小，内有孔隙	颗粒硬度较大 内部有未烧透的硬核	颗粒硬度较大 表面出现裂缝或呈玻璃体状
化学成分	CaO	CaO 和 $Ca(OH)_2$	CaO
水化特性	速度较快，较完全	较快，未水化残渣较多	水化缓慢

过火石灰的缓慢水化，生成物的体积膨胀，导致已经硬化的结构体局部鼓包、脱落或开裂，影响工程质量，因此在生产中要严格控制煅烧质量，减少欠火灰和过火灰的生成。

(2)建筑生石灰的分类

①建筑生石灰按产品的状态分类，见表 2-19。

表 2-19　　建筑生石灰按产品的状态分类

石灰产品的名称	产品状态	加工方式	主要成分
块状生石灰	块状	原料煅烧	CaO
生石灰粉	粉状	块状生石灰磨细	CaO
消石灰(熟石灰)	粉状	CaO 加适量的水消化、干燥	$Ca(OH)_2$
石灰膏	膏状	块状 CaO 加 3～4 倍水或 $Ca(OH)_2$ 粉加水	$Ca(OH)_2+H_2O$
石灰乳	乳状	石灰浆加水	$Ca(OH)_2+H_2O$

②建筑生石灰按化学成分分类，见表 2-20。

表 2-20　　建筑生石灰按化学成分分类

类别	定义	名称	代号	备注
钙质石灰	主要由氧化钙或氢氧化钙组成，而不添加任何水硬性或火山灰质的材料。	钙质石灰 90	CL90	CL—钙质生石灰； 90(或 85、75)—(CaO+MgO)百分含量
		钙质石灰 85	CL85	
		钙质石灰 75	CL75	
镁质石灰	主要由氧化钙和氢氧化镁(MgO >5%)或氢氧化钙和氢氧化镁组成，而不添加任何水硬性或火山灰质的材料。	镁质石灰 85	ML85	ML—镁质生石灰； 85(或 75)—(CaO+MgO)百分含量
		镁质石灰 80	ML80	

(3)建筑生石灰的熟化及浆体的硬化

①建筑生石灰的熟化

建筑施工中使用块状生石灰时，通常将生石灰加水使之消解为熟石灰，这个过程称为"熟化"，其化学反应式为

$$CaO+H_2O \longrightarrow Ca(OH)_2+64.88\ KJ$$

熟化过程产生大量的热，同时体积膨胀。煅烧良好的生石灰体积增大 1.5～3.5 倍；含有杂质或煅烧不良的生石灰体积增大 1.5 倍左右。实际工程中视具体用途而采用不同的熟化方式：

a.熟化成石灰膏:石灰膏可用于拌制砌筑砂浆或抹灰砂浆。熟化时把生石灰放在化灰池中,如图 2-7 所示。加入相当于生石灰体积 3～4 倍的水,消化得到石灰水溶液,即石灰乳。再通过过滤流入储灰池内,沉淀制得石灰膏。一般地,1 kg 生石灰会熟化成 1.5～3 L 的石灰膏。

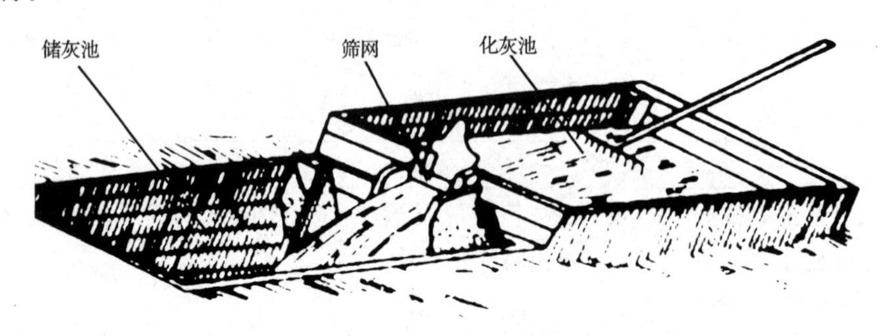

图 2-7 石灰的熟化处理

为了消除过火石灰的危害,石灰膏必须在灰池内保存两周以上,以保证生石灰充分熟化,这个过程称为"陈伏"。陈伏期间石灰浆表面应保持一定厚度的水层,使之与空气隔绝,防止碳化。

b.熟化成熟石灰粉:当用作拌制石灰土(石灰、黏土)、三合土(石灰、黏土、砂石或炉渣)时,将生石灰加入适量的水,充分熟化成氢氧化钙,再经磨细、筛分制得熟石灰粉,也称消石灰粉。

【知识拓展】 施工中当采用磨细的生石灰粉时,可省去化灰的工序。因为生石灰粉细度高,石灰中的过火颗粒因磨细,水化反应速度相对可提高30～50 倍,且水化时体积膨胀均匀,避免了局部膨胀等危害工程的现象出现。生石灰粉用于工程,克服了传统的石灰硬化慢、强度低的缺点,提高了工效,改善了施工环境,但成本较高。

②建筑生石灰浆体的硬化

石灰浆体在空气中逐渐硬化,是由下面两个同时进行的物理过程和化学过程来完成的。

a.干燥、结晶硬化。石灰浆中游离水一部分蒸发掉,一部分被周围砌体吸收,使石灰浆逐渐饱和析出 $Ca(OH)_2$ 晶体。析出后的固相颗粒互相靠拢、密集,形成结晶结构网,强度逐渐提高。

b.碳化硬化。碳化反应的过程是空气中的二氧化碳与水生成碳酸,碳酸再与 $Ca(OH)_2$ 反应生成碳酸钙,释放出水分。不溶于水的碳酸钙由于水分的蒸发而逐渐结晶、硬化。碳化过程反应式如下

$$Ca(OH)_2+CO_2+nH_2O \longrightarrow CaCO_3+(n+1)H_2O$$

可见,如果没有水,上述反应就不能进行。

碳化作用是从与空气接触的石灰浆体表面开始,逐渐深入内部的过程。但由于空气中 CO_2 含量较低,所以反应速度较慢;当在浆体表面形成的 $CaCO_3$ 层达到一定厚度时,又将阻碍内部水分的进一步蒸发和 CO_2 继续向内渗透,导致$Ca(OH)_2$ 结晶速度变慢、碳化进程被进一步减缓。所以碳化过程长时间只限于表面,而 $Ca(OH)_2$ 的结晶作用则主

要是从内部向外进行的过程。

由以上石灰的硬化过程可以看出，石灰的硬化只能在空气中进行，也只能在空气中才能继续发展提高其强度，所以石灰只能用于相对干燥环境的地面上的建筑物、构筑物，而不能用于水中或潮湿的环境中。

(4)建筑生石灰的特性

①可塑性、保水性好

生石灰熟化为石灰浆时，能自动形成颗粒极细的呈胶体分散状态的 $Ca(OH)_2$，表面吸附水形成一层较厚的水膜；水膜可降低颗粒之间的摩擦力，使石灰浆体具有良好的塑性，易铺摊成均匀的薄层。因此石灰砂浆具有良好的保水性和可塑性；把石灰膏加到水泥砂浆中，能显著提高砂浆的可塑性。

②硬化缓慢，强度低

由于空气中的 CO_2 含量低，所以石灰硬化速度很慢。通常石灰和砂以 1∶3 的比例配成的石灰砂浆，其 28 d 的抗压强度仅有 0.2～0.5 MPa。

③硬化时体积收缩大

石灰在硬化过程中因蒸发掉大量的水分而产生较大的体积收缩而致开裂，所以，石灰不能单独使用。实际工程中，通常在石灰浆中掺入一定量的骨料，如加入砂、麻刀、无机纤维等，既提高了抗拉强度，又能抵抗收缩引起的开裂，还可促进水分的蒸发，提高碳化和硬化的速度，并可节约石灰。

④耐水性差

由于 $Ca(OH)_2$ 的溶解度较大，因此已硬化的石灰长期受潮后会使强度降低，在水中还会溃散，故石灰不宜用于潮湿环境中。

⑤吸湿性强

生石灰极易吸收空气中的水分熟化成熟石灰粉，所以生石灰尤其是生石灰粉长期存放时必须在密闭条件下，并应防潮防水。

(5)建筑生石灰的技术要求和技术指标

①技术要求

a. 有效($CaO+MgO$)含量

石灰中产生黏结性的有效成分是活性氧化钙和氧化镁，它们的含量是评价石灰质量的重要指标，含量越多，石灰的活性越高，灰质越好。

b. 产浆量

产浆量是生石灰消化后所产石灰浆体的体积，按 $dm^3/10$ kg 计。产浆量越高，石灰的质量越好。

c. CO_2 含量

CO_2 含量是石灰试样在规定条件下焙烧至质量恒定时，所产生的质量损失百分率。

产生质量损失的原因一方面是石灰中的欠火灰所致，另一方面是石灰储存期间受潮所致。质量损失越多，证明石灰中有效($CaO+MgO$)的含量越低，石灰的胶结性能越差。

d. 细度

细度指石灰颗粒的粗细程度。细度对石灰的黏结性能产生影响。规范规定石灰的细度以石灰在 0.2 mm 和 90 μm 筛上的筛余百分率控制。

e. 三氧化硫(SO_3)含量

三氧化硫(SO_3)含量影响石灰的体积安定性。安定性不良的石灰,消化硬化过程中会出现溃散、裂纹、鼓包等现象,导致工程质量不良。

②技术标准

a. 化学成分

建筑生石灰的化学成分,见表 2-21。

表 2-21 建筑生石灰的化学成分

名称	(氧化钙+氧化镁)(CaO+MgO)	氧化镁(MgO)	二氧化碳(CO_2)	三氧化硫(SO_3)	备注
CL−90Q CL−90QP	≥90	≤5	≤4	≤2	Q−生石灰块 QP−生石灰粉
CL−85Q CL−85QP	≥85	≤5	≤7	≤2	
CL−75Q CL−75QP	≥75	≤5	≤12	≤2	
ML−85Q ML−85QP	≥85	>5	≤7	≤2	
ML−80Q ML−80QP	≥80	>5	≤7	≤2	

b. 物理性质

建筑生石灰的物理性质,见表 2-22。

表 2-22 建筑生石灰的物理性质

名称	产浆量 $dm^3/10$ kg	细度	
		0.2 mm 筛余量/%	90 μm 筛余量/%
CL−90Q CL−90QP	≥26 —	— ≤2	— ≤7
CL−85Q CL−85QP	≥26 —	— ≤2	— ≤7
CL−75Q CL−75QP	≥26 —	— ≤2	— ≤7
ML−85Q ML−85QP	—	— ≤2	— ≤7
ML−80Q ML−80QP	—	— ≤7	— ≤2

2. 建筑消石灰

以下介绍的建筑消石灰，是指以建筑生石灰为原料，经水化和加工所制得的建筑消石灰粉。

(1)建筑消石灰的分类

按《建筑消石灰》(JC/T 481—2013)规定，建筑消石灰按扣除游离水和结合水后(CaO+MgO)的百分含量加以分类，见表2-23。

表2-23　　建筑消石灰的分类

<table>
<tr><th>类别</th><th>名称</th><th>代号</th><th>备注</th></tr>
<tr><td rowspan="3">钙质消石灰</td><td>钙质消石灰90</td><td>HCL90</td><td rowspan="3">HCL—钙质消石灰
90(或85、75)—(CaO+MgO)百分含量</td></tr>
<tr><td>钙质消石灰85</td><td>HCL85</td></tr>
<tr><td>钙质消石灰75</td><td>HCL75</td></tr>
<tr><td rowspan="2">镁质消石灰</td><td>镁质消石灰85</td><td>HML85</td><td rowspan="2">HML—镁质消生石灰
85(或80)—(CaO+MgO)百分含量</td></tr>
<tr><td>镁质消石灰80</td><td>HML80</td></tr>
</table>

(2)建筑消石灰的技术要求

①建筑消石灰的化学成分，见表2-24。

表2-24　　建筑消石灰的化学成分　　(%)

<table>
<tr><th>名称</th><th>(氧化钙+氧化镁)(CaO+MgO)</th><th>氧化镁(MgO)</th><th>三氧化硫(SO_3)</th></tr>
<tr><td>HCL—90</td><td>≥90</td><td rowspan="3">≤5</td><td rowspan="3">≤2</td></tr>
<tr><td>HCL—85</td><td>≥85</td></tr>
<tr><td>HCL—75</td><td>≥75</td></tr>
<tr><td>HML—85</td><td>≥85</td><td rowspan="2">>5</td><td rowspan="2">≤2</td></tr>
<tr><td>HML—80</td><td>≥80</td></tr>
<tr><td colspan="4">备注：表中数值以试样扣除游离水和化学结合水后的干基为基准。</td></tr>
</table>

②建筑消石灰的物理性质，见表2-25。

表2-25　　建筑消石灰的物理性质　　(%)

<table>
<tr><th rowspan="2">名称</th><th rowspan="2">游离水</th><th colspan="2">细度</th><th rowspan="2">安定性</th></tr>
<tr><th>0.2 mm筛余量</th><th>90 μm筛余量</th></tr>
<tr><td>HCL—90</td><td rowspan="5">≤2</td><td rowspan="5">≤2</td><td rowspan="5">≤7</td><td rowspan="5">合格</td></tr>
<tr><td>HCL—85</td></tr>
<tr><td>HCL—75</td></tr>
<tr><td>HML—85</td></tr>
<tr><td>HML—80</td></tr>
</table>

3. 石灰的贮运及工程应用

(1)石灰的贮运

①运输石灰时应采取严格的防水防潮措施，同时不宜与易燃易爆物品及液体共存、同运，以免发生火灾，引起爆炸。

②在施工现场，石灰应按类别、等级分别贮存在干燥的仓库内，且不宜长期存储。一

般粉状石灰的有效储存期为一个月。储存期过长，石灰将从空气中吸收水分而消解，进而再与空气中的二氧化碳作用产生碳化层而降低其胶结能力，造成浪费。

③如需较长时间储存生石灰，最好将其消解成石灰浆，并使表面隔绝空气，以防碳化。过期石灰在使用前应重新检验其有效成分含量。

(2)石灰的应用

①用于圬工砌体。拌制石灰砂浆、石灰水泥砂浆、石灰粉煤灰砂浆等，广泛用于桥梁工程的圬工砌体和建筑墙体砌筑及抹灰等工程。

②加固软土地基。在软土地基中打入生石灰桩，一方面生石灰吸水产生膨胀对桩周围的土壤起挤密作用，另一方面生石灰和黏土矿物间产生的胶凝反应使周围的土固结，从而达到提高地基承载力的目的。

③用作半刚性材料的结合料。石灰与黏土拌制成石灰稳定土；石灰、黏土与粉煤灰拌制成石灰粉煤灰稳定土；石灰与粉煤灰、砂、碎石拌制成粉煤灰碎石土(石灰稳定工业废渣)等，广泛应用于建筑物基础、地面、路面基层或底基层，地基的换土处理等，其强度高、水稳定性好、板体性好、造价低，目前主要的干线公路几乎全部采用了这种半刚性的基层材料。

二、建筑石膏

石膏是以硫酸钙为主要成分的传统气硬性胶凝材料。在建筑领域，石膏主要用于生产各种建筑制品，如石膏装饰板、空心石膏板等；还可用于水泥、水泥制品及硅酸盐制品的生产。石膏的品种很多，比如建筑石膏、高强石膏、高温煅烧石膏等，建筑工程中最常用的是建筑石膏。

1. 建筑石膏的生产

建筑石膏是将天然二水石膏在 107～170 ℃下煅烧所得到的β型半水硫酸钙，再经磨细制得的石膏。其生产过程的反应如下

$$CaSO_4 \cdot 2H_2O \xrightarrow{107\sim170\ ℃} CaSO_4 \cdot \frac{1}{2}H_2O + 1\frac{1}{2}H_2O$$

2. 建筑石膏的凝结与硬化

建筑石膏加水后，发生溶解及进一步的水化反应，重新生成二水石膏，反应式为

$$CaSO_4 \cdot \frac{1}{2}H_2O + 1\frac{1}{2}H_2O \rightarrow CaSO_4 \cdot 2H_2O$$

随着水化反应的不断进行，石膏浆体逐渐变稠，可塑性开始减小，称之为“初凝”；而后随着晶体颗粒的增多，颗粒间的摩擦力和黏结力逐渐增大，浆体的塑性很快下降直至消失，达到“终凝”。浆体中自由水因水化和蒸发逐渐减少，浆体继续变稠，逐渐凝聚成为晶体，晶体逐渐长大、共生和相互交错，产生强度直到形成坚硬的石膏固体。

建筑石膏凝结硬化得很快，一般初凝时间不小于 6 min，终凝时间不超过 30 min。

3. 建筑石膏的特性

(1)凝结硬化快

建筑石膏一般只需要几分钟至二、三十分钟即可凝结。在室内自然干燥的条件下，完

全硬化的时间大约需一星期。由于初凝时间过短，造成施工成型困难，施工时需要掺加适量的磨细的未经煅烧的石膏或亚硫酸纸浆废液等作缓凝剂，延长石膏的凝结时间，保证工程的施工质量。

(2)硬化后体积微膨胀

建筑石膏在硬化时产生0.5%～1%的体积膨胀，使得硬化体表面光滑，造型棱角清晰饱满，装饰性好，特别适于制造复杂图案的装饰制品或艺术配件。

(3)孔隙率大、密度小、强度低

建筑石膏水化的理论需水量为18.6%，实际施工时，为使石膏浆体具有必要的可塑性，通常加60%～80%的水。当浆体硬化后，由于多余水分的蒸发，在内部留下很大的孔隙(占总体积的50%～60%)，使体积密度减小(为800～1 000 kg/m^3)，强度较低，7 d抗压强度为8～12 MPa。

(4)耐水性、抗冻性差

建筑石膏制品的孔隙率大，且二水石膏微溶于水，其软化系数为0.3～0.5，是不耐水材料。若石膏制品吸水后受冻，会因孔隙中水分结冰膨胀而破坏。因此石膏制品不宜用在潮湿寒冷的环境中。

(5)具有一定的调温、调湿性

建筑石膏的热容量大，吸湿性强，故能调节室内温度和湿度，保持室内温湿度处于相对均衡的状态。

(6)防火性好，但耐火性差

石膏中的结晶水含量多，遇火时，结晶水吸收热量蒸发，形成蒸汽幕，阻止火势蔓延，起到防火的作用，同时表面生成的无水物为良好的绝缘体，也会起到防火作用。但二水石膏脱水后，强度下降，因此耐火性差。

(7)保温性和吸声性好

建筑石膏孔隙率大，且均为微细的毛细孔，所以导热系数较小，一般为0.121～0.205 W/(m·K)，隔热保温性能良好，同时，大量的毛细孔对吸声有一定的作用，具有较强的吸声能力。

(8)可装饰性好

石膏呈白色，可装饰干燥环境的室内墙面或顶棚，但若受潮后颜色变黄会失去装饰性。

【跟踪自测】 某住户喜爱石膏制品，全宅均用普通石膏浮雕板作装饰。请分析说明装修后的住宅使用一段时间后，会出现什么现象？为什么？

4. 建筑石膏的主要技术要求和质量标准

(1)分类

建筑石膏按原材料种类不同分成三类，见表2-26。

表2-26　建筑石膏按原材料种类不同的分类

类别	天然建筑石膏	脱硫建筑石膏	磷建筑石膏
代号	N	S	P

(2)质量等级

建筑石膏按2 h强度(抗折)不同，分为3.0、2.0和1.6三个等级。

(3)标记

按产品名称、代号、等级及标准编号的顺序标记。如等级为 3.0 的天然建筑石膏标记为建筑石膏 N3.0。

(4)技术要求

建筑石膏组分中 β 半水硫酸钙的含量(质量分数)应不小于 60.0%。

建筑石膏的技术指标应符合表 2-27 要求。

表 2-27 建筑石膏的技术指标

等级	细度(0.2 mm 方孔筛筛余)/%	凝结时间/min		2 h 强度/MPa	
		初凝	终凝	抗折	抗压
3.0	≤10	≥3	≤30	≥3.0	≥6.0
2.0				≥2.0	≥4.0
1.6				≥1.6	≥3.0

注:指标中有一项不合格,应予以降级或报废。

5. 建筑石膏的应用

(1)室内抹灰及粉刷

将建筑石膏与水和缓凝剂拌和成石膏浆体,可用作内墙粉刷材料。石膏浆中还可以掺入部分石灰,或将建筑石膏与水、砂拌和成石膏砂浆,用于室内抹灰。石膏砂浆也可作为油漆等的打底层。

【知识拓展】 石膏作内墙抹灰材料的优点

石膏是室内高级粉刷和抹灰材料。石膏砂浆隔热保温性能好,热容量大,吸湿性大,因此能够调节室内温、湿度,使其经常保持均衡状态,给人以舒适感。粉刷后的墙面光滑、细腻、洁白美观;还具有绝热、阻火、吸音以及施工方便、凝结硬化快、黏结牢固等特点。

(2)建筑装饰制品

由于石膏具有凝结快和体积稳定的特点,常用于制造建筑雕塑和花样、形状不同的装饰制品,而且具有不污染、不老化、对人体健康无害等优点。

(3)石膏板

石膏板材具有轻质、隔热保温、吸声、不燃以及施工方便等性能。常用的石膏板主要有纸面石膏板、纤维石膏板、装饰石膏板等,作为装饰隔板、吊顶或保温、隔声、防火等材料使用。但石膏板具有长期徐变的性质,在潮湿的环境中更为严重,且建筑石膏自身强度较低,又因其显微酸性,不能配加强钢筋,故不宜用于承重结构。

6. 建筑石膏的运输和保管

运输建筑石膏时要注意防雨防潮。存储石膏时应分类分级存储于干燥的仓库内,存储期一般不宜超过 3 个月,超过 3 个月后强度会降低 30%左右。

【知识拓展】 建筑石膏的生态环保特性

石膏是当今倍受关注的建筑材料之一,源于石膏具有的生态环保特性。

一是生产能耗低,仅为水泥的 22%;二是环保和节能。石膏建材的生产利用了工业废料——磷石膏,节省了土地资源,净化了环境;三是石膏整体墙的研发、规模化生产以及广泛的市场应用，提高了住宅的品质，减少了施工中湿作业的时间，大幅度提高劳动生产率，节约工程成本。

三、水玻璃

水玻璃俗称泡花碱，是一种能溶于水的碱金属硅酸盐，其化学通式为 $R_2O \cdot nSiO_2$，式中的 R_2O 代表碱金属氧化物，通常指 K_2O 或 Na_2O。建筑上通常使用的是硅酸钠水玻璃（$Na_2O \cdot SiO_2$）的水溶液。式中的 n 称为水玻璃模数，n 值的大小决定了水玻璃溶解的难易程度，n 值越大，水玻璃的黏性越大，溶解越困难，硬化越快，我国生产的水玻璃模数一般在 2.4～3.3。

1. 水玻璃的硬化

水玻璃是气硬性胶凝材料，其硬化过程是在空气中吸收 CO_2 后形成无定形的硅胶，并逐渐干燥产生强度，其化学反应式为

$$Na_2O \cdot nSiO_2 + CO_2 + mH_2O = Na_2CO_3 + nSiO_2 \cdot mH_2O$$

由于空气中的二氧化碳含量极少，上述硬化过程很慢。若在水玻璃中掺入适量硬化剂（氟硅酸钠），则加快水玻璃的凝结与硬化。上述硬化过程表明，以水玻璃为胶凝材料配制的材料，硬化后则变成以 SiO_2 为主的人造石材。

2. 水玻璃的主要技术指标

水玻璃的主要技术指标应符合表 2-28 的要求。

表 2-28　　水玻璃的主要技术指标

项目	密度(20 ℃)/(g/cm³)	二氧化硅/%	氧化钠/%	模数 n
指标	1.44～1.47	≥25.7	≥10.2	2.6～2.9

3. 水玻璃的技术特性

(1)黏结力大、强度高

水玻璃硬化后有良好的黏结能力，析出的硅酸凝胶有堵塞毛细孔隙而防止水渗透的作用。硬化的水玻璃强度较高，配制的水玻璃混凝土，抗压强度可达到 15～40 MPa。

(2)耐酸性好

硬化后的水玻璃，可以抵抗除氢氟酸、过热磷酸以外的几乎所有无机酸和有机酸的侵蚀，常用于耐酸工程，配制水玻璃耐酸混凝土、耐酸砂浆等。

(3)耐热性好

水玻璃不燃烧，在高温下硅酸凝胶干燥得更加彻底，强度并不降低，甚至有所增加。因此水玻璃常用于耐热工程，配制耐热混凝土、耐热砂浆等。

(4)耐碱性、耐水性差

可溶于碱，且溶于水。

4. 水玻璃在建筑工程中的应用

(1)涂刷材料表面，提高抗风化能力

将液体水玻璃与水按体积比 1.35∶1 稀释，浸渍或涂刷在黏土砖、水泥混凝土等多孔材料表面，可使其密实度、强度、不透水性、抗风化能力和耐久性均得到提高。

(2)加固土壤

将水玻璃和氯化钙溶液交替压注到土壤中，两种溶液发生如下反应

$$Na_2O \cdot nSiO_2 + CaCl_2 + mH_2O = Ca(OH)_2 + nSiO_2 \cdot (m-1)H_2O + 2NaCl$$

生成硅酸凝胶体，能包裹土壤颗粒并填充其孔隙，使土壤固结，提高地基的承载力；氢氧化钙与氯化钙反应生成氧氯化钙也起到胶结和填充孔隙的作用；同时，硅酸凝胶体因吸收地下水而经常处于膨胀状态，阻止地上水分的渗透，增加了土壤的密实度和强度，提高了抗渗性。

(3)配制防水堵漏材料

把水玻璃溶液掺入砂浆或混凝土中可急速凝结硬化，用于结构物的修补堵漏。还可加入各种钒的水溶液，配制成水泥砂浆或混凝土防水剂。

(4)配置水玻璃矿渣砂浆

液体水玻璃与粒化高炉矿渣粉、砂和硅氟酸钠按一定的质量比配合，压入砖墙裂缝可进行裂缝的修补。

(5)其他用途

用水玻璃可配制耐酸砂浆和耐酸混凝土、耐热砂浆和耐热混凝土；将液体水玻璃与耐火填料等调成糊状的防火漆涂于木材表面可抵抗瞬间火焰。

【知识拓展】 实际工程应用中，不同的应用条件需要具有不同 n 值的水玻璃。用于地基灌浆时，采用 $n=2.7\sim3.0$ 为宜；涂刷混凝土表面时，$n=3.3\sim3.5$ 为宜；作为水泥的促凝剂时，$n=2.7\sim2.8$ 为宜。

【跟踪自测】 水玻璃可以用作防水剂，用于堵塞漏洞或缝隙，请问，这种方法可否用于石膏制品的缝隙处理？

工作单元

任务一　水泥的取样及细度测定

【知识准备】

1.水泥细度的含义是什么？

2.水泥细度的表示方法有哪些？分别采用什么方法测定？

【技能目标】

1.会使用水泥细度负压筛析仪。

2.会用负压筛析仪测定水泥细度，会进行试验结果处理，会依据规范做出水泥细度评价。

一、水泥取样

取样依据为《水泥取样方法》(GB/T 12573—2008)。所取试样，应充分反映所验收批水泥的总体质量。

1.散装水泥

同厂、同期、同品种、同强度等级的同一出场编号，500 t为一个取样批。取样时随机从不少于三个车罐中，用槽型管在适当位置插入水泥一定深度(不超过2 m)。取样搅拌均匀后从中取出不少于12 kg作为试样放入标准的干燥密封容器中，同时另取一份封样保存。

2.袋装水泥

同厂、同期、同品种、同强度等级，以一次进场的同一出场编号的水泥200 t为一批，先进行包装质量检查，每袋质量允许偏差1 kg。随机地从20袋中各取等量的水泥，经搅拌均匀后取12 kg两份，密封好，一份送检，一份封样保存3个月。

无论用什么方法取样，所取的试样都应充分搅拌均匀，通过0.9 mm方孔筛，并记录筛余百分率及筛余物情况。

【知识拓展】　水泥编号

水泥出厂前按同品种、同强度等级编号进行取样。每一编号为一取样单位。袋装水泥和散装水泥应分别进行编号和取样。

水泥出厂编号按年生产能力规定为：200×10^4 t以上，不超过4 000 t为一编号；120×10^4～200×10^4 t，不超过2 400 t为一编号；60×10^4～120×10^4 t，不超过1 000 t为

一编号；$30\times10^4\sim60\times10^4$ t，不超过 600 t 为一编号；$10\times10^4\sim30\times10^4$ t，不超过 400 t 为一编号；10×10^4 t 以下，不超过 200 t 为一编号。

试验2

水泥细度试验

二、水泥细度测定

1. 试验仪器设备

(1)负压筛析仪如图 2-8 所示。

(2)水泥负压筛如图 2-9 所示。

(3)天平。

2. 试验方法步骤

(1)筛析试验前，应把负压筛放在筛座上，盖上筛盖，接通电源，检查控制系统，调节负压至 4 000～6 000 Pa 范围内。

(2)称取试样 25 g，置于洁净的负压筛中。盖上筛盖，放在筛座上，开动筛析仪连续筛析 2 min，在此期间如有试样附着在筛盖上，可轻轻地敲击，使试样落下。筛毕，用天平称量筛余物。

(3)当工作负压小于 4 000 Pa 时，应清理吸尘器内水泥，使负压恢复正常。

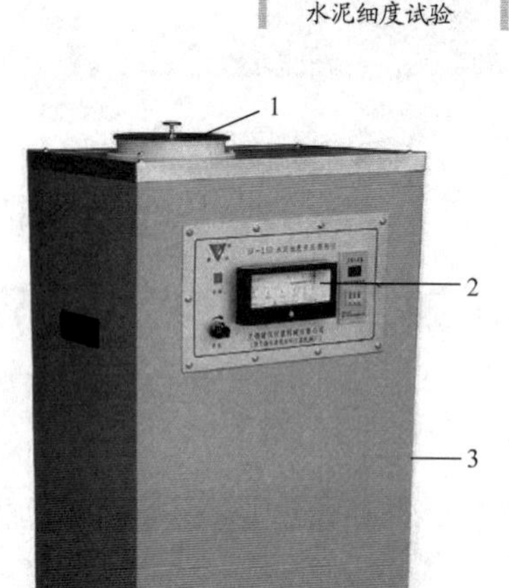

图 2-8 负压筛析仪

1—负压筛盖；2—压力指示读盘；3—负压筛析仪机座

三、试验结果计算

水泥细度按试样筛余百分数(精确至 0.1%)计算

$$F=\frac{R_5}{W}\times100\% \tag{2-1}$$

式中 F——水泥试样的筛余百分数；

R_5——水泥筛余物的质量，g；

W——水泥试样的质量，g。

图 2-9 水泥负压筛

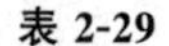

水泥细度试验数据记录及结果处理见表 2-29。

表 2-29 水泥细度试验数据记录及结果处理

水泥细度试验				
筛析用试样质量/g	筛余物质量/g	筛余百分数/%	筛余平均值/%	备注

任务二 水泥标准稠度用水量测定

试验3

水泥标准稠度试验

【知识准备】

标准稠度用水量的定义、测试原理及其工程意义。

【技能目标】

1. 会使用水泥净浆搅拌机制作水泥净浆；会使用标准维卡仪测定水泥净浆稠度。

2. 会进行净浆稠度试验结果的分析并确定标准稠度用水量。

一、试验条件

1. 实验室温度为 20 ℃±2 ℃，相对湿度不低于 50%；水泥、拌和水、仪器和用具的温度应与实验室的温度一致。

2. 试验用水应是洁净的饮用水，如有争议时应以蒸馏水为准。

二、试验仪具

1. 水泥净浆搅拌机：如图 2-10 所示。

2. 标准法维卡仪：主要由铁座与可以自由滑动的金属圆棒组成，另附一用于测定标准稠度的标准试杆和测定凝结时间的标准试针，指示金属棒下降的距离。如图 2-11 所示。

3. 试模底板：每个试模应配备一个棱长或直径约 100 mm、厚度为 4～5 mm 的平板玻璃底板或金属底板。

4. 量筒或滴定管：精度±0.5 mL。

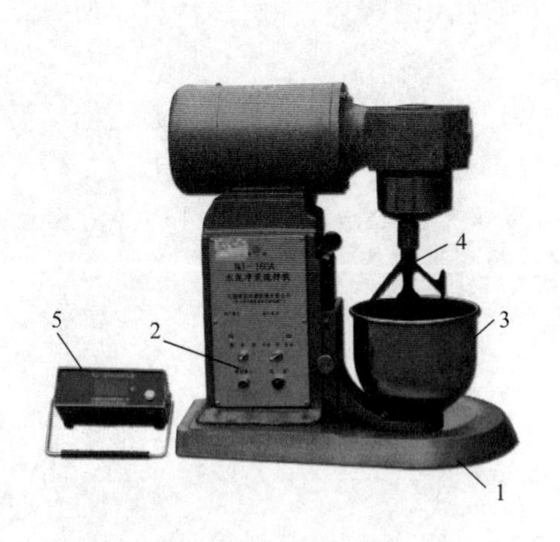

图 2-10　水泥净浆搅拌机

1—搅拌机底座；2—程序控制键；3—搅拌锅；4—搅拌叶片；5—计时器

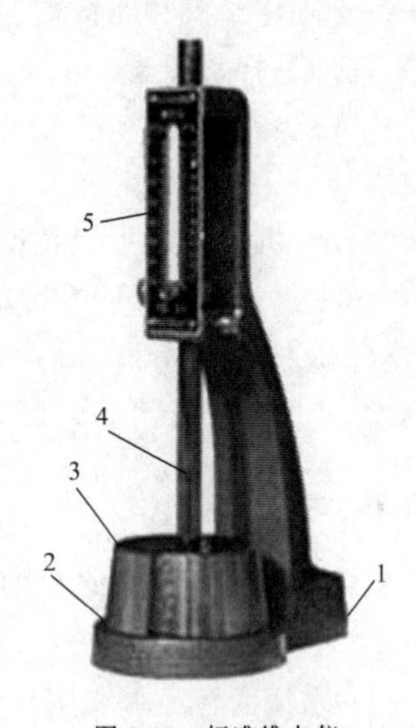

图 2-11　标准维卡仪

1—维卡仪底座；2—玻璃板；3—试模；4—标准试杆；5—标尺

三、测定步骤和方法

1. 仪器调试

(1)调整维卡仪的金属棒能自由滑动。

(2)调整试杆接触玻璃板时指针对准零点。

(3)净浆搅拌机运行正常。

2. 制备净浆

(1)用湿布将净浆搅拌锅和搅拌叶片擦净、擦湿。

(2)将一定量的拌和水倒入搅拌锅内，再将称好的 500 g 水泥在 5～10 s 内小心加入水(避免水和水泥溅出)。

(3)将锅放在搅拌机的锅座上拧紧,升至搅拌位置,启动搅拌机,低速搅拌 120 s,停 15 s,同时将叶片和锅壁上的水泥浆刮入锅中间,接着高速搅拌 120 s 停机。

【技术提示】 用湿布擦湿拌和锅和搅拌叶片时,锅内不能有水存留,并且擦湿后应立即进行试验。

3. 测定

(1)装模

拌和结束后,立即取适量的水泥净浆,一次性装入已置于玻璃底板上的试模中,浆体超过试模上端,用宽约 25 mm 的直边刀轻轻拍打超出试模部分的浆体 5 次,排除浆体中的孔隙,然后在试模上表面约 1/3 处,略倾斜于试模分别向外轻轻锯掉多余净浆,再从试模边沿轻抹顶部一次,使净浆表面光滑。在锯掉多余净浆和抹平的操作过程中,注意不要压实净浆。

(2)测试

抹平后迅速将试模和底板移到维卡仪上,并将其中心定在试杆下,调整试杆使其和净浆表面刚好接触,拧紧螺丝 1～2 s 后突然放松,使试杆垂直自由地沉入水泥净浆中。在试杆停止沉入或释放试杆 30 s 时记录试杆距底板之间的距离,升起试杆后立即擦净。整个操作在搅拌后 1.5 min 内完成。

以标准试杆沉入净浆并距底板 6 mm±1 mm(即 5～7 mm)的水泥净浆为标准稠度净浆,其拌和用水量为该水泥的标准稠度用水量(P),按水泥质量的百分比计。

【技术提示】 当试杆距玻璃板小于 5 mm 或大于 7 mm 时,应分别适当减少或增加水的加入量,并重复水泥浆的拌制和上述测定过程。

四、结果处理

标准稠度用水量按水和水泥的质量百分比计,按下式计算

$$P=m_w/m_c\times 100\% \tag{2-2}$$

式中 P——水泥的标准稠度用水量,%;

m_w——达到标准稠度时的用水质量,g;

m_c——达到标准稠度时的水泥质量,g。

五、试验测定数据记录和结果处理

水泥标准稠度用水量试验记录及结果处理见表 2-30。

表 2-30 水泥标准稠度用水量试验记录及结果处理

试验方法	试验次数	水泥质量 m_c/g	用水量 m_w/g	试杆下落的深度 /mm	标准稠度用水量/%	
					个别值	平均值

任务三　水泥凝结时间测定

【知识准备】

1. 测定水泥凝结时间时对水泥净浆有何要求？
2. 水泥凝结时间的测定意义是什么？

【技能目标】

1. 学会水泥凝结时间的测定。
2. 会根据凝结时间的测定结果评定水泥的技术品质。

一、试验条件

1. 实验室温度为 20 ℃±2 ℃，相对湿度不低于 50%；水泥、拌和水、仪器和用具的温度应与实验室一致。

2. 试验用水应是洁净的饮用水，如有争议时应以蒸馏水为准。

3. 湿气养护箱的温度为 20 ℃±1 ℃，相对湿度不低于 90%。

二、试验仪具

1. 凝结时间测定仪、试针、针连杆和试模，如图 2-12 所示。

2. 湿气养护箱。

3. 插刀，玻璃板或金属板（棱长或直径约 100 mm、厚度为 4～5 mm 的平板玻璃底板或金属底板）。

图 2-12　维卡仪、初终凝试针、针连杆

1—维卡仪底座；2—玻璃板；3—试模；4—针连杆；5—读数标尺；6—初凝试针；7—终凝试针

三、试验步骤及方法

1. 测定准备

(1)仪具的准备

调整凝结时间测定仪的试针，使其接触玻璃板或金属底板时指针对准标尺零点。

(2)试件的制备

以标准稠度用水量，按上述方法制成标准稠度净浆后，按标准稠度试验方法装模和刮平后，立即放入湿气养护箱中（湿气养护箱的温度为 20 ℃±1 ℃，相对湿度不低于 90%）。记录水泥全部加入水中的时间作为凝结时间的起始时间。

2. 初凝时间的测定

试件在湿气养护箱中养护至加水后 30 min 时，进行第一次测定。测定时，从湿气养护箱中取出试模放到试针下，使试针针尖与水泥净浆表面接触。拧紧螺丝 1～2 s 后突然

放松螺丝，试针垂直自由沉入水泥净浆。观察试针停止下沉或释放指针 30 s 时指针的读数。临近初凝时每隔 5 min(或更短时间)测定一次，当试针沉至距底板在 4 mm±1 mm (3～5 mm)时，水泥达到初凝状态；到达初凝状态时立即重复测定一次，当两次结论相同时，确定水泥到达初凝状态。

由水泥全部加入水中时起至水泥净浆达到初凝状态的时间为水泥的初凝时间，以“min”表示。如图 2-13 为初凝时间测定用的立式试模的侧视图。

3. 终凝时间的测定

(1)在完成初凝时间测定后，立即将试模连同浆体以平移的方式从玻璃板上取下，翻转 180°，直径大端向上、小端向下放在玻璃板上，再放入湿气养护箱中继续养护。

(2)将初凝时间测试针换成带有环形附件的终凝时间测试针，继续测定。如图 2-14 为终凝时间测试的正视图。

临近终凝时每隔 15 min(或更短时间)测定一次，当试针沉入试体不大于 0.5 mm 时，即环形附件开始不能在试体上留下痕迹时，水泥达到终凝状态。到达终凝时，需要在试体另外两个不同点测试，确认结论相同才能确定达到终凝状态。

由水泥全部加入水中时起至达到终凝状态的时间为水泥的终凝时间，用“min”表示。

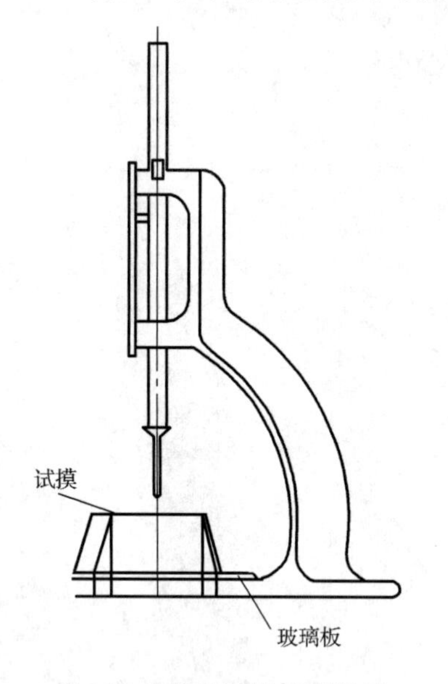

图 2-13 初凝时间测试的侧视图

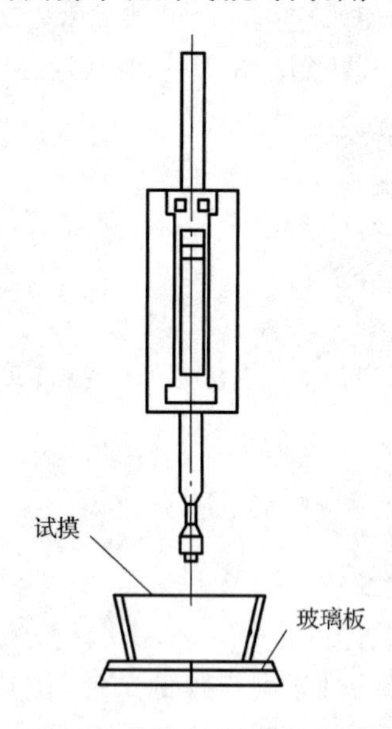

图 2-14 终凝时间测试的正视图

四、试验数据记录及结果

水泥凝结时间试验记录表见表 2-31。

表 2-31 水泥凝结时间试验记录表

标准稠度用水量/%	加水时刻/(h,min)	初凝时刻/(h,min)	终凝时刻/(h,min)	初凝时间/min	终凝时间/min	备注

【技术提示】 1. 开始测定时，用手轻扶金属连杆，使其徐徐下落，以防试针撞弯，但结果以自由下落为准。

2. 整个测试过程中，试针沉入的位置至少距试模内壁 10 mm，且各测试点不得重复。

3. 每次测定不能让试针落入原针孔，每次测试完毕须将试针擦净并将试模放回湿气养护箱内，整个测试过程要防止试模受振。

任务四　水泥安定性试验(标准法)

【知识准备】

1. 水泥体积安定性的含义？引起安定性不良的因素及检测方法分别是什么？

2. 水泥安定性检测对水泥浆体的要求如何？安定性不合格的水泥应如何处理？

【技能目标】

1. 学会雷氏试件的制作，会进行雷氏夹弹性恢复能力的检测。

2. 会进行安定性试验结果的处理及结果评价。

试验5

水泥体积安定性试验

一、试验仪具

1. 沸煮箱：如图 2-15 所示。箱内设有篦板。篦板与加热器之间的距离大于 50 mm，能在 30±5 min 内将箱内的试验用水由室温升至沸腾并可保持沸腾状态 3 h 以上，整个试验过程不需补充试验用水量。

2. 雷氏夹：铜质材料组成。其结构如图 2-16 所示。

3. 雷氏夹膨胀测定仪：最小刻度为 0.5 mm，如图 2-17(a)、2-17(b)所示。

4. 玻璃板：每个雷氏夹需配备两个 75～85 g 的玻璃板两块；

5. 量水器：最小刻度为 0.1 mL，精确到 1%。

6. 湿气养护箱：能使温度控制在 20 ℃±1 ℃，相对湿度不低于 90%。

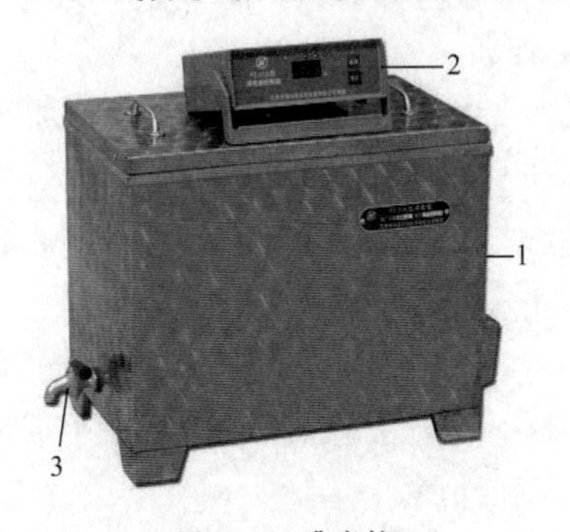

图 2-15　沸煮箱

1—沸煮箱；2—计时装置；3—放水阀

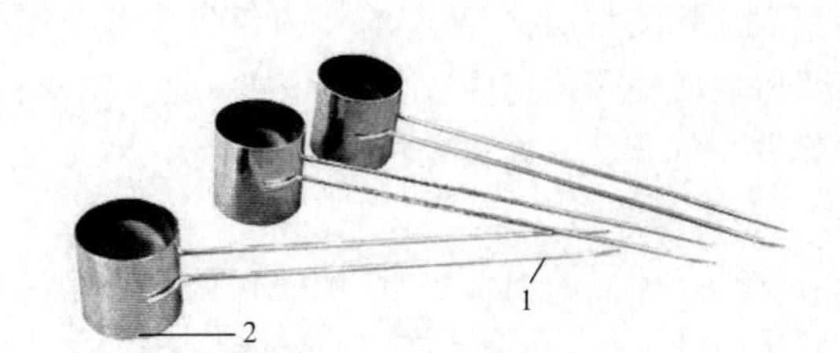

图 2-16　雷氏夹

1—指针；2—环模

二、试验步骤

1. 测定前的准备工作

(1)雷氏夹弹性能力检测。如图 2-17(a)、2-17(b)所示，将雷氏夹一根指针的根部悬挂在一根金属丝或尼龙丝上，另一根指针的根部再挂上一质量为 300 g 的砝码。若两根指针的针尖距离增加在(17.5±2.5)mm 范围内，即 $2x$=17.5 mm±2.5 mm，且当去掉砝码后针尖的距离能恢复到挂砝码前的状态，则雷氏夹的弹性恢复能力合格。

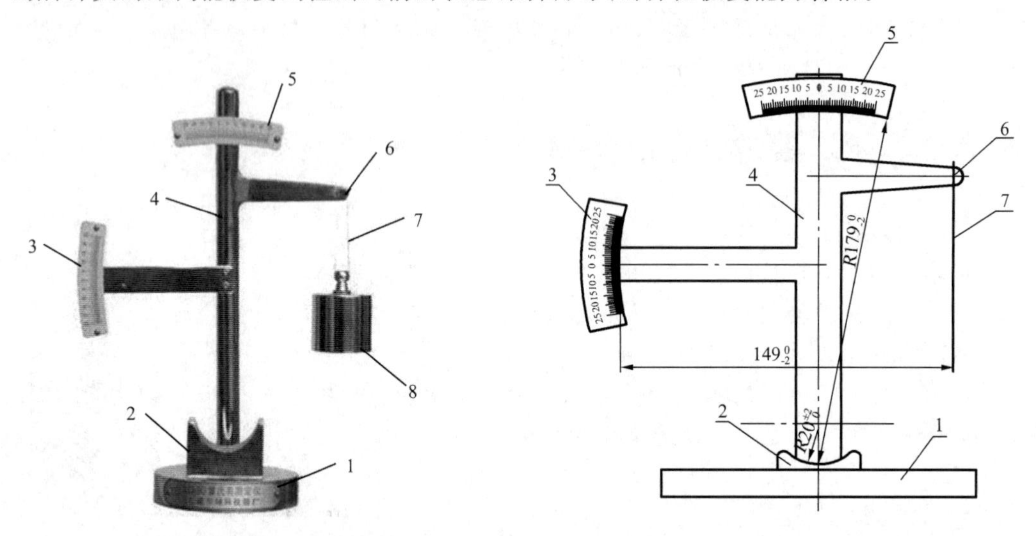

(a)雷氏夹膨胀值测定仪结构示意图　　(b)雷氏夹膨胀值测定仪平面示意图(mm)

图 2-17　雷氏夹膨胀值测定仪

1—底座；2—模子座；3—测膨胀值标尺；4—立柱；5—测弹性标尺；6—悬臂；7—悬丝；8—300 g 重的砝码

(2)将弹性恢复能力合格的雷氏夹的内表面和与净浆接触的玻璃板涂一薄层油。

(3)按上述测定的用水量拌制标准稠度的水泥净浆。

2. 试验测定——雷氏夹法(标准法)

(1)试验前准备工作

每个试样成型两个试件，每个雷氏夹需配备两个棱长或直径约 80 mm、厚度 4～5 mm 的玻璃板，凡与水泥净浆接触的玻璃板和雷氏夹内表面都要涂一薄层矿物油。

(2)雷氏夹试件的成型(一次平行成型两个雷氏试件)

将预先准备好的雷氏夹置于已涂油的玻璃板上，并立即将已制好的标准稠度水泥净浆一次性装满雷氏夹，装浆时一只手轻轻扶持雷氏夹，另一只手用宽约 25 mm 的直边刀在浆体表面轻轻插捣 3 次，然后抹平，盖上稍涂油的玻璃板，立即将试件移至湿气养护箱中养护 24 h±2 h(湿气养护箱的温度为 20 ℃±1 ℃，相对湿度不低于 90%)。

(3)沸煮试件

调整好沸煮箱内的水量，使能保证在整个沸煮过程中水位都超过试件，不需中途添补试验用水，同时又能保证在 30 min±5 min 内加热升温至沸腾。

脱去玻璃板取下试件，先分别测量雷氏夹指针尖端间的距离 A、A'(精确到 0.5 mm)，接着将试件放入沸煮箱水中的试件架上，指针朝上(试件之间互不交叉)，然后在 30 min±5 min 内加热至沸并恒沸 180 min±5 min。

(4)结果判断

沸煮结束后，立即放掉沸煮箱中的热水，打开箱盖，待箱体冷却至室温，取出试件，测量雷氏夹指针尖端间的距离 C、C'(精确到 0.5 mm)。

当两个试件沸煮后增加距离$(C-A)$和$(C'-A')$的平均值不大于5.0 mm时，即认为水泥安定性合格。当两个试件沸煮后增加距离$(C-A)$值和$(C'-A')$的平均值大于5.0 mm时，应用同一样品立即重做一次试验。以复检结果为准。

三、试验数据记录及结果

水泥安定性试验结果见表2-32。

表2-32　水泥安定性试验结果记录表

试验次数	标准稠度用水量/%	沸煮前指针尖端间距离/mm	沸煮后指针尖端间距离/mm	沸煮后指针尖端增加距离/mm	
				个别值	平均值

【说明】 水泥的安定性可用试饼法和雷氏夹法进行检测，当发生争议时，以雷氏夹法为准。

任务五　水泥胶砂强度试验

【知识准备】

1. 水泥胶砂强度试验用的各种材料名称及其用量比例是多少？

2. 胶砂试体的规格？试体的成型条件、养护条件和养护龄期分别是什么？

【技能目标】

1. 熟悉水泥胶砂搅拌机、胶砂振实台、抗折和抗压试验机的操作方法。

2. 会制作胶砂试体；会测定胶砂试体的抗压和抗折强度并进行试验结果处理和评价。

一、试验仪具

(1)行星式胶砂搅拌机：由搅拌锅、搅拌叶片、机座、计时器等组成，如图2-18所示。

(2)胶砂试模：由隔板、端板、底座、紧固装置及定位销组成。每个试模由三个水平的模槽组成，可同时成型三条40 mm×40 mm×160 mm的棱柱形试体，如图2-19所示。

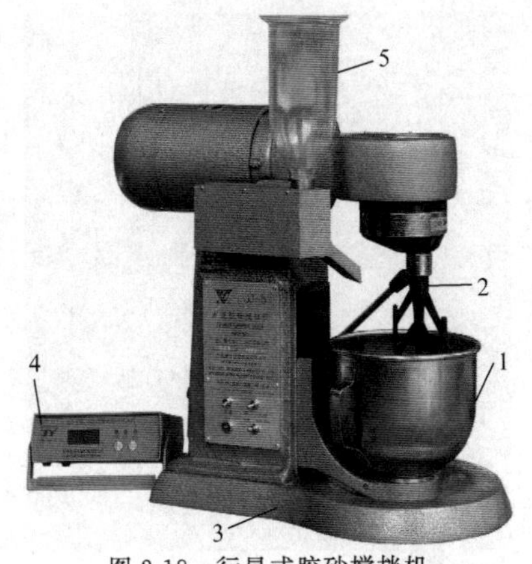

图2-18　行星式胶砂搅拌机

1—搅拌锅；2—搅拌叶片；3—机座；4—计时器；5—加砂漏斗

图2-19　水泥胶砂试模

1—隔板；2—端板；3—底座；4—紧固装置；5—定位销

(3)胶砂振实台:由可以跳动的台盘和使其跳动的凸轮等组成,如图 2-20 所示。

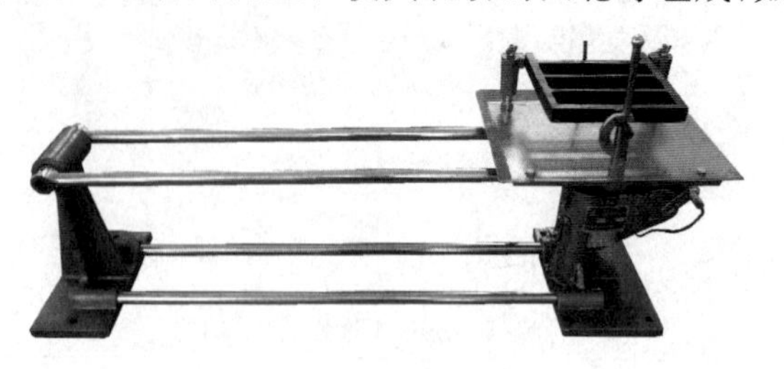

图 2-20 胶砂振实台

(4)抗折试验机,如图 2-21 所示。

(5)抗压试验机,如图 2-22 所示。

图 2-21 抗折试验机

图 2-22 抗压试验机

(6)金属模套、金属刮平直尺、拨料器。

(7)其他:天平(精度为±1 g);滴管(精度为±1 mL)。

二、试验步骤

1. 胶砂的制备

(1)称料

胶砂的质量配合比为水泥∶标准砂∶水=1∶3∶0.5;一锅胶砂成型三条试体,需水泥 450 g±5 g;水 225 g±1 g;ISO 标准砂 1 350 g±5 g。

(2)搅拌

依次加水和水泥于搅拌锅内,再加标准砂于盛砂漏斗中,把锅放在固定架上,上升至固定的位置。立即开动机器搅拌。低速搅 30 s,加砂 30 s(从最粗粒级加入),高速搅 30 s,停拌 90 s(在第一个 15 s 内用一胶皮刮具将叶片和锅壁上的胶砂刮入锅中间),再高速搅拌 60 s。

2. 胶砂试件的制作

(1)组装试模

用湿抹布将试模擦净,紧密装配,并将试模内壁均匀地刷一薄层机油。

(2)装模

胶砂拌和后立即成型。将试模和模套固定在振实台上。用一个小料勺从搅拌锅里将胶砂分两层装入试模，装第一层时，每个模槽里装约 300 g 胶砂，用大拨料器垂直架在模套顶部，沿每个模槽来回一次将料层拨平，接着振实 60 次。再将剩下的胶砂装入，用小拨料器拨平，再振实 60 次。

(3)刮平

移去模套，从振实台上取下试模。用一金属直尺以近似 90°的角度架在试模模顶的一端，然后沿试模长度方向以横向锯割动作慢慢向另一端移动，一次将超过试模部分的胶砂刮去，并用同一直尺在近乎水平的情况下将试体表面抹平。

(4)做标记

在试模上做标记或加字条标明试件相对于振实台的位置。

3.胶砂试体的养护

(1)脱模前的处理和养护

去掉留在模子四周的胶砂。立即将做好标记的试模放入雾室或水箱的水平架上养护，试模间不得叠放，以保证湿空气能与试模各边接触。养护到规定的脱模时间取出脱模。脱模前，用防水墨水或颜料对试体进行编号和做其他标记。两个龄期以上的试体，在编号时应将同一试模中的三条试体分在两个以上龄期内。

(2)脱模

对于 24 h 龄期的应在破型试验前 20 min 内脱模，对于 24 h 以上龄期的，应在成型后 20～24 h 脱模。

如经 24 h 养护，会因脱模对强度造成损害时，可以延迟至 24 h 以后脱模，但在试验报告中应予以说明。

已确定作为 24 h 龄期试验(或其他不下水直接做试验)的已脱模试体，应用湿布覆盖至做试验时为止。

(3)养护

将做好标记的试件立即水平或竖直放在 20 ℃±1 ℃水中养护，或在 20 ℃±1 ℃相对湿度大于 90%的标准养护室中养护。水平放置时刮平面应朝上。养护期间试件之间间隔或试体上表面的水深不得小于 5 mm。

强度试验：试件龄期是从水泥加水搅拌开始至试验时算起，不同龄期强度的试验时间见表 2-33。试件从水中取出后应揩去试体表面沉积物，并用湿布覆盖到试验为止。

表 2-33　不同龄期强度的试验时间

龄期	试验时间	龄期	试验时间	龄期	试验时间
1 d	24 h±15 min	3 d	72 h±45 min	28 d	28 d±8 h
2 d	48 h±30 min	7 d	7 d±2 h		

【技术提示】 (1)试验过程中，水泥、水、标准砂的温度和胶砂成型温度要保持一致。

(2)装试模时，模四周应很密实，避免出现漏浆现象。

(3)试体带模养护的养护箱或雾室温度保持在 20 ℃±1 ℃，相对湿度不低于 90%。

(4)试体养护池水温度应在 20 ℃±1 ℃。

(5)在温度给定的范围内，控制所设定的温度应为此范围的中值。

4. 抗折强度试验

(1)通过平衡陀(配重陀)使抗折压力机的杠杆处于平衡状态。

(2)将试体放入抗折夹具内,使一侧面与试验机的支撑圆柱接触,试体长轴垂直于支撑圆柱,调整夹具,使杠杆在试体折断时尽可能接近平衡位置。通过加荷圆柱以 50 N/s±5 N/s 的速率均匀地将荷载垂直地加在棱柱体相对的侧面上,直至折断。

(3)保持两个半截棱柱体处于潮湿状态直至抗压强度试验。

(4)抗折强度的评定:以一组三个棱柱体抗折强度结果的平均值作为试验结果。当三个强度值中有超过平均值±10%时,应剔除后再取平均值作为抗折强度试验结果。

【应用案例】 若测一组水泥胶砂试体的抗折强度分别为:4.1 MPa、3.8 MPa、3.4 MPa,求该组试件抗折强度试验值。

解:由已知,其强度的平均值为 3.8 MPa。最小值和最大值与平均值比较:

(4.1−3.8)/3.8×100%=+7.9%

(3.4−3.8)/3.8×100%=−10.5%

则剔除测值 3.4 MPa。抗折强度测定结果为(4.1+3.8)/2=4.0 MPa

【知识拓展】 按 GB/T 17671 的要求,若最大值和最小值均超过平均值的±10%时,试验结果作废,应重新取样进行试验。但在一般工程中,若再次试验需 28 d 的时间,将影响工程的进度。常采用的处理方法:若最大值和最小值均超过平均值的±10%时,取中间值,以中间值与平均值比较,若不超过平均值的±10%,则中间值即为该组试件的强度代表值。

5. 抗压强度试验

(1)抗折强度试验后的六个断块应立即进行抗压强度试验。试验时必须用抗压夹具进行,以半截棱柱体的侧面作为受压面,受压面面积为 40 mm×40 mm。试体的底面靠近夹具定位销,并使夹具对准压力机压板中心。

(2)设置压力机的加荷速度在 2 400 N/s±200 N/s 内,以均匀的速度加荷直至破坏。

(3)抗压强度按下式计算

$$R_C=\frac{F_C}{A} \tag{2-3}$$

式中 R_C——抗压强度,MPa;

F_C——破坏时的最大荷载,N;

A——受压部分面积,mm^2。

(4)抗压强度结果评定

以一组棱柱体上得到的六个抗压强度测定值的算术平均值为试验结果。如六个测定值中有一个超出六个平均值的±10%,则应剔除这个测值,而以剩下五个测值的平均数为试验结果。如果五个测定值中再有超过这五个测值平均数的±10%,则此组结果作废。

【应用案例】 一强度等级为 42.5 级的普通硅酸盐水泥样品,进行 28 d 龄期胶砂强度试验,测得抗压荷载分别为:77.6 kN、77.2 kN、64.0 kN、75.3 kN、74.8 kN 及 75.6 kN,计算该水泥 28 d 的抗压强度。

解:抗压强度 $R_{e1}=48.5$ MPa,依此类推,得 $R_{e2}=48.2$ MPa,$R_{e3}=40.0$ MPa,

R_{e4}＝47.1 MPa，R_{e5}＝46.8 MPa，R_{e6}＝ F_e/A＝47.2 MPa

平均值为$(R_{e1}+R_{e2}+R_{e3}+R_{e4}+R_{e5}+R_{e6})/6$

$$=(48.5+48.2+40.0+47.1+46.8+47.2)/6=46.3\ \text{MPa}$$

因 $[(46.3-40.0)/46.3]\times 100=13.6>10\%$，故测值 R_{e3}＝40.0 MPa 应舍去。

余下的五个测值的抗压强度平均值＝$(R_{e1}+R_{e2}+R_{e4}+R_{e5}+R_{e6})/5=(48.5+48.2+47.1+46.8+47.2)/5=47.5$ MPa

所有 5 个测值均未超过平均值 47.5 MPa 的±10%，故该组水泥样品 28 d 抗压强度代表值为 47.5 MPa。

三、注意事项

(1)试验时一定要以试体的侧面为承力面。

(2)抗压强度试验时，一定要按规范要求严格控制加荷速度。

四、试验数据记录及结果处理

水泥胶砂强度试验结果见表 2-34。

表 2-34　水泥胶砂强度试验结果记录表

<table>
<tr><th rowspan="2">试体编号</th><th rowspan="2">试体龄期/d</th><th colspan="2">抗折强度 R_f/MPa</th><th rowspan="2">试体编号</th><th rowspan="2">破坏荷载 F_c/N</th><th rowspan="2">受压面积 A/mm^2</th><th colspan="2">抗压强度 R_c/MPa</th></tr>
<tr><th>个别值</th><th>试验结果</th><th>个别值</th><th>试验结果</th></tr>
<tr><td rowspan="2">1</td><td rowspan="6"></td><td rowspan="2"></td><td rowspan="6"></td><td>1</td><td></td><td></td><td></td><td rowspan="6"></td></tr>
<tr><td>2</td><td></td><td></td><td></td></tr>
<tr><td rowspan="2">2</td><td rowspan="2"></td><td>3</td><td></td><td></td><td></td></tr>
<tr><td>4</td><td></td><td></td><td></td></tr>
<tr><td rowspan="2">3</td><td rowspan="2"></td><td>5</td><td></td><td></td><td></td></tr>
<tr><td>6</td><td></td><td></td><td></td></tr>
</table>

知识与技能综合训练

一、名词和符号解释

1.气硬性胶凝材料　2.水硬性胶凝材料　3.P·O　4.P·S·A　5.水泥净浆标准稠度

二、工程应用案例

新进场的 42.5 级普通硅酸盐水泥，送实验室检验，其 28 d 强度测定结果如下：

抗折破坏荷载：6.62 MPa，6.58 MPa，6.60 MPa；抗压破坏荷载：54.0 kN，53.5 kN，56.0 kN，52.0 kN，54.6 kN，54.0 kN。

(1)通过计算确定水泥 28 d 的抗压、抗折强度值。

(2)根据上述试验结果，可否确定水泥的强度等级，为什么？

(3)该水泥存放期已超过三个月，若要用于制作混凝土，可否依据上述强度试验结果进行混凝土的有关计算？

移动在线自测

无机胶凝材料及其性能检测

模块三　普通混凝土及其性能检测

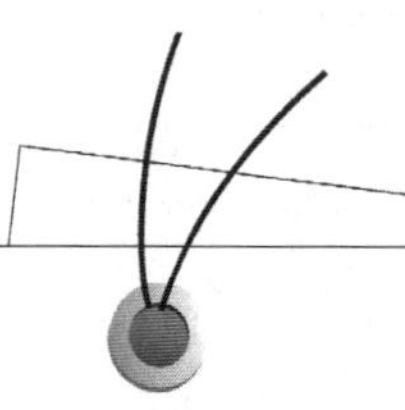

普通混凝土是指干表观密度在 2 000～2 800 kg/m^3 的水泥混凝土。

水泥混凝土是一种人工复合材料，由于其优良的技术性能和相对较低的原材料成本，而被广泛地应用于工业与民用建筑、公路交通基础设施建设、水利与水电工程、地下工程及国防工程等建设工程中，是现代土木建筑工程中使用量最大、使用范围最广的建筑材料。

本模块的学习单元重点学习水泥混凝土对原材料的技术要求；混凝土的技术性质和技术指标；介绍水泥混凝土的配合比设计方法及混凝土的质量评定方法。工作单元重点介绍水泥混凝土的技术性能检测、检测结果的处理、检测结果的评价和工程应用。

学习单元

单元一　水泥混凝土概述

【知识目标】

掌握水泥混凝土的含义；了解水泥混凝土的分类、优缺点及其发展趋势。

一、水泥混凝土的分类

水泥混凝土是由水泥、粗集料、细集料和水，必要时添加一定量的外加剂和矿物掺和料等，按适当的比例配合，经搅拌、成型、养护等工艺制成的具有较高抗压强度的人工复合材料，简写为“砼”。

水泥混凝土的种类很多，可以从不同的角度进行分类，按其表观密度、施工工艺和技术特性、用途、抗压强度、流动性和特殊性能等可做如下分类。

1. 按表观密度

水泥混凝土按表观密度分为轻混凝土、普通混凝土和重混凝土。轻混凝土是干表观密度小于 1 950 kg/m^3 的混凝土，包括轻骨料混凝土、多孔混凝土和大孔混凝土；普通混凝土是以普通砂石为骨料制成的干表观密度介于 2 000～2 800 kg/m^3 的混凝土；重混凝土是用特别密实的重骨料制成的干表观密度大于 2 800 kg/m^3 的混凝土。

2. 按施工工艺

水泥混凝土按施工工艺分为普通浇筑混凝土、泵送混凝土、碾压混凝土、离心混凝土、喷射混凝土等。

3. 按用途

水泥混凝土按用途分为防水混凝土、防辐射混凝土、耐酸混凝土、耐热混凝土、道路混凝土等。

4. 按抗压强度大小

水泥混凝土按抗压强度大小分为低强混凝土（$f_{cu}<30$ MPa）、中强混凝土（30 MPa$\leqslant f_{cu}<60$ MPa）、高强混凝土（60 MPa$\leqslant f_{cu}<100$ MPa）和超高强混凝土（$f_{cu}\geqslant 100$ MPa）。低强和中强混凝土又称为普通混凝土。

5. 按流动性（以坍落度 *T* 表示）

水泥混凝土按流动性分为干硬性混凝土（$T<10$ mm）、塑性混凝土（T 为 10～

90 mm)、流动性混凝土(T 为 100～150 mm)、大流动性混凝土(T≥160 mm)等。

6. 按特殊性能

水泥混凝土按特殊性能分为抗渗混凝土(抗渗等级不低于 P6)、抗冻混凝土(抗冻等级不低于 F50)、高强混凝土(强度等级不低于 C60)、大体积混凝土(体积较大可能由胶凝材料水化热引起的温度应力导致有害裂缝的结构混凝土)等。

二、水泥混凝土的优缺点

1. 水泥混凝土的优点

水泥混凝土在原材料资源、综合技术性能和使用性能等方面有很多优点,概括起来主要有以下几个方面:

①原材料资源丰富,造价低廉。占混凝土体积 80%左右的砂石骨料属地方性材料,资源丰富,可就地取材,降低了混凝土的成本。

②良好的可塑性。水泥混凝土拌和物在凝结硬化前可按照工程结构要求,利用模板浇灌成各种形状和尺寸的构件或整体结构。

③抗压强度高。现投入工程使用的已有抗压强度达到 135 MPa 的混凝土,而实验室可以配制出抗压强度超过 300 MPa 的混凝土。

④工程适应性强。混凝土与钢筋间有着良好的握裹力,可复合成钢筋混凝土或预应力钢筋混凝土,弥补了混凝土抗拉、抗折强度低的缺点。

⑤耐久性好。性能良好的混凝土具有很高的抗冻性、抗渗性及耐腐蚀性等。

2. 水泥混凝土的缺点

①自重大。每立方米普通混凝土质量为 2 400 kg 左右,对高层、大跨度建筑很不利,增大混凝土结构的自重,不利于提高有效承载能力,也给施工安装带来一定困难。

②抗拉强度低。混凝土的抗拉强度一般只有抗压强度的 1/20～1/10,受拉时易产生脆性破坏。

③硬化慢,生产周期长,拆除困难。混凝土浇筑成型受温度、湿度、雨雪等影响,质量波动较大,并且需要较长时间养护才能达到一定强度;混凝土结构的整体性很强,结构物拆除难度很大。

④导热系数大。普通混凝土导热系数为 1.4 W/(m·K),是红砖的两倍,故保温隔热性能较差。

三、水泥混凝土的发展

科学技术的飞速发展,使人们生产、科研和生活水平不断提高,新材料、新技术、新的施工工艺和新型建筑结构不断涌现。为了改善人们学习和工作环境,提高工作效率和生活质量,未来的混凝土将向着“高强、高性能、多功能和绿色环保”的方向发展。

据预测,21 世纪世界大跨桥梁的跨度将达到 600 m,高耸建筑物的高度将达到 900 m,而钢筋混凝土的超高层建筑将超过 100 层。在许多情况下将使用 C80～C100 的混凝土，在特殊场合将使用 C100～C200 的混凝土，甚至更高强度等级的混凝土。

为了克服使用环境日益严酷化的困难，人们将不断探索，完善混凝土的技术品质，降低混凝土的资源成本，最大化利用工业废渣废料，使混凝土满足高性能、多功能、生态环保的要求，推动现代建筑朝着高层化、大跨化、轻量化、资源节约化和环境友好化的方向快速发展。

单元二　水泥混凝土对组成材料的技术要求

【知识目标】

掌握各组成材料在混凝土中所起的作用，明确其应满足的技术要求。

水泥混凝土的基本组成材料包括水泥、水、细集料（砂）和粗集料（卵石、碎石），根据工程需要，有时还需掺入适量的矿物掺和料和外加剂。水泥混凝土对各组成材料的技术要求如下：

一、水泥

水泥是混凝土中最重要的胶凝材料。水泥与矿物掺和料和水形成的浆体，包裹在集料表面并填充集料颗粒之间的空隙，在混凝土硬化前起包裹、润滑和填充作用，赋予混凝土拌和物一定的流动性，硬化后起胶结作用，将砂石集料胶结成具有一定强度的整体。混凝土对水泥的要求包括水泥品种和强度等级两方面内容。

1. 水泥品种的选择

选择水泥品种首先要考虑混凝土工程特点及所处的环境条件，其次再考虑水泥的价格，以满足混凝土经济性要求。通常，六大通用水泥都可以用于混凝土工程中，但使用较多的是硅酸盐水泥、普通硅酸盐水泥和矿渣硅酸盐水泥，必要时可选用专用水泥和特种水泥。常用水泥品种的选用参考表 3-1。

表 3-1　常用水泥品种的选用参考表

混凝土工程特点及所处环境条件		优先选用	可以选用	不宜选用
混凝土环境	普通气候环境中的混凝土	普通硅酸盐水泥	矿渣水泥、火山灰水泥、粉煤灰水泥、复合水泥	
	干燥环境中的混凝土	普通硅酸盐水泥	矿渣水泥	火山灰水泥 粉煤灰水泥
	高湿度环境中或长期处于水中的混凝土	矿渣水泥、火山灰水泥、粉煤灰水泥、复合水泥	普通硅酸盐水泥	
	严寒地区的露天混凝土、寒冷地区处于水位升降范围内的混凝土	普通硅酸盐水泥	矿渣水泥（强度等级大于 32.5 级）	火山灰水泥、粉煤灰水泥
	严寒地区处于水位升降范围内的混凝土	普通硅酸盐水泥		矿渣水泥、火山灰水泥、粉煤灰水泥、复合水泥
	受侵蚀性介质作用的混凝土	矿渣水泥、火山灰水泥、粉煤灰水泥、复合水泥		硅酸盐水泥

（续表）

混凝土工程特点及所处环境条件		优先选用	可以选用	不宜选用
混凝土工程特点	早强快硬混凝土	快硬硅酸盐水泥、硅酸盐水泥	普通硅酸盐水泥	矿渣水泥、火山灰水泥、粉煤灰水泥、复合水泥
	厚大体积的混凝土	矿渣水泥、火山灰水泥、粉煤灰水泥、复合水泥	普通硅酸盐水泥	硅酸盐水泥、快硬硅酸盐水泥
	蒸汽（压）养护的混凝土	矿渣水泥、火山灰水泥、粉煤灰水泥、复合水泥		硅酸盐水泥 普通硅酸盐水泥
	有抗渗要求的混凝土	硅酸盐水泥、普通硅酸盐水泥		矿渣水泥
	有耐磨要求的混凝土	硅酸盐水泥、普通硅酸盐水泥		
	高强混凝土	硅酸盐水泥	普通硅酸盐水泥、矿渣水泥	火山灰水泥 粉煤灰水泥

注：当水泥中掺有黏土质混合材料时，则不耐硫酸盐腐蚀。

2. 水泥强度等级的选择

选择水泥强度等级要参考混凝土的设计强度，通常情况下，配制中低强度混凝土（C60 以下等级）时，水泥强度为混凝土设计强度等级的 1.5～2.0 倍；配制高强度混凝土（大于等于 C60 等级）时，水泥强度为混凝土设计强度等级的 0.9～1.5 倍。至于高强和超高强混凝土，由于采取了特殊的施工工艺，并使用了高效外加剂，因此强度不受上述比例限制。

为了综合考虑混凝土强度、耐久性和经济性要求，原则上低强度等级的水泥不能用于配制高强度等级的混凝土，否则水泥的使用量较大，硬化后产生较大的体积收缩，影响混凝土的强度和经济性；高强度等级的水泥不宜用于配制低强度等级的混凝土，否则水泥的使用量小，砂浆量不足，混凝土的黏聚性差。在满足使用环境要求条件下，预配制混凝土的强度等级与推荐使用的水泥强度等级可参考表 3-2 选择。

表 3-2　　预配制混凝土所用水泥强度等级参考

预配制混凝土强度等级	C10、C25	C30	C35、C45	C50、C60	C65	C70、C80
选用水泥强度等级	32.5	32.5、42.5	42.5	52.5	52.5、62.5	62.5

二、集料

混凝土用集料又称骨料，集料在混凝土中起骨架、支撑和稳定体积（减少水泥在凝结硬化时的体积变化）的作用。按粒径大小及其在混凝土中所起的作用不同，将集料分为粗集料和细集料。

1. 细集料

（1）定义及分类

水泥混凝土用细集料是指粒径小于 4.75 mm 大于等于 0.15 mm 的颗粒，通常指砂。混凝土用砂按产源可分为天然砂和机制砂两类，见表 3-3；按技术要求将砂分为Ⅰ类、

Ⅱ类和Ⅲ类,各类砂的适用范围见表3-4。

表3-3 水泥混凝土用砂按产源的分类及其特点

种类	含义	组成	特点
天然砂	自然生成的,经人工开采和筛分的粒径小于4.75 mm的岩石颗粒(不包括软质、风化的岩石颗粒)	河砂、湖砂、淡化海砂	砂颗粒长期受水流冲刷,表面较光滑
		山砂	表面粗糙、棱角多,含泥、有机质多
人工砂	岩石经除土处理,机械破碎、筛分制成的粒径小于4.75 mm的岩石、矿山尾矿或工业废渣颗粒(不包括软质、风化颗粒)	机制砂	颗粒棱角多,但砂中片状颗粒、石粉含量多
		混合砂	由机制砂和天然砂按要求混合制成

表3-4 水泥混凝土用砂按技术要求的分类

类别	Ⅰ	Ⅱ	Ⅲ
用途	用于强度等级大于C60的混凝土	用于强度等级为C30～C60及抗冻抗渗或其他要求的混凝土	用于强度等级小于C30的混凝土及建筑砂浆

(2)技术要求和技术指标

①物理指标

a.表观密度。砂的表观密度应不小于2 500 kg/m³。表观密度值越大,砂颗粒结构越密实,强度越高。

b.堆积密度。砂的松散堆积密度应不小于1 400 kg/m³。堆积密度越大,砂颗粒堆积的越紧密,空隙率越小。

c.空隙率。砂的空隙率应不大于44%。空隙率越小,砂颗粒堆积的越紧密,填充空隙需要的胶凝材料浆体越少,混凝土成本越低。通常带有棱角的砂堆积起来后空隙率较大。天然河砂的空隙率为40%～45%;级配良好的砂,空隙率可小于40%。

②有害物质含量

砂中含有的有害物质主要包括泥、泥块、石粉、云母、轻物质、硫酸盐和硫化物以及有机质等。

a.泥、泥块和石粉含量。泥是指天然砂中粒径小于75 μm的尘屑、淤泥和黏土。泥的害处一方面是增大骨料的总表面积,增加水泥浆的用量,使硬化的水泥石产生较大的收缩;另一方面泥包裹在砂石表面,妨碍了水泥石与骨料间的黏结,降低了混凝土的强度和耐久性。

泥块是指砂中原粒径大于1.18 mm,经水洗、手捏后小于0.6 mm的颗粒。泥块的害处是在混凝土中形成薄弱部位或夹层,降低了混凝土的强度和耐久性。

石粉是机制砂中粒径小于75 μm的颗粒。石粉的害处是增大集料的总表面积,增加混凝土拌和物的需水量,影响混凝土拌和物的和易性,降低混凝土强度。

混凝土用砂应按规范要求限制砂中的泥和泥块含量,当遇有抗冻、抗渗等特殊要求和高强混凝土施工时,尤其要严格控制上述有害物质含量。《建设用砂》(GB/T 14684—2011)对天然砂的含泥量和泥块含量要求见表3-5,对机制砂中的石粉和泥块含量要求见表3-6。

表 3-5　天然砂的含泥量和泥块含量

类别	Ⅰ类	Ⅱ类	Ⅲ类
含泥量(按质量计)/%	≤1.0	≤3.0	≤5.0
泥块含量(按质量计)/%	0	≤1.0	≤2.0

表 3-6　机制砂中石粉和泥块含量

类别		Ⅰ类	Ⅱ类	Ⅲ类
石粉含量(按质量计)*/%	MB≤1.4 或快速法试验合格	≤10.0		
	MB>1.4 或快速法试验不合格	≤1.0	≤3.0	≤5.0
泥块含量(按质量计)/%	MB≤1.4 或快速法试验合格	0	≤1.0	≤2.0
	MB>1.4 或快速法试验不合格	0	≤1.0	≤2.0

注:1. 此指标根据使用地区和用途经试验验证,可由供需双方协商确定。

2. 对于有抗渗、抗冻或其他特殊要求的混凝土,砂中的含泥量和泥块含量分别不应大于 3.0%和 1.0%。

3. 高强混凝土用砂,含泥量和泥块含量分别不应大于 2.0%和 0.5%。

【知识拓展】 随着天然砂资源的逐渐减少,机制砂的使用将越来越广泛。对于用矿山尾矿、工业废渣等生产的机制砂除了应按《建设用砂》(GB/T 14684—2011)的要求,严格控制其石粉的含量外,还应符合我国环保和安全的相关标准和规范,即不应对人体、生物、环境及混凝土、砂浆性能产生有害影响;砂的放射性应符合国家有关标准规定。

b. 其他有害物质含量。除了泥、泥块、石粉等杂质外,细集料中还可能会含有云母、轻物质、有机物、硫化物和硫酸盐、贝壳、氯离子等有害物质。

云母呈薄片状,表面光滑,节理清晰,与水泥石间的黏结力极差,受力后极易沿节理开裂,降低混凝土的强度和耐久性。

轻物质是指表观密度小于 2 000 kg/m^3 的物质,包括树叶、草根、煤块、炉渣等,轻物质的颗粒软弱,与水泥石间黏结力差,妨碍骨料与水泥石间的黏结,降低混凝土的强度。

有机质是指动植物的腐殖质、腐殖土等;有机质能延缓水泥的水化,降低混凝土强度,尤其是混凝土的早期强度。

集料中的硫化物(FeS_2)及硫酸盐($CaSO_4 \cdot 2H_2O$),通常以 SO_3 含量表示,它们能与水泥石中的水化铝酸钙反应生成钙矾石晶体,产生较大的体积膨胀,引起混凝土安定性不良。

贝壳和氯离子来自海砂,贝壳严重影响 C40 以上等级混凝土的和易性、强度和耐久性;氯离子容易引起钢筋混凝土中的钢筋锈蚀,从而导致混凝土体积膨胀而开裂。

《建设用砂》(GB/T 14684—2011)对云母、轻物质、有机物、硫化物及硫酸盐、氯化物、贝壳等的有害物质含量要求见表 3-7。

表 3-7 有害物质含量

类别	Ⅰ类	Ⅱ类	Ⅲ类
云母(按质量计)/%	≤1.0	≤2.0	
轻物质(按质量计)/%	≤1.0		
有机质含量(比色法检验)合格硫化物及硫酸盐(按 SO_3 质量计)/%	≤0.5		
氯化物(以氯离子质量计)/%	≤0.01	≤0.02	≤0.06
贝壳(按质量计)(仅限于海砂)/%	≤3.0	≤5.0	≤8.0

注:钢筋混凝土和预应力钢筋混凝土用砂的氯离子含量分别不应大于 0.06%和 0.02%。

③坚固性

坚固性是指砂在自然风化和其他外界物理化学因素作用下抵抗破裂的能力。砂的坚固性采用硫酸钠溶液坚固法检测,经过 5 次循环后其质量损失应符合表 3-8 的规定。

表 3-8 砂的坚固性指标

类别	Ⅰ类	Ⅱ类	Ⅲ类
质量损失/%	≤8.0		≤10.0

注:对于有抗渗、抗冻或其他特殊要求的混凝土,砂坚固性检验的质量损失不应大于 8%。

当混凝土采用机制砂时,压碎值指标应满足表 3-9 的要求。

表 3-9 机制砂的压碎值指标

类别	Ⅰ类	Ⅱ类	Ⅲ类
单级最大压碎指标/%	≤20	≤25	≤30

【工程案例】 某建筑条形基础,使用设计强度等级为 C30 的钢筋混凝土。混凝土浇筑次日发现部分硬化结块,部分呈疏松状,轻轻敲击纷纷落下,混凝土基本无强度,工程被迫停工。经调查,混凝土用砂含泥量超过标准规定值一倍以上。请从理论上解释上述混凝土工程现象。

【案例解析】 主要原因是混凝土用砂含泥量超标,导致混凝土用集料总表面积大幅度增加,水泥浆量不足,集料颗粒表面没有完全被水泥浆包裹上,集料间黏结强度低,再加上泥粉本身强度就低,降低了混凝土整体强度。

④颗粒级配和粗细程度

a. 颗粒级配。砂的颗粒级配,是指砂中大小不同粒径颗粒相互搭配的比例或不同粒径颗粒在砂整体中的相对含量。颗粒级配影响砂堆积起来的空隙率。图 3-1(a)~图 3-1(c)分别为单一粒径、两种不同粒径、三种粒径的砂搭配的结构示意图。

可以看出,只有一种粒径的砂堆积起来,空隙率最大(图 3-1(a));两种不同粒径的砂相互搭配堆积在一起时,空隙率有所减小(图 3-1(b));当砂同时由三种不同粒径的颗粒搭配堆积起来时,空隙率更小(图 3-1(c))。由此可见,要减小砂堆积起来的空隙率,必须由大小不同的几种粒径的砂,如粗颗粒、中粗颗粒、细颗粒或更细颗粒组合起来,逐级搭配相互填充。

（a）一种粒径

（b）两种粒径

（c）三种粒径

图 3-1　不同粒径的砂搭配结构示意图

b. 粗细程度。砂的粗细程度是指不同粒径的砂混合在一起总体的粗细程度。在质量一定的条件下，砂颗粒总体越粗，或粗颗粒含量越多，砂的总表面积越小，包裹砂颗粒表面需要的浆体量越少，胶凝材料用量相对越少，混凝土的成本越低。

c. 颗粒级配和粗细程度的确定及表示。砂的颗粒级配和粗细程度是通过筛分析方法确定的。筛分析就是称取 500 g 预先通过 9.5 mm 孔径筛的烘干砂，置于一套孔径分别为 4.75 mm、2.36 mm、1.18 mm、0.6 mm、0.3 mm、0.15 mm 的标准方孔筛上，由粗到细依次过筛，然后分别称量存留在各筛上砂的质量，并计算分计筛余百分率，即筛余质量占砂样总质量的百分率；累计筛余百分率，即某号筛上分计筛余百分率与大于该号筛的各筛的分计筛余百分率总和；质量通过百分率，即通过某筛的质量占试样总质量的百分率。

砂的颗粒级配用分计筛余百分率、累计筛余百分率和质量通过百分率三个筛分参数表示。三个参数的计算方法及其换算关系见表 3-10。

表 3-10　　砂的颗粒级配参数计算方法及换算关系

筛孔尺寸/mm	筛余质量 m_i/g	分计筛余百分率 a_i/%	累计筛余百分率 A_i/%	质量通过百分率 P_i/%
4.75	$m_{4.75}$	$a_{4.75}=m_{4.75}/\sum m_i\times100\%$	$A_{4.75}=a_{4.75}$	$P_{4.75}=100-A_{4.75}$
2.36	$m_{2.36}$	$a_{2.36}=m_{2.36}/\sum m_i\times100\%$	$A_{2.36}=a_{4.75}+a_{2.36}$	$P_{2.36}=100-A_{2.36}$
1.18	$m_{1.18}$	$a_{1.18}=m_{1.18}/\sum m_i\times100\%$	$A_{1.18}=a_{4.75}+a_{2.36}+a_{1.18}$	$P_{1.18}=100-A_{1.18}$
0.6	$m_{0.6}$	$a_{0.6}=m_{0.6}/\sum m_i\times100\%$	$A_{0.6}=a_{4.75}+a_{2.36}+a_{1.18}+a_{0.6}$	$P_{0.6}=100-A_{0.6}$
0.3	$m_{0.3}$	$a_{0.3}=m_{0.3}/\sum m_i\times100\%$	$a_{0.3}=a_{4.75}+a_{2.36}+a_{1.18}+a_{0.6}+a_{0.3}$	$P_{0.3}=100-A_{0.3}$
0.15	$m_{0.15}$	$a_{0.15}=m_{0.15}/\sum m_i\times100\%$	$A_{0.15}=a_{4.75}+a_{2.36}+a_{1.18}+a_{0.6}+a_{0.3}+a_{0.15}$	$P_{0.15}=100-A_{0.15}$
底盘	$m_{底盘}$	$a_{底盘}=m_{底盘}/\sum m_i\times100\%$	100	0

此外，砂的颗粒级配还可以用级配区表示。对细度模数为 1.6～3.7 的普通混凝土用砂，按 0.6 mm 筛上的累计筛余百分率划分为Ⅰ、Ⅱ、Ⅲ三个级配区，见表 3-11。

表 3-11　砂的颗粒级配区

砂的分类	天然砂			机制砂		
级配区	Ⅰ区	Ⅱ区	Ⅲ区	Ⅰ区	Ⅱ区	Ⅲ区
方孔筛	累计筛余/%					
4.75 mm	10～0	10～0	10～0	10～0	10～0	10～0
2.36 mm	35～5	25～0	15～0	35～5	25～0	15～0
1.18 mm	65～35	50～10	25～0	65～35	50～10	25～0
0.6 mm	85～71	70～41	40～16	85～71	70～41	40～16
0.3 mm	95～80	92～70	85～55	95～80	92～70	85～55
0.15 mm	100～90	100～90	100～90	97～85	94～80	94～75

混凝土用砂应该在表 3-11 规定的某一级配区内，并且各筛孔累计筛余百分率都应该满足对应级配区规定的级配范围要求。但砂的实际颗粒级配，除 4.75 mm、0.6 mm 筛孔外，其余各筛孔累计筛余允许超出本表规定界限，但其超出的总量应小于 5%。

砂的粗细程度用细度模数的大小表示。

对水泥混凝土用砂，细度模数可按下式计算

$$M_x=\frac{(A_{2.36}+A_{1.18}+A_{0.6}+A_{0.3}+A_{0.15})-5A_{4.75}}{100-A_{4.75}} \tag{3-1}$$

式中　M_x——细度模数；

$A_{4.75}$、$A_{2.36}$、…、$A_{0.15}$——孔径为 4.75 mm、2.36 mm、…、0.15 mm 各筛的累计筛余(%)。

按细度模数大小，将砂分为粗砂、中砂、细砂和特细砂四种规格。其中 $M_x=3.1$～3.7 为粗砂；$M_x=2.3$～3.0 为中砂；$M_x=1.6$～2.2 为细砂；$M_x=0.7$～1.5 为特细砂。细度模数值越大，表示砂的颗粒组成中粗颗粒占的比重越大，砂整体越粗。

一般地，普通硅酸盐水泥混凝土用砂细度模数为 2.3～3.0；高强混凝土用砂，其细度模数宜控制在 2.6～3.0。

细度模数只反映砂总体的粗细程度，而不能反映砂各粒径颗粒的具体分布比例情况。细度模数相同级配可以不同，配制出的混凝土性质有所不同。

【知识拓展】 特细砂用于配制混凝土，在我国重庆地区应用已有半个世纪的历史。随着天然砂资源的渐趋匮乏，特细砂配制混凝土已不局限于重庆地区。研究和工程应用表明，只要选材恰当、配比合理，特细砂完全可以用于一般混凝土和钢筋混凝土；与人工砂复合后，增大细度模数，改善级配，可用于预应力混凝土工程中。

砂的颗粒级配和粗细程度还可以用级配曲线更直观地表示。级配曲线是以各标准筛上的累计筛余百分率为纵坐标、以对应筛孔尺寸为横坐标绘制的曲线，图 3-2 为天然砂的颗粒级配范围曲线。

由图 3-2 可知，级配范围曲线偏向右下方时，砂中的粗颗粒占的比例较大，砂较粗，即Ⅰ区砂相对较粗；当筛分曲线偏向左上方时，砂中的细颗粒占的比例较大，砂较细，即Ⅲ区砂相对较细，而Ⅱ区砂粗细比较适中。配制混凝土时宜优先选用Ⅱ区砂；当选用Ⅰ区砂

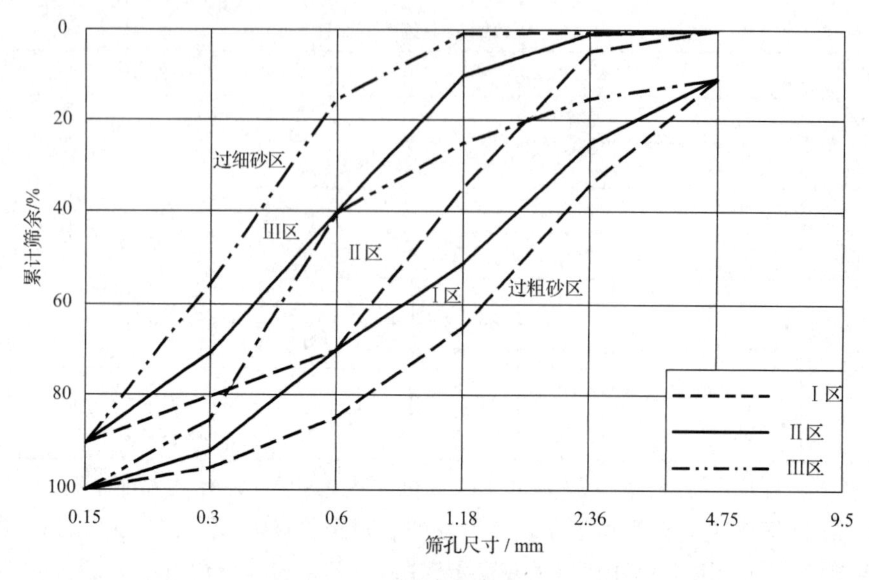

图 3-2　砂的级配曲线

时，应提高砂率，并保持足够的水泥浆用量满足和易性要求，否则，混凝土内颗粒间的内摩擦阻力较大、保水性差，不易捣实成型；当采用Ⅲ区砂时，应适当降低砂率，以保证配制混凝土的流动性、黏聚性和保水性满足要求，减少混凝土干缩裂缝，保证混凝土强度。

实际施工中选择水泥混凝土用砂，要同时考虑颗粒级配和粗细程度两个指标。为了减少水泥浆用量，降低混凝土原材料成本，并确保砂颗粒间密集堆积，应尽量选择总表面积小、空隙率也小的良好级配砂。当出现砂的自然级配不符合规范要求时，可采用人工掺配的方法改善级配。例如可将粗、细砂按适当比例掺配，或者是根据需要将砂过筛，剔除过粗或过细的颗粒，以达到空隙率和总表面积均较小的理想状态。

【应用案例】 从某工地取回水泥混凝土用烘干砂 500 g 做筛分试验，筛分结果见表 3-12。请计算该砂样的各筛分参数，并判断其所属的级配区，评价砂的粗细和颗粒级配情况。

表 3-12　砂样筛分结果

筛孔尺寸/mm	9.50	4.75	2.36	1.18	0.60	0.30	0.15	底盘
存留量/g	0	25	35	90	125	125	75	25

【案例解析】

1. 砂样的分计筛余、累计筛余、质量通过百分率计算结果见表 3-13。

表 3-13　砂样的各筛分参数计算结果

筛孔尺寸/mm	9.5	4.75	2.36	1.18	0.60	0.30	0.15	底盘
存留量 m_i/g	0	25	35	90	125	125	75	25
分计筛余 a_i/%	0	5	7	18	25	25	15	5
累计筛余 A_i/%	0	5	12	30	55	80	95	100
质量通过百分率 P_i/%	100	95	88	70	45	20	5	0

2.砂样的细度模数计算如下

$$M_x=\frac{(A_{2.36}+A_{1.18}+A_{0.6}+A_{0.3}+A_{0.15})-5A_{4.75}}{100-A_{4.75}}=\frac{(12+30+55+80+95)-5\times 5}{100-5}=2.6$$

3.由计算可知，在0.6 mm筛上的累计筛余为55%，对照表3-11可知，该砂位于级配Ⅱ区；再将各筛实际累计筛余百分率与规范规定的Ⅱ区级配范围一一对照分析，可知，实际累计筛余百分率均在Ⅱ区规定的范围内，故砂样的级配符合规范要求。

【跟踪自测】 请通过计算说明：在表3-12中，水泥混凝土用砂按照0.6 mm筛的累计筛余划分为Ⅰ、Ⅱ、Ⅲ三个级配区的规定，与按细度模数划分的粗、中、细砂之间是否存在一一对应的关系？

2.粗集料

(1)定义及分类

水泥混凝土用粗集料是指粒径大于4.75 mm的岩石颗粒，分为卵石和碎石两种。卵石是由自然风化、水流搬运和分选、堆积形成的粒径大于4.75 mm的岩石颗粒；碎石是由天然岩石或卵石经机械破碎、筛分制成的粒径大于4.75 mm的岩石颗粒。

按产源和技术要求、用途对粗集料进行的分类见表3-14、表3-15。

表3-14　水泥混凝土用粗集料按产源和技术要求的分类

分类方式	类别					
按产源	天然					
	卵石			碎石		
按技术要求	Ⅰ类	Ⅱ类	Ⅲ类	Ⅰ类	Ⅱ类	Ⅲ类

表3-15　水泥混凝土用粗集料按用途的分类

分类方式	类别		
按用途	Ⅰ类	Ⅱ类	Ⅲ类
	强度等级大于C60的混凝土	强度等级为C30～C60及抗冻、抗渗或有其他要求的混凝土	强度等级小于C30的混凝土

与卵石相比，碎石颗粒多棱角且表面粗糙，在水胶比相同的条件下，用碎石拌制的混凝土流动性较小，但碎石与水泥的黏结强度较高，制得的混凝土强度较高。因此，配制高强混凝土时，通常都采用碎石。

(2)主要技术要求及技术指标

①物理性质。粗集料的物理指标见表3-16。

表3-16　粗集料的物理指标

类别	Ⅰ类	Ⅱ类	Ⅲ类
空隙率/%(连续级配松散堆积)	≤43	≤45	≤47
吸水率/%	≤1.0	≤2.0	≤2.0
表观密度/(kg·m^{-3})	>2 600		

② 泥和泥块含量。粗集料中的泥是指粒径小于 75 μm 的颗粒；泥块是指原粒径大于 1.18 mm，经水浸洗、手捏后小于 0.6 mm 的颗粒。粗集料中的泥、泥块对混凝土性质的影响与细集料基本相同，因此，设计和生产混凝土时应遵照技术规范的要求，控制泥和泥块的含量，具体要求见表 3-17。

当配制有抗渗、抗冻、抗腐蚀、耐磨等特殊要求的混凝土时，粗骨料中的含泥量和泥块含量分别不应大于 1.0%和 0.5%；配制高强混凝土时，粗骨料中泥和泥块含量分别不应大于 0.5%和 0.2%，以保证混凝土的施工性能、强度及耐久性要求。

表 3-17　含泥量和泥块含量

项目	指标		
	Ⅰ类	Ⅱ类	Ⅲ类
含泥量(按质量计)/%	<0.5	<1.0	<1.5
泥块含量(按质量计)/%	0	<0.5	<0.7

③有害杂质含量。粗骨料中有害杂质主要指有机物、硫酸盐及硫化物，它们对混凝土技术性质的影响与细集料的影响基本相同，因此应严格按技术标准规定，控制有害杂质的含量，具体要求见表 3-18。

表 3-18　有害物质含量及技术要求

项目	指标		
	Ⅰ类	Ⅱ类	Ⅲ类
有机物	合格		
硫化物及硫酸盐(按 SO_3 质量计)/%	<0.5	<1.0	

此外，当使用矿山废石生产的碎石时，有害物质除应符合上述有关规定外，还应符合我国环保和安全相关的标准和规定，即不应对人体、生物、环境和混凝土性能产生有害影响；放射性应符合国家标准规定。

(3)颗粒级配及最大粒径

①颗粒级配。粗集料的颗粒级配决定混凝土粗、细集料的整体级配，对混凝土和易性、强度和耐久性影响起决定性作用，因此，粗集料在使用之前，同样需要筛分确定其颗粒级配。

筛分粗集料所用标准方孔筛筛孔边长分别为 2.36 mm、4.75 mm、9.50 mm、16.0 mm、19.0 mm、26.5 mm、31.5 mm、37.5 mm、53.0 mm、63.0 mm、75.0 mm 和 90.0 mm。

按供料情况，粗集料的颗粒级配分连续级配和单粒级两种。碎石或卵石的颗粒级配规定《建设用碎石、卵石》(GB/T 14685—2011)见表 3-19。

表 3-19　　碎石或卵石的颗粒级配规定

级配情况	公称粒径/mm	方孔筛筛孔边长尺寸/mm											
		2.36	4.75	9.50	16.0	19.0	26.5	31.5	37.5	53.0	63.0	75.0	90
		累计筛余(按质量计)/%											
连续级配	5～16	95～100	85～100	30～60	0～10	0							
	5～20	95～100	90～100	40～80	—	0～10	0						
	5～25	95～100	90～100	—	30～70	—	0～5	0					
	5～31.5	95～100	90～100	70～90	—	15～45	—	0～5	0				
	5～40	—	90～100	70～90	—	30～65		—	0～5	0			
单粒级	5～10	95～100	90～100	0～15	0～15								
	10～16		95～100	80～100									
	10～20			85～100	55～70	0～15	0						
	16～25		95～100	95～100	85～100	25～40	0～10						
	16～31.5							0～10	0				
	20～40			95～100		80～100	0～10	0					
	40～80					95～100			70～100		30～60	0～10	0

连续级配和单粒级两种级配的特点及其在实际工程中的应用等情况比较见表 3-20。

表 3-20　　集料的级配类型、特点和应用

级配类型	级配特点	性质及应用	备　注
连续级配	由大到小，各粒级颗粒均有	配制的混凝土和易性好，均匀密实成型。适合任何流动性的混凝土，尤其大流动性混凝土	工程中最常采用的级配方式
单粒级	从最大粒径的 1/2 至最大粒径	空隙率较大，耗用水泥较多。一般不直接用作配制混凝土	一般不单独使用

通常混凝土工程都采用连续级配的粗集料，若集料的自然连续级配不满足工程设计要求，可采用连续级配与单粒级混合使用的方式，以改善级配或配成较大粒度的连续粒级。此外，单粒级宜用于组合成满足要求的连续级配。

②最大粒径。最大粒径是指通过率为 100%的最小标准筛所对应的筛孔尺寸，通常为公称粒级的上限。如公称粒级为 5～40 mm 的粗集料，其最大粒径为公称粒径的上限 40 mm。

混凝土拌和物随着粗集料最大粒径的增大，总表面积相应减小，所需的胶凝材料浆体量相应减少。在一定的用水量和水胶浆稠度条件下，增大最大粒径的尺寸，可获得较好的和易性或减少用水量，以节约水泥，并提高混凝土的强度和耐久性。

正确合理地选择粗集料的最大粒径，要综合考虑结构物的种类、构件截面尺寸、钢筋最小净距和施工条件等因素。《混凝土质量控制标准》(GB 50164—2011)规定：粗集料的最大公称粒径不得大于构件截面最小尺寸的 1/4，且不得大于钢筋最小净距的 3/4；对混凝土实心板，粗集料的最大公称粒径不宜大于板厚的 1/3，且不得超过 40 mm；对于大体积混凝土，粗集料的最大公称粒径不宜小于 31.5 mm。高强混凝土公称最大粒径不宜大

于 25 mm。对泵送混凝土,碎石最大粒径与输送管内径之比宜小于或等于 1∶3;卵石最大粒径与输送管内径之比宜小于或等于 1∶2.5。

【知识拓展】 粗集料的公称最大粒径,是指可能全部通过或允许有少量不通过(一般容许筛余不超过 10%)的最小标准筛筛孔尺寸。公称最大粒径通常比集料最大粒径小一个粒级。例如,某种集料 100%通过 26.5 mm 方孔筛,在 19.0 mm 筛上的筛余百分率为 8%,则该集料的最大粒径为 26.5 mm,公称最大粒径为 19.0 mm。

碎石和卵石的公称粒径、筛孔的公称直径和方孔筛筛孔边长应符合表 3-21 的规定。

表 3-21 石的公称粒径、石筛筛孔的公称直径和方孔筛筛孔边长尺寸 mm

石的公称粒径	石筛筛孔的公称直径	方孔筛筛孔边长	石的公称粒径	石筛筛孔的公称直径	方孔筛筛孔边长
2.50	2.50	2.36	5.00	5.00	4.75
10.00	10.00	9.50	16.00	16.00	10.00
20.00	20.00	19.00	25.00	25.00	26.50
31.50	31.50	31.50	40.00	40.00	37.50
50.00	50.00	53.00	63.00	63.00	63.00
80.00	80.00	75.00	100.00	100.00	90.00

(4)表面状态和颗粒形状

表面粗糙且多棱角的碎石与表面光滑的蛋圆形卵石相比较,碎石配制成的混凝土,由于它对水泥石的黏附性好,故具有较高的强度。但是在相同单位用水量(即相同水胶浆用量)的条件下,卵石配制的新拌混凝土具有较好的和易性。

混凝土用粗骨料不宜含有较多的针状和片状颗粒。所谓的针状颗粒是指长度大于该颗粒所属粒级平均粒径 2.4 倍的颗粒;片状颗粒是指厚度小于其所属粒级平均粒径 40% 的颗粒。在搅拌混凝土过程中,针片状颗粒容易被折断并产生架空现象,从而增大集料的总表面积和集料的空隙率,使混凝土拌和物和易性变差,难以成型密实,强度降低。碎石和卵石中针片状颗粒含量要求见表 3-22。

表 3-22 碎石和卵石中针片状颗粒含量要求

项目	指标		
	Ⅰ类	Ⅱ类	Ⅲ类
针片状颗粒(按质量计)/%	<5	<15	<25

【跟踪自测】 1.在满足结构和施工要求条件下,应尽量选用较大粒径的粗集料,目的是节省(　　)。

2.现浇混凝土梁柱结构,最小截面尺寸为 300 mm,钢筋最小净距为 60 mm,则粗集料最大粒径应控制为(　　)mm。

3.粗集料筛分析时,留存在 26.5 mm 筛上的颗粒若为针状颗粒,其颗粒长度应大于(　　)mm;若为片状颗粒,其颗粒厚度应小于(　　)mm。

(5)强度

为了保证粗集料在混凝土中的骨架和支撑作用,粗集料颗粒本身必须具有足够的强度。碎石的强度可用岩石抗压强度和压碎值两种方法表示,卵石的强度可用压碎值表示。

①岩石抗压强度。将待测岩石制成标准试件，在水饱和状态下，测定其极限抗压强度。规范要求，在水饱和状态下，其抗压强度火成岩不应低于 80 MPa，变质岩不应低于 60 MPa，水成岩不应低于 30 MPa。

岩石抗压强度通常是由生产单位提供的，工程中可采用压碎值指标控制。但当配制高强混凝土(≥C60)，或对粗集料质量有争议或有特殊需要时，必须测定粗集料的岩石抗压强度，并且岩石抗压强度应至少比混凝土设计强度高 20%。

②压碎值指标。岩石的抗压碎能力用压碎值表示。压碎值是将一定质量的规定粒级的风干试样，置于压力机上，按规定的方法加荷，测定被压碎试样的质量占其总质量的百分比。压碎值越小，表示石子抵抗受压破坏的能力越强。粗集料的压碎值指标见表 3-23。

表 3-23　粗集料压碎值指标

项目	指标		
	Ⅰ类	Ⅱ类	Ⅲ类
碎石压碎值指标(<)/%	10	20	30
卵石压碎值指标(<)/%	12	16	16

(6)坚固性

坚固性是指卵石、碎石在自然风化和其他外界物理化学因素作用下抵抗破裂的能力。对于有抗冻要求的混凝土所用粗集料，必须测定其坚固性。按现行标准《建设用卵石、碎石》(GB/T 14685—2011)的规定，岩石的坚固性用硫酸钠坚固法检验，试样经 5 次循环后，其质量损失要求如表 3-24 所示。

表 3-24　碎石或卵石的坚固性

项　目	指　标		
	Ⅰ类	Ⅱ类	Ⅲ类
质量损失(<)/%	5	8	12

对于有抗渗、抗冻、抗腐蚀、耐磨或其他特殊要求的混凝土，粗集料的坚固性检验质量损失不应大于 8%。

集料的颗粒结构特点和吸水能力影响坚固性。颗粒结构越密实，强度越高，吸水率越小，其坚固性越好，用硫酸钠坚固法检验时的质量损失越小。

(7)碱活性检验

当用于混凝土的水泥含有较多量的碱时，易与集料中的碱活性矿物(SiO_2)在潮湿环境条件下，发生缓慢的化学反应，生成能引起混凝土开裂破坏的产物。因此对于长期处于潮湿环境的重要混凝土用集料，应进行集料的碱活性检验，当判定骨料存在潜在的碱骨料反应时，应控制混凝土中的碱含量不超过 3 kg/m^3，或采用能抑制碱的有效措施。

三、混凝土用水

1. 水的类型和应用选择

水是混凝土的重要组成成分之一，用于拌制混凝土的水，必须满足混凝土强度和耐久性的要求，对混凝土中钢筋无锈蚀危害，对混凝土的表面无污染。

水的来源很多，水源不同，水质各有差异。水源的分类及在混凝土工程中的应用要求见表3-25。

表 3-25　　水源的分类及在混凝土工程中的应用要求

<table>
<tr><th>水　源</th><th>应　用</th><th>备　注</th></tr>
<tr><td>饮用水</td><td>符合国家标准的饮用水，可直接用于拌制和养护混凝土</td><td rowspan="4">有害物质含量应符合表3-26的规定</td></tr>
<tr><td>地表水或地下水</td><td>地表水或地下水，首次使用，必须进行适用性检验，合格才能使用</td></tr>
<tr><td>海水</td><td>只允许用来拌制素混凝土，不得用于拌制钢筋混凝土、预应力混凝土和有饰面要求的混凝土</td></tr>
<tr><td>工业废水</td><td>必须经过检验，经处理合格后方可使用</td></tr>
<tr><td>生活污水</td><td>不能用作拌制混凝土</td><td></td></tr>
</table>

2. 水的技术标准

有关拌和和养护混凝土的水中有害物质含量的规定，见表3-26。

表 3-26　　拌和和养护混凝土的土中有害物质含量的规定　　mg/L

项目	预应力混凝土	钢筋混凝土	素混凝土
pH	>4	>4	>4
不溶物	<2 000	<2 000	<5 000
可溶物	<2 000	<5 000	<10 000
氯化物(以 Cl^{-1} 计)	<500	<1 200	<3 500
硫酸盐(以 SO_4^{2-} 计)	<600	<2 700	<2 700
硫化物(以 S^{2-} 计)	<100	—	—

注：1. 使用钢丝或热处理钢筋的预应力混凝土中氯化物含量不得超过350 mg/L。

2. 未经处理的海水严禁用于钢筋混凝土和预应力混凝土中。

3. 当骨料具有碱活性时，混凝土用水不得采用混凝土企业生产设备洗涮水。

【应用案例】 海南某市临出海口建造7层住宅综合楼，采用现浇钢筋混凝土框架结构，工地现场挖井取水配制C30混凝土，该工程竣工投入近六年，居民陆续发现部分柱、梁、板混凝土出现顺筋开裂现象，个别地方混凝土崩落，钢筋外露，锈蚀发展迅速。

【案例解析】 工程场地毗邻出海口，临近海口的井水中，其氯离子和硫酸根离子会较高，同时又不可避免会出现海水倒灌入井的现象，这样日积月累，造成钢筋锈蚀，钢筋与混凝土间的黏结力下降甚至丧失，因此会出现混凝土开裂、崩落等现象。

四、矿物掺和料

为了改善混凝土拌和物的和易性，提高混凝土的强度与耐久性能，在混凝土中除了使用外加剂外，通常还根据具体工程性质和工程需要，掺加一定量的矿物掺和料，以此达到减少水泥和水的用量，降低水化热与混凝土成本的目的。

用于混凝土中的矿物掺和料通常包括粉煤灰、硅灰、粒化高炉矿渣粉、钢渣粉等，也可以将上述两种或两种以上的矿物掺和料按一定比例复合使用。以下主要介绍粉煤灰和硅灰在混凝土中的应用。

1. 粉煤灰

粉煤灰是火力发电厂的煤粉燃烧后排放出来的废料，属于火山灰质混合材料，表面光滑，颜色呈灰色或暗灰色。

按照氧化钙含量，粉煤灰分成高钙灰（CaO 含量为 15%～35%，活性相对较高）和低钙灰（CaO 含量低于 10%，活性相对较低）。

按技术品质划分，粉煤灰分为Ⅰ、Ⅱ、Ⅲ三类，Ⅰ类粉煤灰的品质最好。

按煤种划分，粉煤灰分为 C 类和 F 类。F 类粉煤灰是由无烟煤或烟煤煅烧收集的粉煤灰；C 类粉煤灰是由褐煤或次烟煤煅烧收集的粉煤灰，其 CaO 含量大于 10%。

粉煤灰适用于一般工业和民用建筑物和构筑物的混凝土，尤其适用于泵送混凝土、大体积混凝土、抗渗混凝土、抗化学侵蚀混凝土、蒸汽养护混凝土、地下工程和水下工程混凝土等。粉煤灰对混凝土的性能有以下影响：

①改善新拌混凝土的和易性。粉煤灰颗粒呈球形，加入混凝土中可以减少用水量或增大拌和物的流动性；同时还可以增加拌和物的黏聚性，减少泌水。

②提高硬化混凝土的强度。混凝土中掺入粉煤灰，可以在不改变流动性条件下，减少用水量，从而提高混凝土的强度。

③提高了混凝土的长久性能。粉煤灰中的活性二氧化硅，参与二次水化反应，增加了混凝土中的胶凝材料生成量，提高了混凝土的后期强度和耐腐蚀性，减少了碱集料反应的危害。

④降低混凝土的水化升温。混凝土中掺入粉煤灰后可以减少一定量的水泥用量，从而降低由于大量水泥水化而导致的混凝土升温。试验表明，粉煤灰取代 30%的水泥用量时，可使因水化导致的绝热温升降低 15%左右。这对大体积混凝土施工非常有利，可以减少由于温差收缩引起的混凝土构件开裂。

2. 硅灰

硅灰是铁合金厂在生产金属硅或硅铁时得到的产品，又称硅粉、硅尘。

硅灰中 SiO_2 含量高达 80%以上，颗粒的平均粒径为 0.1～0.2 μm，比表面积为 20 000～25 000 m^2/kg，密度为 2.2 g/cm^3，堆积密度为 250～300 m^2/kg。硅灰属于火山灰活性物质，但由于其较高的 SiO_2 含量和很大的比表面积，在混凝土中的作用效果比粉煤灰好得多。

硅灰在混凝土工程中具有以下应用：

①配制高强混凝土。对于 SiO_2 含量不小于 90%的硅灰，当在混凝土中掺用代替 5%～15% 的水泥用量，并掺入高效减水剂时，采用常规的施工方法，便可配制出 C100 的混凝土。

②配制抗冲刷耐磨混凝土。水工混凝土泄水建筑物，由于经常承受高速含砂水流的冲击和磨蚀，混凝土表层遭受损坏。采用硅粉混凝土可以成倍地提高混凝土的抗磨性能。

③配制抗化学腐蚀混凝土。在海水中的混凝土建筑物，受氯离子、硫酸根离子的侵蚀，常出现混凝土脱皮、损坏现象。在混凝土中掺入硅粉，混凝土结构紧密，水化产物充填孔隙，抗渗能力强，氯离子、硫酸根离子等不易渗入混凝土中，故能提高混凝土的抗化学侵蚀能力。

④抑制碱-骨料反应。硅灰具有极高的火山灰活性，减少了混凝土中氢氧化钙的含量，消耗胶体中的OH^-，使KOH、NaOH浓度降低，从而抑制了碱-骨料反应。

⑤配制喷射混凝土。普通喷射混凝土中，加入3%～5%的硅粉，可使混凝土的回弹量少于10%。节约了原材料，加快了施工速度，降低工程成本。

⑥配制泵送混凝土。普通混凝土长距离泵送会导致泌水量增大，性能变差。若在混凝土中掺入少量硅粉，可使拌和物增加黏性、减少泌水，容易泵送。

⑦用于基础灌浆。硅灰还可以按5%～10%的比例加入水泥灌浆中，使浆液稳定性良好，不易分离，不堵管，且能很密实地填充到岩隙中。

【知识拓展】 硅灰需水量较大，若掺量过大，将会使水泥浆变得十分黏稠。在土建工程中，硅灰取代水泥量通常为5%～15%，且须同时掺入高效减水剂。

五、外加剂

外加剂是指在水泥混凝土拌和物中掺入的、不超过水泥质量5%（特殊情况除外）并能使水泥混凝土的使用性能得到一定程度改善的物质。近年来，混凝土外加剂应用于土木建筑工程中，获得了良好的技术和经济效果，因此也得到了迅速的发展、推广和应用。

外加剂的品种很多，按照国家标准《混凝土外加剂术语》(GB/T 8075—2017)的规定，混凝土外加剂按其功能不同分为以下四类：

①改变混凝土拌和物流动性的外加剂，包括各种减水剂、引气剂和泵送剂等。

②调节混凝土凝结时间、硬化性能的外加剂，包括缓凝剂、早强剂和速凝剂等。

③改善混凝土耐久性的外加剂，包括引气剂、防水剂和阻锈剂等。

④改善混凝土其他性能的外加剂，包括加气剂、膨胀剂、防冻剂、防水剂和泵送剂等。

1. 工程中常用的外加剂

目前建筑工程中应用较多的是减水剂、早强剂、引气剂、调凝剂等。

(1)减水剂

减水剂是在保持混凝土坍落度基本不变的条件下，能减少拌和用水量的外加剂；或在保持混凝土拌和物用水量不变的情况下，增大混凝土坍落度的外加剂。

根据在混凝土中的作用不同，减水剂可分为普通减水剂、高效减水剂、早强减水剂、缓凝减水剂和引气减水剂。

减水剂的减水作用是由其自身的特殊分子结构决定的。

①减水剂的分子结构。减水剂多属于表面活性剂，其分子具有典型的两亲性结构特点，即分子的一端是亲水（憎油）基团，另一端是憎水（亲油）基团，如图3-3所示。当把减水剂加入水中时，其分子中的亲水基团指向水溶液，憎水基团指向空气，减水剂分子将在水和空气的界面形成定向吸附和定向排列，如图3-4所示。

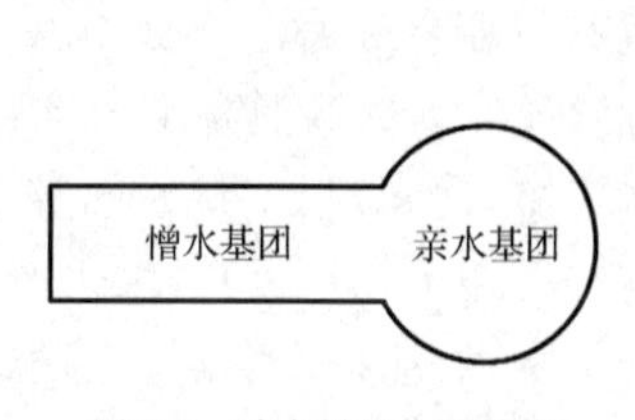

图3-3 减水剂的分子结构

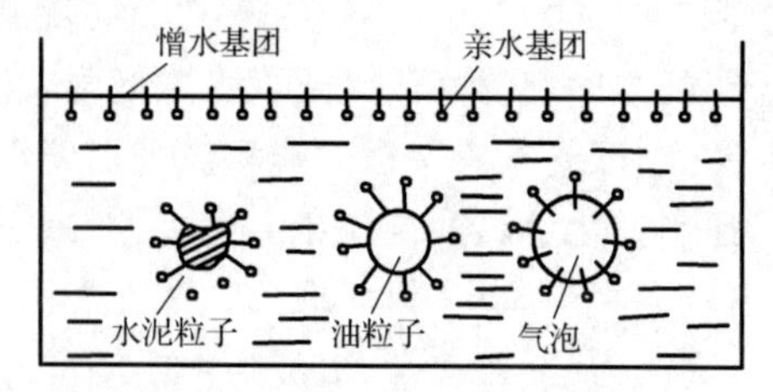

图3-4 减水剂分子的定向吸附行为

②减水机理。水泥加水拌和后，通常会产生如图 3-5 所示的絮凝状结构。在絮凝状结构中包裹了许多拌和水，从而降低了混凝土拌和物的流动性。

当把减水剂加入混凝土拌和物中时，减水剂分子将在水泥颗粒和拌和水的界面产生定向吸附和排列，如图 3-4 所示，减水剂的憎水基团将吸附于水泥颗粒表面，亲水基团则指向水溶液。这种定向吸附，一方面使水泥颗粒表面带上了相同的电荷，加大了水泥颗粒间的静电斥力(图 3-6(a))，使絮凝状结构中包裹的游离水被释放出来，增加了混凝土拌和物的流动性；另一方面，由于亲水基对水的亲和力较大，因此在水泥颗粒表面形成一层稳定的溶剂化水膜，增大了水泥颗粒间的滑动能力，使拌和物流动性增大；同时，水膜又将水泥颗粒隔开，使水泥颗粒的分散程度增大(图 3-6(b))。上述两种作用的结果就是在不增加用水量的情况下，使混凝土拌和物的流动性增大了。

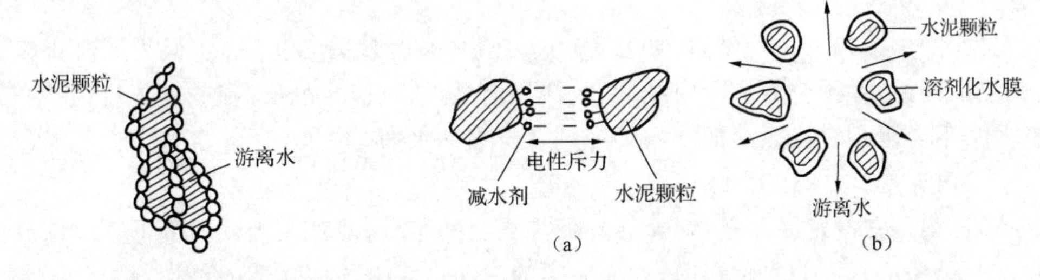

图 3-5　水泥浆的絮凝状结构

图 3-6　减水剂在水泥浆体中的作用

③技术经济效果。合理选择和使用减水剂，可以取得良好的技术和经济效果。

a. 增大拌和物的流动性。在原配合比不变(用水量和水胶比均不变)的条件下，可以增大混凝土拌和物的坍落度 100～200 mm，且不影响混凝土的强度。

b. 减少拌和物泌水、离析现象。掺用减水剂后，还可以减少混凝土拌和物的泌水、离析现象，减慢水泥水化放热速度，延缓混凝土拌和物的凝结时间。

c. 提高混凝土强度。在保持流动性和水泥用量不变时，可显著减少拌和用水量 10%～20%，从而降低水胶比，提高混凝土强度。

d. 提高耐久性。减水剂的掺入，可显著改善混凝土的孔结构，提高混凝土密实度，透水性可降低 40%～80%，从而提高混凝土的抗渗、抗冻、抗化学腐蚀等能力。

e. 节约水泥。保持混凝土强度和流动性不变，可节约水泥用量 10%～15%。

(2)引气剂

引气剂是指在搅拌混凝土过程中能引入大量分布均匀的、稳定而封闭的微小气泡的外加剂。

引气剂为憎水性表面活性剂，加入混凝土中后，其分子将吸附空气泡并在固相粒子表面做定向排列，形成分子吸附膜层，排开水分，使搅拌过程混进的空气形成微小而稳定的气泡，均匀分布于混凝土中。一般地，引气剂在每 1 m^3 混凝土中可生成 500～3000 个直径为 50～1250 μm(大多在 200 μm 以下)的独立气泡。气泡在混凝土中可以起到以下作用：

①改善混凝土拌和物的和易性。

②提高混凝土的抗渗性、抗冻性。

③降低混凝土强度。

引气剂可用于抗渗混凝土、抗冻混凝土、抗硫酸侵蚀混凝土、泌水严重的混凝土等，但引气剂不宜用于蒸养混凝土及预应力钢筋混凝土。

近年来，使用逐渐增多的是引气型减水剂，不但有引气作用而且能减水，弥补了单纯使用引气剂导致的混凝土强度降低现象，节省了水泥用量。

(3)早强剂

早强剂是能提高混凝土早期强度，并对后期强度无显著影响的外加剂。

水泥混凝土凝结硬化产生强度往往需要较长的时间。对于快速低温下施工的混凝土，尤其是冬季施工或紧急抢修的混凝土工程，为了其在短时间内即能达到要求的强度，通常要使用早强剂。

早强剂可以缩短养护周期，加快模板和场地的周转，使混凝土在短期内即能达到拆模强度。

常用的早强剂有氯化物系(如 $CaCl_2$)、硫酸盐系(如 Na_2SO_4)等。但为了防止氯化钙对钢筋的锈蚀，在预应力混凝土结构、大体积混凝土、直接接触酸、碱或其他侵蚀性介质的结构中，不得采用含有氯盐配制的早强剂及早强减水剂。

(4)防冻剂

防冻剂是在规定温度下，能显著降低混凝土的冰点，使其在较低温度下不冻结或仅轻微冻结，以保证水泥的水化作用，并在一定的时间内获得预期强度的外加剂。

选择使用防冻剂时要严格按照《混凝土防冻剂》(JC 475—2004)执行，同时必须考虑混凝土性质和工程环境特点。

目前，工程上使用较多的是复合防冻剂，即兼具了防冻、早强、引气、减水等多种性能，提高防冻剂的防冻效果，并不至影响或降低混凝土的其他性能。

(5)养护剂

对刚成型的水泥混凝土进行保持潮湿养护的外加剂，称为养护剂，又称养护液。

养护剂的保湿作用是其能在混凝土表面形成一层连续的薄膜，薄膜起着阻止混凝土内部水分蒸发的作用，达到较长期保湿养护的效果。

养护剂代替了通过洒水、铺湿砂、湿麻布、草袋等途径对混凝土进行的保湿养护，尤其适用于在工程构筑物的立面，无法用传统办法实现的潮湿养护。

常用的养护剂有水玻璃、沥青乳剂等。

2. 外加剂品种的选择和掺量的确定

(1)外加剂品种的选择

外加剂品种的选择，一方面要考虑工程需要、现场的材料条件；另一方面，要保证所用外加剂应与水泥具有良好的匹配性，具体应通过试验确定。

通常高性能混凝土宜选用高性能减水剂；有抗冻要求的混凝土，宜采用引气剂或引气减水剂；大体积混凝土宜采用缓凝剂或缓凝减水剂；混凝土冬季施工应选择防冻剂。

(2)外加剂掺量的确定

混凝土外加剂均有适宜的掺量，掺量过小，往往达不到预期效果；掺量过大，则会影响混凝土质量，甚至造成质量事故，因此，应通过试验试配确定最佳掺量。

3.外加剂的掺加方法

根据所掺外加剂溶解性的不同，可分别采用水掺和干掺两种方法。

①水掺：对于可溶于水的外加剂，应先配成一定浓度的溶液，随水加入搅拌机。

②干掺：对不溶于水的外加剂，应与适量水泥或砂混合均匀后再加入搅拌机内。切忌直接加入混凝土搅拌机内。

③外加剂的掺入时间可视工程的具体要求，选择同掺、后掺、分次掺入等掺加方法。

单元三　水泥混凝土的技术性质

【知识目标】

1.掌握混凝土拌和物和易性的含义及评价方法；理解各种因素对和易性的影响。

2.掌握混凝土立方体抗压强度的含义；了解影响混凝土强度的因素及提高混凝土强度的措施。

3.理解混凝土长期性能和耐久性能含义及其影响因素；掌握抗渗混凝土、抗冻混凝土的定义和评价指标。

水泥混凝土的技术性质主要包括混凝土拌和物的和易性、硬化混凝土的力学性质、混凝土的长久性和耐久性。

一、混凝土拌和物的和易性

水泥混凝土在尚未凝结硬化前，称为新拌混凝土或混凝土拌和物。为了保证混凝土的浇筑质量，混凝土拌和物应具有良好的工艺性质，称之为和易性，又称工作性。

1.和易性的含义

和易性是指混凝土拌和物具有易于施工操作(包括搅拌、运输、振捣和养护等)，最终能够形成均匀、密实、稳定的混凝土的性能。和易性包括流动性、黏聚性和保水性三方面含义。

①流动性。拌和物在自重或机械振捣作用下，易于产生流动并能均匀密实填满模板、包围钢筋的性能。流动性大，混凝土容易拌匀、捣实、成型；但流动性过大，影响混凝土的密实性、均匀性和强度，降低混凝土的浇筑质量。

②黏聚性。拌和物内部材料之间有一定的凝聚力，在自重和一定外力作用下，仍能保持整体性和稳定性而不会产生分层及离析现象的性能。黏聚性不好，混凝土各组分容易分离，或稀的水泥浆从混凝土中流淌出来。致使硬化的混凝土出现蜂窝麻面等缺陷，影响混凝土的强度和耐久性。

③保水性。拌和物具有一定的保持内部水分不易析出的能力。保水性差，拌和物容易泌水(水分上升并在混凝土表面析出)，并在混凝土内形成贯通的泌水通道，不但影响混凝土的密实性、降低强度，还会影响混凝土的抗渗性、抗冻性和耐久性。

2.和易性的评价

目前在施工现场和实验室，评价混凝土和易性，通常采用定量测定拌和物的流动性，在测定流动性过程中，辅助直观定性评价黏聚性和保水性的方法。

混凝土拌和物的流动性可采用坍落度、坍落扩展度和维勃稠度表示。

(1)坍落度

坍落度法适用于骨料最大公称粒径不大于 40 mm、坍落度不小于 10 mm 的塑性混凝土的流动性测定。如图 3-7 所示，将混凝土拌和物按规定的试验方法装入坍落度筒内，按规定的方法在规定的时间内垂直提起坍落度筒(提筒过程应在 5～10 s 内完成)，测定坍落度筒筒高与坍落后混凝土试体最高点之间的高差，即为混凝土拌和物的坍落度，以 mm 为单位，精确至 5 mm。

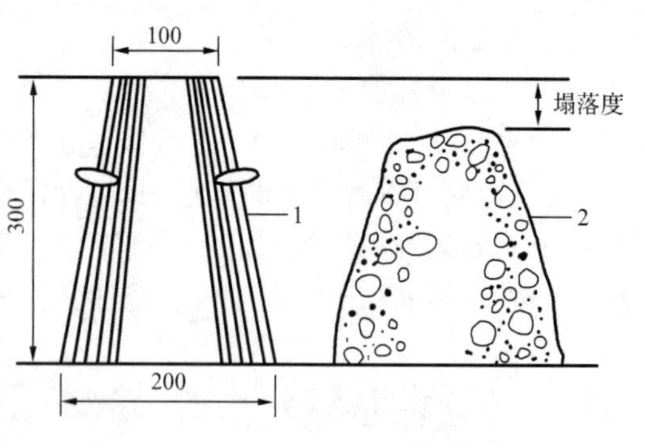

图 3-7　混凝土拌和物坍落度测定

1—坍落度筒；2—拌和物试体

在测定拌和物坍落度的同时，辅以直观定性评价的方法评价黏聚性和保水性。

①黏聚性的评价。用捣棒在已坍落的混凝土拌和物锥体一侧轻轻敲打，若锥体整体渐渐下沉，则表示黏聚性良好；若锥体倒塌、部分崩裂或产生离析现象，则表示黏聚性不好。

②保水性的评价。观察当坍落度筒提起后，如有较多的稀浆从底部析出，锥体部分也因失浆而骨料外露，则表明拌和物保水性能不好；如坍落度筒提起后无稀浆或仅有少量稀浆由底部析出，则表示拌和物保水性良好。

按照《混凝土质量控制标准》(GB 50164—2011)规定，混凝土拌和物根据其坍落度大小分为五级，见表 3-27。

表 3-27　　混凝土拌和物坍落度等级划分

等　级	坍落度/mm	备　注
S1	10～40	低塑性混凝土
S2	50～90	塑性混凝土
S3	100～150	流动性混凝土
S4	160～210	大流动性混凝土
S5	≥220	

【知识拓展】 对于石子最大粒径大于 31.5 mm 的混凝土拌和物的和易性，国内目前尚无一个理想的试验方法，国外做法是先将大于 31.5 mm 的石子筛除后再用本法测定。

(2)坍落扩展度

坍落扩展度法适用于骨料最大公称粒径不大于 40 mm、坍落度大于 220 mm 的大流动性混凝土拌和物的稠度测定。

混凝土坍落扩展度试验是在坍落度试验基础上，用钢尺测量混凝土扩展后最终的最大直径和最小直径，当这两个直径之差小于 50 mm 时，其算术平均值即为坍落扩展度。

在测定扩展度过程中，根据拌和物坍落扩展的形式，判断拌和物的抗离心情况并予以记录。若拌和物扩展后，粗集料颗粒分布均匀，无水泥浆从边缘析出，则拌和物的抗离析性能强；反之，若拌和物扩展后粗骨料在中央集堆或边缘有水泥浆析出，则拌和物的抗离析性能差。混凝土拌和物按扩展度等级划分见表 3-28。

表 3-28　　混凝土拌和物扩展度等级划分

等　级	扩展直径/mm	备　注
F 1	≤340	泵送高强混凝土的扩展度不宜小于 500 mm；自密实混凝土的扩展度不宜小于 600 mm
F 2	350～410	
F 3	420～480	
F 4	490～550	
F 5	560～620	
F 6	≥630	

(3)维勃稠度

维勃稠度适用于骨料最大公称粒径不大于 40 mm、坍落度小于 10 mm、维勃稠度值在 5～30 s 的干硬性混凝土拌和物稠度的测定。

维勃稠度的测定仪器是维勃稠度仪，如图 3-8 所示。测定方法是按坍落度试验方法，将新拌混凝土装入坍落度筒内，再拔去坍落度筒，并在新拌混凝土顶上置一透明圆盘。开动振动台振动，记录从开始振动到当透明圆盘下面全部布满水泥浆时所需要的时间，即为拌和物的维勃稠度值，以时间秒(s)为单位，精确至 1 s。

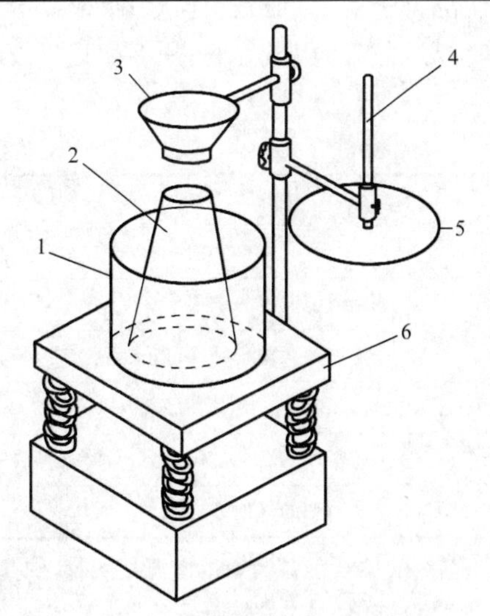

图 3-8　混凝土维勃稠度试验
1—圆柱形容器；2—坍落度筒；3—漏斗；4—测杆；5—透明圆盘；6—振动台

用维勃稠度可以合理表示坍落度在 0～10 mm 的拌和物的流动性。如预制件生产厂使用的干硬性混凝土，道路路面所使用的碾压水泥混凝土等的流动性均用维勃稠度表示。

按照《混凝土质量控制标准》(GB 50164—2011)规定，混凝土拌和物的维勃稠度等级划分见表 3-29。

表 3-29　　混凝土拌和物的维勃稠度等级划分

等级	维勃时间/s	备注
V_0	≥31	超干硬性混凝土
V_1	30～21	特干硬性混凝土
V_2	20～11	干硬性混凝土
V_3	10～5	半干硬性混凝土
V_4	5～3	

应该注意的是，只有当拌和物的流动性、黏聚性和保水性均满足要求时，和易性才算合格。实际工程中是在先满足流动性要求的前提下，再考虑满足黏聚性和保水性要求，最终实现满足设计要求的和易性。

3. 混凝土拌和物流动性的选择

混凝土拌和物流动性的选择原则是在保证施工条件及混凝土浇筑质量的前提下，尽可能采用较小的流动性，以节约水泥并获得均匀密实的高质量混凝土。具体可按以下情况选用：

(1)按设计图纸选择

当设计图纸上标明有稠度指标要求时，则应按所要求的坍落度进行配合比设计。

(2)按工程实际选择

当设计图纸上没有标明坍落度指标值时，应根据结构物构件断面尺寸、钢筋疏密和振捣方式来确定。当构件断面尺寸较小、钢筋较密或人工振捣时，应选择较大的坍落度，以使浇捣密实，保证施工质量；反之，对于构件断面尺寸较大，钢筋配置稀疏，采用机械振捣时，尽可能选用较小的坍落度以节约水泥。一般情况下，混凝土灌注时的坍落度见表3-30。

表 3-30　混凝土灌注时的坍落度

序号	结构种类	坍落度/mm	
		振动器捣实	人工捣实
1	基础或地基等的垫层	10～30	20～40
1	无配筋的大体积结构(挡土墙、基础、厚大块体等)或配筋稀疏的结构	10～30	35～50
2	板、梁和大型及中型截面的柱子等	35～50	55～70
3	配筋密列的结构(薄壁、斗仓、筒仓、细柱等)	55～70	75～90
4	配筋密列的其他结构	75～90	90～120

注：1. 需要配制大坍落度混凝土时，应掺用外加剂。

2. 浇注在曲面或斜面的混凝土的坍落度，应根据实际情况试验选定，避免流淌。

3. 轻骨料混凝土的坍落度，可相应减少 10～20 mm。

4. 影响混凝土拌和物和易性的主要因素

影响混凝土拌和物和易性的因素很多，归结起来主要包括组成材料的性质、材料间的用量比例、环境条件及搅拌方式和搅拌时间等四个方面。

(1)组成材料性质影响

①水泥品种和细度。水泥品种不同，其标准稠度需水量不同，对混凝土流动性的影响就不同，如火山灰水泥的需水量大，在用水量和水胶比相同条件下，拌制的混凝土黏聚性好，保水性好，但流动性较小；矿渣水泥拌制的混凝土，虽然流动性大，但保水性差，易泌水离析；普通硅酸盐水泥拌制的混凝土，比矿渣水泥和火山灰水泥的工作性要好。

此外，水泥用量一定时，水泥颗粒越细，其总表面积越大，相同条件下，混凝土的黏聚性和保水性好但流动性就差。

②骨料。骨料的种类、粗细程度、颗粒级配等对拌和物的和易性都有影响。河砂和卵石多呈卵圆形，表面光滑无棱角，拌制的混凝土比用碎石拌制的混凝土流动性好；采用最大粒径较大的、级配良好的砂石，可以减少包裹骨料表面和填充颗粒空隙用的水泥浆量，提高混凝土拌和物的流动性。

③外加剂和掺和料。拌制混凝土时，根据需要加入的减水剂、引气剂等，能使混凝土拌和物在不增加用水量的条件下，增大流动性，改善黏聚性和保水性。掺加硅灰等矿物掺和料，可以节约水泥，减少用水量，改善拌和物的和易性。

(2)组成材料间用量比例的影响

①水胶比。水胶比是混凝土用水量与胶凝材料用量(水泥和活性矿物掺和料用量之和)的质量比。当水泥浆与骨料用量一定时，水胶比愈小，浆体稠度愈大，所得拌和物的流动性愈小；但水胶比过小时，由于浆体干稠，会导致施工困难，影响混凝土的浇筑质量；反之，水胶比过大，浆体过稀，拌和物会产生流浆、离析、泌水、分层等现象，黏聚性、保水性变差，混凝土强度和耐久性也随之降低。因此，水胶比不宜过小或过大，应根据混凝土的强度和耐久性要求合理地选用。

②集浆比。混凝土用集料(骨料)与水胶浆的用量比称为集浆比。在集料量一定的情况下，集浆比愈小，表示水胶浆用量愈多，拌和物的流动性愈大。但水胶浆过多，不仅不经济，而且会使拌和物稳定性变差，出现流浆现象，降低混凝土强度。

需要说明的是，无论是改变水胶比还是改变水胶浆数量，实质都是改变拌和物的用水量。试验证明，在配制混凝土时，当拌和物的用水量一定时，每立方米水泥用量增减 50～100 kg，拌和物的流动性基本保持不变，这一关系称为“恒定用水量法则”。利用这个法则可以在用水量一定时，采用不同的水胶比配制出流动性相同但强度不同的混凝土。

【跟踪自测】 当混凝土拌和物流动性测定值低于设计值时，应如何调整材料水量来提高流动性？

③砂率。砂率是混凝土中砂的质量占砂石总质量的百分率。砂率与混凝土拌和物坍落度的关系如图 3-9(a)所示。

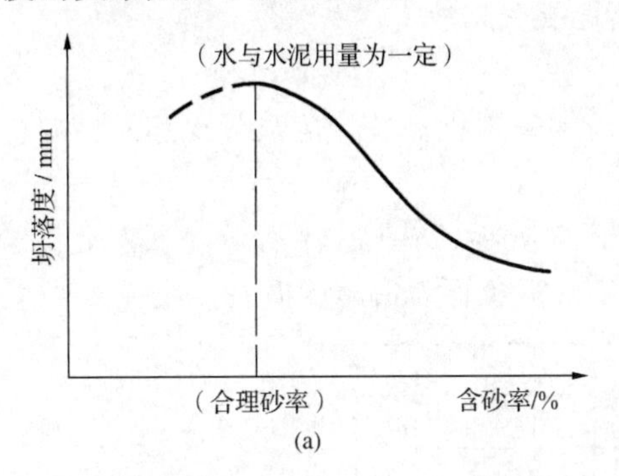

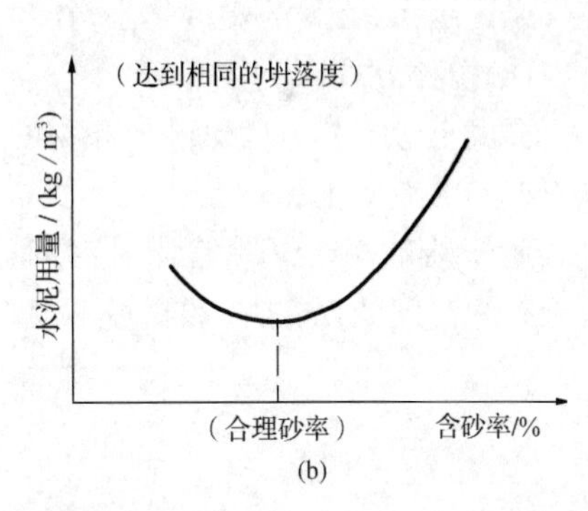

图 3-9　砂率与坍落度和水泥用量关系

从图中可以看出，水和水泥用量一定时，砂率较大时拌和物的流动性却较小，因为较大的砂率，使粗集料用量减小，粗集料的空隙率和集料的总表面积增大，因此，拌和物的流动性减小。而当砂率较小时，虽然集料的总表面积减小，但由于拌和物中砂浆量不足，不能在粗骨料颗粒间形成足够的起润滑作用的砂浆层，使拌和物流动性降低，严重时会出现拌和物干涩、粗骨料离析、水泥浆流失甚至溃散等不良现象。

当砂率适宜时，砂不但可以填满石子的空隙，而且还能保证粗骨料间有一定厚度的砂浆层，以减小粗骨料的滑动阻力，使拌和物有较好的流动性，这个适宜的砂率称为合理砂率。

如图 3-9(b)所示，当采用合理砂率时，在用水量和水泥用量一定的情况下，能使拌和物获得最大的流动性、良好的稳定性；或者在保证拌和物获得所要求的流动性及良好的均匀稳定性时，水泥用量最小。

(3)环境条件

①温度。拌和物的流动性随温度的升高而减小，如图 3-10 所示。试验表明，温度升高 10 ℃，坍落度将减小约 20 mm，因为温度升高会加速胶凝材料的水化反应速度，同时还可以增加水分的蒸发速度。因此，夏季施工时必须采取相应的保湿措施，避免拌和物坍落度大幅度损失而影响混凝土的施工工作性。

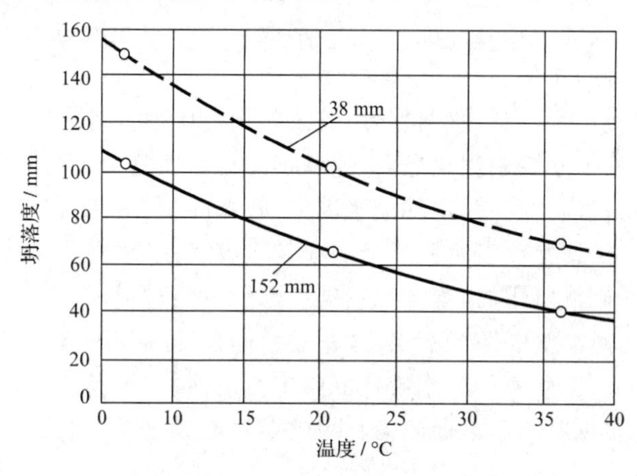

图 3-10 温度对拌和物坍落度的影响

②风速和湿度。风速和环境大气湿度会影响拌和物水分的蒸发速率，因而影响坍落度。风速越大、大气的湿度越小，拌和物坍落度的损失越快。

(4)搅拌方式和搅拌时间

混凝土的搅拌方式影响拌和物的和易性，通常采用机械搅拌的混凝土和易性要优于人工拌和的混凝土和易性。

此外，拌和物的坍落度随着时间的延长而逐渐减小，如图 3-11 所示。工程上将这种随着拌和时间的延长，拌和物坍落度将逐渐减小的现象称为坍落度损失。

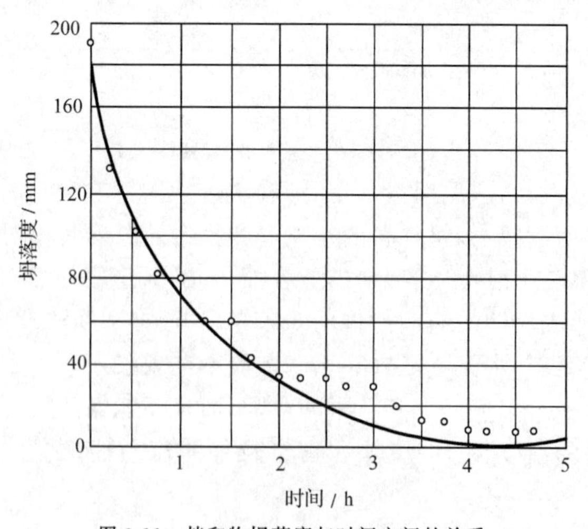

图 3-11 拌和物坍落度与时间之间的关系

产生坍落度损失是拌和物中部分水参与了胶凝材料的水化反应、部分水被骨料吸收、部分水被蒸发了几种情况综合作用的结果。

值得注意的是，混凝土施工中若搅拌时间不足，会导致混凝土拌和物的质量不均匀，工作性较差，因此可以采取适当延长搅拌时间的措施，制得和易性良好的混凝土拌和物。但搅拌时间不宜过长，否则流动性反而降低，严重时会影响混凝土的浇筑和捣实质量。

(5)外加剂

在拌制混凝土时，掺用减水剂、引气剂等外加剂，可以使混凝土拌和物在不增加胶凝材料和水用量的条件下，显著提高流动性，且具有较好的均匀性和稳定性。

【跟踪自测】 某工地浇筑混凝土构件，原计划采用机械振捣，后因设备出了故障，故改用人工振实方式浇筑，为了保证浇筑质量，可以分别采取哪些措施？解释其理由。

5. 改善新拌混凝土和易性的措施

(1)调节混凝土的材料组成

改善砂、石骨料的级配，尤其是粗集料的级配，尽量采用总表面积和空隙率均较小的良好级配。降低混凝土的砂率，尽量采用合理砂率。当混凝土拌和物坍落度小于设计值时，保持水胶比不变，适当增加浆体用量；当拌和物坍落度大于设计值但黏聚性良好时，可保持砂率不变，适当增加砂、石用量；当拌和物的黏聚性和保水性都不好时，适当增大砂率。

(2)掺加外加剂

在拌和物中加入少量的减水剂、引气剂等外加剂，使拌和物在不增加浆体用量的条件下，增大流动性，改善黏聚性，降低泌水性。

(3)改进拌和物的施工工艺

采用高效率的搅拌和振捣设备，提高拌和物的浇捣质量。

此外，现代商品混凝土在远距离运输时，为了减小坍落度损失，还经常采用二次加水的方法，即在拌和站拌和时先加入大部分的水，剩下的少部分水等快到施工现场时再加入，然后迅速搅拌以获得较好的坍落度。

【应用案例】 水泥混凝土施工中，为了提高混凝土拌和物的流动性，随意向混凝土中加水，或将洗涮混凝土运输搅拌设备的泥浆水加入混凝土拌和物中的做法是否可行，请分析说明。

【案例解析】 不可行。因为随意加水，或者将洗涮搅拌运输设备的泥浆水加入拌和物中，都会增大混凝土的水胶比，导致硬化的混凝土内部孔隙增多，强度降低；混凝土的抗冻性、抗渗性等耐久性都会下降。

二、硬化混凝土的强度

1. 强度

混凝土强度包括抗压强度、抗拉强度、抗剪强度、抗折强度以及混凝土与钢筋间的黏结强度等，其中以抗压强度最大，抗拉强度最小。由于在结构工程中，混凝土主要用于承受压力，因此以下内容重点介绍混凝土的抗压强度。

(1)立方体抗压强度(f_{cu})

按照我国《混凝土结构设计规范》(GB 50010—2010)的规定:混凝土立方体抗压强度是按照标准制作方法制成棱长为 150 mm 的立方体试件,在标准养护(温度 20 ℃±2 ℃,95%以上相对湿度的养护室中养护,或在温度为 20 ℃±2 ℃的不流动的 $Ca(OH)_2$ 饱和溶液中养护)条件下,养护至规定的 28 d 龄期,按照标准测定方法测定的抗压强度值,即为混凝土立方体抗压强度,以 f_{cu}表示,单位 MPa(1 MPa=1 N/mm^2)。

(2)立方体抗压强度标准值($f_{cu,k}$)

立方体抗压强度标准值是按照标准方法制作的棱长为 150 mm 的立方体试件,养护至 28 d 龄期,按标准方法测得的具有 95%保证率的抗压强度总体分布中的一个值,强度低于该值的概率为 5%,以 $f_{cu,k}$表示,单位 MPa。

2. 强度等级

混凝土强度等级是根据混凝土的立方体抗压强度标准值划分的,用符号 C 与立方体抗压强度标准值综合表示,单位 MPa。例如,“C30”即表示混凝土立方体抗压强度标准值为 30 MPa,在该等级的混凝土,立方体抗压强度大于或等于 30 MPa 的占 95%以上。

强度等级是混凝土结构设计中强度计算取值的依据,是混凝土施工中的质量控制和工程验收时的重要依据。

《混凝土质量控制标准》(GB 50164—2011)规定:普通混凝土按其立方体抗压强度标准值共划分为 19 个等级,依次是 C10、C15、C20、C25、C30、C35、C40、C45、C50、C55、C60、C65、C70、C75、C80、C85、C90 、C95 和 C100。不同工程或用于工程不同部位的混凝土,其强度等级要求也不相同,一般地:

C10——用作混凝土垫层。

C15——用于垫层、基础、地坪及受力不大的结构。

C20~C25——用于梁、板、柱、楼梯、屋架等普通钢筋混凝土结构。

C25~C30——用于大跨度结构、要求耐久性高的结构、预制构件等。

C40~C45——用于预应力钢筋混凝土构件、吊车梁及特种结构和 25 层~30 层的高层建筑结构。

C50~C60——用于 30 层~60 层以上高层建筑结构。

C60~C120——用于高层建筑结构。

混凝土立方体抗压强度的测定是以棱长为 150 mm 的立方体试块为标准试件。而当采用非标准尺寸的试件时,需要按表 3-31 进行相应的换算。

表 3-31　混凝土试件尺寸的选择及换算系数

粗集料最大粒径/mm	试块尺寸/mm	换算系数
≤31.5	100×100×100	0.95
40	150×150×150	1.00
60	200×200×200	1.05

3. 轴心抗压强度(f_{cp})

在实际工程中，钢筋混凝土结构大部分都是棱柱体或圆柱体的结构形式，较少用到立方体的结构形式。为使混凝土的实测强度接近混凝土结构的真实情况，在钢筋混凝土结构计算中，计算轴心受压构件时，都是采用混凝土的轴心抗压强度(f_{cp})作为依据。

混凝土轴心抗压强度(f_{cp})比同截面的立方体抗压强度(f_{cu})要小。在立方体抗压强度为 $f_{cu}=10\sim55$ MPa时，轴心抗压强度 $f_{cp}\approx(0.7\sim0.8)f_{cu}$。

4. 与钢筋的黏结强度

由于混凝土的抗拉强度很低，经常要与钢筋复合成钢筋混凝土使用。为了实现钢筋与混凝土的协同工作，必须保证钢筋和混凝土间具有可靠的锚固和黏结，以实现在钢筋和混凝土交界处的应力传递。而混凝土与钢筋之间的黏结强度取决于水泥石与钢筋之间的黏结力、混凝土与钢筋间的摩擦力和混凝土的强度等级。钢筋的直径越小，有效黏结面积越大，黏结强度越高；变形钢筋的黏结力高于光圆钢筋与混凝土表面的机械咬合力；强度等级越高的混凝土，其与钢筋间的黏结强度越高。

三、影响混凝土强度的因素

混凝土的强度受很多因素影响，如原材料的质量、材料间的用量比、混凝土的施工质量、养护条件、养护龄期及试验条件等。如图 3-12 所示，混凝土受力破坏后，基本上有以下三种破坏形式，一是骨料本身的破坏，图中(c)情形；二是硬化水泥砂浆体被破坏，图中(a)情形；三是沿硬化的水泥砂浆体和粗骨料间的黏结面破坏，图中(b)情形。

理论上图 3-12(c)中情形的破坏不该发生，因为混凝土用粗骨料的强度一定大于混凝土强度。由图 3-12(a)和图 3-12(b)两种形式的破坏可知，混凝土强度主要取决于水泥石的强度及其与骨料间的黏结强度；黏结强度又与水泥强度、水胶比及骨料的性质有关。

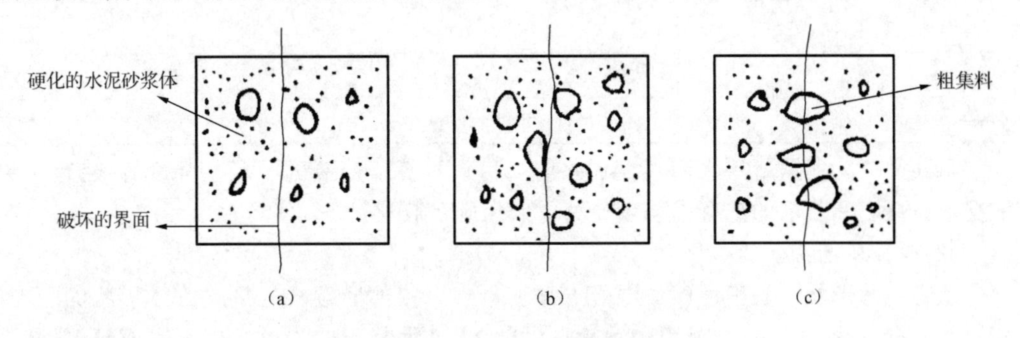

图 3-12　混凝土受压破坏示意图

1. 水泥强度和水胶比

(1)水泥强度

水泥是混凝土的主要胶结材料，水泥强度的大小直接影响混凝土强度的高低。在配合比相同的条件下，水泥强度越高，水泥石的强度及其与骨料的黏结力越大，制成的混凝土强度也越高。试验证明，混凝土的强度与水泥强度成正比例关系。

(2)水胶比

拌制混凝土时,为了获得必要的流动性,实际加水量通常比理论上胶凝材料水化的需水量多很多,多余的水分将在混凝土硬化后蒸发,在混凝土中形成毛细孔隙。因此,蒸发掉的水越多,硬化混凝土中留下的孔隙越多,混凝土结构的密实性越差,强度降低的越多,因此,拌制混凝土的加水量不宜过多,即水胶比不宜过大。

但若混凝土的水胶比太小,会出现拌和物过于干硬的现象,在一定的捣实成型条件下,将无法保证浇灌质量,混凝土中将出现较多的蜂窝、孔洞,强度反而会下降。

大量的试验和工程实践表明,在原材料一定的情况下,当混凝土的强度等级小于C60时,混凝土28 d龄期的抗压强度与水泥的实际强度、水胶比的关系可由(3-2)的经验式描述

$$f_{cu,0}=\alpha_a f_{ce}\left(\frac{B}{W}-\alpha_b\right) \tag{3-2}$$

式中 $f_{cu,0}$——混凝土28 d龄期的抗压强度,即混凝土配制强度,MPa;

f_{ce}——水泥28 d的实际强度,MPa;

B/W——混凝土的胶水比;

B——每立方米混凝土的胶凝材料用量,kg/m³;

W——每立方米混凝土的用水量,kg/m³;

α_a、α_b—— 回归系数,可按以下方法确定:

①根据工程所用原材料,通过试验建立的水胶比与混凝土强度关系式确定;

②当不具备上述试验统计资料时,回归系数 α_a、α_b 应根据《普通混凝土配合比设计规程》(JGJ 55—2011)的要求,按表3-32规定选用。

表3-32　　回归系数 α_a、α_b 的选用表

系数 \ 粗骨料品种	碎石	卵石
α_a	0.53	0.49
α_b	0.20	0.13

由式(3-2),根据所用水泥强度和水胶比可以推算所配制的混凝土强度等级;也可以根据水泥强度和要求的混凝土强度计算应采用的水胶比。

(3)粗骨料的特征

粗骨料的形状与表面性质对混凝土强度有着直接的影响。近乎立方体形状的颗粒,相互间嵌挤紧密,可以形成坚强的粗骨料骨架,提高混凝土的强度。碎石表面粗糙,与水泥石黏结力较大,而卵石表面光滑,与水泥石的黏结力较小。当水胶比小于0.4时,用碎石配制的混凝土比用卵石配制的混凝土强度约高38%。

(4)集浆比

集浆比影响混凝土的强度,特别是对高强度混凝土的影响更为明显。试验证明,水胶比一定,增加水胶浆用量,可增大拌和物的流动性,使混凝土易于成型,强度提高。但过多的浆体,易使硬化的混凝土产生较大的收缩,形成较多的孔隙,反而降低了混凝土的强度。

(5)施工振捣方式

施工振捣方式对混凝土抗压强度的影响如图3-13所示。同等条件下，振捣的越密实，强度越高；采用机械振捣比人工振捣拌制的混凝土质量更均匀、结构更密实、强度更高，特别是在水胶比较小的情况下拌制的低流动性混凝土，机械振捣更有利于强度的增长。

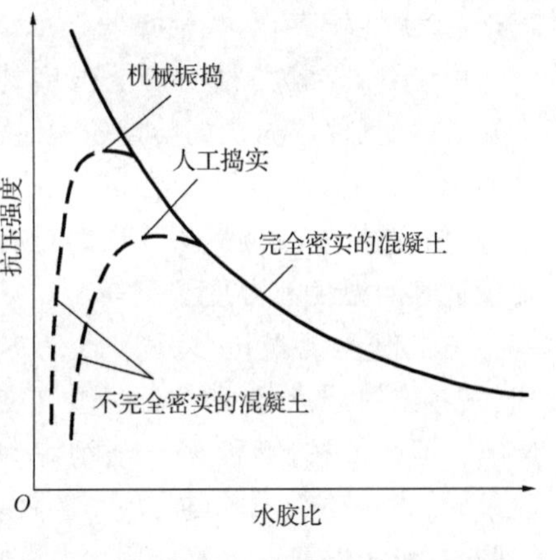

图 3-13　振捣方式对混凝土抗压强度的影响

(6)养护条件

混凝土养护是胶凝材料水化及混凝土硬化增长强度的重要条件。养护应同时注意温度和湿度两个条件，原则是温度要适宜、湿度要充足。

①温度。通常情况下，温度升高，胶凝材料的水化速度加快，利于混凝土强度的增长。一般地，温度在4～40 ℃时，养护温度提高，可以促进胶凝材料的溶解、水化和硬化，提高混凝土的早期强度，如图3-14所示。

温度降低后水化反应速度减慢，混凝土强度发展缓慢。当温度降至0 ℃以下时，混凝土中的水分将结冰，胶凝材料的水化反应停止，这时不但混凝土强度停止增长，而且由于孔隙内水分结冰而引起体积膨胀(约9%)，对孔壁产生较大的膨胀压力，导致混凝土已获得的强度受到损失，严重时会引起混凝土的崩溃。混凝土强度与冻结龄期的关系如图3-15所示。

由图3-15可知，在混凝土养护过程中，没有冻结的混凝土强度比在任何龄期遭受冻结的混凝土强度都高；越早龄期受冻，强度损失越大。所以在冬季施工时，要特别注意保温养护，避免混凝土受冻导致的强度和耐久性下降。

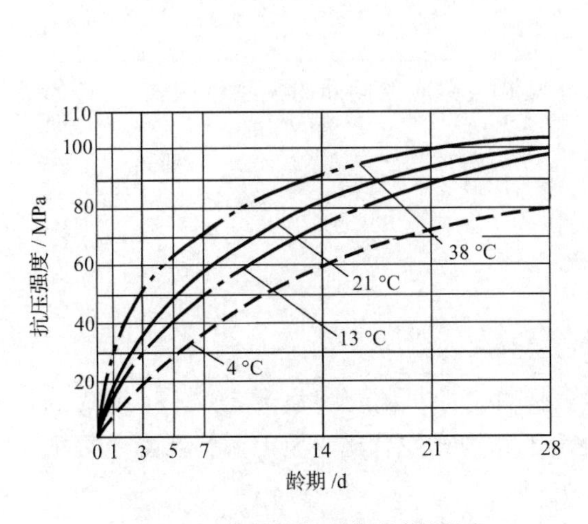

图 3-14　温度对混凝土早期强度的影响

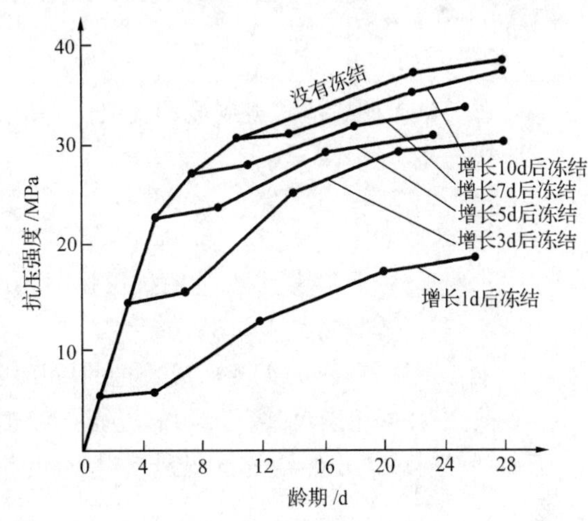

图 3-15　混凝土强度与冻结龄期的关系

②湿度。养护的湿度是决定水泥能否正常水化的必要条件。湿度适宜，水泥的水化正常进行，利于混凝土强度的增长；如果湿度不够，胶凝材料的水化速度减慢甚至停止水化，会导致混凝土失水干燥形成干缩裂缝，不仅严重降低混凝土强度，而且使混凝土结构

疏松，渗水性增大，耐久性降低。

由图3-16湿度对混凝土强度的影响可知，混凝土保湿养护的龄期越长，强度增长的越快。所以，为保证混凝土的正常水化、硬化，在浇筑成型后必须同时维持周围环境适宜的温度和湿度。

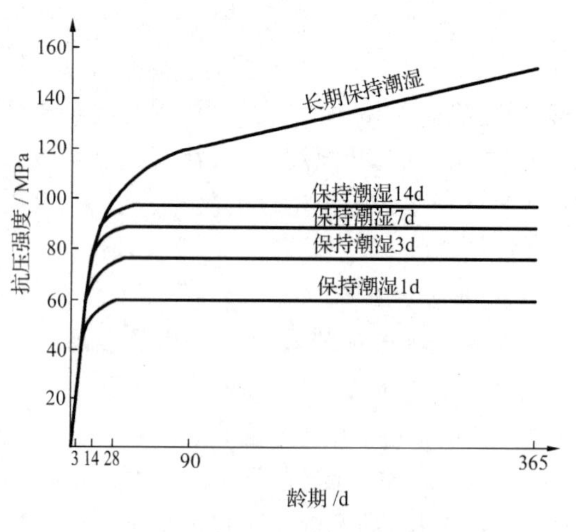

图3-16 湿度对混凝土强度的影响

施工现场混凝土多采用自然养护方式，其养护的湿度将受环境温湿度变化的影响。但必须按照《混凝土结构工程施工质量验收规范》(GB 50204—2015)中的规定养护，即在混凝土浇筑完毕后的12 h以内，对混凝土加以覆盖并保持潮湿养护；混凝土浇水养护的时间，对硅酸盐水泥、普通硅酸盐水泥混凝土，不得少于7 d；对于矿渣水泥和火山灰水泥的混凝土或在施工中掺加缓凝型外加剂，或有抗渗要求的混凝土，不得少于14 d。

③龄期的影响。龄期是自加水搅拌开始，混凝土所经历的时间，按天或小时计。在正常不变的养护条件下，混凝土强度随龄期增长而提高。但通常是最初7～14 d内，强度增长较快，以后增长速度变缓，28 d可以达到设计的强度等级，以后强度增长缓慢并趋于平缓，但可以延续数十年之久。不同龄期混凝土强度的增长值见表3-33。

表3-33 不同龄期混凝土强度的增长值

龄期	7 d	28 d	3个月	6个月	1年	2年	4～5年	20年
混凝土相对于28 d的设计强度	0.6～0.7	1	1.25	1.5	1.75	2	2.25	3.0

对于普通硅酸盐水泥制成的混凝土，其强度发展与对应龄期间的关系可用式(3-3)的经验式描述

$$f_n = f_a \cdot \frac{\lg n}{\lg a} \tag{3-3}$$

式中 f_n——n天龄期混凝土的抗压强度，MPa；

n——养护龄期($n \geqslant 3$)，d；

f_a——a($a \geqslant n$)天龄期混凝土的抗压强度，MPa。

式(3-3)可用于对某一龄期的混凝土强度做估算。如可测定出混凝土7 d龄期的抗压强度，推算28 d龄期的抗压强度，从而为混凝土养护或配合比方案的调整及确定提供参考。

值得说明的是，相同龄期下混凝土的强度因水泥品种和养护条件不同而异，如矿渣水泥7 d的强度为28 d的42%～54%，普通硅酸盐水泥7 d强度为28 d的58%～65%，但28 d以后两种水泥强度的增长基本相同。

④试验条件的影响。试验条件对混凝土强度的影响包括试件的形状、尺寸、表面状态

及加荷速度等。

a. 试件的形状：待测试件形状一定时，若试件受压面积相同而高度不同，则高宽比越大，抗压强度越小。因为试件受压时，受压面和压力机上的承压板之间有一定的摩擦力，这个摩擦力对试件受压面的横向变形起着约束作用，阻碍了近试件表面混凝土裂缝的扩展，使其强度提高。越接近试件的端面，约束作用越明显，在距端面大约$\frac{\sqrt{3}}{2}a$（a 为试件棱长）处这种效应消失，工程上形象地称这种约束作用为“环箍效应”。在“环箍效应”作用下，破坏后的试件形状如图 3-17（c）所示。

b. 试件的尺寸：配合比和形状均相同的试件，几何尺寸越小，混凝土强度越高。一方面是因为尺寸增大时，试件内部孔隙、缺陷等出现的概率会增大，导致有效受力面积的减小和应力集中，引起混凝土强度降低；另一方面压力机的压板对混凝土试件的横向摩阻力是沿受压面周边分布的，大试块尺寸周界与面积之比较小，环箍效应的相对作用小，测定的抗压强度值偏低。

c. 试件表面状态：试验过程中，压力机承压板对试件表面的横向变形的约束作用，与试件的表面状态有关。试件表面光滑平整，约束作用小，压力测值也小；当试件表面有油脂类润滑剂时，测得的强度值明显降低。我国规定的标准试验方法是不涂润滑剂，而且试验前必须把试件表面的湿存水擦净。图 3-17（c）是试块有压板约束时的破坏形态；图 3-17（d）是试件不受压板约束时的破坏形态，因为没有压板的约束作用，试件受到压力时出现了垂直裂纹而产生破坏。

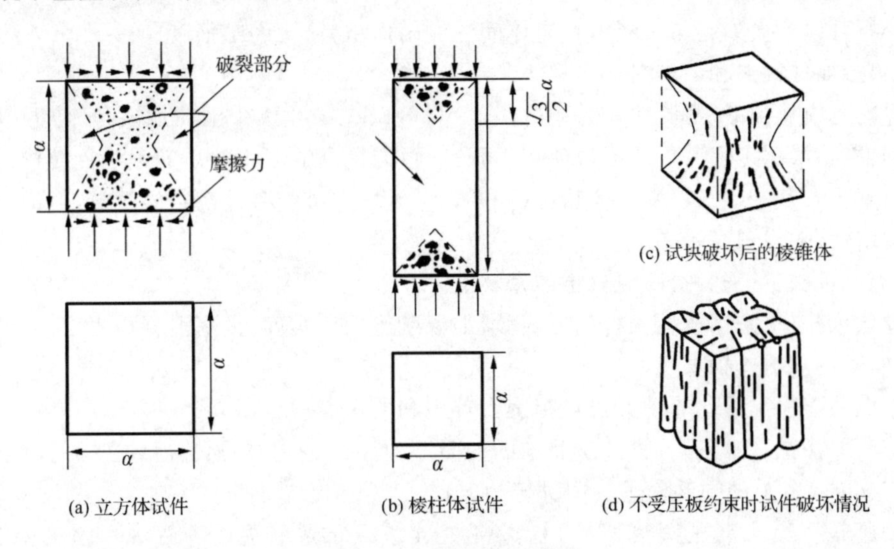

图 3-17　试件及其破坏情况

d. 加荷速度：试验表明，对于原材料、施工工艺及养护条件等都相同的混凝土，加荷速度不同，强度测定结果不同。通常是加荷速度越快，强度测值越高。因为当试件受到外力作用时会产生一定的变形，变形累加到一定程度便产生破坏，当加荷速度较快时，材料变形的增长滞后于荷载的增加，因此强度测定值会很大；当加荷速度超过 1.0 MPa/s 时，这种趋势更加显著。因此，我国标准规定测定混凝土抗压强度时应连续均匀地加荷，且加荷速度与混凝土的强度等级有关。强度等级低于 C30 的混凝土，加荷速度为 0.3～0.5MPa/s；强度等级大于或等于 C30 小于 C60 的混凝土，加荷速度为 0.5～0.8 MPa/s；强度等级大于或等于 C60 的混凝土，加荷速度为 0.8～1.0 MPa/s。

【跟踪自测】 1.其他条件相同时，用强度等级为 42.5 级的水泥制作的混凝土强度将比强度等级为 52.5 级的水泥制作的混凝土强度(　　)；将混凝土的水胶比由 0.52 调整为 0.45，其他条件保持不变，则混凝土的强度将(　　)。

2.配合比相同条件下，碎石混凝土的强度较卵石混凝土的强度(　　)。试验加荷速度越快，混凝土强度测定值越(　　)；同为立方体混凝土试块，棱长为 100 mm 的立方体强度测定值较棱长为 200 mm 的立方体强度值(　　)。

三、提高混凝土强度的措施

(1)采用高强度水泥和早期型水泥

对于紧急抢修工程、桥梁拼装接头、严寒的冬季施工以及其他要求早期强度高的混凝土结构物，可优先选用早强型水泥；此外选用硅酸盐水泥和普通硅酸盐水泥制得的混凝土，要较其他品种水泥的混凝土早期强度高。

(2)采用水胶比较小、用水量较少的干硬性混凝土

在不影响施工情况下，尽量减小水胶比，减少拌和水的使用量，以减少硬化混凝土中由于多余水分的挥发而产生的孔隙，提高混凝土强度。

(3)采用级配良好的碎石

碎石可以增大集料与胶凝材料浆体间的黏结面积，增大黏结强度。

(4)掺加外加剂和掺和料

混凝土中掺加减水剂，尤其是高效减水剂，可以大幅度减少水的加入量，使混凝土强度得到提高；根据工程需要适当地使用早强剂，可以提高混凝土的早期强度。而掺入高活性的超细粉煤灰、硅灰、磨细矿渣粉等掺和料，可以增加有胶凝性产物的含量，使混凝土的密实度增大，强度进一步提高。

(5)改进施工工艺，提高混凝土的密实度

降低水胶比，采用机械振捣的方式，增加混凝土的密实度，提高混凝土强度。

(6)采用湿热养护方式

常用的混凝土湿热养护方法包括蒸汽养护和蒸压养护。

蒸汽养护是在常压下，将浇筑完毕的混凝土构件经 1～3 h 预养后，在 90%以上的相对湿度、60 ℃以上的饱和水蒸气中进行的养护。

蒸压养护又称高压蒸汽养护，是指将浇筑好的混凝土构件静置 8～10 h 后，放入 175 ℃ 和 8 个大气压的蒸压釜内进行的饱和蒸汽养护。

蒸汽养护和蒸压养护都是在足够的温湿度条件下进行的养护，较高的温湿度加快了水泥的水化和硬化速度，混凝土的强度得到提高。

不同品种水泥配制的混凝土其蒸养适应性不同。硅酸盐水泥或普通硅酸盐水泥混凝土一般在 60～80 ℃条件下，恒湿养护时间以 5～8 h 为宜；矿渣水泥、火山灰水泥、粉煤灰水泥等配制的混凝土，蒸养适应性好，一般蒸养温度达 90 ℃、蒸养时间不宜超过 12 h。

【知识拓展】 混凝土的同条件养护

同条件养护是指试件成型后,置于结构体旁,拆模时间应与实际构件相同;养护条件也应与结构体完全一致;养护时间应与构件龄期相同。同结构养护的试件强度,只是用来评判对下道工序可继续施工的间断时间,为下道工序可否进行提供依据,不存在“合格”“不合格”的问题。

四、混凝土的变形性能

混凝土的变形,主要包括非荷载作用下的变形及荷载作用下的变形两种。

1. 非荷载作用下的变形

(1)沉降收缩

沉降收缩发生在混凝土构件刚成型后的时间里。由于拌和物中的固体颗粒下沉,混凝土表面产生泌水而使混凝土的体积减小,又称塑性收缩,其收缩值约为1%。在桥梁墩台等大体积混凝土中,沉降收缩会导致沉降裂缝。

(2)化学收缩

化学收缩是指胶凝材料水化反应后各物质的总体积小于反应前各物质的总体积而产生的收缩。化学收缩是无法恢复的收缩,收缩值随龄期增长而增加,40 d以后渐趋稳定,但收缩率一般很小,通常为$(4\sim100)\times10^{-6}$ mm/m。化学收缩不会对结构物产生破坏作用,但会在混凝土内部产生微细裂缝,影响混凝土的耐久性。

(3)干湿变形

干湿变形是由于混凝土所在环境湿度的变化而引起的变形,主要表现为干缩湿胀。

如图3-18所示,混凝土在干燥空气中养护时,随着龄期的增长,收缩量逐渐增大。而一直在水中养护,或先在空气中养护一段时间再置于水中养护时,混凝土的干缩程度将减少或略产生膨胀。

图3-18的试验结果还表明,混凝土的收缩值较膨胀值大,即当混凝土产生干缩后,即使长期再放在水中,仍有残留的收缩变形,残余收缩为收缩量的30%~60%。在一般工程设计中,通常采用的混凝土的线收缩值为$1.5\times10^{-3}\sim2.0\times10^{-4}$ mm/m。

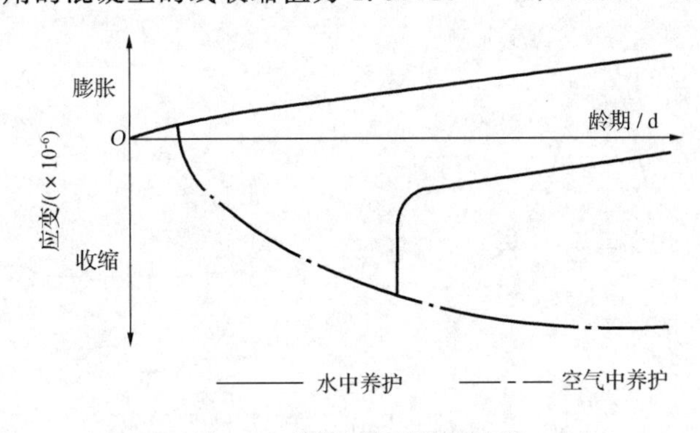

图3-18 混凝土的干缩湿涨变形

混凝土干湿变形受很多因素影响,六种通用水泥中,火山灰水泥的干缩量较大;水泥颗粒越细,干缩量越大;混凝土的加水量越多或水胶比越大、水泥使用量越大、集料的含泥量越大、混凝土养护期的湿度越小，混凝土的干缩越严重。

干缩会在混凝土表面产生细微裂缝，当干缩变形受到约束时，常会引起构件的翘曲或开裂，影响混凝土结构的使用性能及混凝土的耐久性。实际施工中，应严格控制集料的含泥量，加强保湿养护，尤其是混凝土凝结硬化初期的养护，可以减少或控制混凝土干缩裂缝导致的混凝土技术性能下降。

(4)碳化收缩

碳化收缩是水泥水化生成的氢氧化钙，与空气中的二氧化碳发生反应而引起的混凝土体积收缩。碳化收缩的程度与空气的相对湿度有关，当相对湿度为30%～50%时，收缩值最大。碳化收缩过程常伴随着干燥收缩，在混凝土表面产生拉应力，导致混凝土表面产生微细裂缝。

(5)温度变形

混凝土的温度变形表现为热胀冷缩，其温度膨胀系数为$(1\times1.5)\times10^{-5}$ mm/(mm·℃)，即温度每升降1 ℃，每1 m混凝土胀缩0.01～0.015 mm。

温度变形对大体积混凝土、大面积混凝土及纵向很长的混凝土工程极为不利。因为混凝土是热的不良导体，水泥水化初期产生的大量水化热难于散发，使大体积混凝土内外产生较大的温差，有时温差可达50～80 ℃，使混凝土产生内涨外缩现象。当外部混凝土所受的拉应力超过极限抗拉强度时便产生裂缝。

实际工程中，为了避免大体积混凝土产生裂缝，通常采用低热水泥，或减少水泥的使用量，或采用人工降温等措施，尽可能降低混凝土的发热量，减少混凝土的温度裂缝，确保混凝土的使用质量。

2. 荷载作用下的变形

混凝土在荷载作用下的变形包括短期荷载作用下的变形和长期荷载作用下的变形。

(1)短期荷载作用下的变形—— 弹-塑性变形

混凝土在一次短期荷载作用下的应力-应变关系如图3-19所示。由图中混凝土受压时的应力-应变曲线可以判定，混凝土不是弹性材料，而是弹塑性材料。

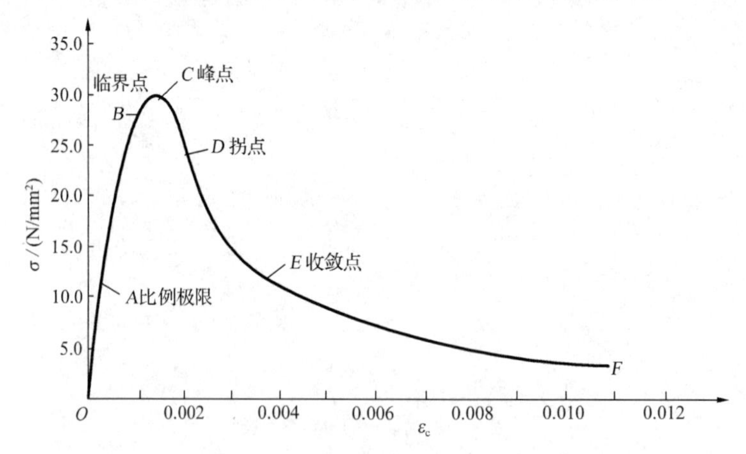

图3-19 混凝土在一次短期荷载作用下的应力-应变关系曲线

图3-19中，在OA段：应力-应变为线性关系，反映混凝土处于弹性工作阶段。

在 AB 段:应力-应变曲线弯曲,应变增长速度比应力增长快,说明混凝土逐渐呈现非弹性性质,塑性变形增大。

在 BC 段:混凝土塑性变形急剧增大,裂缝发展进入不稳定阶段。C 点的应力达到峰值应力。

曲线过 C 点以后试件的承载力随应变的增加而降低,试件表面出现纵向裂缝,试件宏观上已经破坏,但通过骨料间的咬合力及摩擦力与块体还能承受一定荷载。应力下降减缓,逐渐趋向于稳定的残余应力。

(2)长期荷载作用下的变形——徐变

混凝土在长期荷载作用下,除了产生瞬间的弹性变形和塑性变形外,还会产生随时间而增长的非弹性变形,称为徐变,也称蠕变。混凝土的徐变-时间关系如图 3-20 所示。

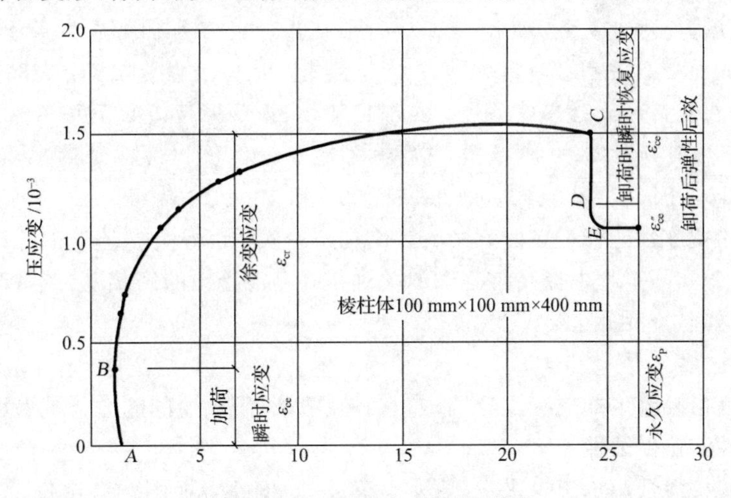

图 3-20 混凝土的徐变-时间关系曲线

混凝土无论是受压、受拉或受弯时,均有徐变现象。徐变在受荷初期增长较快,以后逐渐变慢,2～3 年后可以稳定下来。

混凝土的徐变对钢筋混凝土结构的影响,在大多数情况下是不利的,徐变会使构件的变形大大增加。影响混凝土徐变的因素主要有:

①应力:应力是最主要的影响因素,应力越大,徐变也越大。

②水泥用量:水泥用量越多,水胶比越大,徐变越大。

③养护条件:养护温度高、湿度大、时间长,则徐变小。

④加载龄期:加载时混凝土的龄期越短徐变越大。加强养护使混凝土尽早凝结硬化或采用蒸汽养护可减小徐变。

⑤水泥品种:普通硅酸盐水泥的混凝土较矿渣水泥、火山灰水泥的混凝土徐变相对要大。

五、混凝土的长期性能和耐久性能

混凝土的长期性能、耐久性能是指混凝土所具有的承受周围使用环境介质侵袭破坏的能力,主要包括抗冻性、抗渗性、收缩、徐变、碳化、碱-骨料反应和混凝土中钢筋锈蚀等性能。

1. 抗冻性

抗冻性是以混凝土在规定的试验条件下，所能经受的冻融循环次数来表示的混凝土性能。

混凝土工程性质不同，其抗冻性的测定方法不同。建筑工程、水工碾压混凝土及抗冻性要求较低的混凝土抗冻性，用慢冻试验法（又称气冻水融法）测定，以抗冻标号表示混凝土的抗冻性能。

慢冻试验法是以标准养护 28 d 龄期的混凝土标准试件，在规定试验条件下达到规定的抗冻融循环次数，同时满足强度损失不超过 25%、质量损失不超过 5%的抗冻性指标要求，共分为 D50、D100、D150、D200、大于 D200 五个抗冻标号。

【知识拓展】 对于铁路、水工、港工等行业使用的经常处于水中的混凝土，采用快冻试验法测定其抗冻性并用抗冻等级表示抗冻性能。试验是以标准养护 28 d 龄期的混凝土标准试件，在规定的试验条件下进行抗冻循环，依据动弹性模量下降不超过 40%、质量损失不超过 5%时所达到的抗冻循环次数确定抗冻等级。快冻法的混凝土共划分为 F50、F100、F150、F200、F250、F300、F350、F400、>F400 九个等级。

混凝土的抗冻性能受很多因素影响。结构不密实、孔隙率大、连通的开口孔多的混凝土，抗冻性差。实际工程中提高抗冻性的关键是提高混凝土的密实度，或是改变混凝土孔隙特征，尤其要防止混凝土早期受冻。

2. 抗渗性

抗渗性是指混凝土抵抗有压介质（如水、油、溶液等）渗透的能力。抗渗性直接影响混凝土的抗冻性和抗侵蚀性。

混凝土的抗渗性用抗渗等级 P_n 表示。它是以 28 d 龄期的标准试件，按标准方法进行试验，以每组 6 个试件中 4 个未出现渗水时的最大水压力来表示。混凝土的抗渗等级共有 P_4、P_6、P_8、P_{10}、P_{12}、$>P_{12}$ 六个等级，分别表示混凝土能够承受的最大不渗水压力依次为 0.4 MPa、0.6 MPa、0.8 MPa、1.0 MPa、1.2 MPa 及大于 1.2 MPa。

《普通混凝土配合比设计规程》(JGJ 55—2011)中规定，抗渗等级等于或大于 P_6 级的混凝土称为抗渗混凝土。

混凝土渗水的主要原因是混凝土或水泥石结构中存在的裂缝或毛细孔隙，在水存在条件下形成了连通的渗水通道。

提高混凝土抗渗性应通过合理选择水泥品种、加入足够胶凝材料、降低水胶比、减少胶凝材料浆体用量、加强施工振捣和保湿养护等途径，减少混凝土中的孔隙；还可以通过掺入引气剂，改变混凝土的孔隙特征，减少连通的孔隙，截断渗水通道的途径提高抗渗性。

3. 抗侵蚀性

当混凝土所处环境中含有酸、碱、盐等侵蚀性介质时，混凝土便会遭受侵蚀。

混凝土的抗侵蚀性与所用水泥品种、混凝土的密实度和孔隙特征等有关。结构密实和孔隙封闭的混凝土，环境水不易侵入，抗侵蚀性较强。

用于地下工程、海岸与海洋工程等恶劣环境中的混凝土，对抗侵蚀性有着更高的要求。提高混凝土抗侵蚀性的主要措施是合理选择水泥品种，降低水胶比，提高混凝土密实度和改善孔结构。

4. 混凝土的碳化

混凝土的碳化，是指在一定湿度条件下，混凝土内水泥石中的氢氧化钙与空气中的二氧化碳生成碳酸钙和水的反应。当混凝土所处的环境中二氧化碳浓度高、环境湿度大时，可加快碳化腐蚀。

(1)碳化对混凝土性质的影响

①降低了混凝土的碱度，削弱了混凝土对钢筋的保护作用。

②增加了混凝土的收缩，使混凝土表面产生拉应力而出现细微裂缝，从而降低混凝土的抗拉、抗折强度及抗渗能力。

③增加了混凝土的密实度。碳化作用产生的碳酸钙填充了水泥石的孔隙，提高混凝土的抗压强度。

(2)减少碳化作用的措施

①在钢筋混凝土结构中采用适当的保护层，使碳化深度在建筑物设计年限内达不到钢筋表面。或者在混凝土表面涂刷保护层，防止二氧化碳侵入。

②根据工程所处环境及使用条件，合理选择水泥品种，如使用碱度相对较大的掺混合材料的水泥，降低碳化速度。

③使用减水剂，降低水胶比，改善混凝土的和易性，提高混凝土的密实度。

④加强施工质量控制，加强养护，保证振捣质量，减少或避免混凝土出现蜂窝等质量事故。

5. 碱-骨料反应

混凝土的碱-骨料反应是指在有水的条件下，水泥中过量的碱性氧化物(Na_2O、K_2O)与骨料中的活性 SiO_2 之间发生的反应。

碱-骨料反应的特点是速度很慢，反应生成的碱-硅酸凝胶(Na_2SiO_3)能从周围介质中吸收水分而产生约 3 倍以上的体积膨胀，严重影响混凝土长久性能和耐久性能。

目前，碱-骨料反应导致高速公路路面或大型桥梁墩台的开裂和破坏，已引起世界各国的普遍关注。为了避免发生碱-骨料反应，国家规范严格限制水泥中($Na_2O+0.658K_2O$)的含量不大于 0.6%；还要控制骨料中活性二氧化硅的含量。

【跟踪自测】　水泥混凝土在什么条件下才会发生碱-骨料反应？

综上所述，对水泥混凝土长久性能和耐久性能影响较大的是混凝土的组成材料、混凝土的孔隙率、孔隙构造特征和混凝土的使用环境等，因此可以从上述几方面控制和提高混凝土的长久性能和耐久性能。

单元四　混凝土的质量控制与强度评定

【知识目标】

1. 了解混凝土质量控制的途径和措施。

2. 理解用已知标准差法对混凝土强度进行的评定，掌握用非统计方法对混凝土强度的评定。

一、混凝土的质量控制

混凝土质量控制是工程建设的重要环节，控制的目的在于使所生产的混凝土能满足设计和使用要求。工程上通常从以下三个环节进行控制。

1. 生产前的控制

混凝土生产前的控制包括对组成材料的质量和计量的双重控制。

(1)原材料的质量控制

生产前严格按国家标准规定，验收和检验水泥、集料、水、掺和料及外加剂等原材料的质量。重点控制使用量较大的水泥和集料的质量。过期的水泥，应经试验鉴定满足要求才能使用；受潮结块的水泥不得用于配制混凝土。在气温变化较大、雨后、储备条件变动等情况下，要增加骨料表面含水率的检验次数；严格控制骨料的含泥量和泥块含量，及时调整各项材料的配合比例。

(2)原材料的计量控制

①计量设备。宜采用电子计量设备，其精度应满足现行国家标准《混凝土搅拌站技术条件》(GB 10171—2005)的有关规定，并应定期校验。混凝土生产单位每月应自检 1 次；每一工作班开始前，应对计量设备机械零点校准。

②计量偏差。水泥、砂、石子、混合材料的配合比要采用质量法计量，各种混凝土原材料计量的允许偏差应符合表 3-34 的规定。原材料计量偏差应每班检查 1 次。

表 3-34　各种原材料计量的允许偏差

原材料种类	允许偏差(按质量计)/%
胶凝材料	±2%
粗细骨料	±3%
拌和用水	±1%
外加剂	

2. 生产过程中的质量控制

生产过程控制包括混凝土施工工艺各环节的质量控制。

(1)投料拌制

严格按规范规定的各种原材料允许的称量误差投料，每一工作班至少检查两次组成材料的用量。对于冬季施工的混凝土，宜优先选择加热水的方法提高拌和物的温度，也可采用同时加热骨料和加热水的方法保证拌和物的温度，但要控制加热最高温度不宜超过表 3-35 的规定。

表 3-35　拌和用水和骨料的最高加热温度　℃

采用的水泥品种	拌和用水	骨料
硅酸盐水泥和普通硅酸盐水泥	60	40

(2)流动性控制

检查混凝土拌和物在拌制地点及浇筑地点的稠度，每一工作班至少两次。评定时应以浇筑地点的检测值为准，若混凝土从出料起至浇筑入模时间不超过 15 min，其稠度可只在搅拌地点取样检测。

(3)搅拌时间控制

混凝土的搅拌应采用强制式搅拌机搅拌，搅拌时间应随时检查，最短搅拌时间见表3-36。

表3-36　混凝土搅拌的最短时间　s

混凝土的坍落度/mm	搅拌机机型	搅拌机出料量/L		
		＜250	250～500	＞500
≤40	强制式	60	90	120
＞40且＜100	强制式	60	60	90
≥100	强制式	60		

(4)浇筑完毕时间控制

为防止拌和物从搅拌机中卸出长时间未完成浇捣而导致的混凝土流动性降低、浇捣不密实等现象，要控制混凝土从搅拌机卸出到浇筑完毕的延续时间不宜超过表3-37的规定。

表3-37　混凝土从搅拌机中卸出到浇筑完毕的延续时间　min

混凝土生产地点	气温	
	≤25 ℃	＞25 ℃
预拌混凝土搅拌站	150	120
施工现场	120	90
混凝土制品厂	90	60

(5)养护

根据结构、构件或制品情况、环境条件、原材料情况及对混凝土性能的要求等，制定施工养护方案或生产养护制度，养护过程中应严格控制温度、湿度和养护时间。

(6)拆模

混凝土必须养护至表面强度达到1.2 MPa以上，方可准许在其上行人或安装模板和支架。施工中要按照规范要求，根据构件的种类和尺寸等要求，在达到规定的强度条件下方可拆模。混凝土在自然保湿养护下强度达到1.2 MPa的时间可按表3-38估计。

表3-38　混凝土在自然保湿养护下强度达到1.2 MPa的时间估计　h

水泥品种	外界温度/℃			
	1～5	5～10	10～15	15以上
硅酸盐水泥 普通硅酸盐水泥	46	36	26	20
矿渣硅酸盐水泥 火山灰硅酸盐水泥 粉煤灰硅酸盐水泥	60	38	28	22

3.混凝土强度的检验与评定

详见本模块单元二混凝土强度的评定方法。

二、混凝土强度的评定方法

工程上采用数理统计的方法来评定混凝土的抗压强度，并以抗压强度的结果来推断混凝土的合格性。

1. 混凝土强度的波动规律——正态分布

如图 3-21 所示，对同种混凝土进行系统的随机抽样，以强度为横坐标、某一强度出现的概率为纵坐标绘图得到的曲线为正态分布曲线，如图 3-21 所示。正态分布曲线的特点是：

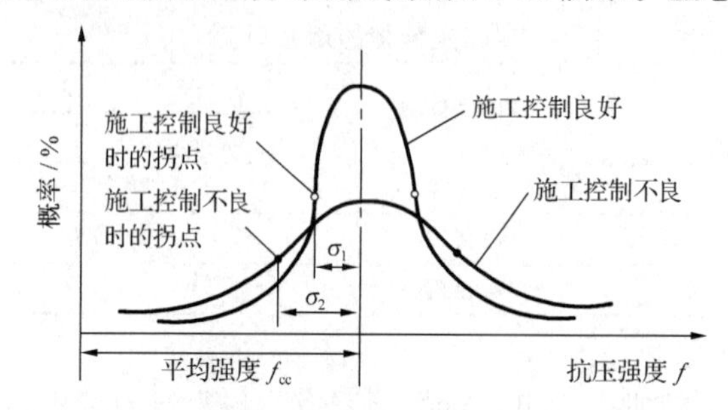

图 3-21 平均值相同而 σ 值不同的正态分布曲线

①对称轴和曲线的最高峰均出现在平均强度处。表明混凝土强度在接近其平均强度处出现的概率最大，而远离对称轴的强度测定值出现的概率逐渐减小，最后趋近于零。

②曲线和横坐标之间所包围的面积为概率的总和，等于 100%。

对称轴两边出现的概率相等，各为 50%。即混凝土强度在大于和小于平均强度时出现的概率各占 50%。

③在对称轴两边的曲线上各有一个拐点。

两拐点间的曲线向下弯曲，拐点以外的曲线向上弯曲，并以横坐标轴为渐近线。

2. 混凝土施工水平的评价指标

(1)平均强度($\overline{f}_{cu}$)

平均强度是 n 组混凝土试件抗压强度的算术平均值，按式(3-4)计算

$$\overline{f}_{cu}=\frac{\sum_{i}^{n}f_{cu,i}}{n} \tag{3-4}$$

式中 $f_{cu,i}$——第 i 组试件的抗压强度，MPa；

$\overline{f}_{cu}$——n 组试件抗压强度的算术平均值，MPa。

平均强度只反映混凝土强度的平均值，不能反映混凝土强度的波动情况，也不能说明混凝土施工水平的高低。

(2)强度标准差(σ)

混凝土强度标准差又称均方差，用 σ 表示。由图 3-21 可知，σ 值是正态分布曲线上拐点至对称轴的垂直距离。σ 值可按式(3-5)计算并应符合表 3-39 的规定

$$\sigma=\sqrt{\frac{\sum_{i=1}^{n}f_{cu,i}^{2}-nm_{f_{cu}}^{2}}{n-1}} \tag{3-5}$$

式中 n——统计周期内相同强度等级混凝土的试验组数，$n\geqslant 30$；

$f_{cu,i}$——统计周期内第 i 组混凝土立方体试件的抗压强度值，精确到 0.1 MPa；

$m_{f_{cu}}$——统计周期内 n 组混凝土立方体试件的抗压强度平均值，精确到 0.1 MPa；

σ——混凝土强度标准差，精确到 0.1 MPa。

当施工单位无强度标准差统计资料时，混凝土强度标准差可按表 3-39 选用。

表 3-39　　混凝土强度标准差　　MPa

生产场所	强度标准差 σ		
	<C20	C20～C40	≥C45
预制混凝土搅拌站 预制混凝土构件厂	≤3.0	≤3.5	≤4.0
施工现场搅拌站	≤3.5	≤4.0	≤4.5

强度标准差 σ 是评定混凝土质量均匀性的一个指标。由图 3-21 可知，σ 值小，强度正态分布曲线高而窄，表明强度数据分布区间小，数据大小比较集中，说明混凝土质量控制较均匀，生产管理水平较高；σ 值大，强度分布正态曲线矮而宽，表明强度值离散性大，混凝土质量均匀性差。

(3)强度保证率(P)

强度保证率是指在混凝土强度分布整体中，大于设计强度等级 $f_{cu,k}$ 的强度值出现的概率，即图 3-22 中阴影部分的面积。低于设计强度等级的概率为不合格率，即图 3-22 中的阴影以外的面积。

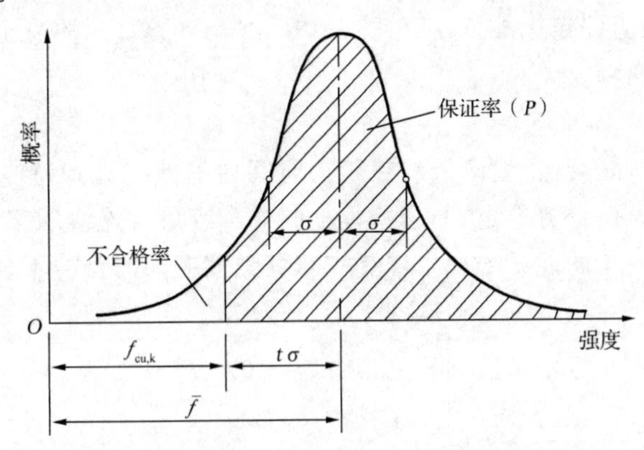

图 3-22　混凝土强度保证率正态分布曲线

强度保证率 P，按式(3-6)计算

$$P=\frac{N_0}{N}\times 100\% \tag{3-6}$$

式中　P——统计周期内实测强度达到强度标准值组数的百分率，精确到 0.1%；

N_0——统计周期内相同强度等级混凝土达到强度标准值的试件组数；

N——统计周期内相同强度等级混凝土的试件总组数。

在进行混凝土配合比设计时，规范规定强度保证率 P 值不应小于 95%。

3. 混凝土强度评定

(1)验收批的条件

混凝土强度是分批进行检验评定的。一个检验批的混凝土应满足下列条件：

①强度等级相同；

②试验龄期相同；

③生产工艺条件(搅拌方式、运输条件、浇筑形式)基本相同；

④配合比基本相同。

(2)检验批、样本容量

检验批是由符合规定条件的混凝土组成的、用于合格性判定的混凝土总体。样本容量，是代表检验批的用于合格性评定的混凝土试件组数。实际混凝土强度评定时，不同的施工状态评定的方法有所不同。

对不同的评定方法，混凝土检验批的试件组数(样本容量)和混凝土的批量见表3-40。

表 3-40　混凝土检验批的试件组数(样本容量)和混凝土的批量

生产状况	评定方法	试件组数(样本容量)	代表混凝土数量(验收批量)
预拌混凝土厂、预拌混凝土构件厂、施工现场集中搅拌混凝土	方差已知统计法	3 组	最大为 300 m^3
	方差未知统计法	≥10 组	最少为 1 000 m^3
零星生产的预制构件厂或现场搅拌批量不大的混凝土	非统计法	1～9 组	最大为 900 m^3

(3)强度评定方法

《混凝土强度检验评定标准》(GB/T 50170—2010)的规定，混凝土的强度评定分统计方法和非统计方法两种。

①统计方法

a. 当连续生产的混凝土，生产条件在较长时间内保持一致，且同一品种、同一强度等级的混凝土强度变异性保持稳定，一个验收批的样本容量为连续的三组试件(每组三个试件应由同一盘或同一车的混凝土中取样制作)，其强度应同时符合下列要求

$$CX \leqslant C20\text{ 时}\quad \begin{cases} m_{f_{cu}} \geqslant f_{cu,k} + 0.7\sigma_0 \\ f_{cu,min} \geqslant f_{cu,k} - 0.7\sigma_0 \\ f_{cu,min} \geqslant 0.85 f_{cu,k} \end{cases} \tag{3-7}$$

$$CX > C20\text{ 时}\quad \begin{cases} m_{f_{cu}} \geqslant f_{cu,k} + 0.7\sigma_0 \\ f_{cu,min} \geqslant f_{cu,k} - 0.7\sigma_0 \\ f_{cu,min} \geqslant 0.90 f_{cu,k} \end{cases} \tag{3-8}$$

式中 $m_{f_{cu}}$—— 同一检验批混凝土立方体抗压强度平均值，N/mm^2，精确到 0.1 N/mm^2；

$f_{cu,k}$—— 混凝土立方体抗压强度标准值，N/mm^2，精确到 0.1 N/mm^2；

$f_{cu,min}$——同一检验批混凝土立方体抗压强度的最小值，N/mm^2，精确到 0.1 N/mm^2；

σ_0—— 检验批混凝土强度的标准差，N/mm^2，精确到 0.1 N/mm^2。当 σ_0 的计算值小于 2.5 N/mm^2 时，应取 2.5 N/mm^2

$$\sigma = \sqrt{\frac{\sum_{i=1}^{n} f_{cu,i}^2 - n m_{f_{cu}}^2}{n-1}} \tag{3-9}$$

$f_{cu,i}$——前一检验期内同一品种、同一强度等级的第 i 组混凝土试件的立方体抗压强

度代表值，精确到 0.1 N/mm²，该检验期不应少于 60 d 亦不应超过 90 d；

n ——前一检验期内的样本容量，在该期间内样本容量不应少于 45 组(即 15 批)。

b. 当混凝土的生产条件在较长时间内不能保持一致，且同一品种、同一强度等级的混凝土强度变异性不能保持稳定时，或在前一个检验期内的同一品种混凝土没有足够的数据用以确定验收批混凝土立方体抗压强度标准差时，应由不少于 10 组的试件组成验收批，其平均强度和强度最小值应同时满足式(3-10)的要求

$$\begin{cases} m_{f_{cu}} \geqslant \lambda_1 S_{f_{cu}} + f_{cu,k} \\ f_{cu,min} \geqslant \lambda_2 f_{cu,k} \end{cases} \tag{3-10}$$

$$S_{f_{cu}} = \sqrt{\frac{\sum_{i=1}^{i=n} f_{cu,i}^2 - nm_{f_{cu}}^2}{n-1}} \tag{3-11}$$

式中　λ_1、λ_2——合格性判定系数，按表 3-41 取值；

$f_{cu,i}$——第 i 组混凝土样本试件的立方体抗压强度值，N/mm²；

n—— 本检验期内的样本容量；

$S_{f_{cu}}$——同一检验批混凝土立方体抗压强度的标准差，N/mm²，精确到 0.01 N/mm²，按式(3-11)计算，当 $S_{f_{cu}}$ 的计算值小于 2.5 N/mm² 时，应取 2.5N/mm²。

表 3-41　　混凝土强度的合格性判定系数

试件组数	10～14	15～19	≥20
λ_1	1.15	1.05	0.95
λ_2	0.90	0.85	

②非统计方法

当用于评定的样本容量小于 10 组时，应采用非统计方法，按式(3-12)评定混凝土强度

$$\begin{cases} m_{f_{cu}} \geqslant \lambda_3 f_{cu,k} \\ f_{cu,min} \geqslant \lambda_4 f_{cu,k} \end{cases} \tag{3-12}$$

式中　λ_3、λ_4——合格性判定系数，按表 3-42 取值；其他量意义同上。

表 3-42　　混凝土强度的非统计方法合格性评定系数

混凝土强度等级	<C60	≥C60
λ_3	1.15	1.10
λ_4	0.95	

(4)混凝土强度的合格性判定

①当检验结果满足合格条件时，则该批混凝土强度判为合格；否则为不合格。

②对评定为不合格批的混凝土可按国家现行的有关标准进行处理。

【应用案例】 某工程使用的 C20 级混凝土，共取得一批 9 组混凝土的强度代表值，数据依次为 25.0、27.0、26.5、22.0、24.0、20.0、19.5、21.5、23.0。请评价该批混凝土的强度是否合格？

【案例解析】 由于用来评定的样本容量小于10组，故应采用非统计方法评定。9组混凝土强度代表值的平均值和最小值应同时满足下列 $m_{f_{cu}}$ 和 $f_{cu,min}$ 的要求。

$$\begin{cases} m_{f_{cu}} \geqslant \lambda_3 f_{cu,k} \\ f_{cu,min} \geqslant \lambda_4 f_{cu,k} \end{cases}$$

又由于混凝土的强度等级为C20，故强度合格性判定系数分别为1.15和0.95。

由题知，9组混凝土强度代表值的最小值为19.5 MPa，而要求的最小 $f_{cu,min}=\lambda_4 f_{cu,k}=0.95\times 20=19$ MPa，最小值满足要求。

强度平均值 $(25.0+27.0+26.5+22.0+24.0+20.0+19.5+21.5+23.0)/9=23.2$ MPa；

而要求的最小强度平均值 $m_{f_{cu}}=\lambda_3 f_{cu,k}=1.15\times 20=23.0$ MPa，故平均值亦满足要求。

至此可知，该批混凝土的强度最小值和平均值均满足规范要求，故该批混凝土的强度合格。

单元五　混凝土的配合比设计

【知识目标】

1. 掌握混凝土配合比的含义及其表示方法。
2. 掌握配合比设计的四个基本要求、三个参数、两个最值。
3. 熟悉初步配合比确定的方法和步骤；会确定基准配合比、实验室配合比和施工配合比。

一、配合比设计的基本要求

混凝土配合比是指混凝土各项组成材料用量的质量之比。配合比常用的表示方法有两种，一种是以1 m^3 混凝土中各项材料的质量来表示，单位为kg。如1 m^3 某混凝土各项材料用量分别是胶凝材料390 kg(水泥320 kg+70 kg粉煤灰)，水180 kg，砂720 kg，石1 200 kg；另一种表示方法是相对用量表示法，通常是以粗细集料及水的质量相对于胶凝材料的质量来表示，如将上述1 m^3 混凝土中各项材料用量换算成质量比的表示形式为：胶凝材料：砂：石：水=1：1.85：3.1：0.46。

配合比设计就是通过计算、试验等方法和步骤，确定混凝土中各项组成材料间用量比例的过程。计算和试验过程应满足以下四个基本要求：

1. 满足混凝土拌和物性能要求

配合比要满足混凝土拌和物的稠度、表观密度、含气量、凝结时间等性能要求。

2. 混凝土强度要求

配合比应满足结构设计或施工进度中抗压强度的要求。

3. 满足长期性能和耐久性能要求

配合比应满足混凝土硬化后的收缩和徐变等长期性能和抗冻性、抗渗性等耐久性的要求。

4. 经济性的要求

在满足以上三方面技术要求的前提下，应满足合理利用原材料，节约水泥，降低混凝土成本的经济性要求。

二、配合比设计思路

1. 提供基本资料

配合比设计之前，必须提供混凝土工程的具体性质、原材料性质、施工工艺和施工水平等方面的详细资料。具体包括：

(1)工程的具体性质

①结构或构件的设计强度等级，以便确定混凝土的试配制强度；

②结构或构件的形状及尺寸、钢筋的最小净距，以便确定粗骨料的最大粒径；

③混凝土工程的设计使用年限和所处的环境耐久性要求，如抗冻、抗渗、抗腐蚀等要求，以便确定最大水胶比、最小胶凝材料用量和水泥的品种等。

(2)原材料情况

①水泥品种、实际强度、密度。

②砂、石的品种、表观密度、含水率、级配情况、砂的规格、石子的最大粒径、压碎值。

③拌和水水质及水源情况。

④外加剂品种、名称、特性、适宜剂量；矿物掺和料的品种和掺量。

(3)施工条件及施工水平

提供包括搅拌和振捣方式、要求的坍落度、施工单位的施工及管理水平等资料。

2. 确定三个参数

混凝土配合比设计的最终目的就是要确定满足混凝土技术性质要求的各项材料用量比。各项材料用量对混凝土性质的影响，归根结底是水胶浆的稠度，常用水胶比表示；砂在骨料中所占的比例，常用砂率表示；水胶浆与骨料相对用量，常用单位体积混凝土的用水量表示。水胶比、砂率和混凝土的单位用水量称为混凝土配比设计的三个参数。正确确定这三个参数，就能使混凝土满足配合比设计的四个要求。三个参数的确定原则如下：

(1)水胶比的确定

在原材料一定情况下，水胶比对混凝土强度和耐久性起着关键性的作用。在满足强度和耐久性要求的前提下，水胶比取最大值，水泥用量取最小值。

(2)单位用水量的确定

在水胶比一定条件下，单位用水量是影响混凝土拌和物流动性的主要因素，单位用水量可根据施工要求的流动性及粗骨料种类和最大粒径确定。在满足施工要求的流动性前提下，取较小值，以满足经济性要求。

(3)砂率的确定

砂率影响混凝土拌和物和易性，特别是黏聚性和保水性。砂的加入量宜为填充石子的空隙后略有富余，理论上取合理砂率。

3. 确定各种材料用量

此处略，以下详述确定方法步骤。

三、普通混凝土配合比设计步骤及方法

混凝土配合比设计共分四个步骤，共需确定四个配合比。

第一步：按照原材料和混凝土的技术要求，计算出初步配合比。

第二步：按照初步配合比，拌制混凝土并测定和调整和易性，得到满足和易性要求的基准配合比。

第三步：在基准配合比的基础上，成型混凝土试件，养护至规定的龄期后测定强度，确定满足设计和施工强度要求的实验室配合比。

第四步：根据现场砂石实际含水情况，换算各材料用量比，确定施工配合比。具体的设计方法如下：

1. 计算确定初步配合比

按《普通混凝土配合比设计规程》(JGJ 55—2011)的规定，初步配合比按以下步骤和方法确定：

(1)确定混凝土的试配强度($f_{cu,0}$)

①当混凝土的设计强度等级小于C60时，配制强度按式(3-13)确定

$$f_{cu,0} \geqslant f_{cu,k} + 1.645\sigma \tag{3-13}$$

式中 $f_{cu,0}$—— 混凝土的配制强度，MPa；

$f_{cu,k}$—— 混凝土立方体抗压强度标准值，这里取混凝土的设计强度等级值，MPa；

1.645—— 对应于混凝土95%强度保证率的保证率系数；

σ —— 混凝土强度标准差，MPa。

②当混凝土的设计强度等级不小于C60时，配制强度按式(3-14)确定

$$f_{cu,0} \geqslant 1.15 f_{cu,k} \tag{3-14}$$

③标准差σ的确定

a. 通过计算确定标准差σ

当生产或施工单位具有1个月～3个月的同一品种、同一强度等级混凝土的强度资料，且试件组数不小于30组时，标准差σ可按式(3-15)计算

$$\sigma = \sqrt{\frac{\sum_{i=1}^{n} f_{cu,i}^2 - n m_{f_{cu}}^2}{n-1}} \tag{3-15}$$

式中 $f_{cu,i}$—— 第i组试件的抗压强度值，MPa；

$m_{f_{cu}}$ —— n组试件的抗压强度平均值，MPa；

n—— 试件组数，$n \geqslant 30$；

σ—— 混凝土强度标准差，MPa。

对于强度等级不大于C30的混凝土，当σ的计算值不小于3.0 MPa时，应按式(3-15)计算结果取值；当σ的计算值小于3.0 MPa时，应取3.0 MPa。

对于强度等级大于C30且小于C60的混凝土，当σ的计算值不小于4.0 MPa时，应按式(3-15)计算结果取值；当σ的计算值小于4.0 MPa时，应取4.0 MPa。

b. 通过查表确定标准差σ

当没有近期的同一品种、同一强度等级混凝土强度资料时，标准差σ可按表3-43的规定取值。

表 3-43　标准差 σ 值

混凝土强度标准值	≤C20	C25～C45	C50～C55
标准差 σ	4.0	5.0	6.0

(2)确定水胶比 W/B

①计算水胶比

当混凝土的强度等级小于 C60 时,水胶比按(3-16)式计算

$$W/B=\frac{\alpha_a f_b}{f_{cu,0}+\alpha_a \alpha_b f_b} \tag{3-16}$$

式中　$f_{cu,0}$——混凝土的试配强度,MPa;

f_b——胶凝材料 28 d 胶砂抗压强度,单位 MPa;

α_a、α_b——回归系数,按下述方法确定:

a.根据工程所使用的原材料,通过试验建立的水胶比与混凝土强度关系式确定;

b.当不具备上述试验统计资料时,可按表 3-44 规定选用。

表 3-44　回归系数 α_a、α_b 的选用表

系数 \ 粗骨料品种	碎石	卵石
α_a	0.53	0.49
α_b	0.20	0.13

式(3-16)中,f_b 可按照《水泥胶砂强度检验方法(ISO 法)》(GB/T 17671—1999)规定的胶砂强度试验方法测定。当胶凝材料28 d 胶砂抗压强度值 f_b 无实测值时,可按式(3-17)计算

$$f_b=\gamma_f \gamma_s f_{ce} \tag{3-17}$$

式中　f_b——胶凝材料 28 d 胶砂抗压强度值,MPa;

γ_f、γ_s——粉煤灰影响系数和粒化高炉矿渣粉影响系数,可按表 3-45 选用;

f_{ce}——水泥 28 d 胶砂抗压强度试验测定值,MPa。当水泥 28 d 胶砂强度无实测值时,按式(3-18)计算;

表 3-45　粉煤灰影响系数(γ_f)和粒化高炉矿渣粉影响系数(γ_s)

掺量/% \ 种类	粉煤灰影响系数 γ_f	粒化高炉矿渣粉影响系数 γ_s
0	1.00	1.00
10	0.85～0.95	1.00
20	0.75～0.85	0.95～1.00
30	0.65～0.75	0.90～1.00
40	0.55～0.65	0.80～0.90
50	—	0.70～0.85

注:1.采用Ⅰ级、Ⅱ级粉煤灰宜取上限值;

2.采用 S75 级粒化高炉矿渣粉宜取下限值,采用 S95 级粒化高炉矿渣粉宜取上限值。采用 S105 级粒化高炉矿渣粉可取上限值加 0.05;

3.当超出表中的掺量时,粉煤灰和粒化高炉矿渣粉影响系数应经试验确定。

$$f_{ce}=\gamma_c \cdot f_{ce,g} \tag{3-18}$$

式中 f_{ce}——意义同上；

$f_{ce,g}$——水泥强度等级标准值，MPa；

γ_c——水泥强度等级值的富余系数，可按实际统计资料确定，当缺乏实际统计资料时，也可按表 3-46 选用。

表 3-46 水泥强度等级值的富余系数(γ_c)

水泥强度等级值	32.5	42.5	52.5
富余系数	1.12	1.16	1.10

②按耐久性校核水胶比

对于设计使用年限为 50 年的混凝土结构，根据现行国家标准《混凝土结构设计规范》(GB 50010—2010)的规定，应按表 3-47 规定的最大水胶比进行耐久性校核。

表 3-47 普通混凝土的最大水胶比

<table>
<tr><th>环境类别</th><th>环境条件</th><th>最大水胶比</th><th>最低强度等级</th><th>最大氯离子含量/%</th><th>最大碱含量/(kg·m^{-3})</th></tr>
<tr><td>一</td><td>室内干燥环境
无侵蚀性介质浸没环境</td><td>0.60</td><td>C20</td><td>0.30</td><td>不限制</td></tr>
<tr><td>二 a</td><td>室内潮湿环境
非严寒和非寒冷地区的露天环境
非严寒和非寒冷地区与无侵蚀性的水或土壤直接接触的环境
严寒和寒冷地区的冰冻线以上与无侵蚀性的水或土壤直接接触的环境</td><td>0.55</td><td>C25</td><td>0.20</td><td rowspan="4">0.30</td></tr>
<tr><td>二 b</td><td>干湿交替环境
水位频繁变动环境
严寒和寒冷地区的露天环境
严寒和寒冷地区冰冻线以下与无侵蚀性的水或土壤直接接触的环境</td><td>0.50(0.55)</td><td>C30(C25)</td><td>0.15</td></tr>
<tr><td>三 a</td><td>严寒和寒冷地区冬季水位变动区环境
受除冰盐影响环境
海风环境</td><td>0.45(0.50)</td><td>C35(C30)</td><td>0.15</td></tr>
<tr><td>三 b</td><td>盐渍土环境
受除冰盐作用环境
海岸环境</td><td>0.40</td><td>C40</td><td>0.10</td></tr>
</table>

注：1. 室内潮湿环境是指构件表面经常处于结露或湿润状态的环境。

2. 严寒和寒冷地区的划分应符合现行国家标准《民用建筑热工设计规范》(GB 50176—2016) 的有关规定。

3. 海岸环境和海风环境宜根据当地情况，考虑主导风向及结构所处迎风、背风部位等因素的影响，由调查研究和工程经验确定。

4. 受除冰盐影响环境是指受到除冰盐盐雾影响的环境；受除冰盐作用环境是指被除冰盐溶液溅射的环境以及使用除冰盐地区的洗车房、停车楼等建筑。

5. 暴露的环境是指混凝土结构表面所处的环境。

(3)计算用水量和外加剂用量

①用水量的确定

a. 干硬性或塑性混凝土的用水量

当混凝土的水胶比在 0.40～0.80 范围时，每立方米干硬性混凝土用水量按表 3-48 选用；塑性混凝土的用水量按表 3-49 选取。

表 3-48　干硬性混凝土的用水量　kg/m³

拌和物稠度		卵石最大公称粒径/mm			碎石最大公称粒径/mm		
项目	指标	10.0	20.0	40.0	16.0	20.0	40.0
维勃稠度/s	16～20	175	160	145	180	170	155
	11～15	180	165	150	185	175	160
	5～10	185	170	155	190	180	165

表 3-49　塑性混凝土的用水量　kg/m³

拌和物稠度		卵石最大公称粒径/mm				碎石最大公称粒径/mm			
项目	指标	10.0	20.0	31.5	40.0	16.0	20.0	31.5	40.0
坍落度/mm	10～30	190	170	160	150	200	185	175	165
	35～50	200	180	170	160	210	195	185	175
	55～70	210	190	180	170	220	205	195	185
	75～90	215	195	185	175	230	215	205	195

注:1.本表用水量系采用中砂时的取值。采用细砂时,每立方米混凝土用水量可增加5～10 kg;采用粗砂时,每立方米混凝土用水量可减少 5～10 kg。

2.掺用各种外加剂或掺和料时,用水量应根据试验结果做相应调整。

当混凝土水胶比小于 0.40 时,每立方米混凝土的用水量可通过试验确定。

b.流动性和大流动性混凝土的用水量

掺外加剂时,每立方米流动性和大流动性混凝土的用水量按公式(3-19)计算

$$m_{w0}=m'_{w0}(1-\beta) \tag{3-19}$$

式中　β——减水剂的减水率,应经混凝土试验确定;

m_{w0}——计算配合比每立方米混凝土的用水量, kg/m³;

m'_{w0}——未掺外加剂时推定的满足实际坍落度要求的每立方米混凝土的用水量, kg/m³。

计算时先以表 3-48 中 90 mm 坍落度的用水量为基础,再按每增大 20 mm 坍落度,相应增加 5 kg/m³ 用水量进行计算;当坍落度增大到 180 mm 以上时,随坍落度相应增加的用水量可减少。

②外加剂的确定

每立方米混凝土中外加剂用量(m_{a0})按式(3-20)计算

$$m_{a0}=m_{b0}\beta_a \tag{3-20}$$

式中　m_{a0}——计算配合比每立方米混凝土中外加剂用量, kg/m³;

m_{b0}——计算配合比每立方米混凝土中胶凝材料用量, kg/m³;

β_a——外加剂掺量,应经混凝土试验确定,%。

(4)确定胶凝材料、矿物掺和料和水泥用量

①确定胶凝材料用量

a.计算胶凝材料用量

每立方米混凝土的胶凝材料用量(m_{b0})(包括水泥和矿物掺和料总量)按式(3-21)计算,并应进行试拌调整,在满足拌和物性能的情况下,取经济合理的胶凝材料用量。

$$m_{b0}=\frac{m_{w0}}{W/B} \tag{3-21}$$

式中 m_{b0}——计算配合比每立方米混凝土胶凝材料用量,kg/m³;

m_{w0}——计算配合比每立方米混凝土中的用水量,kg/m³;

W/B——混凝土的水胶比。

b.按耐久性要求校核胶凝材料用量

对设计使用年限为50年的混凝土结构,根据现行国家标准《混凝土结构设计规范》(GB 50010—2010)的规定,按表3-50进行混凝土的最小胶凝材料使用量校核。

表3-50　混凝土的最小胶凝材料用量　kg/m³

最大水胶比	最小胶凝材料用量		
	素混凝土	钢筋混凝土	预应力混凝土
0.60	250	280	300
0.55	280	300	300
0.50	320		
<0.45	330		

注:配制C15级及其以下等级的混凝土,可不受本表限制。

②确定矿物掺和料用量

每立方米混凝土的矿物掺和料用量(m_{f0})按式(3-22)计算

$$m_{f0}=m_{b0}\beta_f \tag{3-22}$$

式中 m_{f0}——计算配合比每立方米混凝土中矿物掺和料用量,kg/m³;

β_f——矿物掺和料掺量(%),β_f应通过试验确定。

当采用硅酸盐水泥或普通硅酸盐水泥时,钢筋混凝土中矿物掺和料最大掺量应符合表3-51的规定;预应力混凝土中矿物掺和料最大掺量应符合表3-52的规定。对于基础大体积混凝土,粉煤灰、高炉矿渣粉和复合掺和料的最大掺量可增加5%。采用掺量大于30%的C类粉煤灰配制混凝土,应以实际使用的水泥和粉煤灰掺量进行安定性检验。

表 3-51 钢筋混凝土中矿物掺和料最大掺量

矿物掺和料种类	水胶比	最大掺量/%	
		采用硅酸盐水泥时	采用普通硅酸盐水泥时
粉煤灰	≤0.40	45	35
	>0.40	40	30
粒化高炉矿渣	≤0.40	65	55
	>0.40	55	45
钢渣粉	—	30	20
磷渣粉	—	30	20
硅灰	—	10	10
复合掺和料	≤0.40	65	55
	>0.40	55	45

注:1.采用其他通用硅酸盐水泥时,宜将水泥混合材料掺量20%以上的混合材料掺量计入矿物掺和料。

2.复合掺和料各组分的掺量不宜超过单掺时的最大掺量。

3.在混合使用两种或两种以上矿物掺和料时,矿物掺和料的总掺量应符合表中复合掺和料的规定。

表 3-52 预应力混凝土中矿物掺和料最大掺量

矿物掺和料种类	水胶比	最大掺量/%	
		采用硅酸盐水泥时	采用普通硅酸盐水泥时
粉煤灰	≤0.40	35	30
	>0.40	25	20
粒化高炉矿渣	≤0.40	55	45
	>0.40	45	35
钢渣粉	—	20	10
磷渣粉	—	20	10
硅灰	—	10	10
复合掺和料	≤0.40	55	45
	>0.40	45	35

注:1.采用其他通用硅酸盐水泥时,宜将水泥混合材料掺量20%以上的混合材量计入矿物掺和料。

2.复合掺和料各组分的掺量不宜超过单掺时的最大掺量。

3.在混合使用两种或两种以上矿物掺和料时,矿物掺和料的总掺量应符合表中复合掺和料的规定。

③确定水泥用量

每立方米混凝土的水泥用量(m_{c0})按式(3-23)计算

$$m_{c0}=m_{b0}-m_{f0} \tag{3-23}$$

式中 m_{c0}——计算配合比每立方米混凝土中水泥用量,kg/m^3。

(5)确定砂率(β_s)

砂率应根据骨料的技术指标、混凝土拌和物性能和施工要求,参考既有历史资料确定。当缺乏砂率的历史资料时，混凝土砂率的确定应符合下列规定：

①坍落度小于 10 mm 的混凝土，其砂率应经试验确定；

② 坍落度为 10～60 mm 的混凝土，其砂率可根据粗骨料品种、最大公称粒径及水胶比按表 3-53 选取；

③坍落度大于 60 mm 的混凝土，其砂率可经试验确定，也可在表 3-53 的基础上，按坍落度每增大 20 mm、砂率增大 1%的幅度予以调整。

表 3-53　　混凝土的砂率　　%

水胶比	卵石最大公称粒径/mm			碎石最大公称粒径/mm		
	10.0	20.0	40.0	16.0	20.0	40.0
0.40	26～32	25～31	24～30	30～35	29～34	27～32
0.50	30～35	29～34	28～33	33～38	32～37	30～35
0.60	33～38	32～37	31～36	36～41	35～40	33～38
0.70	36～41	35～40	34～39	39～44	38～43	36～41

注：1. 本表数值系中砂的砂选用率，对细砂或粗砂，可相应地减小或增大砂率。

2. 只用一个单粒级粗骨料配制混凝土时，砂率应适当增大。

3. 采用人工砂配制混凝土时，砂率可适当增大。

(6)确定粗、细骨料单位用量(m_{g0}、m_{s0})

①质量法(假定表观密度法)

质量法又称假定表观密度法。是指假定一个混凝土拌和物的表观密度值，联立已确定的砂率，可得式(3-24)的方程组，进一步计算可求得 1 m^3 混凝土中粗、细骨料用量。

$$\begin{cases} m_{f0}+m_{c0}+m_{g0}+m_{s0}+m_{w0}=m_{cp} \\ \beta_s=\dfrac{m_{s0}}{m_{s0}+m_{g0}}\times 100\% \end{cases} \tag{3-24}$$

式中　m_{g0}——计算配合比每立方米混凝土的粗骨料用量，kg/m^3；

m_{s0}——计算配合比每立方米混凝土的细骨料用量，kg/m^3；

β_s——混凝土的砂率，%；

m_{cp}——1 m^3 混凝土拌和物的假定质量，kg，可取 2 350～2 450 kg 任一值。

②体积法

体积法是假定混凝土拌和物的体积等于各项组成材料绝对体积和混凝土拌和物中所含空气体积之和。联立 1 m^3 混凝土拌和物的体积和混凝土的砂率两个方程，可得式(3-25)的方程组，从而求得 1 m^3 混凝土的粗、细骨料用量。

$$\begin{cases} \dfrac{m_{c0}}{\rho_c}+\dfrac{m_{f0}}{\rho_f}+\dfrac{m_{g0}}{\rho_g}+\dfrac{m_{s0}}{\rho_s}+\dfrac{m_{w0}}{\rho_w}+0.01\alpha=1 \\ \beta_s=\dfrac{m_{s0}}{m_{s0}+m_{g0}}\times 100\% \end{cases} \tag{3-25}$$

式中　ρ_c——水泥密度，kg/m^3，可按国家标准 GB/T 208 测定，也可在 2 900～3 100 kg/m^3 范围内取值；

ρ_f——矿物掺和料密度，kg/m^3；

ρ_g——粗骨料的表观密度，kg/m^3；

ρ_s——细骨料的表观密度，kg/m^3；

ρ_w——水的密度，kg/m^3；

α——混凝土的含气量百分数，在不使用引气剂或引气型外加剂时，可取 1。

【注】 *以上配合比计算公式及表格，以粗细骨料均为干燥状态计量的(细骨料含水率小于 0.5%，粗骨料含水率小于 0.2%)*

通过以上计算，得出每立方米混凝土各项组成材料的质量，即初步配合比。

【知识拓展】 一般认为：质量法比较简便，计算中不需要各种组成材料的密度资料。如施工单位已积累有当地常用材料所组成的混凝土假定表观密度资料，亦可得到准确的结果。体积法是根据各组成材料实测的密度来进行计算的，所以能获得较为精确的结果，但制备混凝土前期测定材料密度等项工作的工作量相对较大。

2. 试配，检验和调整和易性，确定基准配合比

由于计算初步配合比过程中，使用了一些经验公式和经验数据，其计算结果不一定能够完全符合施工和易性的要求，为此必须通过试配混凝土、检验和易性，并进行必要的材料用量调整，直至得到和易性满足设计要求的各项组成材料的质量比，即基准配合比。

(1)试配混凝土拌和物

《普通混凝土配合比设计规程》(JGJ 55—2011)规定，按计算的初步配合比试配混凝土拌和物时，应满足表 3-54 的有关要求。试验时成型条件应符合现行国家标准《普通混凝土拌合物性能试验方法标准》(GB/T 50080—2016)的规定。

表 3-54　　混凝土配合比试配要求

序号	项目	要　求		备　注
1	设备及工艺	采用强制式搅拌机，搅拌方法与施工时相同		①搅拌设备应符合《混凝土试验用搅拌机》(JG 244)的规定。②搅拌量不应小于搅拌机公称容量的 1/4，且不应大于搅拌机的公称容量。
2	原材料	采用工程中实际使用的原材料		
3	试配最小搅拌量	粗骨料最大公称粒径/mm	拌和物最小搅拌量/L	
		≤31.5	20	
		40	25	

(2)检验和易性，调整并确定基准配合比

混凝土搅拌均匀后要检测拌和物的工作性能。根据流动性、黏聚性和保水性的测评结果，判断和易性是否满足要求，若不符合设计要求，则要保持初步配合比中的水胶比不变，进行其他有关材料用量的调整，具体的调整方法参考表 3-55。

表 3-55　　混凝土拌和物和易性调整的基本方法

试配混凝土的和易性实测情况	调 整 方 法
实测坍落度大于设计要求，但黏聚性和保水性基本合格	保持砂率不变，增加砂石用量
实测坍落度大于设计要求，黏聚性和保水性不合格	减少水胶浆量，或增大砂率(砂石总量不变，增加砂用量或减少石子用量)
实测坍落度小于设计要求	保持水胶比不变，增加适量的水胶浆。一般地，每提高 10 mm 的坍落度，需增加 2%～5%的水胶浆。

需要注意的是，每次调整材料用量后，都须重新拌制混凝土并再次测定流动性，观察评价黏聚性和保水性，直到流动性、黏聚性和保水性均满足设计要求为止，最后测出和易性满足要求的拌和物的湿表观密度(称为实际表观密度)，并计算出拌制 1 m^3 混凝土各项组成材料的实际用量，得出供检验混凝土强度用的基准配合比。

3. 制作标准试块，检验强度，调整并确定实验室配合比

基准配合比仅单独满足了拌和物和易性的要求，能否满足硬化混凝土的设计强度和耐久性等要求，还需进一步检验和调整。

(1)制作试块

采用三个不同的配合比分别制作三组混凝土标准试块(每组三块)，其中一组配合比是上述试样调整后确定的基准配合比，另外两组配合比的水胶比宜较基准配合比分别增加和减少 0.05%，用水量应与基准配合比相同，砂率可分别增加和减少 1%。

若有耐久性等指标要求，相应增加制作试块的组数。每个配合比的拌和物均要测定流动性、黏聚性、保水性，直至合格后再测定拌和物的表观密度。当不同水胶比的混凝土拌和物稠度与要求值的差值超过允许值时，可通过增减用水量进行调整。

(2)检验强度，调整并确定实验室配合比

将三组试块置于标准条件下养护到 28 d 龄期或达到设计规定的龄期，进行抗压强度试验。

①确定胶水比。根据抗压强度测定结果，绘制强度和胶水比的线性关系图或插值法确定略大于配制强度对应的胶水比值，然后再换算成水胶比。

②确定用水量(m_w)和外加剂(m_a)用量。取基准配合比的用水量和外加剂用量，或在基准配合比的基础上，根据制作强度试件时测得的流动性，进行适当的调整确定。

③确定其他材料用量。胶凝材料用量应以用水量乘以选定的胶水比计算确定。粗、细骨料用量(m_g、m_s)取基准配合比中的粗细集料用量或在基准配合比中粗细骨料用量基础上，按选定的水胶比进行适当的调整后确定。

④表观密度的计算和实验室配合比的确定

a. 配合比调整后的混凝土拌和物的表观密度($\rho_{c,c}$)

$$\rho_{c,c}=m_c+m_f+m_g+m_s+m_w \tag{3-26}$$

式中 $\rho_{c,c}$——混凝土拌和物的表观密度计算值，kg/m^3；

m_c——每立方米混凝土的水泥用量，kg/m^3；

m_f——每立方米混凝土的矿物掺和料用量，kg/m^3；

m_g——每立方米混凝土的粗骨料用量，kg/m^3；

m_s——每立方米混凝土的细骨料用量，kg/m^3；

m_w——每立方米混凝土的用水量，kg/m^3。

b. 混凝土配合比校正系数(δ)

实际测定混凝土的表观密度 $\rho_{c,t}$，并按式(3-27)计算配合比校正系数

$$\delta=\frac{\rho_{c,t}}{\rho_{c,c}} \tag{3-27}$$

式中 $\rho_{c,t}$——混凝土拌和物表观密度的实测值，kg/m^3。

当混凝土的表观密度实测值与计算值之差的绝对值（$\left|\frac{\rho_{c,t}-\rho_{c,c}}{\rho_{c,c}}\right|$）不超过计算值的2%，即当$\left|\frac{\rho_{c,t}-\rho_{c,c}}{\rho_{c,c}}\right| \leqslant 2\%$时，则上述确定的配合比即为混凝土的实验室配合比；当$\left|\frac{\rho_{c,t}-\rho_{c,c}}{\rho_{c,c}}\right| > 2\%$时，需将配合比中每项材料用量均乘以校正系数值，即为确定的实验室配合比。

4. 骨料含水率换算，确定施工配合比

以上得到的初步配合比、基准配合比和实验室配合比，均都是以干燥状态骨料为基准的。而在施工现场或混凝土搅拌站，堆放在空气中的砂、石常含有一定量的水，且含水量随气温的变化而变化。因此必须根据现场骨料的实际含水情况，对实验室配合比进行换算，得到用于现场施工的施工配合比。

调整换算施工配合比的原则是：胶凝材料的用量不变，从计算的加水量中扣除由湿骨料带入拌和物中的水量。

设施工现场砂、石含水率分别为$a\%$、$b\%$，则施工配合比的各种材料单位用量（以1 m^3 混凝土计）计算如下

$$m'_c = m_c$$

$$m'_s = m_s \cdot (1+a\%)$$

$$m'_g = m_g \cdot (1+b\%)$$

$$m'_f = m_f$$

$$m'_w = m_w - m_s \cdot a\% - m_g \cdot b\%$$

上式中的m'_c、m'_s、m'_g、m'_f、m'_w，依次表示每1 m^3 混凝土拌和物中，施工时用的水泥、砂、石、矿物掺和料、水的质量，单位kg。

【知识拓展】 1. 在商品混凝土拌和站、预制构件厂及施工现场，必须根据新进场的原材料情况和天气情况，及时地、经常地进行施工配合比的换算。

2. 施工现场有时根据需要拌制少量的混凝土时，通常水泥按袋计量，1袋水泥质量为50 kg，故常将水泥用量取50 kg的倍数，其他材料称量可根据与水泥用量的比例关系换算确定。

3. 混凝土生产过程中，当遇到对混凝土性能有特殊要求时，或水泥、外加剂或矿物掺和料等原材料品种、质量有显著变化时，必须重新进行配合比设计。

四、普通混凝土配合比设计工程应用案例

【应用案例1】 某框架结构钢筋混凝土梁，设计强度等级为C30，设计使用年限为50年，结构位于寒冷地区，施工单位无强度历史统计资料。要求混凝土坍落度为35～50 mm；使用42.5级的硅酸盐水泥，密度是3.10 g/cm³，强度富余系数为1.16；中砂，表观密度为2.65 g/cm³；碎石最大粒径为20 mm，表观密度为2.70 g/cm³；掺和料为粒化高炉矿渣粉，密度为2.80 g/cm³ 以及自来水。施工方式为机械搅拌、机械振捣。

设计要求:(1)计算出初步配合比。

(2)按初步配合比在实验室进行材料调整得出实验室配合比。

(3)若在施工现场,砂的含水率为3%,石的含水率为1%,确定混凝土的施工配合比。

【案例解析】

1.计算混凝土初步配合比

(1)求混凝土的配制强度$f_{cu,0}$

混凝土的配制强度$f_{cu,0} \geqslant f_{cu,k}+1.645\sigma$,由于无历史统计资料,按表3-43,取标准差$\sigma=5.0$ MPa。代入计算式中,得$f_{cu,0} \geqslant f_{cu,k}+1.645\sigma \geqslant 30+1.645\times5.0=38.225$ MPa。

(2)计算水胶比W/B

① 按强度要求计算水胶比

a.计算水泥实际强度

已知采用强度等级为42.5级的硅酸盐水泥,$f_{ce,k}=42.5$ MPa,水泥强度富余系数为1.16,则水泥实际强度$f_{ce}=\gamma_c f_{ce,k}=1.16\times42.5=49.3$ MPa

b.计算水胶比

水胶比 $$W/B=\frac{\alpha_a f_b}{f_{cu,0}+\alpha_a\alpha_b f_b}$$

查表3-44碎石$\alpha_a=0.53$,$\alpha_b=0.20$。由$f_b=\gamma_f\gamma_s f_{ce}$,查表3-45粒化高炉矿渣粉掺量为40%,$\gamma_f$取1.00;$\gamma_s$取0.85;则$f_b=\gamma_f\gamma_s f_{ce}=1.00\times0.85\times49.3=41.905$ MPa

$$W/B=\frac{\alpha_a f_b}{f_{cu,0}+\alpha_a\alpha_b f_b}=\frac{0.53\times41.905}{38.225+0.53\times0.20\times1.00\times0.85\times1.16\times42.5}=0.52$$

② 按耐久性校核水胶比

由于混凝土结构处于寒冷地区,且设计使用年限为50年,故需按耐久性要求校核水胶比。查表3-47,允许最大水胶比为0.50。按强度计算的水胶比大于要求的最大值,不符合耐久性要求,故采用规范允许的最大水胶比0.50继续下面的计算。

③ 确定单位用水量(m_{w0})

由题意已知,要求混凝土拌和物坍落度为35~50 mm,碎石最大粒径为20 mm。查表3-48,选用混凝土用水量:$m_{w0}=195$ kg/m³。

④计算单位胶凝材料用量(m_{c0})

a.按强度计算单位混凝土的胶凝材料用量

已知混凝土单位用水量195 kg/m³,水胶比$W/B=0.50$,单位胶凝材料用量为

$$\frac{m_{b0}}{W/B}=\frac{195}{0.50}=390\ \text{kg/m}^3$$

b.按耐久性校核单位胶凝材料用量

根据混凝土所处环境条件属寒冷地区配筋混凝土,查表3-50,最小胶凝材料用量不低于320 kg/m³。按强度计算单位混凝土的胶凝材料用量为390 kg,符合耐久性要求,故取单位胶凝材料用量为390 kg。

其中:矿渣粉用量$m_{f0}=390\times40\%=156$ kg/m³

水泥用量$m_{c0}=390\times60\%=234$ kg/m³

⑤ 选定砂率(β_s)

按已知骨料采用碎石、最大粒径 20 mm，水胶比 $W/B=0.50$。查表 3-53，选定混凝土砂率取 35%。

⑥计算砂石用量(m_{s0}、m_{g0})

a. 采用质量法

取混凝土拌和物假定密度为 2 400 kg/m³，将胶凝材料用量 390 kg/m³(矿渣粉用量 156 kg/m³，水泥用量 234 kg/m³)，用水量 195 kg/m³，砂率 35%等有关数据代入下列方程组中

$$\begin{cases} m_{f0}+m_{c0}+m_{g0}+m_{s0}+m_{w0}=m_{cp} \\ \beta=\dfrac{m_{s0}}{m_{s0}+m_{g0}}\times 100\% \end{cases}$$

$$\begin{cases} 156+234+m_{g0}+m_{s0}+195=2\ 400 \\ 35\%=\dfrac{m_{s0}}{m_{s0}+m_{g0}}\times 100\% \end{cases}$$

解得：$m_{s0}=635$ kg/m³；$m_{g0}=1\ 180$ kg/m³

按质量法计算的初步配合比，可以表示为：

1 m³ 混凝土各种组成材料用量是：胶凝材料 $m_{b0}=390$ kg/m³；水 $m_{w0}=195$ kg/m³；砂 $m_{s0}=635$ kg/m³；石 $m_{g0}=1\ 180$ kg/m³

换算成按比例法表示的形式为：胶凝材料：砂：石：水=1：1.63：3.03：0.50。

b. 按体积法计算

$$\begin{cases} \dfrac{m_{c0}}{\rho_c}+\dfrac{m_{f0}}{\rho_f}+\dfrac{m_{g0}}{\rho_g}+\dfrac{m_{s0}}{\rho_s}+\dfrac{m_{w0}}{\rho_w}+0.01\alpha=1 \\ \beta_s=\dfrac{m_{s0}}{m_{s0}+m_{g0}}\times 100\% \end{cases}$$

代入已知数据计算如下

$$\begin{cases} \dfrac{m_{c0}}{\rho_c}+\dfrac{m_{f0}}{\rho_f}+\dfrac{m_{g0}}{\rho_g}+\dfrac{m_{s0}}{\rho_s}+\dfrac{m_{w0}}{\rho_w}+0.01\alpha=1 \\ \beta_s=\dfrac{m_{s0}}{m_{s0}+m_{g0}}\times 100\% \end{cases}$$

$$\begin{cases} \dfrac{234}{3\ 100}+\dfrac{156}{2\ 800}+\dfrac{m_{g0}}{200}+\dfrac{m_{s0}}{2\ 650}+\dfrac{195}{1\ 000}+0.01\times 1=1 \\ 35\%=\dfrac{m_{s0}}{m_{s0}+m_{g0}}\times 100\% \end{cases}$$

解得 $m_{s0}=623$ kg/m³；$m_{g0}=1\ 157$ kg/m³。

用体积法解得的混凝土初步配合比表示为

1 m³ 混凝土各种组成材料用量是：胶凝材料 $m_{b0}=390$ kg/m³；水 $m_{w0}=195$ kg/m³；砂 $m_{s0}=623$ kg/m³；石 $m_{g0}=1\ 157$ kg/m³

换算成按比例表示的形式为：胶凝材料：砂：石：水=1：1.60：2.97：0.50。

由上面的计算可知，用体积法和质量法计算出的配合比结果稍有差别，但这种差别在

工程上通常是允许的。在配合比计算时，可任选一种方法进行设计，无须同时用两种方法计算。

2.调整工作性，提出基准配合比

(1)计算试拌材料用量

依据粗骨料的最大粒径 20 mm，确定拌和物的最少搅拌量为 20 L。按体积法计算的初步配合比，计算试拌 20 L 拌和物时各种材料用量：

水泥用量　234×0.020=4.68 kg；

矿渣粉用量　156×0.020=3.12 kg；

水用量　195×0.020=3.9 kg；

砂用量　623×0.020=12.5 kg；

碎石用量　1157×0.020=23.1 kg。

(2)拌制混凝土，测定和易性，确定基准配合比

称取各种材料，按要求拌制混凝土，测定其坍落度为 20 mm，小于设计要求的 35～50 mm 的坍落度。为此，保持水胶比不变，增加 5% 的水胶浆，即将水泥用量提高到 4.91 kg；矿渣粉用量提高到 3.28 kg；水的用量提高到 4.10 kg。再次拌和并测定坍落度为 40 mm，黏聚性和保水性均良好，满足施工和易性要求。此时测得的混凝土湿表观密度为 2450 kg/m³。经过调整后各种材料用量分别是：

水泥 4.91 kg；矿渣粉 3.28 kg；水 4.10 kg；砂 12.5 kg；碎石 23.1 kg。

根据实测的湿表观密度，计算出每立方米混凝土各种材料用量，即得出混凝土的基准配合比。

水泥　$m_{c0}=\frac{4.91}{4.91+3.28+4.10+12.5+23.1}\times 2\,450=\frac{4.91}{47.89}\times 2\,450=251\ \text{kg}$

矿渣粉　$m_{f0}=\frac{3.28}{4.91+3.28+4.10+12.5+23.1}\times 2\,450=\frac{3.28}{47.89}\times 2\,450=167.8\ \text{kg}$

水　$m_{w0}=\frac{4.10}{4.91+3.28+4.10+12.5+23.1}\times 2\,450=\frac{4.10}{47.89}\times 2\,450=209.8\ \text{kg}$

砂　$m_{s0}=\frac{12.5}{4.91+3.28+4.10+12.5+23.1}\times 2\,450=\frac{12.5}{47.89}\times 2\,450=639\ \text{kg}$

石　$m_{g0}=\frac{23.1}{4.91+3.28+4.10+12.5+23.1}\times 2\,450=\frac{23.1}{47.89}\times 2\,450=1182\ \text{kg}$

则混凝土拌和物的基准配合比可以表示为：

1 m³ 混凝土各材料用量：水泥 251 kg；矿渣粉 167.8 kg；水 209.8 kg；砂 639 kg；石 1 182 kg 或表示为：胶凝材料∶砂∶石∶水=(251+167.8)∶639∶1 182∶209.8=1∶1.53∶2.82∶0.50。

(3)检验强度，确定实验室配合比

基准水胶比为 0.50，再采用比基准水胶比分别大 0.05 和小 0.05 的两个水胶比，即 0.55 和 0.45，分别拌制三组混凝土，三组拌和物的砂、碎石、水用量相同，后两组只改变胶凝材料用量。除基准配合比一组外，其他两组亦经测定坍落度、黏聚性和保水性均合格。

然后分别制作三组标准试件，在标准条件下养护 28 d 后，按规定方法测定其立方体

抗压强度值，见表3-56。

表3-56 不同水胶比的混凝土强度值

组别	水胶比（W/C）	胶水比（C/W）	28 d立方体抗压强度 $f_{cu,28}$/MPa
A	0.45	2.22	42.2
B	0.50	2.00	37.8
C	0.55	1.82	34.8

根据表3-56的试验结果，绘制混凝土28 d立方体抗压强度（$f_{cu,28}$）与胶水比（B/W）关系图，或通过内插法计算，得出满足配制强度38.225 MPa要求的胶水比为2.03，即水胶比为0.49。确定满足水胶比为0.49的混凝土配合比为：用水量取基准配合比195 kg，胶凝材料用量为2.03×195=396 kg；由于胶水比与基准配合比相差不大，因此粗细集料用量取基准配合比中的用量，即砂639 kg、石1 182 kg。最后按此配合比拌制混凝土，测得的坍落度为38 mm，且黏聚性和保水性良好，满足设计要求的和易性。此时测得的拌和物的湿表观密度为2 452 kg/m³，按此值计算修正系数，并据修正系数计算各材料用量。

混凝土的修正系数

$$\delta=\frac{\rho_{c,t}}{\rho_{c,c}}=\frac{2452}{248+148+195+639+1182}=\frac{2452}{2412}=1.02$$

计算 $\left|\frac{\rho_{c,t}-\rho_{c,c}}{\rho_{c,c}}\right|=\left|\frac{2\,452-2\,412}{2\,412}\right|=1.7\%<2\%$。因实测值与计算值之差未超过2%，所以调整后的配合比可以维持与调整前的配合比相同。

由此可得实验室配合比为：水泥∶矿渣粉∶砂∶石∶水=248∶148∶639∶1 182∶195。

（4）换算施工配合比

根据工地实测砂的含水率3%，碎石的含水率1%，拌制1 m³混凝土各种材料的用量为：

水泥 $m_c=248$ kg；

矿渣粉 $m_f=148$ kg；

碎石 $m_g=1\,182\times(1+1\%)=1\,194$ kg；

砂 $m_s=639\times(1+3\%)=658$ kg；

水 $m_w=195-(1\,182\times1\%+639\times3\%)=164$ kg。

故施工配合比为：水泥∶矿渣粉∶砂∶石∶水=248∶148∶658∶1 194∶164。

或者表示为：胶凝材料∶砂∶石=396∶658∶1 194=1∶1.66∶3.02；水胶比为0.41。

【应用案例2】 某泵送施工的钢筋水泥混凝土，设计强度等级为C30。采用普通硅酸盐水泥，强度等级为42.5级，实际强度为45.0 MPa；河砂为中砂，表观密度为2 630 kg/m³；碎石：5～20 mm连续级配，最大公称粒径为20 mm，表观密度为2 690 kg/m³；磨细Ⅱ级干排粉煤灰，其掺量为20%，表观密度为2 200 kg/m³；加入JT—38型高效泵送剂，掺量为水泥质量的0.8%，减水率为16%；泵送施工要求混凝土拌和物入泵时的坍落度为150 mm±10 mm；饮用水。施工单位无强度历史统计资料。计算混凝土的初步配合比。

【计算步骤】

1.计算混凝土的配制强度（$f_{cu,0}$）

按题意：设计要求混凝土强度为30 MPa，无强度历史统计资料，按表3-43，取标准差

$\sigma=5.0$ MPa。按下式计算混凝土配制强度

$$f_{cu,0} \geqslant f_{cu,k}+1.645\sigma=30+1.645\times5.0\approx38.3\ \text{MPa}$$

2. 计算水胶比(W/B)

水泥的实际强度为 45.0 MPa,由于本单位没有混凝土强度回归系数统计资料,故查表 3-44,采用碎石 $\alpha_a=0.53$,$\alpha_b=0.20$,按下式计算水胶比:

$$\frac{W}{B}=\frac{\alpha_a f_b}{f_{cu,0}+\alpha_a\alpha_b f_b}=\frac{\alpha_a\gamma_f f_{ce}}{f_{cu,0}+\alpha_a\alpha_b\gamma_f\cdot f_{ce}}=\frac{0.53\times0.85\times45.0}{38.3+0.53\times0.20\times0.85\times45.0}=0.48$$

3. 计算 1 m^3 混凝土的用水量 m_{w0}

已知施工要求泵送混凝土拌和物入泵时的坍落度为 150 mm±10 mm,碎石最大公称粒径为 20 mm;现场搅拌并泵送,故可不考虑经时坍落度损失,查表 3-49,计算混凝土最少用水量为 $215+\frac{150-10-90}{20}\times5=227.5\ \text{kg/m}^3$;最大用水量为 $215+\frac{150-10-90}{20}\times5=232.5\ \text{kg/m}^3$;由于采用 JT－38 型高效泵送剂,其减水率为 16%,故实际用水量在 191～195 kg/m^3。

4. 计算 1 m^3 混凝土的胶凝材料用量(m_{b0})

若取混凝土单位用水量为 195 kg,水胶比 $W/B=0.48$,单位胶凝材料用量为

$$m_{b0}=\frac{195}{0.48}=406.3\ \text{kg/m}^3$$

粉煤灰的掺加量为 20%,则 1 m^3 混凝土的粉煤灰用量为 $406.3\times20\%=81.3\ \text{kg/m}^3$,水泥用量 $406.3\times0.8=325\ \text{kg/m}^3$。

5. 选定砂率(β_s)

考虑每增加坍落度 20 mm,砂率增大 1%,初步选定砂率为 41%。

6. 计算泵送剂用量(m_{bs})

已知 JT－38 型高效泵送剂掺量为水泥质量的 0.8%,则有

$$m_{bs}=325\times0.008=2.6\ \text{kg/m}^3$$

7. 计算粗细集料用量

将已知条件代入体积法的计算式中,可得

$$\begin{cases}\dfrac{m_{c0}}{\rho_c}+\dfrac{m_{f0}}{\rho_f}+\dfrac{m_{g0}}{\rho_g}+\dfrac{m_{s0}}{\rho_s}+\dfrac{m_{w0}}{\rho_w}+0.01\alpha=1\\ \beta_s=\dfrac{m_{s0}}{m_{s0}+m_{g0}}\times100\%\end{cases}$$

$$\begin{cases}\dfrac{325}{3\,100}+\dfrac{81.3}{2\,800}+\dfrac{m_{g0}}{2\,690}+\dfrac{m_{s0}}{2\,630}+\dfrac{195}{1\,000}+0.01\times1=1\\ 35\%=\dfrac{m_{s0}}{m_{s0}+m_{g0}}\times100\%\end{cases}$$

解得:$m_{s0}=719\ \text{kg/m}^3$;$m_{g0}=1\,036\ \text{kg/m}^3$。

用体积法解得 1 m^3 混凝土的各种材料用量为

$m_{c0}=325$ kg;$m_{w0}=195$ kg;$m_{s0}=719$ kg;$m_{g0}=1\,036$ kg;$m_{b0}=3.25$ kg。

单元六　其他混凝土

【知识目标】

了解泵送混凝土和抗渗混凝土等五种工程中常用混凝土的含义、对组成材料的特殊要求及其工程应用。

一、泵送混凝土

泵送混凝土是指可在施工现场通过压力泵及输送管道进行浇筑的混凝土。泵送混凝土通常包括流动性混凝土和大流动性混凝土。

泵送混凝土由于具有较大的流动性(坍落度不小于 100 mm)，因此非常易于施工浇筑和振捣，非常适用于狭窄的施工场地、大体积混凝土结构物、隧道桥梁和高层建筑的施工，尤其是对配筋很密的工程具有良好的填充性。此外泵送混凝土的输送能力很大，混凝土在输送管道中的水平运输距离可达 800 m，垂直运输距离可达 300 m，并且能够实现连续作业，一次完成垂直或水平运输，在管道出口处直接浇注，施工速度快、效率高、节省劳力，降低工程造价。

1. 对组成材料的要求

(1)水泥

①品种：宜选用硅酸盐水泥、普通硅酸盐水泥或矿渣硅酸盐水泥和粉煤灰硅酸盐水泥，确保混凝土拌和物性能稳定，易于泵送。

②用量：水泥用量不宜过低，一般以 300 kg/m^3 为宜。水泥用量太少，水胶比增大，浆体太稀，黏聚性差，易产生离析现象，泵送浇筑中稀浆被泵走而骨料留在输送管中，逐渐富集直至产生堵管、堵泵现象。但若水胶比太小，则浆体不足，混凝土与输送管道的管壁产生较大的摩阻力，增大了泵送阻力，容易产生骨料堵管现象。

(2)粗骨料

粗骨料宜采用连续级配，其针、片状颗粒含量不宜大于 10%；最大公称粒径与输送管径之比宜符合表 3-57 的规定。

表 3-57　粗骨料最大公称粒径与输送管径之比

粗骨料品种	泵送高度/m	粗骨料最大粒径与输送管径之比
碎石	<50	≤1∶3.0
	50～100	≤1∶4.0
	>100	≤1∶5.0
卵石	<50	≤1∶2.5
	50～100	≤1∶3.0
	>100	≤1∶4.0

(3)细骨料

宜选用中砂，小于 0.30 mm 的颗粒含量应大于 15%，小于 0.15 mm 筛孔的颗粒含量大于等于5%。砂率较普通混凝土大8%～10%，控制在38%～45%。

(4)外加剂及掺和料

①泵送剂：掺加泵送剂或减水剂，防止混凝土拌和物在泵送管道中离析和堵塞。

②掺和料：掺入适量的矿物掺和料，如粉煤灰等，可提高拌和物的保水性，避免出现分层离析、泌水和堵塞输送管道等现象。

2.泵送混凝土的配合比设计

(1)配合比设计的基本要求

①满足设计强度和耐久性要求。

②满足泵送工艺要求，具备良好的可泵性。

要求泵送混凝土具有良好的流动性、摩擦阻力小、不离析、不泌水、不堵塞管道和均匀稳定的性能。

(2)配合比设计的方法步骤

泵送混凝土的配合比设计基本步骤方法与普通硅酸盐水泥混凝土相同。但需要注意以下两点：

①坍落度的确定。拌和物入泵的坍落度不宜小于100 mm，具体应根据泵送高度、坍落度损失等按表3-58综合确定。

表3-58　泵送混凝土入泵坍落度

泵送高度/m	<30	30～60	60～100	>100
坍落度/mm	100～140	140～160	160～180	180～200

②各材料用量的特殊要求

a.水胶比宜为0.4～0.6。用水量与水泥和矿物掺和料的总量之比不宜大于0.60。水胶比小于0.4时，混凝土的泵送阻力急剧增大；大于0.6时，混凝土易泌水、分层、离析，影响泵送质量。

b.胶凝材料用量较多。水泥和矿物掺和料的总量不宜小于300 kg/m³。

c.砂率为38%～45%。泵送混凝土的砂率较普通流动性混凝土的砂率增大6%以上，其增幅是每增加20 mm的坍落度，砂率提高约1%。

d.掺用引气型外加剂时，其混凝土含气量不宜大于4%。

二、抗渗混凝土

抗渗混凝土是指抗渗等级不低于P6、兼有防水和承重两种功能的不透水性混凝土。

抗渗混凝土是通过改进混凝土配合比(选择合适的骨料级配、降低水胶比)、掺入适量外加剂、减少和破坏存在于混凝土内部的毛细管网络或缝隙，提高混凝土的密实性、憎水性和抗渗性，以达到防水的目的。

1.原材料要求

①水泥。必须满足《通用硅酸盐水泥》(GB 175—2007)规定的抗水性好、泌水性小、水化热低，并具有一定的抗侵蚀性的要求，不宜使用矿渣水泥；有抗冻要求时，优先选用硅酸盐和普通硅酸盐水泥；厚大结构施工时，优先选用粉煤灰水泥，可以使用普通硅酸盐水泥，不宜使用硅酸盐水泥和快硬水泥。

②粗集料宜采用连续级配，最大公称粒径不宜大于 40 mm，含泥量不得大于 1.0%，泥块含量不得大于 0.5%。

③细集料宜采用中砂，含泥量不得大于 3.0%，泥块含量不得大于 1.0%。

④水。同普通硅酸盐水泥混凝土对水的要求。

⑤其他材料。可根据工程需要掺入引气剂、减水剂等外加剂，其掺量和品种应经试验确定；掺引气剂的含气量宜控制在 3.0%～5.0%。也可掺入一定数量的磨细粉煤灰，粉煤灰等级应为Ⅰ级或Ⅱ级。

2. 抗渗混凝土的配合比要求

抗渗混凝土配合比设计、计算和试配等可按普通混凝土的方法进行，同时还应满足下列要求：

①抗渗水压值应比设计值提高 0.2 MPa。

②混凝土中的水泥和矿物掺和料的总量不宜小于 320 kg/m^3。

③宜采用级配良好的中砂，砂率不宜小于 35%～45%，对于厚度较小、钢筋稠密、埋设件较多等不易浇捣施工的工程可提高到 40%。

④粗骨料最大公称粒径不宜大于 40 mm。

⑤抗渗混凝土的最大水胶比见表 3-59。

表 3-59　　抗渗混凝土的最大水胶比

抗渗等级	最大水胶比	
	C20～C30 混凝土	C30 以上混凝土
P6	0.60	0.55
P8～P12	0.55	0.50
P12 以上	0.50	0.45

三、高性能混凝土

高性能混凝土是以耐久性和混凝土材料的可持续发展为基本要求，并适合工业化生产和施工的混凝土，用符号 HPC 表示。

1. 高性能混凝土的技术要求

与普通混凝土相比，高性能混凝土的技术要求以耐久性为核心，具体体现在新拌混凝土应有良好的工作性及泵送施工的易泵性；硬化混凝土高的抗渗、抗冻和抗腐蚀性；混凝土使用的长久性能及良好的体积稳定性。

2. 高性能混凝土的原材料

高性能混凝土在配制上的特点是低水胶比，选用优质原材料，除水泥、集料外，必须掺加足够数量的矿物细掺料和高效外加剂。

(1)水泥

以 42.5 级或 42.5R 级硅酸盐水泥为主，也可选用某些特种水泥。但应控制水泥的用量及细度，避免出现混凝土硬化后期的微裂缝。

(2)集料

细集料宜选用级配良好的天然河砂,粗细以中砂或粗砂为宜。粗集料必须选用强度和弹性模量高的、吸水率低的石料。通常情况下,宜选择表面粗糙、外形有棱角、针片状颗粒含量低的级配良好的硬质砂岩、石灰岩、花岗岩、玄武岩碎石;为保证足够的黏聚性和抗堵塞性能,粗集料的粒径宜小些,石子的最大粒径不应大于 25 mm,以 10～20 mm 为宜。

(3)活性细掺料

为使高性能混凝土具有足够的流动性、易泵性和填充性,减小混凝土泌水,保证混凝土的耐久性,必须掺加优质活性细掺料如硅灰或粉煤灰、沸石粉以及磨细矿渣粉等材料,复合掺加效果更好。

(4)外加剂

高性能混凝土通常使用复合外加剂。为了大幅度减水以提高强度与耐久性,必须掺加足够的减水剂或高效减水剂;为了减少坍落度损失还必须掺加缓凝剂与引气剂;为了早强,可掺加早强剂或采用早强型减水剂;为了预防早期收缩可掺加适量膨胀剂。

高性能混凝土由于其良好的技术特性,至今已在不少重要工程中被采用,特别是在桥梁、高层建筑、海港建筑等工程中显示出其独特的优越性;在工程安全使用期、经济合理性、环境条件的适应性等方面产生了明显的效益,被认为是目前全世界性能最为全面的混凝土,也是今后混凝土技术的发展方向。

四、预拌混凝土

预拌混凝土是指水泥、集料、水以及根据需要掺入的外加剂、矿物掺和料等组分按一定比例,在搅拌站经计量、拌制后出售的、并采用运输车在规定时间内,运送至使用地点的混凝土拌和物,又称商品混凝土。

1. 预拌混凝土的特点

近年来,土木建筑工程中使用的混凝土都是以预拌混凝土的方式提供的。与传统的现场搅拌的混凝土相比,预拌混凝土的价格相对较高,但其综合的社会效益、经济效益都比现场搅拌的混凝土高。

①材料计量较精确,混凝土质量波动小。应用电子技术自动控制物料的称量和进料、选择合适的配合比、测试砂的含水率、调整材料用量,计量精确,混凝土质量均匀性好。

②集中生产,集中供应,加快了施工进度。

③减少建筑材料贮运损耗和生产工艺损耗;比分散生产可节约 10%以上;减少了工地用工和各种管理费用。

④减少了噪声污染、粉尘污染和道路污染问题,综合社会效益较高。

2. 预拌混凝土的技术要求

①强度。与普通混凝土相同,预拌混凝土的强度可以是中强混凝土或高强混凝土的强度。

②和易性。预拌混凝土的和易性包含较高的流动性及良好的黏聚性和保水性，以保证混凝土在运输、浇筑、捣固及停放时不出现离析、泌水现象；同时还要保证混凝土具有良好的可泵性。坍落度实测值和合同规定值之差应符合表3-60的规定。

表3-60　　预拌混凝土坍落度允许偏差　　mm

坍落度规定值	≤40	50～90	≥100
允许偏差	±10	±20	±30

③含气量。混凝土的含气量与购销合同规定值之差不应超过±1.5%。

④其他要求。氯离子总含量、放射性核素等的有关要求，按相关的规范执行。

3.预拌混凝土的分类

预拌混凝土根据其组成和性能要求分为通用品和特质品两类。

通用品是指同时满足下列规定且无其他特殊要求的预拌混凝土。

①强度等级：不大于C50。

②坍落度(mm)：25、50、80、100、120、150、180。

③粗骨料最大公称粒径(mm)：20、25、31.5、40。

特质品是指任一项指标超出通用品规定范围或有特殊要求的预拌混凝土。

混凝土强度等级、坍落度、粗集料最大公称粒径除通用品规定的范围外，还可在下列范围内选取。

强度等级：C55、C60、C65、C70、C75、C80。

坍落度(mm)：大于180 mm。

粗骨料最大公称粒径(mm)：小于20 mm、大于40 mm。

4.产品符号标记

(1)符号含义

①通用品用A表示，特质品用B表示。

②混凝土强度等级用C和强度等级值表示。

③坍落度以毫米为单位表示。

④粗集料最大公称粒径用GD和粗集料最大公称粒径值表示。

⑤水泥品种用其代号表示。

⑥当有抗冻、抗渗及抗折强度要求时，应分别用F(抗冻强度值)、P(抗渗强度值)、Z(抗折强度等级值)表示。抗冻、抗渗及抗折强度直接标记在强度等级之后。

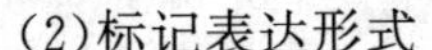

(2)标记表达形式

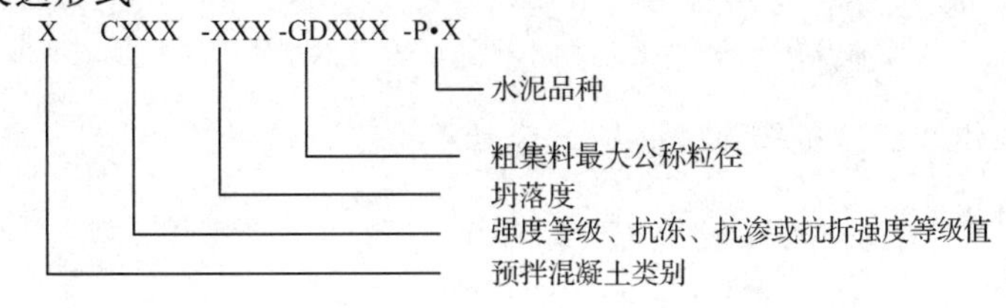

如产品1标记释义： A　C30－150－GD31.5－P·S

标记含义:通用品预拌混凝土,强度等级为C30,坍落度为150 mm,粗骨料最大公称粒径为31.5 mm,采用矿渣水泥,无其他特殊要求。

如产品2标记释义： B　C35 F50 P8－180－GD31.5－P·O

标记含义:特质品预拌混凝土,强度等级为C35,抗冻等级为F50,抗渗等级为P8,坍落度为180 mm,粗骨料最大公称粒径为31.5 mm,采用普通硅酸盐水泥。

五、轻骨料混凝土

《轻骨料混凝土技术规程》(JGJ 51—2002)规定,用轻粗骨料、轻砂(或普通砂)、水泥和水配制而成的表观密度不大于1 950 kg/m³ 的混凝土,称为轻骨料混凝土。

为了改善轻骨料混凝土的各项技术性能,还常掺入各种化学外加剂和掺和料,如粉煤灰等。

1.轻骨料的种类及技术要求

(1)轻骨料的种类

轻骨料可分为轻粗骨料和轻细骨料。凡粒径大于4.75 mm,堆积密度小于1 000 kg/m³ 的轻质骨料,称为轻粗骨料;凡粒径小于4.75 mm,堆积密度小于1 200 kg/m³ 的轻质骨料,称为轻细骨料(或轻砂)。

①按性能分

堆积密度不大于500 kg/m³ 的保温用或结构保温用超轻骨料;堆积密度大于510 kg/m³ 的轻骨料;强度等级不小于25 MPa的结构高强轻骨料。

②按来源分

a.天然轻骨料:在火山喷发等天然因素作用下形成的多孔岩石,经破碎、筛分而得到的轻骨料,如浮石、火山渣等。

b.人造轻骨料:以天然矿物为主要原料经加工制粒、烧胀而成的轻骨料,如页岩陶粒、黏土陶粒、膨胀珍珠岩及其轻砂。

c.工业废料轻骨料:以粉煤灰、煤渣、煤矸石等工业废料为原料加工制得的轻骨料,如粉煤灰陶粒、自燃煤矸石、煤渣及其轻砂;

轻骨料按其粒形可分为圆球形,如粉煤灰陶粒;普通型,如页岩陶粒、膨胀珍珠岩;碎石型,如自燃煤矸石、浮石等。

(2)轻骨料的技术要求

①堆积密度

密度等级与堆积密度范围见表3-61。轻骨料堆积密度的大小,将影响轻骨料混凝土的表观密度和性能。

表 3-61　　轻骨料的密度等级和堆积密度范围

密度等级		堆积密度范围/(kg·m^{-3})
轻粗骨料	轻细骨料	
200	—	110～200
300	—	210～300
400	—	310～400
500	500	410～500
600	600	510～600
700	700	610～700
800	800	710～800
900	900	810～900
1 000	1 000	910～1 000
1 100	1 100	1 010～1 100
	1 200	1 100～1 200

② 粗细程度与颗粒级配

轻骨料的颗粒级配应符合有关规范的规定。轻粗骨料的自然级配的空隙率不应大于50%。

其粗细程度视不同结构确定。保温及结构保温轻骨料混凝土用的轻粗骨料，其最大粒径不宜大于 40 mm；结构轻骨料混凝土用的轻粗骨料，其最大粒径不宜大于 20 mm。轻砂的细度模数不宜大于 2.3～4.0；其大于 4.75 mm 的累计筛余量不宜大于 10%。

③强度

《轻骨料混凝土技术规程》(JGJ 51—2002)规定，采用筒压法测定轻粗骨料的强度，称筒压强度。

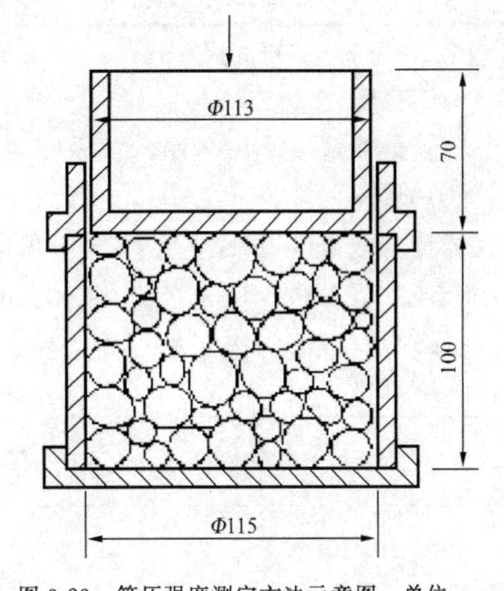

图 3-23　筒压强度测定方法示意图　单位：mm

它是将轻骨料装入一带底圆筒内，上面加冲压模(图 3-23)，取冲压模压入深度为 20 mm 时的压力值，除以承压面积，即为轻粗骨料的筒压强度值。

筒压强度不能直接反映轻骨料在混凝土中的真实强度，它是一项间接反映粗骨料颗粒强度的指标。因此，规程还规定了采用强度等级来评定粗骨料的强度。

所谓强度等级，即某种轻粗骨料配制混凝土的合理强度值，所配制的混凝土的强度不宜超过此值。轻粗骨料的强度越高，其强度等级也越高，适用于配制较高强度的轻骨料混凝土。

④吸水率

轻骨料的吸水率一般比普通砂石大，因此将导致施工中混凝土拌和物的坍落度损失较大，并且影响到混凝土的水胶比和强度发展。在设计轻骨料混凝土配合比时，如果采用干燥骨料，则必须根据骨料吸水率大小，再多加一部分被骨料吸收的附加水量。规程对轻砂和天然轻粗骨料的吸水率不作规定；其他轻粗骨料的吸水率不应大于22%。

⑤有害物质含量及其他性能

轻骨料中严禁混入煅烧过的石灰石、白云石及硫化铁等不稳定的物质。轻骨料的有害物质含量和其他性能指标应不大于表3-62所列的规定值。

表3-62　轻骨料性能指标

项目名称	指　标
抗冻性(f15质量损失，%)≤	5
安定性(沸煮法，质量损失，%)≤	5
烧失量①轻粗骨料(质量损失，%)≤	4
轻砂(质量损失，%)≤	5
硫酸盐含量(按SO_3计，%)≤	1
氯盐含量(按Cl^{-1}计，%)≤	0.02
含泥量②(质量百分数)≤	3
有机杂质(比色法检验)	不深于标准色

注：1.煤渣烧失量可放宽至15%。

2.不宜含有黏土块。

2.轻骨料混凝土的分级分类及技术性能

(1)分级分类

轻骨料混凝土按其立方体抗压强度标准值划分为11个强度等级：CL5.0、CL7.5、CL10、CL15、CL20、CL25、CL30、CL35、CL40、CL45、CL50。

①轻骨料混凝土按用途分类见表3-63。

表3-63　轻骨料混凝土按用途分类

类别名称	混凝土强度等级的合理范围	混凝土密度等级的合理范围	用　途
保温轻骨料混凝土	CL5.0	≤800	主要用于保温的围护结构或热工构筑物
结构保温轻骨料混凝土	CL5.0 CL7.5 CL10	800～1 400	主要用于既承重又保温的围护结构
轻骨料混凝土	CL15 CL20 CL25 CL30 CL35 CL40 CL45 CL50 CL55 CL60	1 400～1 900	主要用于承重构件或构筑物

②轻骨料混凝土按表观密度范围分级见表 3-64。

表 3-64　轻骨料混凝土按表观密度范围分级

密度等级	干表观密度($kg \cdot m^{-3}$)的变化范围	密度等级	干表观密度($kg \cdot m^{-3}$)的变化范围
600	560～650	1 300	1 260～1 350
800	760～850	1 500	1 460～1 550
900	860～950	1 600	1 560～1 650
1 000	960～1 050	1 700	1 660～1 750
1 100	1 060～1 150	1 800	1 760～1 850
1 200	1 160～1250	1 900	1 860～1 950

(2)轻骨料混凝土的技术性能

①和易性。轻骨料具有表观密度小、表面多孔粗糙、吸水性强等特点，因此，拌和物的和易性与普通混凝土有明显的不同，通常是黏聚性和保水性较好但流动性差。因骨料吸水率大，使得加在混凝土中的水一部分将被轻骨料吸收，余下部分供水泥水化和赋予拌和物流动性。若加大流动性，则容易导致骨料上浮产生离析现象。

②强度。轻骨料混凝土可达到较高的强度，其强度主要取决于轻骨料的强度和水泥石的强度。

轻骨料颗粒表面粗糙多孔，具有较大的吸水作用，使得骨料表面呈现较低的水胶比状态。结果提高了骨料与水泥石的界面黏结强度，使弱结合面变成了强的结合面，混凝土受力时不是沿界面破坏，而是轻骨料本身先遭到破坏。对低强度的轻骨料混凝土，也可能是水泥石先开裂，然后裂缝向骨料延伸。

③弹性模量与变形。轻骨料混凝土的弹性模量小，一般为同强度等级普通混凝土的50%～70%，这有利于改善建筑物的抗震性能和抵抗动荷载的作用。增加混凝土组分中普通砂的含量，可以提高轻骨料混凝土的弹性模量。

轻骨料混凝土的收缩和徐变，比普通混凝土大 20%～50%和 30%～60%，热膨胀系数比普通混凝土小 20%左右。

④热工性。轻骨料具有较多的孔隙，在硬化混凝土中多以封闭孔隙的形态存在，故其导热系数较小，对建筑物的节能有重要意义。轻骨料混凝土的导热系数见表 3-65。

表 3-65　轻骨料混凝土的导热系数

密度等级	600	700	800	900	1 000	1 100	1 200	1 300	1 400	1 500	1 600	1 700	1 800	1 900
导热系数/[W/(m·K)]	0.18	0.20	0.23	0.26	0.28	0.31	0.36	0.42	0.49	0.57	0.66	0.76	0.87	1.01

可见，轻骨料混凝土的密度等级越小，导热系数越小，保温隔热性能越好。当含水率增大时，导热系数也将随之增大。

3. 轻骨料混凝土的配合比设计及施工要点

①轻骨料混凝土的配合比，除应满足强度、和易性、耐久性、经济等方面的要求外，还应满足表观密度的要求。

②轻骨料混凝土的水胶比以净水胶比表示，净水胶比是指不包括轻骨料 1 h 吸水量

在内的净用水量与水泥用量之比。配制全轻混凝土时，允许以总水胶比表示。总水胶比，是指包括轻骨料 1 h 吸水量在内的总用水量与水泥用量之比。

③轻骨料易上浮，不易搅拌均匀。因此，应采用强制式搅拌机，且搅拌时间要比普通混凝土略长一些。

④为减少混凝土拌和物坍落度损失和离析，应尽量缩短运距。拌和物从搅拌机卸料起到浇筑入模的延续时间，不宜超过 45 min。

⑤为减少轻骨料上浮，施工中最好采用加压振捣，且振捣时间以捣实为准，不宜过长。

⑥浇筑成型后应及时覆盖并洒水养护，以防止表面失水太快而产生网状裂缝。养护时间视水泥品种而不同，应不少于 7～14 d。

⑦轻骨料混凝土在气温 5 ℃以上的季节施工时，可根据工程需要，对轻粗骨料进行预湿处理，这样拌制的拌和物和易性和水胶比比较稳定。预湿时间可根据外界气温和骨料的自然含水状态确定，一般应提前半天或一天对骨料进行淋水预湿，然后滤干水分进行投料。

4. 轻骨料混凝土的应用

轻骨料混凝土的表观密度比普通混凝土减少 1/4～1/3，能够改善建筑物的隔热性能，减小建筑结构尺寸，增加建筑物使用面积，降低基础工程费用和材料运输费用，其综合效益良好。因此，轻骨料混凝土主要适用于高层和多层建筑、软土地基、大跨度结构、抗震结构、要求节能的建筑和旧建筑的加层等。

工作单元

任务一　砂的含泥量及泥块含量测定

【知识准备】

泥和泥块对混凝土有哪些有害影响?

【技能目标】

会用淘洗法测定砂中泥和泥块含量,并对试验测定结果进行处理和评价。

一、含泥量测定

1.试验仪具

(1)天平:称量 1 kg,感量不大于 0.1 g;

(2)烘箱:能控温在 105 ℃±5 ℃;

(3)标准筛:孔径 0.075 mm 及 1.18 mm 的方孔筛各一只;

(4)容器:深度大于 250 mm,淘洗试样时保证试样不溅出;

(5)其他:搪瓷盘、毛刷等。

2.试样制备

按模块一工作单元任务一的有关要求取样。将所取试样用四分法缩分至约 1 100 g,置于温度为 105 ℃±5 ℃的烘箱内烘干至恒重,冷却至室温后分成大致相等的两份备用。

3.试验方法步骤

(1)称取试样 500 g,精确至 0.1 g,倒入淘洗容器中,并注入洁净的水,使水面高出试样面约 150 mm,充分搅和均匀后,浸泡 2 h,然后用手在水中淘洗试样,使尘屑、淤泥和黏土与砂粒分离,并使之悬浮于水中,缓缓地将浑浊液倒入 1.18 mm 至 0.075 mm 的套筛上,滤去小于 0.075 mm 的颗粒。试验前筛子的两面应先用水湿润,在整个试验过程中应注意避免砂粒丢失。

【技术提示】 不得直接将试样放在 0.075 mm 筛上用水冲洗,或者将试样放在 0.075 mm 筛上后在水中淘洗,以避免误将小于 0.075 mm 的砂颗粒当作泥冲走。

(2)再向容器中注入清水,重复上述操作,直至容器内的水目测清澈为止。

(3)用水淋洗存留在筛上的细粒,并将 0.075 mm 筛放在水中,使水面略高出筛中砂粒的上表面来回摇动,以充分洗掉小于 0.075 mm 的颗粒;然后将两筛上筛余的颗粒和清洗容器中已经洗净的试样一并装入搪瓷盘，置于温度为 105 ℃±5 ℃的烘箱中烘干至恒重，冷却至室温，称取试样的质量(m_1)。

4. 结果计算及要求

(1)砂的含泥量按式(3-28)计算，精确至 0.1%

$$Q_n=\frac{m_0-m_1}{m_0}\times 100\% \tag{3-28}$$

式中 Q_n——砂的含泥量，%；

m_0——试验前的烘干试样质量，g；

m_1——试验后的烘干试样质量，g。

(2)以两个试样试验结果的算术平均值作为测定值。两次结果的差值超过 0.5%时，应重新取样进行试验。

砂含泥量试验数据记录及结果处理见表 3-66。

表 3-66　砂含泥量试验数据记录及结果处理

试验次数	试验前的烘干试样质量 m_0/g	试验后的烘干试样质量 m_1/g	砂的含泥量 Q_n/%	
			个别值	平均值
1				
2				

二、泥块含量测定

1. 试验仪具

(1)天平：称量 1 kg，感量不大于 0.1 g；

(2)烘箱：能控温在 105 ℃±5 ℃；

(3)标准筛：孔径 0.6 mm 及 1.18 mm 的方孔筛各一只；

(4)容器：深度大于 250 mm，淘洗试样时保证试样不溅出；

(5)其他：搪瓷盘、毛刷等。

2. 试样制备

按规定取样，并将试样用四分法缩分至约 5 000 g，并置于温度为 105 ℃±5 ℃的烘箱内烘干至恒重，冷却至室温后，筛除小于 1.18 mm 的颗粒，分成大致相等的两份备用。

3. 试验方法步骤

(1)称取试样 200 g，倒入淘洗容器中，并注入洁净的水，使水面高出试样面约 150 mm，充分拌和均匀后，浸泡 24 h，然后用手在水中碾碎泥块，再把试样放在 0.6 mm 筛上，用水淘洗，直至容器内的水目测清澈为止。

(2)保留下来的试样小心地从筛中取出，装入浅盘后，置于温度为 105 ℃±5 ℃的烘箱中烘干至恒重，冷却至室温，称取试样的质量(m_1)。

4. 结果计算及要求

(1)砂的泥块含量按式(3-29)计算，精确至 0.1%

$$Q_n=\frac{m_0-m_1}{m_0}\times 100 \tag{3-29}$$

式中 Q_n——砂的泥块含量，%；

m_0——试样在 1.18 mm 筛的筛余质量，g；

m_1——试验后试样的烘干质量，g。

(2)以两个试样试验结果的算术平均值作为测定值，精确 0.1%。

砂的泥块含量试验数据记录及结果处理见表 3-67。

表 3-67　　砂的泥块含量试验数据记录及结果处理

试验次数	试验前的烘干试样质量 m_0/g	试验后的烘干试样质量 m_1/g	砂的含泥量 Q_n/%	
			个别值	平均值
1				
2				

任务二　水泥混凝土用砂石的颗粒级配试验

【知识准备】

1. 砂石使用前为什么要进行筛分？砂的粗细程度依据什么划分？

2. 粗集料最大粒径的含义是什么？它与公称最大粒径有何区别？

【技能目标】

1. 能独立进行砂石筛分析试验；会确定砂石级配类型。

2. 会计算集料筛分析参数；判断砂粗细程度、所属级配区及工程适用性。

试验8

砂筛分析试验

一、细集料的筛分析试验

1. 试验仪具与材料

(1)方孔筛：规格为 0.15 mm、0.3 mm、0.6 mm、1.18 mm、2.36 mm、4.75 mm、9.50 mm 的标准筛各一只，并附有底盘和筛盖，如图 3-24 所示。砂的公称粒径、砂筛筛孔的公称直径和方孔筛筛孔边长尺寸见表 3-68。

(2)天平：称量 1 kg，感量 1 g。

(3)烘箱：能控温在 105 ℃±5 ℃。

(4)其他：搪瓷浅盘和软硬毛刷等。

图 3-24　标准筛

表 3-68　　砂的公称粒径、砂筛筛孔的公称直径和方孔筛筛孔边长尺寸间关系

砂的公称粒径/mm	砂筛筛孔的公称直径/mm	方孔筛筛孔边长/mm
5.0	5.0	4.75
2.50	2.50	2.36
1.25	1.25	1.18
0.63	0.63	0.60
0.315	0.315	0.30
0.16	0.16	0.15
0.08	0.08	0.075

2. 试样准备

(1)按模块一工作单元任务一的有关要求取样。筛除大于 9.5 mm 的颗粒,并算出其筛余百分率。

(2)将试样缩分至约 1 100 g,置于 105 ℃±5 ℃的烘箱中烘至恒重,冷却至室温后,分为大致相等的两份备用。

3. 试验步骤

(1)将标准筛,按由上至下、筛孔由大到小的顺序套装在筛的底盘上。

(2)准确称取烘干试样约 500 g,精确至 1 g。倒入组装好的套筛上,盖好筛盖。

(3)取下套筛,再按筛孔由大到小的顺序,在清洁的搪瓷盘上逐个用手筛,直至每分钟的筛出量不超过试样总量的 0.1% 时为止,将通过的颗粒并入下一号筛中,并与下一号筛中的试样一起过筛,如此顺序进行,直至各号筛全部筛完为止。

(4)称取各筛筛余质量,精确至 1 g。试样在各号筛上的筛余量不得超过按式(3-30)计算出的量

$$G=\frac{A\times d^{1/2}}{200} \tag{3-30}$$

式中 G——在一个筛上的筛余量,g。

A——筛面面积,mm^2;

d——筛孔尺寸,mm。

若各号筛上的筛余量超过上述计算结果,则将该粒级试样分成少于式(3-30)计算出的量,分别筛分,并以筛余量之和作为该号筛的筛余质量。

4. 筛分结果有效性判断、试验数据计算和评价

(1)单次筛分结果有效性判断

计算筛分后所有各筛和筛底盘上剩余量之和($\sum m_i$),与筛分前砂样总质量($M_{总}$)相比较:

若 $\left|\frac{\sum m_i-M_{总}}{M_{总}}\times100\%\right|\geqslant1\%$,单次筛分无效,需要重新取样筛分;

若 $\left|\frac{\sum m_i-M_{总}}{M_{总}}\times100\%\right|<1\%$,单次筛分有效,接续计算以下各筛分参数:

①分计筛余百分率($a_i=\frac{m_i}{M}\times100\%$)、累计筛余百分率($A_i=a_1+a_2+a_3+\cdots+a_i$)、通过量百分率($P_i=1-A_i$)

②计算细度模数:精确至 0.01

$$M_x=\frac{(A_{0.15}+A_{0.3}+A_{0.6}+A_{1.18}+A_{2.36})-5A_{4.75}}{100-A_{4.75}} \tag{3-31}$$

式中 M_x——砂的细度模数;

$A_{0.15}$、$A_{0.3}$、…、$A_{4.75}$——0.15 mm、0.3 mm、…、4.75 mm 各筛上的累计筛余百分率。

(2)砂样平行两次有效筛分后,最终筛分结果有效性判断

①计算两次筛分结果的细度模数差($M_{x1}-M_{x2}$),若差值小于 0.2,则砂样筛分结果的

细度模数取两次试验结果的算术平均值（$\left|\dfrac{M_{x1}-M_{x2}}{2}\right|$），精确至0.1；如两次试验的细度模数之差超过0.20时，需增加试验次数，重新取样继续筛分，直至满足两次筛分的细度模数之差小于0.2为止。

②用计算的M_x平均值判断砂的粗细；按两次有效筛分在0.6 mm筛上的累计筛余百分率的平均值判断砂所属级配区；按对应级配区各筛上的通过率规定范围值，分析判断砂样是否满足规范要求。试验数据记录及结果评价见表3-69。

表3-69　　水泥混凝土用砂筛分析试验记录及结果

干筛试样总质量m/g	第1次				第2次				平　均
	总质量m				总质量m				
筛孔尺寸/mm	筛上质量/g	分计筛余/%	累计筛余/%	通过百分率/%	筛上质量/g	分计筛余/%	累计筛余/%	通过百分率/%	通过百分率/%
	1	2	3	4	1	2	3	4	5
9.5									
4.75									
2.36									
1.18									
0.6									
0.3									
0.15									
底盘									
细度模数	$M_{x1}=$				$M_{x2}=$				$M_x=$
砂的规格			砂所属级配区						
是否符合级配规定									

二、粗集料的筛分析试验

试验9
石子筛分析试验

1. 试验仪具

(1)方孔筛：规格为2.36 mm、4.75 mm、9.50 mm、16.0 mm、19.0 mm、26.5 mm、31.5 mm、37.5 mm、53.0 mm、63.0 mm、75.0 mm、90 mm的筛各一只，并附有筛底和筛盖。

(2)天平或台秤：称量10 kg，感量1 g。

(3)烘箱：能使温度控制在105 ℃±5 ℃。

(4)其他：浅盘、铲子、毛刷等。

2. 试验准备

将从施工现场取来的试样充分拌匀，用分料器或四分法缩分至表3-70要求的试样所需量两份，烘干或风干后备用。

表 3-70　　粗集料不同粒径下的最少取样量

最大粒径/mm	75.0	63.0	37.5	31.5	26.5	19.0	16.0	9.5
最少试样质量/ kg	16.0	12.6	7.5	6.3	5.0	3.8	3.2	1.9

3. 试验步骤

(1)称取规定数量的试样一份,精确到 1 g。将试样倒入按孔径由大至小并从上到下组合的套筛(附筛底)上,然后进行筛分。

(2)先手摇筛分,然后取下套筛,按筛孔大小顺序再逐个用手筛分,筛至每分钟通过量小于试样总量 0.1%为止。通过的颗粒并入下一号筛中,并与下一号筛中的试样一起过筛,这样顺序进行,直至各号筛全部筛完为止。

当筛余颗粒的粒径大于 19.0 mm 时,在筛分过程中,允许用手指拨动颗粒。

(3)称取各筛上的筛余质量,准确至 1 g。

(4)筛分结果有效性判断及筛分参数计算:

①单次筛分有效性判断。判断方法与细集料相同。当单次筛分有效时,计算筛分参数分计筛余百分率、累计筛余百分率和通过量百分率。

②根据各号筛的累计筛余百分率,对照规范要求评定该试样的颗粒级配。

4. 试验数据记录及结果。

粗集料筛分试验记录见表 3-71。

表 3-71　　粗集料筛分试验记录表

筛孔尺寸/mm	各筛存留质量/g			分计筛余/%	累计筛余/%	通过率/%
	试样 1	试样 2	平均			
63.0						
53.0						
37.5						
…						
9.5						
4.75						
2.36						

任务三　粗集料中针、片状颗粒的总含量测定

【知识准备】

针、片状颗粒的含义及其对混凝土的危害。

【技能目标】

会测定针、片状颗粒含量;能依据规范评价检测结果。

一、试验仪具

(1)水泥混凝土用粗集料针、片状规准仪如图 3-25、图 3-26 所示,其尺寸应符合表 3-72 的要求。

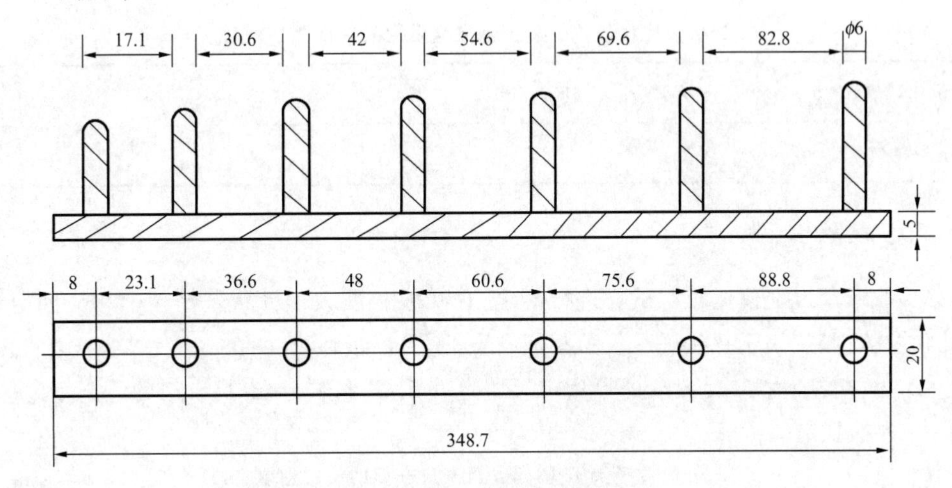

图 3-25　针状颗粒规准仪

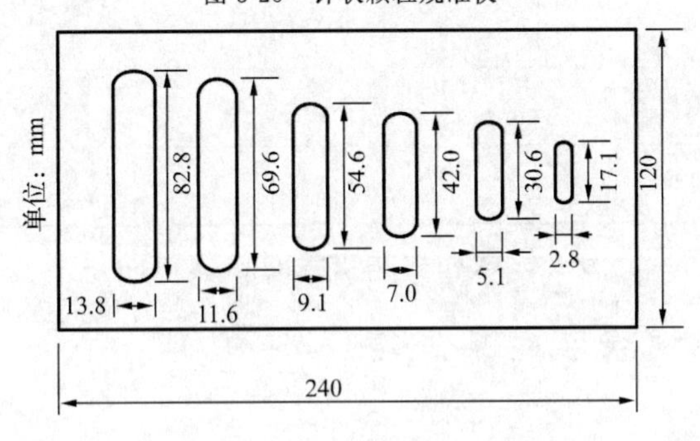

图 3-26　片状颗粒规准仪(mm)

表 3-72　针状和片状颗粒的总含量试验的粒级划分及其相应的规准仪孔宽或间距　mm

公称粒级	5.00～10.0	10.0～16.0	16.0～20.0	20.0～25.0	25.0～31.5	31.5～40.0
片状规准仪上相对应的孔宽	2.8	5.1	7.0	9.1	11.6	13.8
针状规准仪上相对应的立柱间距	17.1	30.6	42.0	54.6	69.6	82.8

(2)天平和台秤:天平,称量 2 kg,感量 2 g;台秤,称量 20 kg,感量 20 g。

(3)试验筛:筛孔公称直径分别为 5.0 mm、10.0 mm、20 mm、25 mm、31.5 mm、40 mm、63.0 mm 和 80.0 mm 的方孔筛各一只,据需要选用。

(4)卡尺。

二、试样制备

将来样在室内风干至表面干燥，并缩分至表3-73规定的数量，然后筛分成规定的粒级备用。

表3-73　　针状和片状颗粒的总含量试验所需的试样最小质量

最大公称粒径/mm	10	16.0	20.0	25.0	31.5	≥40
试样最小质量/kg	0.3	1	2	3	5	10

三、试验步骤

(1)粒级用规准仪逐粒对试样进行鉴定，凡颗粒长度大于针状规准仪上相应间距的，为针状颗粒；厚度小于片状规准仪上相应孔宽的，为片状颗粒。

(2)公称粒径大于40 mm的可用卡尺鉴定其针、片状颗粒，卡尺卡口的设定宽度应符合表3-74的规定。

表3-74　　公称粒径大于40 mm用卡尺卡口的设定宽度　　mm

公称粒径	40.0～63.0	63.0～80.0
片状颗粒的卡口宽度	18.1	27.6
针状颗粒的卡口宽度	108.6	165.6

(3)称量由各粒级挑选出的针状和片状颗粒的总量 m_1，g。

四、试验数据记录及结果处理

碎石或卵石针、片状颗粒含量 Q 按式(3-32)计算

$$Q=\frac{m_1}{m_0}\times 100\% \qquad (3\text{-}32)$$

式中　m_0——试样的质量，g；

m_1——试样所含针、片状颗粒的总质量，g。

任务四　粗集料的压碎值测定

【知识准备】

粗集料在水泥混凝土中的作用；检测粗集料强度的方法及评价指标各是什么？

【技能目标】

会独立测定压碎值；会评价测定结果并判断粗集料抗压强度的合格性。

一、试验仪具

(1)压力试验机：荷载为 300 kN。

(2)压碎指标值测定仪，如图 3-27 所示。

(3)天平或台秤：称量 5 kg，感量不大于 5 g。

(4)试验筛：筛孔公称直径分别为 2.5 mm、10 mm、20 mm 各一只及筛盖和底盘。

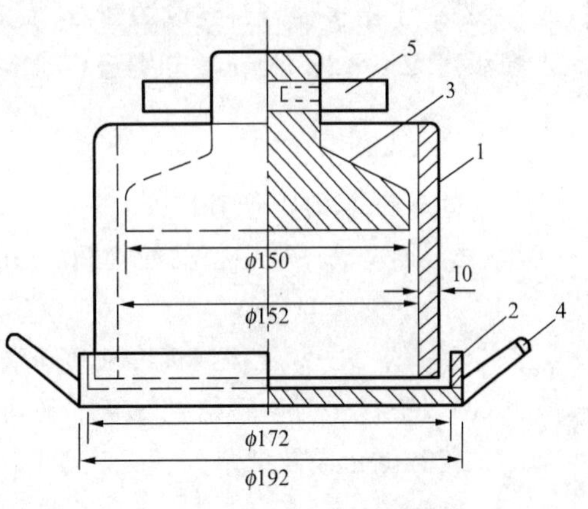

图 3-27 压碎指标值测定仪

1—圆筒；2—底盘；3—加压头；4—手把；5—把手

二、制备试样

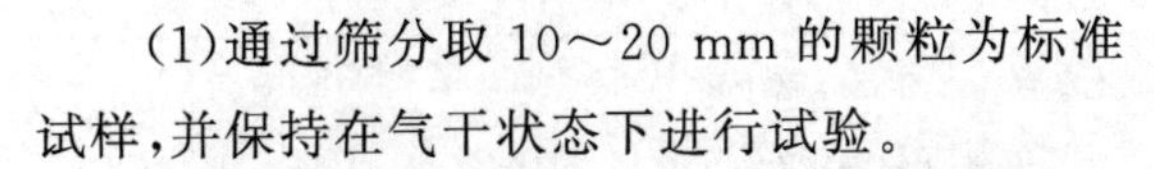

(1)通过筛分取 10～20 mm 的颗粒为标准试样，并保持在气干状态下进行试验。

(2)对由多种岩石组成的卵石，当其公称粒径大于 20 mm 颗粒的岩石矿物成分与 10.0～20.0 mm 粒级有显著差异时，应将大于20.0 mm 的颗粒经人工破碎后，筛取 10.0～20.0 mm 标准粒级另外进行压碎值指标试验。

(3)剔除针、片状颗粒：用针、片状规准仪剔除试样中的针、片状颗粒，然后称取每份约 3 kg 的试样 3 份备用。

三、试验步骤

(1)装料：置圆筒于底盘上，取试样 1 份，分两层装入圆筒内，每装完一层试样后，在底盘下面垫放一根直径为 10 mm 的圆钢筋，将圆筒按住，左右交替颠击地面各 25 次；第二层颠实后，试样表面距离底盘的高度应控制在 100 mm 左右。

(2)测定：整平圆筒内试样表面，把加压头装好(注意应使加压头保持平正)，放到试验机上，在 160～300 s 内均匀加荷至 200 kN，稳定 5 s，卸荷，取出圆筒。

(3)称重：倒出圆筒中的试样并称其质量 m_0，g。

(4)过筛：用公称直径为 2.5 mm 的标准方孔筛筛出被压碎的细粒，称出剩余在筛上的试样质量 m_1，g。

四、结果计算及要求

(1)碎石或砾石的压碎值按式(3-33)计算

$$\delta_a=\frac{m_0-m_1}{m_0}\times 100\% \tag{3-33}$$

式中 δ_a——压碎值，%；

m_0——试验用试样的总质量，g；

m_1——试验后存留在 2.5 mm 筛上的筛余质量，g。

(2)对于由多种岩石组成的卵石,应对公称粒径 20.0 mm 以下和 20.0 mm 以上的标准粒级 (10.0~20.0 mm) 分别进行检验,则其总的压碎值 Q_n 按式(3-34)计算

$$Q_n=\frac{a_1\delta_{a1}+a_2\delta_{a2}}{a_1+a_2}\times 100\% \tag{3-34}$$

式中 Q_n——总的压碎值,%;

a_1、a_2——试样中公称粒径 20.0 mm 以下和 20.0 mm 以上两粒级的颗粒含量百分率,%;

δ_{a1}、δ_{a2}——两粒级以标准粒级试验的分计压碎指标值,%。

(3)以三次平行试验结果的算术平均值作为压碎值指标的测定值。

试验数据记录及结果处理见表 3-75。

表 3-75　粗集料压碎值试验记录

试验次数	试验用试样总质量 m_0/g	试验后在 2.5 mm 筛上的存留质量 m_1/g	压碎值	
			个别值	平均值
1				
2				

任务五　水泥混凝土的拌制、表观密度及和易性测定

【知识准备】

1. 普通水泥混凝土的组成材料及其在混凝土中所起的作用。

2. 需要干砂 500 kg,若现场只有含水率为 3% 的湿砂,那么应取这样的湿砂多少千克?

3. 混凝土和易性的含义及其包含的内容。坍落度法测定混凝土流动性的条件是什么?

【技能目标】

1. 会进行干湿集料用量的换算。

2. 会人工拌制混凝土,并测定拌和物的和易性和表观密度;初步学会和易性的调整。

一、混凝土的拌制

1. 有关规定

(1)原材料应符合技术规范要求,并与施工实际用料相同。在拌和前,材料的温度应与实验室温度相同,保持在 20 ℃±5 ℃;水泥若有受潮结块现象,则需用 0.9 mm 的方孔筛将硬块筛除。

(2)各种材料用量以质量计,称量精度分别是:砂石骨料以干燥状态为基准精度,为±3%;水泥、掺和料的称量精度为±2%;水、外加剂的称量精度为±1%。

(3)混凝土试配最小搅拌量见表 3-76。

表 3-76　　混凝土试配最小搅拌量

最小搅拌量	D_{max}≤30 mm	15 L
	D_{max}=40 mm	25 L
	≥1/4 搅拌机额定搅拌量	

(4)混凝土拌和物稠度允许偏差规定见表 3-77。

表 3-77　　混凝土拌和物稠度允许偏差

拌和物性能		允许偏差		
坍落度/mm	设计值	≤40	50～90	≥100
	允许偏差	±10	±20	±30
维勃稠度/s	设计值	≥11	10～6	≤5
	允许偏差	±3	±2	±1
扩展度/mm	设计值	≥350		
	允许偏差	±30		

2. 试验仪具设备

(1)混凝土搅拌机(图 3-28):容量 30～100 L,转速 18～22 r/min。

(2)台秤:称量 50 kg,感量 50 g。

(3)天平:称量 5 kg,感量 1 g。

(4)其他:拌板、抹刀、量筒、拌铲、坍落度尺子等。

图 3-28　混凝土强制式搅拌机

3. 试验步骤

(1)人工拌和

称料:按设计配合比将所需的材料分别称好装在各盛料器中。

润湿用具:将拌板和铁锹等接触混凝土拌和物的用具用湿抹布擦湿。

干拌:先将砂倒在拌板上,然后加入水泥,用拌铲自拌板一端翻拌至另一端,直至充分混合,颜色均匀一致,再加入石子翻拌混合均匀为止。

加水湿拌:将干拌和物堆成长堆,中心扒一凹槽,将已称量好的水一半左右倒入凹槽中,仔细翻拌;然后再将拌和物堆成长堆,扒一凹槽,倒入剩余的水,翻拌至少 6 遍。从加水完毕时起的拌和时间应满足表 3-78 的要求。

表 3-78　　混凝土拌和物的拌和时间

拌和物体积/L	30	31～50	51～75
拌和时间/min	4～5	5～9	9～12

【技术提示】 1. 拌和前,必须将拌板和拌铲用湿布擦湿,若拌板吸水应垫一塑料布。

2. 拌好后,立即做坍落度试验或试件成型,从开始加水时算起,全部操作须在 30 min 内完成。拌和工具使用后,必须立即用水冲洗干净。

(2)机械搅拌法

称料:按设计配合比将所需的材料分别称好装在各盛料器中,砂石集料以全干状态为准。

涮膛：拌制前先对混凝土搅拌机挂浆，即用按配合比要求的水泥、砂、水和少量石子，在搅拌机中涮膛，然后倒去多余砂浆。

干拌：将称好的石子、砂、水泥按顺序倒入搅拌机内，干拌均匀。

湿拌：将需用的水徐徐倒入搅拌机内一起拌和，全部加料时间不得超过 2 min。

人工拌和 ：将拌和物自搅拌机中卸出，倾倒在拌板上，再经人工拌和 1～2 min。拌好后，根据试验要求，即可做坍落度测定或试件成型。从开始加水时算起，全部操作须在 30 min 内完成。

【跟踪自测】 1.人工拌制混凝土操作中，为什么不可先将水泥加到拌板上？

2.用搅拌机拌制混凝土时，为什么拌前要挂浆涮膛？

试验11

混凝土坍落度试验

二、混凝土拌和物和易性试验

1.坍落度法

(1)主要仪器设备

①坍落度筒、坍落度尺子、捣棒、加料漏斗，如图 3-29 所示。

②小铲、拌板、抹刀等。

(2)试验步骤

①润湿。测定前，用湿布润湿坍落度筒及其他各种拌和用具，并把加料漏斗置于坍落度筒上，放置在拌板上。

②装料、插捣。取拌好的混凝土拌和物，分三层装入坍落度筒内，每层装入高度约为筒高的 1/3。

图 3-29 坍落度试验用具

1—坍落度筒；2—加料漏斗；3—坍落度尺子；4—捣棒

用捣棒在每一层的横截面上沿螺旋线由边缘至中心在全面积上均匀插捣 25 次。底层要插至拌板，其他两层应插透本层并至下层 20～30 mm。捣棒须垂直压下(边缘部分除外)，不得冲击。插捣时应注意评定拌和物的棍度情况，评定方法详见表 3-79。

③抹平、提筒、量高。顶层插捣完毕后，用捣棒以锯和割的动作清除多余混凝土，用抹刀抹平拌和物与坍落度筒筒口平齐。抹平过程须评定拌和物的含砂情况，评价方法见表 3-79。

刮净筒底周围的拌和物，在 5～10 s 内垂直提起坍落度筒。从开始装筒到提起坍落度筒的全过程，不应超过 2.5 min。

用坍落度尺子立即测出筒高与坍落后的混凝土拌和物试体最高点的高度差，即该拌和物的坍落度，精确至 5 mm。

④坍落度试验结果确定。以两次测定结果的平均值作为测定值。

若两次结果相差 20 mm 以上，则需做第三次试验，第三次与前两次结果均相差 20 mm 以上时，整个试验重做。

【技术提示】 提起坍落度筒后，若拌和物发生崩塌或一边剪切破坏，则应重新取样进行测定，如仍出现上述现象，则该拌和物的和易性不合格，并应记录备查。

⑤黏聚性和保水性的目测评定。在测定坍落度评价混凝土流动性的同时，采取目测等办法直观评定拌和物的黏聚性和保水性。评定办法见表 3-79。

表 3-79　　混凝土拌和物棍度、含砂、黏聚性、保水性的评定

项目	内容	评定标准	
棍度	插捣难易程度	上	很容易插捣
		中	插捣时稍有石子阻滞的感觉
		下	石子阻滞严重,很难深入插捣
含砂情况	抹平情况	多	连续抹 1～2 次即可抹平,无蜂窝现象
		中	连续抹 5～6 次可抹平,无蜂窝现象
		少	不容易抹平,有空隙和石子外漏现象
黏聚性	用捣棒在坍落物锥体一侧轻轻击打	良好	拌和物料堆整体渐渐下沉
		不好	料堆突然倒塌,部分崩裂或发生石子离析
保水性	稀浆从拌和物底部析出程度	不好	有较多稀浆从拌和物料堆底部析出,锥体集料外露
		良好	无稀浆或仅有少量稀浆由料堆底部析出

⑥和易性的调整

当坍落度小于设计要求时,保持水胶比不变,适当增加水胶浆用量,其增加数量可据测定值与设计值之差确定,通常每增大 20 mm 坍落度,需增加 5%～10%的水胶浆。

当坍落度高于设计要求时,可在保持砂率不变的条件下,增加骨料用量。

当出现含砂不足,黏聚性、保水性不良时,可适当增大砂率,反之减小砂率。

当拌和物的流动性、黏聚性和保水性均满足设计要求时,混凝土拌和物的和易性评价为合格。

坍落度试验记录及结果处理见表 3-80。

表 3-80　　混凝土拌和物坍落度试验记录表

<table>
<tr><th colspan="6">拌和 15 L 混凝土各种材料用量</th><th colspan="2" rowspan="2">坍落度/mm</th></tr>
<tr><th rowspan="2">试验次数</th><th colspan="2">胶凝材料质量/kg</th><th rowspan="2">砂质量/kg</th><th rowspan="2">石子质量/kg</th><th rowspan="2">用水质量/kg</th></tr>
<tr><th>水泥质量/kg</th><th>矿物掺和料质量/kg</th><th>个别值</th><th>平均值</th></tr>
<tr><td>1</td><td></td><td></td><td></td><td></td><td></td><td></td><td rowspan="2"></td></tr>
<tr><td>2</td><td></td><td></td><td></td><td></td><td></td><td></td></tr>
</table>

2. 维勃稠度法

(1)主要仪器设备

维勃稠度仪(图 3-30)、捣棒、小铲等。

(2)试验步骤

①把维勃稠度仪放置在坚实的操作台上,用湿布把容器、坍落度筒、喂料斗内壁及其他用具擦湿。

②将喂料斗提到坍落度筒上方扣紧,校正容器位置,使其中心与喂料斗中心重合,然后拧紧固定螺丝。

③把混凝土拌和物用小铲分三层经喂料斗均匀地装入筒内,装料及插捣方式同坍落度法。

④将圆盘、喂料斗都转离坍落度筒，小心并垂直地提起坍落度筒，

提筒时要注意不能使混凝土试体产生横向扭动。把透明圆盘转动到混凝土圆台体顶面，放松测杆螺丝，小心地降下圆盘，使它轻轻地接触到混凝土顶面。

⑤拧紧定位螺丝，并检查测杆螺丝是否完全放松，同时开启振动台和计时器，当振动到透明圆盘的底面被水泥浆布满的瞬间，关闭振动台，停止计时。

(3)试验结果确定

由计时器读出振动台振动的时间，单位为秒(s)，即该混凝土拌和物的维勃稠度值。

如维勃稠度值小于 5 s 或大于 30 s，则此种混凝土所具有的稠度已超出本仪器的适用范围，不能用维勃稠度值表示。试验记录及结果处理见表 3-81。

图 3-30 维勃稠度仪

表 3-81 混凝土拌和物维勃稠度试验表

试样编号					试样来源			
试样名称					试样用途			
试验次数	拌和 15 L 混凝土各种材料的用量					维勃稠度/s		备注
	胶凝材料质量/kg		砂质量/kg	石子质量/kg	用水质量/kg	个别值	平均值	
	水泥质量/kg	矿物掺和料质量/kg						

三、混凝土拌和物毛体积容度测定

1. 试验仪器

(1)量筒：为刚性金属圆筒，两侧装有把手，筒壁坚固且不漏水。也可用混凝土试模代替刚性金属圆筒进行试验。

(2)弹头形捣棒：同坍落度试验用捣棒。

(3)磅秤：称量 100 kg、感量 50 g。

(4)振动台：频率为(50±3)Hz，空载时的振幅应为(0.5±0.1) mm

(5)其他：金属直尺、镘刀、玻璃板等。

2. 试验步骤

(1)容量筒容积的校正

用一块较容量筒口稍大的玻璃板，先称量出玻璃板和空筒的质量，然后向容量筒中灌入清水，灌到接近上口时一边不断加水，一边把玻璃板沿筒口徐徐推入盖严，应注意使玻璃板下不带入任何气泡。然后擦净玻璃板面和筒壁外的水分，将容量筒连同玻璃板放在台秤上称量。两次称量之差(以 kg 计)即容量筒的容积。

(2)毛体积密度测定

①人工振捣法测定——适用于测定坍落度不小于70 mm拌和物的毛体积密度测定。

a.称筒重:用湿布将量筒内外擦净,称出质量m_1。

b.装拌和物:试样分三层装入量筒,每层捣实后的高度约为1/3筒高。用捣棒从边缘到中心沿螺旋线均匀插捣,每层插捣25次,捣底层时应捣至筒底,捣上两层时须插入其下一层20~30 mm。每捣完一层,应在量筒外壁拍打10~15次,直至拌和物表面不出现气泡为止。

c.抹平:仔细用抹刀抹平坍落度筒表面,将溢至筒外壁的拌和物擦净并称其质量m_2(精确至50 g)。

②机械振捣测定——适用于测定坍落度小于70 mm混凝土的毛体积密度测定。

a.称筒重:用湿布将量筒内外擦净并称其质量m_1。

b.装拌和物:将量筒在振动台上夹紧,一次性将拌和物装满量筒,立即开机振动,随时添加拌和物,直至拌和物表面出现浆体为止。

c.振动、抹平:从振动台上取下量筒,刮去多余混凝土,仔细用抹刀抹平表面,将溢至筒外壁的拌和物擦净,称筒及拌和物总重m_2(精确至50 g)。

3.结果计算及要求

(1)毛体积密度按式(3-35)计算

$$\rho_h=\frac{m_2-m_1}{V} \tag{3-35}$$

式中　ρ_h——拌和物毛体积密度,kg/L;

m_1——量筒质量,kg;

m_2——捣实或振实后混凝土和量筒总质量,kg;

V——量筒容积,L。

(2)将两次试验结果的算术平均值作为测定值,试样不得重复使用。

试验数据记录及结果处理见表3-82。

表3-82　水泥混凝土拌和物毛体积密度试验记录

试验次数	容量筒体积 V/L	容量筒质量 m_1/kg	容量筒和混凝土总质量 m_2/kg	混凝土质量 (m_2-m_1)/kg	拌和物毛体积密度 $\rho_h/(\text{kg}\cdot\text{L}^{-1})$	
					个别值	平均值

任务六　混凝土抗压强度试验

【知识准备】

混凝土立方体抗压强度的含义、抗压强度标准试件的规格、养护条件分别是什么?

【技能目标】

会结合实际工程进行混凝土取样、成型标准试件并在标准条件下养护试件。

一、混凝土的取样

用于混凝土强度测定的试样应在混凝土的浇筑地点随机取样，取样的次数必须满足以下要求：

(1)每拌制 100 盘且不超过 100 m^3 的同配合比混凝土，取样次数不应少于一次。

(2)每一工作班拌制的同配合比混凝土，不足 100 盘或 100 m^3 时，其取样次数不应少于一次。

(3)每一次连续浇筑的同配合比混凝土超过 1 000 m^3 时，每 200 m^3 取样不应少于一次。

(4)对房屋建筑，每一楼层、同一配合比的混凝土，取样不应少于一次。

(5)每次取样应至少留置一组标准养护试件，用于检验结构或构件施工阶段的混凝土强度。同条件养护试件的留置组数应根据实际需要确定。

二、混凝土试件的成型和养护

【试验说明】 (1)对于进行混凝土强度等级确定、校核混凝土配合比的试件要求：

①应将和易性符合要求的混凝土拌和物按规定成型，制成标准的立方体试件，以同一龄期至少三个同时制作、同样养护的混凝土试件为一组，经 28 d 标准养护后，测其抗压破坏荷载。

②每一组试件所用的拌和物应从同一盘或同一车运送的混凝土拌和物中取样，或在实验室用人工或机械单独制作。

(2)检验工程和构件质量的混凝土试件成型方法应尽可能与实际施工采用的方法相同。

1. 试验仪具

(1)混凝土试件成型用振动台如图 3-31 所示。

(2)混凝土标准立方体试模如图 3-32 所示，为铸铁或钢制成。可以拆卸擦洗，内部尺寸允许偏差为：棱长不超过 1 mm，直角则不超过 0.5°。

(3)其他：拌铲、抹刀、捣棒等。

2. 试验步骤

(1)选择试模

根据所要测定的混凝土技术性质要求，考虑集料的最大粒径，按表 3-83 的要求选择。

图 3-31 混凝土试件成型用振动台

图 3-32 混凝土标准立方体试模

表 3-83　　　　　　　　　　**混凝土试模选择表**　　　　　　　　　　mm

试模内部尺寸		集料最大粒径
标准尺寸	150×150×150	40
非标准尺寸	200×200×200	30
	100×100×100	60

(2)成型试件

混凝土标准试件的成型方式按坍落度选择，见表 3-84。

表 3-84　　　　　　　　　　**成型方式的选择**　　　　　　　　　　mm

成型方式	机械成型	人工成型
混凝土的坍落度	＜70	≥70

①机械成型。采用标准振动台成型。将试模放在振动台上夹紧，防止其自由跳动，将试模内部涂一薄层矿物油脂或脱模剂，将和易性已满足要求的拌和物一次装满试模并使其稍高出模顶。开动振动台振动至表面呈现水泥浆为止。振动过程中随时添加混凝土拌和物使试模常满，记录振动时间(一般不超过 90 s)。振动结束后，用金属直尺沿试模边缘刮去多余的混凝土，用镘刀将试件表面初次抹平，待试件收浆后(经 2～4 h)，再次用抹刀将试件仔细抹平。

【技术提示】 试件表面与试模边缘的高差不得超过 0.5 mm。

②人工成型。将和易性满足要求的混凝土拌和物分大致相等的两层装入试模，每层插捣次数规定见表 3-85。

表 3-85　　　　　　　　　　**人工成型插捣次数**

试件尺寸/mm	100×100×100	150×150×150	200×200×200
每层插捣的次数	12	25	50

插捣时按螺旋线方向从边缘到中心均匀地插捣。插捣底层时，捣棒到达模底，插捣上层时，捣棒插入该层底面以下 20～30 mm 处。插捣时用力将捣棒压下，不得冲击，捣完最后一层时，表面若有凹陷应予以填平，抹平试件表面。

3. 混凝土试件的养护

(1)成型初期养护

试件成型后，用湿布覆盖表面或采取其他的保湿方法保湿，以防水分蒸发，并在室温 20 ℃±5 ℃、相对湿度大于 50%的情况下，静放 1～2 d 但不得超过 2 d。然后拆模并做第一次外观检查、编号，对有缺陷的试件或除去或加工补平。当一组 3 个试件中有一个存在蜂窝时，本组试件作废，除特殊情况外重新制作。

(2)拆模后养护

①标准养护。拆模后的试件放在温度 20 ℃±2 ℃、相对湿度大于 95%的标准养护室内养护至试验龄期。在养护室内，试件应放在铁架或木架上，彼此间距至少 30～50 mm，避免用水直接冲淋。

当无标准养护室时，混凝土试件可在温度为 20 ℃±2 ℃的不流动的氢氧化钙饱和水溶液中养护，或用其他方法养护，但水的 pH 不应小于 7，并需在报告中说明。

至规定试验龄期时，自养护室中取出试件，并继续保持其湿度不变，直至进行相应的力学试验。

②非标准养护

a. 如试件与构件同条件养护，亦应尽量保持试件与构件相同干湿状态进行试验。

b. 当需结合施工情况时，试件成型与养护允许与实际情况相同，但应在报告中说明。

三、混凝土抗压强度试验

【知识准备】

1. 如何计算混凝土的抗压强度？一组混凝土试件的抗压强度代表值如何确定？

2. 进行抗压强度试验时，若试件表面有水、加荷速度较快，对测定值有何影响？

【技能目标】

熟悉抗压试验机的使用方法；会测定抗压强度、处理和评价测定结果。

1. 试验设备

万能液体压力机，如图 3-33 所示。

2. 试验准备

(1)将养护到规定龄期的试件取出，先检查其尺寸，相对两面应平行，表面倾斜偏差不得超过 0.5 mm，量出棱边长度，精确至 1 mm。(试件的受力截面积按其与压力机上、下接触面的平均值计算)。

(2)试件若有蜂窝缺陷，应在试验前三天用浓水泥浆填补平整，并在报告中说明。在破型前，保持试件原有湿度，在试验时擦去试件表面的水分，称出其质量。

图 3-33　万能液体压力机

3. 试验测定

以试件成型时的侧面(即试件与模壁相接触的平面)为上、下受压面，将试件妥放在压力机压板中心，几何对中(指试件或球座偏离机台中心在 5 mm 以内)，强度等级小于 C30 的混凝土取 0.3～0.5 MPa/s 的加荷速度；强度等级不低于 C30 时，取 0.5～0.8 MPa/s 的加荷速度。当试件接近破坏而迅速变形时，应停止调整试验机油门，直至试件破坏，记下破坏极限荷载。

4. 结果计算及要求

(1)水泥混凝土的立方体抗压强度按式(3-36)计算，精确至 0.1 MPa

$$f_{cu}=F/A \tag{3-36}$$

式中　F——极限荷载，N；

A——受压面积，mm^2。

(2)一组三个试件的强度代表值确定方法

①确定三个测值的中间值。如假设三个测值分别是5.0 MPa、4.5 MPa和6.0 MPa，则测值5.0 MPa为中间值。

②当一组试件中强度的最大值和最小值与中间值之差均未超过中间值的15%时，取3个试件强度的算术平均值作为每组试件的强度代表值。

③当一组试件中强度的最大值或最小值与中间值之差超过中间值的15%时，取中间值作为该组试件的强度代表值。

④当一组试件中强度的最大值和最小值与中间值之差均超过中间值的15%时，则该组试件的强度不应作为评定的依据。

按照《混凝土强度检验评定标准》(GB/T 50107—2010)的规定，当采用非标准尺寸试件时，应将其抗压强度乘以换算系数，换算为150 mm的标准尺寸试件抗压强度，不同尺寸的试件换算系数见表3-86。

表3-86　　各试件尺寸换算系数

混凝土强度等级	试件尺寸/mm	换算系数	备　注
<C60	100×100×100	0.95	—
	150×150×150	1.00	—
	200×200×200	1.05	—
≥C60	150×150×150	1.00	强度等级不低于C60时，宜采用标准尺寸试件
	100×100×100	尺寸换算系数由试验确定，其试件数量不应少于30对组。一个对组为两组试件，一组为标准尺寸试件，一组为非标准尺寸试件	

5. 试验数据记录及结果处理

水泥混凝土抗压强度试验记录见表3-87。

表3-87　　水泥混凝土抗压强度试验记录表

试件编号	制备日期	试验日期	龄期/d	最大荷载/kN	试件尺寸/mm		平均截面面积/mm²	抗压强度/MPa		换算系数	换算后的立方体抗压强度值
					a	*b*		个别值	平均值		
1											
2											
3											

【技术提示】 1. 试件从养护地点取出后应尽快进行试验，以免试件内部的湿度发生显著变化。

2. 试验时以实测试件尺寸计算试件的承压面积，如实测尺寸与公称尺寸之差不超过1 mm，可按公称尺寸进行计算。

3. 试验时应连续而均匀加荷，当试件接近破坏而开始迅速变形时，应停止调整试验机油门，直至试件破坏。

知识与技能综合训练

一、名词和符号解释

1. 最大粒径　2. C30　3. V_b=10 s　4. 水胶比　5. 施工配合比

三、工程应用案例分析

1. 混凝土在下列情况下，均能导致其产生不同程度的裂缝，试解释裂缝产生的原因，并指出主要防止措施。

(1)水泥的水化热大；(2)水泥安定性不良；(3)碱-骨料反应；(4)混凝土养护时缺水。

2. 混凝土拌和物出现下列情况，应如何调整？

(1)黏聚性好，也无泌水现象，但坍落度太小；(2)黏聚性尚好，有少量泌水，坍落度太大；(3)插捣难，黏聚性差，有泌水现象，轻轻敲击便产生崩塌现象；(4)拌和物色淡，有流浆现象，黏聚性差，产生崩塌现象。

四、计算题

1. 某水泥混凝土用砂的筛分析记录见表 3-88。规范对砂的颗粒级配区规定见表 3-89。

表 3-88　混凝土用砂的筛分析记录

筛孔尺寸/mm	9.5	4.75	2.36	1.18	0.60	0.30	0.15	底盘
存留量/g	0	20	35	95	135	125	55	35

表 3-89　砂的颗粒级配区

级配区	筛孔尺寸/mm						
	9.50	4.75	2.36	1.18	0.6	0.3	0.15
	累计筛余/%						
1	0	10～0	35～5	65～35	85～71	95～80	100～90
2	0	10～0	25～0	50～10	70～41	92～70	100～90
3	0	10～0	15～0	25～0	40～16	85～55	100～90

问题：通过计算判断砂的级配类型、粗细程度、所处的级配区和砂的工程适用性。

2. 混凝土初步计算配合比为 1∶2.35∶4.32，$W/C=0.5$，在试拌调整时，增加了 10% 的水泥浆后混凝土的和易性满足了要求。问题：(1)该混凝土的基准配合比；(2)若已知以基准配合比配制的混凝土，每 m^3 水泥用量为 330 kg，求 1 m^3 混凝土其他材料的用量。

3. 某工程现场集中搅拌的 C20 级混凝土，共取得 8 组强度代表值，数据见表 3-90。请评价该批混凝土的强度是否合格？

表 3-90　8 组混凝土强度代表值

序号	1	2	3	4	5	6	7	8
强度代表值/MPa	25.5	27.0	26.5	22.5	24.5	20.0	19.8	21.4

水泥混凝土及其性能检测

模块四　建筑砂浆及其性能检测

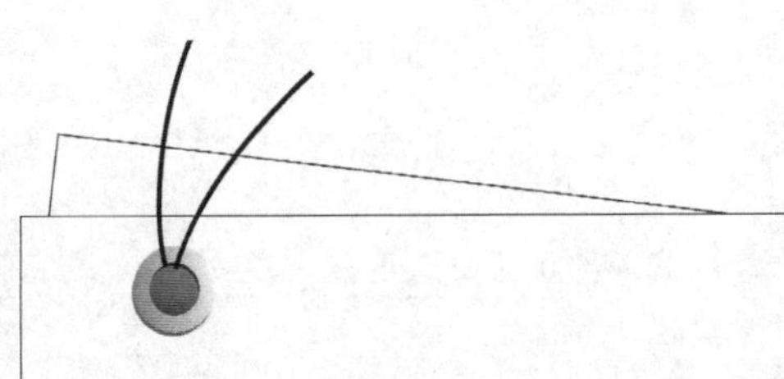

建筑砂浆是在建筑工程中起黏结、衬垫、补平勾缝、传递荷载及建筑装饰等作用的建筑材料。

建筑砂浆可以从不同角度进行分类，按其所用的胶凝材料可分为水泥砂浆、石灰砂浆和混合砂浆；按用途可分为砌筑砂浆、抹面砂浆和特种砂浆（如防水砂浆、保温砂浆等）；按生产工艺可分为施工现场拌制的砂浆和由专业生产厂生产的商品砂浆两种。

本模块的知识单元，重点介绍砌筑砂浆的组成材料、技术性质和配合比设计等内容，简要介绍抹面砂浆和特种砂浆的性质和应用；工作单元重点训练砌筑砂浆的和易性和强度检测，以及检测结果的分析评价。

学习单元

单元一　砌筑砂浆

【知识目标】

1. 了解砌筑砂浆的组成材料及各种材料的技术要求。
2. 掌握砌筑砂浆应具备的技术性质。
3. 熟悉砌筑砂浆配合比设计的方法步骤。

一、砌筑砂浆的分类

砌筑砂浆是指将砖、石、砌块等黏结成砌体的砂浆。在砌体结构中,它起着黏结和传递荷载的作用。砌筑砂浆一般可分为现场配制砂浆和预拌砂浆两种。

1. 现场配制砂浆

现场配制砂浆是指根据设计和施工具体要求,在现场取料、拌制并使用的砂浆,又可分为水泥砂浆和水泥混合砂浆。

2. 预拌砂浆

预拌砂浆又称为商品砂浆,包括预拌湿砂浆和干粉砂浆两种。

(1)预拌湿砂浆(湿拌砂浆)

预拌湿砂浆是指由水泥、细集料、保水增稠材料、外加剂和水以及根据需要掺入的矿物掺和料(如粉煤灰)等组分按一定比例,在集中搅拌站(厂)经计量、拌制后,用搅拌运输车运至使用地点,放入封闭容器储存,并在规定时间内使用完毕的砂浆拌和物。

(2)干粉砂浆(干混砂浆)

干粉砂浆又称砂浆干粉(混)料,是指由专业生产厂家生产的,经干燥筛分处理的细骨料与水泥、保水增稠材料以及根据需要掺入的外加剂、矿物掺和料(如粉煤灰)等组分按一定比例,在专业生产厂混合而成的固态混合物,在使用地点按规定比例加水或配套液体拌和使用的砂浆。

二、砌筑砂浆的组成材料

1. 胶凝材料

用作砌筑砂浆的胶凝材料有水泥、石灰等无机胶凝材料，具体需要根据工程设计和使用的环境条件确定。

(1)水泥

水泥是砌筑砂浆的主要胶凝材料，水泥品种和强度等级需根据砂浆的强度等级确定。M15及以下强度等级的砌筑砂浆宜选用32.5级的通用硅酸盐水泥或砌筑水泥；M15以上强度等级的砌筑砂浆宜选用42.5级通用硅酸盐水泥。

【知识拓展】 预拌砂浆生产厂，由于使用了外加剂、粉煤灰和保水增稠剂等材料，因此在不浪费水泥的前提下，可以使用强度等级为42.5级的普通硅酸盐水泥或硅酸盐水泥。但是水泥强度越高，使用量越少，砂浆的施工和易性越差。

(2)石灰膏

制作砂浆时有时要掺入生石灰或生石灰粉。它们一方面起着胶凝材料的作用，另一方面可以改善砂浆的和易性。但为了保证砂浆质量，使用前必须将生石灰或生石灰粉熟化成石灰膏，要求膏体稠度为(120±5)mm，并经3 mm×3 mm的筛网过滤。生石灰熟化时间不得少于7 d；磨细生石灰粉的熟化时间不得小于2 d。严禁使用已经干燥、脱水硬化、冻结、污染的石灰膏。

2. 集料

制作砂浆的集料是天然砂。砂要符合现行行业标准《普通混凝土用砂、石质量及检验方法标准》(JGJ 52—2012)的规定，且应全部通过4.75 mm筛孔。

石砌体用砂，最大粒径应控制在砂浆层厚度的1/5～1/4。砖砌体宜选择细度模数在2.3～3.0的中砂，粒级小于2.36 mm。此外，应严格控制砂的含泥量，含泥量过大，不但会增加砂浆的水泥用量，还会使砂浆的和易性变差，硬化后的收缩值增大，耐久性降低。

3. 水

砂浆用水与混凝土相同。未经试验检测的非洁净水、生活污水、工业废水等均不准用于配制和养护砂浆。

4. 掺和料和外加剂

砂浆常用的掺和料有粉煤灰、粒化高炉矿渣粉、电石膏等。掺和料在砂浆中可以起着提高强度和改善和易性的双重作用。掺和料的质量要求与掺入水泥混凝土中的掺和料相同。

此外，为了改善砂浆的和易性，制作砂浆时还经常掺入外加剂。外加剂的品种和掺量必须通过试验确定。例如砂浆中掺入的100%纯度的微沫剂量宜为水泥用量的0.5×10^{-4}～1.0×10^{-4}。

5. 保水增稠材料

保水增稠材料主要用于预拌砂浆，目的是改善预拌砂浆的施工和易性和保水性能，常使用的是非石灰类物质。

三、砌筑砂浆的技术性质

砌筑砂浆用于砌体工程,一方面将砖、石、砌块等黏结成整体,另一方面用于砌块间的勾缝,是砌体结构的重要组成部分。因此,砌筑砂浆必须满足拌和物的表观密度、拌和物设计要求的和易性、强度等级和黏结力的要求。

1. 砂浆的表观密度

砌筑砂浆的表观密度应满足表 4-1 的要求。

表 4-1　砌筑砂浆的表观密度

砂浆种类	水泥砂浆	水泥混合砂浆	预拌砌筑砂浆
表观密度/(kg·m^{-3})	≥1 900	≥1 800	≥1 800

2. 砂浆的和易性

砂浆和易性是指在施工中易于操作并能保证砌筑质量的性质。和易性好的砂浆,在运输和操作过程中,不会出现分层、离析和泌水现象,能均匀密实地填满灰缝并在砌块底面上铺成均匀的薄层,形成具有较高黏结强度的砌体。砂浆和易性包括流动性、保水性和稳定性三个方面。

(1)流动性

砂浆的流动性也叫稠度,是指新拌砂浆在自重或外力作用下流动的性能,以沉入度(mm)表示,用砂浆稠度仪测定。沉入度值越大,砂浆越稀,流动性越大。

影响砂浆流动性的主要因素有:所用胶凝材料的品种与数量、掺和料的品种与数量、砂子的粗细与级配状况、用水量及搅拌时间等。当其他材料确定后,主要取决于用水量,施工中常以用水量的多少来控制砂浆的稠度。

《砌筑砂浆配合比设计规程》(JGJ/T 98—2010)规定,砌筑砂浆的稠度应根据砌体材料的种类确定,应满足表 4-2 的要求。

表 4-2　砌筑砂浆的施工稠度

砌体种类	施工稠度/mm
烧结普通砖砌体、粉煤灰砖砌体	70～90
烧结多孔砖砌体、烧结空心砌块砌体、轻集料混凝土小型空心砌块砌体、蒸压加气混凝土砌块砌体	60～80
混凝土砖砌体、普通混凝土小型空心砌块砌体、灰砂砖砌体	50～70
石砌体	30～50

(2)保水性

砂浆保水性是指新拌砂浆保持其内部水分的性能。保水性不好的砂浆,在运输、停放、砌筑过程中,水分不容易保留住,不易铺抹成均匀的薄层,降低砂浆与砌体间的黏结力,破坏砌体结构的整体性。

砂浆保水性用保水率表示。砌筑砂浆的保水率应满足表 4-3 的要求。试验测定时是用规定流动度范围的新拌砂浆,按规定的方法进行吸水处理,吸水处理后保留在砂浆中的水占原始水量的质量百分数来表示。保水率值越大,表示砂浆保持水分的能力越强。

表 4-3　　砌筑砂浆的保水率

砂浆种类	水泥砂浆	水泥混合砂浆	预拌砌筑砂浆
保水率/%	≥80	≥84	≥88

大量试验和经验表明，为了保证水泥砂浆的和易性，满足保水率的要求，水泥用量不宜少于 200 kg/m^3，水泥混合砂浆中胶凝材料和掺和料（石灰膏等）的总量在 350 kg/m^3 比较适宜。砌筑砂浆中的水泥、石灰膏和电石膏等材料的用量可按表 4-4 选用。

表 4-4　　砌筑砂浆的胶凝材料和掺和料用量

砂浆种类	1 m^3 砂浆的材料用量/kg	材料种类
水泥砂浆	≥200	水泥
水泥混合砂浆	≥350	水泥和石灰膏、电石膏等材料总量
预拌砌筑砂浆	≥200	胶凝材料包括水泥、粉煤灰等所有活性矿物掺和料

（3）稳定性

砂浆的稳定性是指砂浆拌和物在运输和停放时内部各组分保持均匀稳定、不离析的性质。

砂浆的稳定性用“分层度”表示，分层度愈大，砂浆稳定性愈差。通常情况下分层度以 10～20 mm 为宜，不得大于 30 mm。当分层度大于 30 mm 时，砂浆容易分层离析泌水，不方便施工；当分层度接近于零时，砂浆容易发生干缩裂缝，强度降低。

3. 砂浆的强度

砂浆在砌体中的主要作用是传递压力，因此，工程上常以抗压强度作为砂浆的主要技术指标。

砂浆的抗压强度等级，是以棱长为 70.7 mm 的立方体试块，在标准养护条件下（温度为 20 ℃±3 ℃，水泥砂浆的相对湿度≥90%，混合砂浆的相对湿度为 60%～80%），用标准试验方法测得 28 d 龄期的抗压强度值确定的。

《砌筑砂浆配合比设计规程》（JGJ/T 98—2010）规定，水泥砂浆及预拌砌筑砂浆的强度等级分为 M30、M25、M20、M15、M10、M7.5、M5 共 7 个等级；水泥混合砂浆的强度等级分为 M15、M10、M7.5、M5 共 4 个等级。

一般情况下，办公室、教学楼等工程宜用 M5 ～M10 砂浆；地下室及工业厂房多用 M5 ～M10 砂浆；检查井、雨水井等可用 M5 砂浆；特别重要的砌体才使用 M10 以上的砂浆。

砌筑砂浆的强度除了受砂浆本身材料性质及用量影响外，还受所砌筑的基层材料的吸水性能影响。

（1）砌石砂浆

砌石砂浆是指摊铺在密实不吸水的基底上的砂浆。砌石砂浆的强度主要取决于水泥强度和胶水比的大小。

（2）砌砖砂浆

砌砖砂浆是指摊铺在多孔吸水的基底上的砂浆。虽然砂浆具有一定的保水性，但因基底材料吸水能力强，砂浆中一部分水分被吸走，此时砂浆的强度主要取决于水泥强度和用量。

4. 砂浆的黏结力

砂浆的黏结力是指砂浆与砌体材料间黏结强度的大小。黏结力不但影响砌体的抗剪强度和稳定性，还会影响结构的抗震性能、抗裂性能和耐久性。

通常，砂浆的强度等级越高黏结力越大。在良好的养护条件下，表面粗糙、洁净、湿润状态良好的砌块，与砂浆间的黏结力较大。

5. 砂浆的抗冻性

有抗冻性要求的砌体工程，砌筑砂浆应进行抗冻性试验。砌筑砂浆的抗冻性应符合表4-5所示的规定，且当设计对抗冻性有明确要求时，尚应符合设计规定。

表 4-5 砌筑砂浆的抗冻性

使用条件	抗冻指标	质量损失率	强度损失率
夏热冬暖地区	F15	≤5%	≤25%
夏热冬冷地区	F25		
寒冷地区	35		
严寒地区	F50		

四、砌筑砂浆的配合比设计

砌筑砂浆的配合比设计包括现场拌制的砂浆配合比设计和预拌砂浆配合比设计两部分。考虑到砂浆的使用量，目前建筑工程中使用的砂浆多是现场拌制的砂浆，因此以下只介绍现场拌制的砌筑砂浆的配合比设计。

砌筑砂浆的配合比应根据原材料的性能、砂浆的技术要求、块体的种类及施工条件等确定。确定的方法通常有两种，一种是通过查有关资料、手册等选择砂浆配合比；另一种就是对重要工程用砂浆或无参考资料时，可根据《砌筑砂浆配合比设计规程》(JGJ/T 98—2010)规定的配合比确定方法，通过计算、试拌调整的方式确定。以下以计算法为例介绍砂浆的配合比确定的步骤和方法。

1. 砌筑砂浆配合比的基本要求

(1)满足砂浆和易性及拌和物表观密度要求

砌筑砂浆的稠度应满足表4-2的要求；表观密度应满足表4-1的要求；保水率应满足表4-3要求。

(2)砌筑砂浆的强度应满足设计要求

耐久性应满足工程使用环境要求，具有抗冻性要求的砌体工程，砌筑砂浆应进行冻融试验，其冻融循环次数应满足表4-5要求。当设计对抗冻性有明确要求时，还应符合设计规定。

(3)砂浆应满足经济性要求。合理选择原材料，在满足技术性质要求的前提下，尽量减少水泥和掺和料的使用量。

2. 现场配制砌筑砂浆的初步配合比确定

(1)水泥混合砂浆初步配合比设计

①计算砂浆试配强度 $f_{m,0}$

$$f_{m,0}=kf_2 \tag{4-1}$$

式中　$f_{m,0}$——砂浆的试配强度，MPa，精确至 0.1 MPa；

f_2——砂浆设计强度即砂浆强度等级值，MPa，精确至 0.1 MPa；

k——系数，按表 4-6 规定选用。

表 4-6　砂浆强度标准差 σ 及系数 k 选用值表

施工水平＼砂浆强度等级	强度标准差 σ/MPa							k
	M5.0	M7.5	M10	M15	M20	M25	M30	
优良	1.00	1.50	2.00	3.00	4.00	5.00	6.00	1.15
一般	1.25	1.88	2.50	3.75	5.00	6.25	7.50	1.20
较差	1.50	2.25	3.00	4.50	6.00	7.50	9.00	1.25

②砂浆强度标准差的确定

当无统计资料时，砂浆强度标准差按表 4-6 选用。当有统计资料时，按式(4-2)计算

$$\sigma=\sqrt{\frac{\sum_{i=1}^{n} f_{mi}^2-n\mu_{f_m}^2}{n-1}} \tag{4-2}$$

式中　n—— 统计周期内同一品种砂浆试件的总组数，$n\geqslant 25$；

f_{mi}—— 统计周期内同一品种砂浆第 i 组试件的强度，精确到 0.1 MPa；

μ_{f_m}—— 统计周期内同一品种砂浆 n 组试件的强度平均值，精确到 0.1 MPa；

σ —— 砂浆强度标准差，精确到 0.1 MPa。

③计算每立方米砂浆中的水泥用量

每 1 m^3 砂浆中的水泥用量按式(4-3)计算

$$Q_C=\frac{1000(f_{m,0}-\beta)}{\alpha\cdot f_{ce}} \tag{4-3}$$

式中　Q_C——每立方米砂浆的水泥用量，精确至 0.1 kg；

$f_{m,0}$——砂浆的试配强度，精确至 0.1 MPa；

f_{ce}——水泥的实测强度，精确至 0.1 MPa，在无法取得水泥实测强度时，可按式 $f_{ce}=\gamma_c f_{ce,k}$ 计算；

$f_{ce,k}$——水泥强度等级值，MPa；

γ_c——水泥强度等级值的富余系数，宜按实际统计资料确定，无统计资料时可取 1.0；

α、β——砂浆的特征系数，通常取 $\alpha=3.03$，$\beta=-15.09$。

【注】 各地区可用本地区的试验资料确定 α、β，统计用的试验组数不得少于 30 组。

④计算每立方米砂浆中的石灰膏用量

每 1 m³ 砂浆中的石灰膏用量按式(4-4)计算。

$$Q_D = Q_A - Q_C \tag{4-4}$$

式中 Q_D——每立方米砂浆的石灰膏用量，精确至 1 kg；

Q_C——每立方米砂浆的水泥用量，精确至 1 kg；

Q_A——每立方米砂浆中胶凝材料和石灰膏总量，精确至 1 kg。《砌筑砂浆配合比设计规程》(JG/J/T 98—2010)中规定，石灰膏的稠度一般为 120 mm±5 mm，若稠度不在规定范围内，按照表 4-7 的换算系数进行换算。

表 4-7　石灰膏不同稠度时的换算系数

稠度/mm	120	110	100	90	80	70	60	50	40	30
换算系数	1.00	0.99	0.97	0.95	0.93	0.92	0.90	0.88	0.87	0.86

⑤计算每立方米砂浆的砂用量 Q_s(kg)

每 1 m³ 砂浆中的砂子用量，应以干燥状态(含水率小于 0.5%)的堆积密度值作为计算值，单位以 kg/m³ 计。

⑥确定每立方米砂浆的用水量

1 m³ 砂浆中的用水量，可根据砂浆稠度等要求，一般选择在 210～310 kg。

【注】 1. 水泥混合砂浆中的用水量，不包括石灰膏中的水。

2. 当采用细砂或粗砂时，用水量分别取上限或下限。

3. 稠度小于 70 mm 时，用水量可小于下限。

4. 施工现场气候炎热或处于干燥季节时，可酌量增加用水量。

(2)现场配制的水泥砂浆的试配规定

①水泥砂浆的材料用量应满足表 4-8 要求。

表 4-8　每 1 m³ 水泥砂浆材料用量参考

<table>
<tr><th>强度等级</th><th>水泥用量/kg</th><th>砂子用量/kg</th><th>用水量/kg</th><th>强度等级</th><th>水泥用量/kg</th><th>砂子用量/kg</th><th>用水量/kg</th></tr>
<tr><td>M5</td><td>200～230</td><td rowspan="4">砂的堆积密度值</td><td rowspan="4">270～330</td><td>M20</td><td>340～400</td><td rowspan="4">砂的堆积密度值</td><td rowspan="4">270～330</td></tr>
<tr><td>M7.5</td><td>230～260</td><td>M25</td><td>360～410</td></tr>
<tr><td>M10</td><td>260～290</td><td>M30</td><td>430～480</td></tr>
<tr><td>M15</td><td>290～330</td><td></td><td></td></tr>
</table>

实际施工中，以表 4-8 的规定为依据，具体还应综合考虑砂的粗细程度、砂浆稠度和施工气候温度等实际情况，适当增减用水量。

【注】 1. M15 及 M15 以下强度等级的水泥砂浆，水泥强度等级为 32.5 级；M15 以上强度等级的水泥砂浆，水泥强度等级为 42.5 级。

2. 当采用细砂或粗砂时，用水量分别取上限或下限。

3. 稠度小于 70 mm 时，用水量可小于下限。

4. 施工现场气候炎热或干燥季节，可酌量增加用水量。

②水泥粉煤灰砂浆材料用量参考表 4-9 选用。

表 4-9　　每 1 m^3 水泥粉煤灰混合砂浆各种材料用量参考

强度等级	水泥和粉煤灰用量/kg	粉煤灰/kg	砂子用量/kg	用水量/kg
M5	210～240	粉煤灰掺量可占胶凝材料总量的15%～25%	砂的堆积密度值	270～330
M7.5	240～270			
M10	270～300			
M15	300～330			

注:1.表中水泥强度等级为 32.5 级。

2.当采用细砂或粗砂时,用水量分别取上限或下限。

3.稠度小于 70 mm 时,用水量可小于下限。

4.施工现场气候炎热或干燥季节,可酌量增加用水量。

3.砌筑砂浆配合比试配、调整与确定

(1)试配时应采用工程中实际使用的材料,搅拌方法应与生产时的搅拌方法相同,水泥砂浆和水泥混合砂浆的搅拌时间不得少于 120 s,预拌砂浆及掺有粉煤灰增稠剂的砂浆搅拌时间不得少于 180 s。

(2)按计算或根据规范选择的配合比进行试拌,按《建筑砂浆基本性能试验方法标准》(JGJ/T 70—2009)规定,分别测定不同配比砂浆的表观密度,水泥砂浆表观密度不小于 1 900 kg/m^3,水泥混合砂浆表观密度不小于 1 800 kg/m^3。

测定试配砂浆的稠度和保水率,应满足设计和施工要求,若不能满足要求,则应调整材料用量,直到符合要求为止。然后确定为试配时的砂浆基准配合比。

(3)试配时至少应采用三个不同的配合比,其中一个按计算得出的基准配合比,另外两个配合比的水泥用量按基准配合比分别增加及减少 10%,在保证稠度、保水率合格的条件下,可将用水量、石灰膏、保水增稠材料或粉煤灰等活性掺和料用量作相应调整。

(4)具有冻融循环次数要求的砌筑砂浆,应满足表 4-5 要求。

(5)砌筑砂浆试配配合比的修正

①计算砂浆的理论表观密度;

②测定砂浆的真实表观密度。

计算校正系数,具体修正方法同混凝土。此处略。

只有当砌筑砂浆的稠度、保水率和强度同时满足要求时,才是合格的砌筑砂浆。

【砌筑砂浆配合比设计实例】

用于砌筑某烧结空心砖墙的水泥混合砂浆,要求的强度等级为 M7.5;施工稠度为 70～100 mm;使用 32.5 级的矿渣水泥;河砂为中砂,堆积密度为 1 450 kg/m^3,含水率为 3%;石灰膏稠度为 110 mm;自来水;施工水平一般。计算砌筑砂浆的初步配合比。

【解析】 ①计算试配强度 $f_{m,0}$

$$f_{m,0}=kf_2$$

由于施工水平一般,且配制强度为 7.5 MPa,查表 4-6,$k=1.20$,故

$$f_{m,0}=1.20\times7.5=9.0\text{ MPa}$$

②计算水泥用量 Q_C

$$Q_C=\frac{1\ 000(f_{m,0}-\beta)}{\alpha f_{ce}}$$

代入 $\alpha=3.03$，$\beta=-15.09$，$f_{ce}=32.5$ MPa（水泥富余系数 $\gamma_c=1.0$）

$$Q_C=\frac{1\ 000\times(9.0+15.09)}{3.03\times32.5}=245\ kg/m^3$$

③计算石灰膏用量 Q_D

$$Q_D=Q_A-Q_C$$

$Q_A=350\ kg/m^3$（在 300～350 kg/m³ 选用），$Q_D=350-245=105\ kg/m^3$

石灰膏稠度 110 mm 换算成 120 mm，查表 $105\times0.99=104\ kg/m^3$

④根据砂子堆积密度和含水率，计算用砂量 Q_S

$$Q_S=1\ 450\times(1+3\%)=1\ 494\ kg/m^3$$

⑤根据规定，选择用水量为 300 kg/m³。扣除湿砂所含的水量，拌和用水量为

$$Q_w=300-1\ 450\times3\%=256\ kg$$

砂浆试配时各材料的用量比例

水泥∶石灰膏∶砂∶水＝245∶104∶1 494∶256＝1∶0.42∶6.09∶1.04

单元二　抹面砂浆和特种砂浆

【知识目标】

1. 了解抹面砂浆、特种砂浆的主要技术要求和工程应用。
2. 理解防水砂浆的防水机理，掌握其工程应用。

一、抹面砂浆

抹面砂浆是以薄层涂抹于建筑物或构筑物表面的砂浆，也称抹灰砂浆。抹面砂浆按使用功能不同，可分为普通抹面砂浆和装饰抹面砂浆两种。

1. 普通抹面砂浆

普通抹面砂浆是建筑工程中使用量最大的抹面砂浆，它一方面起着找平的作用，另一方面起着保护层的作用，保护建筑物的墙体、地面等不受湿气及有害物质的直接腐蚀，提高砌体的耐久性。抹面砂浆通常分为两层（底层和面层）或三层（底层、中层和面层）进行施工，不同施工层的砂浆稠度应满足表 4-10 要求。

表 4-10　抹面砂浆稠度及集料最大粒径要求

抹面砂浆的层次	沉入度/mm	砂的最大粒径/mm
底层	100～120	2.36
中层	70～90	2.6
面层	70～80	1.18

底层砂浆主要起着黏结基层的作用，要求具有良好的和易性及较高的黏结力，使其在施工中或长期自重和环境作用下不脱落、不开裂；砖墙底层抹灰多用石灰砂浆；在容易碰撞或有防水、防潮要求时用水泥砂浆，如墙裙、踢脚板、地面、窗台、水井等部位；混凝土底层抹灰多用水泥砂浆或混合砂浆；混凝土梁、柱、顶板等底层多用混合砂浆或石灰砂浆。

中层砂浆主要起着找平的作用，所使用的砂浆基本上与底层相同，施工中，底层和中层砂浆可以同时施工。

面层砂浆主要起装饰作用并兼有对墙体的保护及达到表面美观的效果，一般要求砂浆较细，易于抹平，不会出现空鼓、酥皮等现象，为了确保表面不开裂，常加入聚乙烯醇纤维等物质，增加砂浆抵抗收缩能力。

2. 装饰砂浆

装饰砂浆是直接涂抹于建筑物内外墙表面，以增加建筑物装饰艺术性为主要目的的砂浆。

装饰砂浆的底层和中层抹灰砂浆与普通抹面砂浆基本相同，主要区别在面层。

装饰砂浆的面层应选用具有一定颜色的胶凝材料和集料，如使用各种彩色水泥、浅色或彩色的大理石、天然砂、花岗石的石屑或陶瓷的碎粒等，并采用特殊的施工操作方法，使建筑物具有特殊的表面形式及不同的色彩和质感，以满足艺术审美需要。但所加入的颜料应具有耐酸、耐碱、耐大气腐蚀等特点，保证使用耐久性。

二、特种砂浆

特种砂浆是指具有某些特殊性能，能够满足特殊需要的砂浆。常用的有防水砂浆、保温砂浆等。

1. 防水砂浆

防水砂浆是在水泥砂浆中掺入防水剂、膨胀剂或聚合物等配制而成的具有一定的防水、防潮和抗渗透能力的砂浆。

防水砂浆又称刚性防水层，其防水作用主要依靠砂浆本身的憎水性和硬化砂浆的结构密实性实现的。仅用于不受震动或埋置深度不大、具有一定刚度的混凝土工程或砌体工程，如地下室、水池、沉井、水塔等。不适合在变形较大或可能发生不均匀沉降的建筑物上使用。

防水砂浆宜采用强度等级不低于 42.5 级的普通硅酸盐水泥、42.5 级的矿渣水泥或膨胀水泥，不得使用过期或受潮结块的水泥。骨料宜采用级配良好的中砂，含泥量不得大于 1％，硫化物和硫酸盐含量不得大于 1％，使用洁净水。

2. 保温砂浆

保温砂浆也称绝热砂浆，是以水泥、石灰、石膏等胶凝材料，与膨胀珍珠岩、膨胀蛭石、陶粒等轻质多孔骨料，按一定比例配制而成的砂浆。保温砂浆具有轻质、保温隔热、吸声等性能，其热导率为 0.07～0.1 W/(m·K)。

保温砂浆常用于现浇屋面保温层、保温墙壁及供热管道的绝热保护层等。

3. 吸声砂浆

由轻质多孔的骨料制成的具有吸声性能的砂浆称为吸声砂浆。还可以用水泥、石膏、砂、锯末等按体积比 1∶1∶3∶5 配制成吸声砂浆，或在石灰、石膏砂浆中掺入玻璃纤维、矿棉等松软纤维制成。吸声砂浆主要用于室内墙壁和平顶的吸声。

工作单元

任务一　施工现场砂浆取样及实验室制备

【知识准备】

按生产工艺分，砂浆分哪两种？水泥砂浆的基本组成成分。

【技能目标】

1. 会根据工程实际和检测项目，按规范要求取砂浆试样。
2. 会在实验室拌制砂浆。

一、施工过程中砂浆取样

1. 检测用砂试样应从同一盘砂浆或同一车砂浆中取样。为保证检测用料的代表性及足够的试样量，检测取样量不应少于试验所需量的 4 倍。各项检测的砂浆取样量见表 4-11 。

表 4-11　砂浆性能检测取样量

检测项目	稠度	保水率	表观密度	抗压强度
取样量/L	10	4	8	5

2. 当施工过程中进行砂浆试验时，其取样方法和原则应按相应的施工验收规范执行。每一验收批、每一楼层或每 250 m^3 砌体中各种强度等级的砂浆，取样不少于一次；每台搅拌机搅拌的砂浆取样不少于一次；每一工作班取样不少于一次。

取样宜在使用地点的砂浆槽、砂浆运送车或搅拌机的出料口，至少从 3 个不同部位抽取试样，试验前应人工搅拌均匀。

3. 砌筑砂浆的验收批，同一类型、强度等级的砂浆试块应不少于 3 组。

4. 当砂浆强度等级或配合比有变更时，还应另作试块。每次取样标养试块至少留置一组，同条件养护试块由施工情况确定。

5. 从取样完毕到开始进行各项性能试验不宜超过 15 min。

二、实验室制备砂浆

(一)制备要求

1. 实验室拌制砂浆用于试验时，所用材料应提前 24 h 运入室内。拌和时实验室的温度应保持在 20 ℃±5 ℃。当需要模拟施工条件下所用的砂浆时，所用原材料的温度宜与施工现场保持一致。

2. 试验所用原材料应与现场使用材料一致。砂应通过 4.75 mm 筛。水泥若有结块，应充分混合均匀，以 0.9 mm 筛过筛。

3. 实验室拌制砂浆时，材料用量应以质量计。水泥、外加剂、掺和料等的称量精度应为±0.5%，细骨料的称量精度应为±1%。

4. 实验室搅拌砂浆时应采用机械搅拌，搅拌的用量宜为搅拌机容量的 30%～70%，搅拌时间不应少于 120 s。掺有掺和料和外加剂的砂浆，其搅拌时间不应少于 180 s。

(二)砂浆制备

同水泥混凝土的制备，此处略。

任务二　砂浆和易性及表观密度检测

【知识准备】

1. 砌筑砂浆和易性包括哪些内容？与水泥混凝土有何区别？
2. 砂浆和易性的评价指标是什么？

【技能目标】

会独立测定砂浆稠度、分层度和保水率，并对检测结果进行评价。

一、砂浆拌和物和易性检测

1. 砂浆稠度测定

(1)主要仪具设备

①砂浆稠度仪：由试锥、盛浆容器和支座三部分组成，如图 4-1 所示。

②钢制捣棒：直径为 10 mm，长为 350 mm，端部磨圆。

③秒表。

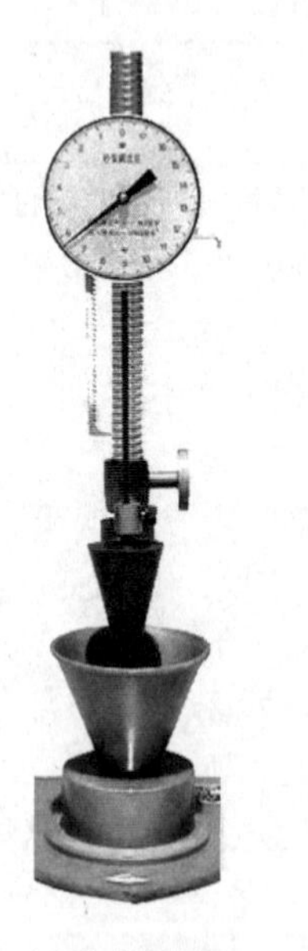

(a)砂浆稠度仪

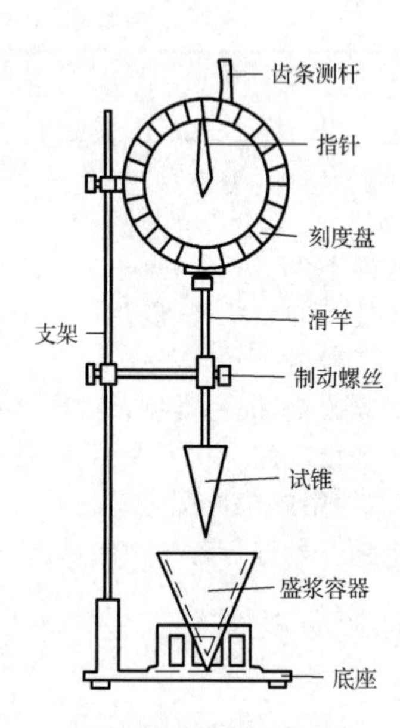

(b)砂浆稠度仪结构示意图

图 4-1　砂浆稠度仪及其结构示意图

(2)试验步骤

①用少量润滑油轻擦滑竿,再将滑竿上多余的油用吸油纸擦净,使滑竿能自由滑动。

②用湿布擦净盛浆容器和试锥表面。

③将砂浆拌和物一次装入容器,使砂浆表面低于容器口约 10 mm。用捣棒自容器中心向边缘均匀地插捣 25 次,然后轻轻地将容器摇动或敲击 5～6 下,使砂浆表面平整,然后将容器置于稠度测定仪的底座上。

④拧开试锥滑竿的制动螺栓,向下移动滑竿,当试锥尖端与砂浆表面刚接触时,拧紧制动螺栓。

⑤拧开制动螺栓,同时记录时间,10 s 时立即拧紧螺丝,将齿条测杆下端接触滑竿上端,从刻度盘上读出下沉深度(精确到 mm),二次读数之差值即为砂浆的稠度值。

⑥将容器内砂浆倒出,另取已拌制均匀的试样,重复上述测定。

(3)试验结果评定要求

①同盘砂浆取两次试验结果的算术平均值,计算值精确到 1 mm。

②当两次试验值之差大于 10 mm 时,则应重新取样测定。

(4)砂浆稠度检测试验数据记录及结果处理见表 4-12。

表 4-12　砂浆稠度检测试验数据记录及结果处理

试验次数	沉入度/mm		备　注
	单次测定值	平均值	
1			
2			

2. 砂浆分层度测定

(1)主要仪具设备

①砂浆分层度仪:如图 4-2 所示,由上、下两节组装而成,上节高200 mm,下节带底净高为 100 mm,上、下节借助橡胶垫圈密封连接。

②振动台:振幅(0.5±0.05)mm,频率(50±3)Hz。

③稠度仪、木槌等。

(a)砂浆分层度仪

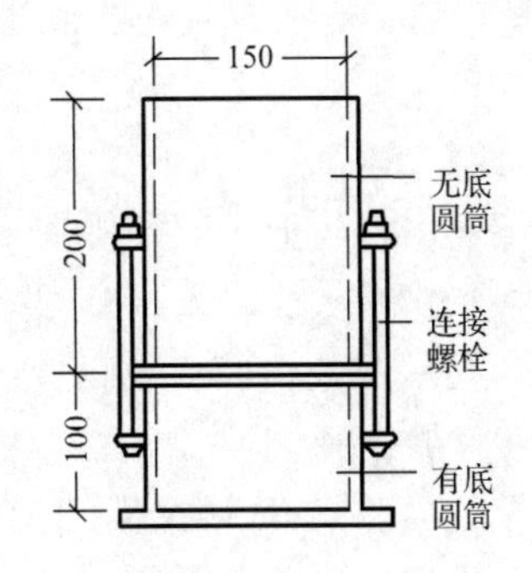

(b)砂浆分层度仪结构示意图

图 4-2　砂浆分层度仪及其结构示意图

(2)试验步骤

①按稠度方法测定砂浆拌和物稠度。

②将砂浆拌和物一次装入分层度筒内,待装满后,用木槌在容器周围距离大致相等的四个不同部位,轻轻敲击 1~2 下,如砂浆沉落位置低于筒口,则应随时添加,然后刮去多余的砂浆并用刀抹平。

③静置 30 min 后,去掉上节 200 mm 的砂浆,剩余的 100 mm 砂浆倒出放在拌和锅内再拌和 2 min,然后再按稠度试验方法测其稠度,前后测得的稠度之差即为该砂浆的分层度值(mm)。

(3)试验结果处理

①取两次试验结果的算术平均值作为该砂浆的分层度值。

②两次分层度试验值之差如大于 10 mm,应重新取样进行测定。

(4)砂浆分层度试验数据记录及结果见表 4-13。

表 4-13　　砂浆分层度检测试验数据记录及结果处理

试验次数	沉入度 1/mm	沉入度 2/mm	分层度单次测值/mm (沉入度 1－沉入度 2)	分层度 平均值/mm	备注
1					
2					

3. 砂浆保水性测定

(1)主要仪具设备

①金属或硬塑料圆环试模:内径 100 mm,内部高度 25 mm。

②可密封的取样容器:应清洁、干燥。

③2 kg 的重物。

④医用棉纱,尺寸为 110 mm×110 mm,宜选用纱线稀疏,厚度较薄的棉纱。

⑤超白滤纸:应符合《化学分析滤纸》(GB/T 1914—2007)中速定性滤纸,直径应为 110 mm,单位面积质量应为 200 g/m^2。

⑥2 片金属或玻璃的方形或圆形不透水片,边长或直径应大于 110 mm。

⑦天平:量程为 200 g,感量应为 0.1 g;量程为 2 000 g,感量应为 1 g。

⑧烘箱。

(2)试验步骤

①称量下不透水片与干燥试模质量 m_1 和 8 片中速定性滤纸质量 m_2。

②将砂浆拌和物一次性装入试模,并用抹刀插捣数次,当装入的砂浆略高于试模边缘时,用抹刀以 45°角一次性将试模表面多余的砂浆刮去,然后再用抹刀以较平的角度在试模表面反方向将砂浆刮平。

③抹掉试模边的砂浆,称量试模、下不透水片与砂浆总质量 m_3。

④用 2 片医用棉纱覆盖在砂浆表面,再在棉纱表面放上 8 片滤纸,用不透水片盖在滤纸表面,以 2 kg 的重物把上部不透水片压住。

⑤静置 2 min 后移走重物及上部不透水片,取出滤纸(不包括棉纱),迅速称量滤纸质量 m_4。

⑥从砂浆的配比及加水量计算砂浆的含水率。若无法计算，可按⑦的规定测定砂浆的含水率。

⑦砂浆含水率测定方法

称取 100 g 砂浆拌和物试样，置于一干燥并已称重的盘中，在 105 ℃±5 ℃的烘箱中烘干至恒重。砂浆含水率 α 按式(4-5)计算

$$\alpha=\frac{m_5-m_6}{m_5}\times 100 \tag{4-5}$$

式中 α——砂浆含水率，%；

m_5——烘干前砂浆样本的质量(g)，精确至 0.1 g；

m_6——烘干后砂浆样本的质量(g)，精确至 1 g。

(3)试验结果处理

①砂浆保水率应按式(4-6)计算

$$W=\left[1-\frac{m_4-m_2}{\alpha\times(m_3-m_1)}\right]\times 100\% \tag{4-6}$$

式中 W——保水率，%；

m_1——下不透水片与干燥试模质量(g)，精确至 1 g；

m_2——8 片滤纸吸水前的质量(g)，精确至 0.1 g；

m_3——试模、下不透水片与砂浆的总质量(g)，精确至 1 g；

m_4——8 片滤纸吸水后的质量(g)，精确至 0.1 g；

α——砂浆含水率，%。

②取两次试验测值的平均值作为结果，如两个测定值中有一个超出平均值 5%，则此组试验结果无效。重复试验，再用一批新拌的砂浆做两组试验。

(4)砂浆含水率测定试验数据记录及结果处理见表 4-14。

表 4-14　砂浆含水率测定试验数据记录及结果处理

试验次数	下不透水片与干燥试模质量 m_1/g	8 片滤纸吸水前的质量 m_2/g	试模、下不透水片与砂浆的总质量 m_3/g	8 片滤纸吸水后的质量 m_4/g	砂浆样本的总质量 m_5/g	烘干后砂浆样本的质量 m_6/g	砂浆含水率 α/%	保水率 W/%	平均保水率 $\overline{W}$/%
1									
2									

二、砂浆表观密度测定

1. 主要仪具设备

(1)量筒。

(2)台秤、捣棒。

(3)振动台。

2. 测定步骤

(1)量筒容积的校正

用一块较量筒口稍大的玻璃板，先称量出玻璃板和空筒的质量，然后向量筒中灌入清水，灌到接近上口时，一边不断加水，一边把玻璃板沿筒口徐徐推入盖严，应注意使玻璃板

下不带入任何气泡。然后擦净玻璃板面和筒壁外的水分，将量筒连同玻璃板放在台秤上称量。两次称量之差(以 kg 计)即为量筒的容积。

(2)表观密度测定

①人工振捣法测定——适用于稠度大于 50 mm 的砂浆拌和物表观密度测定。

a. 称筒重：用湿布将量筒内外擦净，称出质量 m_1，精确至 5 g。

b. 装拌和物：将稠度合格的砂浆一次性装满量筒并稍有富余，用捣棒由边缘向中心均匀插捣 25 次，当插捣过程中砂浆沉落到低于筒口时，应随时添加砂浆，再用捣棒在容器外壁敲击 5～6 次。

c. 抹平：仔细用抹刀抹平坍落度筒表面，将溢至筒外壁的拌和物擦净并称其质量 m_2(精确至 50 g)。

②机械振捣测定——适用于稠度小于 50 mm 砂浆表观密度测定。

a. 称筒重：用湿布将量筒内外擦净并称其质量 m_1。

b. 装拌和物：将稠度合格的砂浆一次性装满量筒并稍有富余，将量筒在振动台上振动 10 s，振动过程中随时添加拌和物。

c. 抹平：从振动台上取下量筒，刮去多余砂浆，仔细用抹刀抹平表面，将溢至筒外壁的拌和物擦净，称筒及拌和物总质量 m_2(精确至 50 g)。

3. 试验结果计算

(1)砂浆的表观密度按式(4-7)计算

$$\rho_h = \frac{m_2 - m_1}{V} \tag{4-7}$$

式中 ρ_h—— 砂浆的表观密度，kg/L；

m_1——量筒质量，kg；

m_2——捣实或振实后砂浆和量筒总质量，kg；

V——量筒容积，L。

(2)以两次试验结果的算术平均值作为测定值，试样不得重复使用。

(3)砂浆表观密度试验数据记录及结果处理见表 4-15。

表 4-15　　砂浆表观密度试验数据记录及结果处理

试验次数	量筒质量 m_1/kg	捣实或振实后砂浆和量筒总质量 m_2/kg	量筒容积 V/L	砂浆的表观密度 ρ_h/(kg·L^{-1})	砂浆表观密度平均值$\overline{\rho_h}$/(kg·L^{-1})
1					
2					

任务三　砂浆立方体抗压强度试验

砂浆抗压强度试验

【知识准备】

1. 砂浆标准抗压强度试块的规格及养护条件、养护龄期是什么？

2. 一组混凝土立方体试块的强度代表值如何确定？

【技能目标】

熟悉砂浆抗压强度试验机的使用方法；会测砂浆抗压强度并对结果进行处理和评价。

一、主要试验仪器

(1)试模：70.7 mm×70.7 mm×70.7 mm 的立方体带底试模，由铸铁或钢制成，应具有足够的刚度并拆装方便。

(2)钢制捣棒：直径 10 mm，长 350 mm，端部应磨圆。

(3)压力试验机：其量程应能使试件的预期破坏荷载值不小于全量程的 20%，不大于全量程的 80%。

(4)垫板：试验机上、下压板可垫以钢垫板。

(5)振动台：一次试验至少能固定(或用磁力吸盘)三个试模。

二、试验步骤

1. 试件制作

(1)用黄油等密封材料涂抹试模的外接缝，试模内壁涂刷薄层机油或脱模剂。

(2)将和易性合格的砂浆拌和物一次性装入标准立方体试模中，当稠度≥50 mm 时，宜采用人工插捣成型，当稠度<50 mm 时采用振动台振动成型。

人工插捣：用捣棒均匀由试模边缘向中心按螺旋方向插捣 25 次，插捣过程中如砂浆沉落低于试模口，应随时添加砂浆，可用油灰刀插捣数次，并用手将试模一边抬高 5～10 mm 各振动 5 次，使砂浆高出试模顶面 6～8 mm。

机械振捣：将砂浆一次装满试模，放置到振动台上，振动时试模不得跳动，振动 5～10 s 或持续到表面泛浆为止，不得过振。

(3)待表面水分稍干后，将高出试模部分的砂浆沿试模顶面削去并抹平。

2. 试件养护

(1)试件制作后应在 20 ℃±5 ℃的温度环境中静置 24 h±2 h，气温较低时，可适当延长时间，但不应超过两昼夜，然后对试件进行编号并拆模。拆模后立即放入温度为 20 ℃±2 ℃，相对湿度为 90%以上的标准养护室中养护。养护期间，试件彼此间隔不少于 10 mm，应覆盖混合砂浆试件以防有水滴。养护至规定的龄期 28 d 进行试压。

3. 抗压强度测定

(1)试件取出后应尽快试验，以免内部的温度、湿度发生显著变化。试验前先将试件擦拭干净，测量尺寸、检查其外观并据此计算试件的承压面积。试件尺寸测量精确到 1 mm。

(2)将试件安放在试验机的下压板或下垫板上，试件的承压面应与成型的顶面垂直，试件中心应在与试验机下压板接近时调整球座，使接触面均匀受压。承压试验应连续并均匀的加荷，加荷速度应为 0.25～1.5 kN/s(砂浆强度不大于 5 MPa 时，宜取下限，砂浆强度大于 5 MPa 时，宜取上限)。当试件接近破坏而开始迅速变形时，停止调整试验机油门，直至试件破坏，然后记录破坏荷载。

三、试验结果评定要求

(1)砂浆立方体抗压强度按式(4-8)计算

$$f_{m,cu}=\frac{F}{A} \tag{4-8}$$

式中 $f_{m,cu}$——砂浆立方体抗压强度,MPa,精确至0.1 MPa;

F——试件破坏荷载,N;

A——试件承压面积,mm^2。

(2)砂浆立方体抗压强度计算应精确到0.1 MPa。以一组三个试件测值的算术平均值的1.35倍作为该组试件的砂浆立方体试件抗压强度平均值,计算精确到0.1 MPa。

当三个测值的最大值或最小值中如有一个与中间值的差值超过中间值的15%时,把最大值及最小值一并舍去,取中间值作为该组试件的抗压强度值;当两个测值与中间值的差值均超过中间值的15%时,则该组试件的检测结果无效。

砂浆立方体抗压强度检测试验数据记录及结果处理见表4-16。

表4-16 砂浆立方体抗压强度检测试验数据记录及结果处理

试件编号	单个试件强度测定值	一组试件强度代表值
1		
2		
3		

知识与技能综合训练

一、名词和符号解释

1.砌筑砂浆 2.沉入度 3.新拌砂浆的和易性 4.防水砂浆 5.M30

三、工程应用案例分析

1.地上砌筑工程一般多采用混合砂浆,分析原因。

2.某工地现场配制M10砂浆砌筑砖墙,把水泥直接倒在砂堆上,再进行人工搅拌。该砌体灰缝饱满度及黏结性均差。请分析原因。

建筑砂浆及其性能检测

模块五 建筑钢材及其性能检测

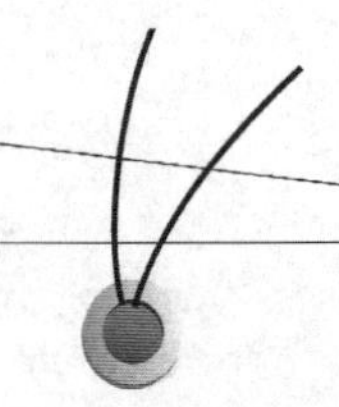

钢是用生铁冶炼而成并以铁为主要元素、含碳量低于2%的铁碳合金。

建筑钢材是用于建筑钢结构中的各种型钢(角钢、工字钢、槽钢等)、钢板、钢管及用于钢筋混凝土结构中的各种钢筋、钢丝和钢绞线。

钢材由于具有良好的力学性能和工艺性能,而被广泛应用于工业与民用建筑、铁路、桥梁和国防工程等各种建筑工程中,是现代建筑工程中主要的结构材料之一。

本模块的知识单元概要介绍钢材的分类、钢材的主要化学成分及其对钢材性能的影响;重点介绍钢材的主要技术性质、钢结构及钢筋混凝土结构用钢的技术要求和技术标准;工作单元重点训练钢材的取样、钢材外观质量验收方法及低碳钢的拉伸和弯曲性能检测。

学习单元

单元一 钢材的基本知识

【知识目标】

1. 了解钢材的优缺点、分类及工程应用。

2. 了解钢材中主要元素及其对钢材性能的影响。

一、钢材的特点

建筑钢材是建筑工程中综合技术性能好、使用量大、使用范围广的主要建筑材料之一,广泛用于房屋建筑、桥梁及铁路工程中的钢筋混凝土和预应力混凝土结构中,尤其是近年来随着高层建筑、超大跨钢结构、高速铁路建设等的迅速发展,钢材的应用越来越广。

1. 钢材的优点

①材质均匀,性能可靠。与其他建筑材料相比,钢材的生产工艺严格,材质均匀,密实度高,使用性能可靠。

②强度高。钢材的抗拉、抗压和抗剪强度都很高,可用作各种构件和零部件;与水泥混凝土基体附着力强,能够协同工作,弥补混凝土抗拉强度低的不足。

③塑性和韧性好。常温下能够承受较大的塑性变形,如冷弯、冷拉、冷轧等各种冷加工操作,制成各种铸件和型材;可以焊接、铆接或螺栓连接,方便装配和机械化施工。

④比强度较大。钢材的比强度比混凝土大很多,能够减轻结构自重。例如,以同样跨度承受同样的荷载,钢屋架的质量最多是钢筋混凝土屋架的 1/4～1/3,冷弯薄壁型钢屋架甚至可接近 1/10。有利于减轻基础荷载,降低地基基础部分造价。

2. 钢材的缺点

建筑钢材生产能耗大,成本较高;使用和储存不利则极易生锈,维护和维修费用大;耐火能力差。

二、钢材的分类

1. 按化学成分分类

钢材按化学成分分为碳素钢和合金钢。

(1)碳素钢

又称非合金钢，钢中除铁以外的主要元素是碳，炼钢过程中残留于钢水中的少量合金元素(硅、锰、硫、磷、氧、氮等)，对钢材的性能影响不大。

(2)合金钢

在碳素钢的基础上，人为添加了一种或多种合金元素(如硅、钛、铬、镍、钒等)。合金元素改善了碳素钢的技术性能，增加了一些钢材的特殊使用性能。

2. 按质量等级分类

按硫和磷的含量，将钢材分为普通钢、优质钢、高级优质钢和特级优质钢四个等级。硫和磷两种元素含量越少，钢材的质量相对越好。

3. 按用途分类

按用途可分为结构钢、工具钢和特殊钢。

4. 按冶炼时脱氧程度分类

按冶炼时的脱氧程度由不完全到最充分彻底，将钢材分为沸腾钢、半镇静钢、镇静钢和特殊镇静钢四类，四类钢材的质量均匀性、强度和冲击韧性等依次提高。

钢材的详细分类见表 5-1。

表 5-1　钢材的分类

分类方法	类别		特性
按化学成分分类	碳素钢	低碳钢	含碳量小于 0.25%，韧性好、易加工，是建筑工程的主要用钢
		中碳钢	含碳量为 0.25%～0.60%，较硬，多用于机械部件
		高碳钢	含碳量大于 0.60%，很硬，主要用作工具钢
	合金钢	低合金钢	合金元素总含量小于 5%
		中合金钢	合金元素总含量为 5%～10%
		高合金钢	合金元素总含量大于 10%
按脱氧程度分类	沸腾钢		脱氧最不完全，代号为“F”，用于一般的建筑工程中
	半镇静钢		脱氧比较完全，代号为“B”，是建筑工程中应用最广泛的一种钢材
	镇静钢		脱氧完全，代号为“Z”，用于承受振动冲击荷载或重要的焊接钢结构中
	特殊镇静钢		脱氧充分彻底，代号为“TZ”，质量最好，适用于特别重要的结构工程
按质量分类	普通钢		含硫量 ≤ 0.055%～0.065%，含磷量≤ 0.045%～0.085%
	优质钢		含硫量 ≤ 0.03%～0.045%，含磷量≤ 0.035%～0.045%
	高级优质钢		含硫量 ≤ 0.02%～0.03%，含磷量≤ 0.027%～0.035%
	特级优质钢		含硫量 ≤ 0.015%，含磷量 ≤ 0.025%
按用途分类	结构钢		工程结构构件用钢、机械制造用钢
	工具钢		各种刀具、量具及模具用钢
	特殊钢		具有特殊物理、化学或机械性能的钢，如不锈钢、耐热钢、耐酸钢、耐磨钢、磁性钢等

三、钢材的化学成分及其对钢材性能的影响

1. 主要元素

碳元素是钢材的主要元素,碳元素的含量在一定程度上决定着钢材的性能。当含碳量低于0.8%时,随含碳量的增加,钢的强度和硬度相应提高,而塑性和韧性则相应降低。当含碳量超过0.8%时,钢的强度开始下降,冷脆性和时效敏感性增加,抗大气腐蚀性和可焊性降低。

2. 主加合金元素

(1)锰

锰是低合金钢的主加合金元素,起着脱氧去硫的作用,消除钢的热脆性,改善加工性能。当锰含量为0.8%～1.0%时,可显著提高钢的屈服点、抗拉强度和硬度。

(2)硅

硅是合金钢的主加合金元素,起着脱氧的作用。含量在1%以内,可提高钢的抗拉强度和屈服点,对塑性和韧性无明显影响。

(3)钒、铌、钛

钒、铌、钛都是合金钢的合金元素,在炼钢时用作脱氧剂,可改善钢的组织结构,提高钢的强度,增加钢材韧性。

3. 有害元素

(1)硫和磷

硫是炼钢时残留在钢水中的有害元素,与铁生成低熔点的FeS。当在较高温度下加工或焊接钢材时,FeS被熔化,使钢内部产生裂纹,这种在高温下产生裂纹的特性称为热脆性。热脆性大大降低了钢的热加工性和可焊性,并会导致碳素钢的冲击韧性、疲劳强度及耐腐蚀性等性能下降。

磷也是炼钢时残留在钢水中的有害元素,容易导致钢材的冷脆性,即降低钢材的塑性、韧性、冷弯性能和可焊性,特别是使钢材在低温下的韧性显著降低,冷脆性显著增加。但磷可使钢材的强度、耐腐蚀性提高,因此钢中含磷量要严格控制。

(2)氧、氮

氧、氮都是炼钢时残留在钢水中的有害元素,显著降低钢的塑性、韧性、冷弯性能和可焊性。

单元二　钢材的技术性质

【知识目标】

1. 理解低碳钢的应力-应变规律。
2. 掌握钢材的屈服强度、抗拉强度和伸长率的含义及工程意义。
3. 掌握钢材时效的意义;了解钢材耐久性及其影响因素。

钢材的技术性质包括力学性质、塑性、工艺性质和耐久性。

一、力学性质

1. 拉伸性能

拉伸是建筑钢材的主要受力形式，所以拉伸性能是衡量钢材性能和选用钢材的重要指标。

进行低碳钢(软钢)的拉伸试验，可以绘出如图 5-1 所示的应力-应变关系曲线。从图中可以看出，低碳钢从受拉至被拉断，经历了四个阶段：弹性阶段($O\rightarrow A$)、屈服阶段($A\rightarrow B$)、强化阶段($B\rightarrow C$)和颈缩阶段($C\rightarrow D$)。

(1)弹性阶段($O\rightarrow A$)——弹性模量

图中 OA 是一直线，表明从 $O\rightarrow A$ 的过程，应力与应变成正比，即卸去外力，试件能恢复原形，此阶段的变形为弹性变形。与 A 点对应的应力称为弹性极限，用 σ_p 表示。此阶段应力和应变的比值称为弹性模量，用 E 表示，$E=\sigma_p/\varepsilon$。

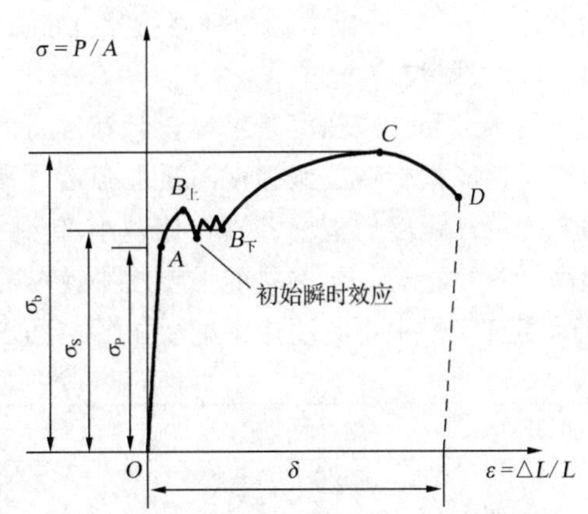

图 5-1　低碳钢拉伸时的应力-应变关系

弹性模量是衡量钢材抵抗弹性变形能力的指标，E 越大，钢材产生一定量弹性变形的应力值越大；在一定应力下，产生的弹性变形就越小。工程上，弹性模量反映钢材的刚度，是钢材在受力条件下计算结构变形的重要指标。

(2)屈服阶段($A\rightarrow B$)——屈服强度

由图 5-1 可见，当应力超过 A 点后，应力和应变不再是正比例的直线变化关系，应变的增长明显比应力快，钢材开始产生塑性变形。当应力达到 $B_上$ 点时又瞬间下降到 $B_下$ 点，此时塑性变形迅速增加，但荷载不再增加或大致在恒定的位置上稍有波动，这种现象称为钢材的“屈服”现象。从 A 点到 B 点称为屈服阶段，$B_上$ 点称为上屈服点，$B_下$ 点则称为下屈服点。由于下屈服点比较稳定且容易测定，因此，采用下屈服点对应的应力作为钢材的屈服极限(σ_s)或屈服强度。

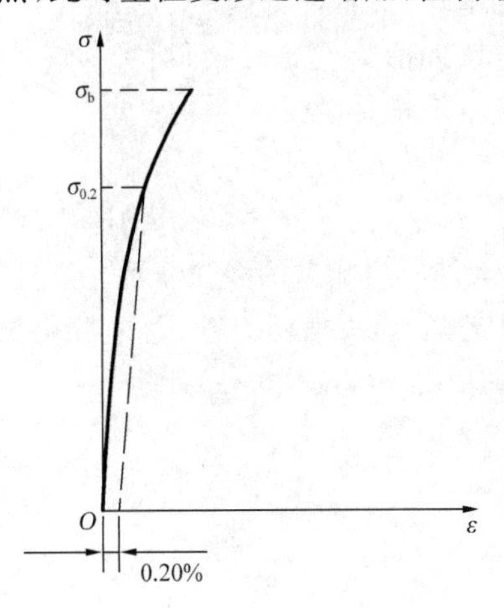

图 5-2　中碳钢、高碳钢应力-应变曲线

钢材受力达到屈服强度后，变形迅速增加，尽管尚未断裂，但已不能满足使用要求，因此结构设计中以屈服强度作为容许应力取值的依据。常用低碳钢的屈服强度 σ_s 为 185～235 MPa。

中碳钢与高碳钢、低碳钢不同，拉伸时伸长率小、断裂时呈脆性断裂，没有明显的屈服点，难以测定屈服强度，如图 5-2 所示。

规范规定对中碳钢、高碳钢等硬钢，以产生残余变形为原标距长度的0.2%时所对应的应力值，作为屈服强度，又称条件屈服点，用$\sigma_{s(0.2)}$表示，按式(5-1)计算

$$\sigma_{s(0.2)}=\frac{F_{0.2}}{A_0} \tag{5-1}$$

式中　$F_{0.2}$——相当于所求应力的荷载，N；

A_0——试样原横截面积，mm^2。

(3)强化阶段($B\rightarrow C$)——抗拉强度

在钢材屈服到一定程度后，其内部晶格结构发生变形而得到强化，使钢材抵抗外力的能力重新提高，对钢材继续变形产生阻力。在图5-1中，曲线从$B\rightarrow C$的过程称为强化阶段；对应于C点的应力称为极限抗拉强度(σ_b)，它是钢材被拉断之前所能承受的最大拉应力，又称极限拉应力。

屈服点和抗拉强度是工程设计和选材的主要依据，也是建筑钢材购销和检验工作中的重要性能指标。屈服强度与抗拉强度之比(σ_b/σ_s)称为屈强比，是反映钢材利用率和结构安全可靠程度的指标。屈强比越小，钢材受力超过屈服点工作时的可靠性越大，安全性越高；但屈强比太小，钢材的强度水平就不能充分发挥，钢材的利用率偏低，浪费材料。

建筑工程中不同用途钢材要求的屈强比要求见表5-2。

表5-2　不同用途钢材要求的屈强比

钢材的用途	要求的屈强比
建筑结构的钢	0.60～0.75
普通碳素结构钢Q235	0.58～0.63
低合金结构钢	0.65～0.75
有抗震要求的框架结构纵向受力钢筋	不应超过0.80

(4) 颈缩阶段($C\rightarrow D$)——伸长率

在钢材受力达到最高点C点后，抵抗变形的能力明显降低，应力逐渐下降，变形快速增长，试件在有杂质或缺陷的薄弱处，断面急剧缩减，变形急剧增加，产生“颈缩”现象直至被拉断，如图5-3所示。

钢材试件被拉断后，可以计算拉伸后增加的长度占拉伸前长度的百分率，称为伸长率。钢材的屈服强度、抗拉强度和伸长率是衡量钢材拉伸性能的重要指标。

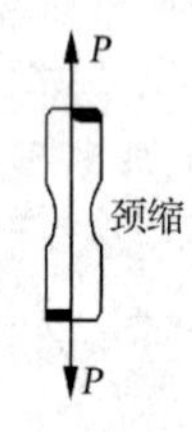

图5-3　钢材拉伸颈缩图

2.冲击韧性

冲击韧性是钢材抵抗冲击荷载作用的能力，用冲断试件所需能量的多少表示。

如图5-4所示，将有缺口的试件放在冲击试验机的支座上，用摆锤打断试件，测得试件单位面积上所消耗的功，即为冲击韧性指标，用冲击值a_k表示，按式(5-2)计算

$$a_k=\frac{A}{A_k} \tag{5-2}$$

式中　a_k——钢材的冲击韧性，kJ/mm^2；

A_k——摆锤冲断试样所做的功，kJ；

A——试样断口的截面积，mm^2。

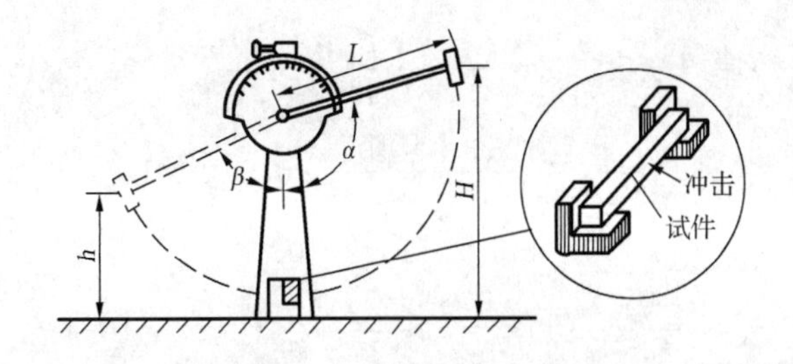

图 5-4 钢材冲击试验示意图

a_k 值越大，钢材在断裂时所吸收的能量越多，冲击韧性越好。

脆性材料构件的 a_k 值低，在断裂前没有显著的塑性变形，不宜用作承担冲击荷载的构件，如连杆、桥梁轨道等。

3. 耐疲劳强度

钢材承受交变荷载反复作用时，在远低于屈服强度时突然发生破坏的现象称为疲劳破坏。疲劳破坏的评价指标是疲劳强度，又称疲劳极限，它是疲劳破坏的危险应力。

一般把钢材承受交变荷载 $10^6 \sim 10^7$ 次时不发生破坏的最大应力作为疲劳强度。设计承受反复荷载且需进行疲劳验算的结构时，应了解所用钢材的疲劳极限。

二、塑性

塑性是钢材在外力作用下发生塑性变形而不破坏的性能，用伸长率表示。

如图 5-5 所示，标距为 L_0 的钢材标准试件，受力拉断后标距点的长度为 L_1，则伸长率 δ 按式(5-3)计算

$$\delta_n = \frac{L_1 - L_0}{L_0} \times 100\% \tag{5-3}$$

图 5-5 钢材拉伸断裂后增加的长度

式中 L_1——试件拉断后标距点的长度，mm；

L_0——试件的原标距长度，mm；

n——试件长度与直径之比（n 取 5 或 10）。

伸长率的大小与标准试件尺寸有关，一般规定试件标距长度为其直径的 5 倍或 10 倍，对应于伸长率分别用 δ_5（$L_1 = 5d_0$）、δ_{10}（$L_1 = 10d_0$）表示。

塑性变形在试件标距内的分布是不均匀的，颈缩处的变形最大，离颈缩部位越远其变形越小。所以原标距与直径之比越小，则颈缩处伸长值在整个伸长值中的比重越大，计算出来的 δ 值就越大。因此对于同一钢材，$\delta_5 > \delta_{10}$。

伸长率越大，说明钢材的塑性越好。塑性良好的钢材，偶尔遇到超载，将产生塑性变形，使内部应力重新分布，不致由于应力集中造成脆性断裂而发生突然破坏。相反塑性小的钢材，钢质硬脆，超载后易脆断破坏。常用低碳钢的伸长率为 20%～30%。

【应用案例】 一待测钢筋直径 d_0 为 25 mm，取标准试件标距 $L = 5\ d_0$ 进行拉伸试验，测得屈服点荷载为 201.0 kN，极限拉伸荷载为 250.3 kN，拉断后标距间距离为 138 mm，请计算：(1)钢筋的屈服强度；(2)极限抗拉强度；(3)屈强比；(4)伸长率 δ_5。

【案例解析】 (1)屈服强度 $\sigma_s=\frac{F_S}{A}=\frac{201.0\times10^3}{1/4\times\pi\times25^2}=409.7\ \text{MPa}$

(2)极限抗拉强度 $\sigma_s=\frac{F_b}{A}=\frac{250.3\times10^3}{1/4\times\pi\times25^2}=510.2\ \text{MPa}$

(3)屈强比 409.7/510.2=0.8

(4)伸长率 δ_5 $\delta_5=\frac{l-l_1}{l_0}\times100\%=\frac{138-125}{125}\times100\%=10.4\%$

三、工艺性能

1. 冷弯性能

冷弯性能反映钢材在常温下承受弯曲变形的能力。评价钢材弯曲性能的指标是“弯曲角度、弯心直径(d)与钢筋直径(a)或试件厚度的比值”。

如图 5-6 所示，将规定尺寸的钢材试件，在规定的弯心直径上冷弯到 180°或 90°，弯曲后若在弯曲处的拱面和两侧面均无裂纹、断裂和起层等现象，即认为钢材的冷弯性能合格。

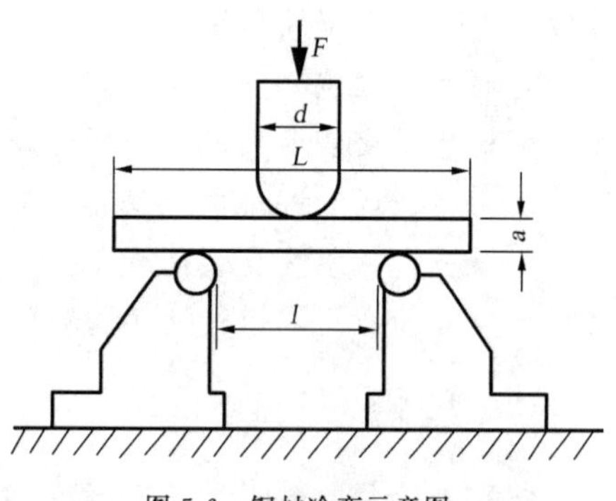

图 5-6 钢材冷弯示意图

我国现行国家标准把钢材的弯曲分成下列三种类型(图 5-7)：(1)达到某规定的角度的弯曲，如图 5-7(a)所示；(2)绕着弯心弯到两面平行，如图 5-7(b)所示；(3)绕着弯心弯到两面重合，如图 5-7(c)所示。

在图 5-7 中，以(c)情形下钢材的弯曲性能最好，即对于冷弯合格的试件，能够承受的弯曲角度愈大、弯心直径与试件厚度(或直径)比愈小，钢材的弯曲性能愈好。

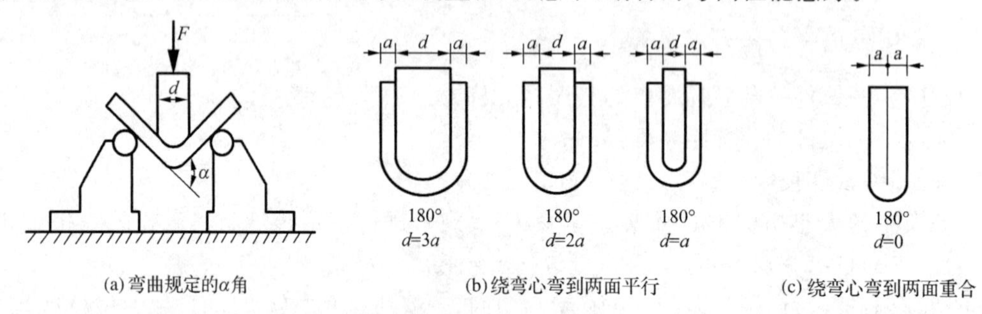

图 5-7 钢材冷弯试验

冷弯试验能更严格地检验钢材的塑性。冷弯可暴露出钢材中的气孔、杂质、裂纹等缺陷，揭示钢材内部组织结构的均匀性；对于焊接构件，冷弯试验可以揭示焊接在受弯表面存在未熔合、微裂纹及夹杂物等质量问题。对于重要结构和弯曲成型的钢材，冷弯必须合格。

2. 焊接性能

建筑工程中，各种型钢、钢板、钢筋、预埋件、连接件等都需进行焊接加工。钢结构有 90%以上都是焊接结构，因此，要求钢材应有良好的焊接性能。

焊接质量取决于钢材与焊接材料的可焊性及其焊接工艺。焊接性能好的钢材,焊接后接头处的强度与母体的强度性能相近。

焊接质量受化学成分及其含量的影响。含碳量小于0.3%的碳素钢具有良好的可焊性,含碳量大于0.3%的碳素钢焊接时的硬脆性增加;钢中硫含量过高,会使焊接处产生热裂纹,出现热脆性;杂质含量增加,可焊性降低;锰和钒等元素含量过多,也会降低可焊性。

3. 冷加工强化处理及时效

(1)冷加工强化处理

冷加工强化处理是指将钢材在常温下进行冷拉、冷拔或冷轧等处理,使之产生塑性变形的过程。建筑工程中常用的冷加工强化处理方法是冷拉和冷拔。

①冷拉。冷拉是指将热轧钢筋用冷拉设备进行张拉,使之伸长产生一定的塑性变形的过程。钢筋冷拉后,屈服阶段缩短,伸长率降低,材质变硬。其屈服强度可提高20%~30%,可节约钢材10%~20%。

②冷拔。冷拔是指将光圆钢筋通过硬质合金拔丝模孔强行拉拔的操作。钢筋在冷拔过程中,不仅受拉,同时还受到模孔的挤压作用,因而冷拔的作用比纯冷拉作用强烈。经过一次或多次冷拔后的钢筋,表面光洁度增加,屈服强度提高40%~60%,但塑性大大降低,具有硬钢的性质。

(2)时效

钢材经过冷加工后,在常温下存放15~20 d,或加热到100~200 ℃后保持2~3 h,其屈服强度、抗拉强度及硬度进一步提高,而塑性、韧性继续降低的现象称为时效,前者称为自然时效,适用于低强度钢筋;后者称为人工时效,适用于高强度钢筋。钢筋冷拉时效后应力-应变情况如图5-8所示。

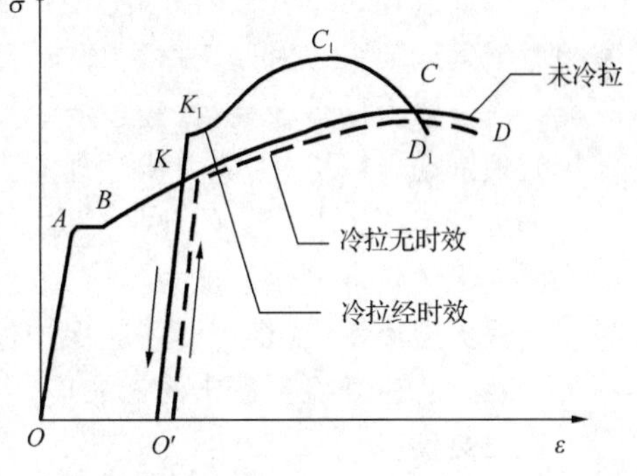

图5-8 钢筋冷拉时效后应力-应变图的变化

因时效而导致钢材性能改变的程度称为时效敏感性。时效敏感性大的钢材,经时效后,其韧性、塑性改变较大。因此,承受振动、冲击荷载的重要性结构,如桥梁、吊车梁、建筑塔吊的起重臂等,应选用时效敏感性小的钢材。

图5-8中,$OABCD$为未经冷拉和时效的试件的应力-应变曲线。当试件冷拉至超过屈服强度的任意一点K时,卸去荷载,此时由于试件已产生塑性变形,则曲线沿KO'下降,KO'大致与AO平行。若立即再拉伸,则应力-应变曲线将成为$O'KCD$(虚线)曲线,屈服强度由B点提高到K点。但如在K点卸荷后进行时效处理,然后再拉伸,则应力-应变曲线将成为$O'K_1C_1D_1$曲线,这表明冷拉时效后,屈服强度、抗拉强度提高了,但塑性、韧性却降低了。

四、耐久性

建筑钢材的耐久性一定程度上影响或决定了建筑钢结构构件、钢筋混凝土结构和预应力混凝土的使用质量和使用寿命。钢材的耐久性通常包括耐腐蚀性和耐热性。

1. 耐腐蚀性

钢材抵抗与其周围介质发生化学或电化学反应产生锈蚀现象的能力，称为钢材的耐腐蚀性。

(1)锈蚀的类型

根据钢材产生锈蚀作用的原因不同，将锈蚀分为化学锈蚀和电化学锈蚀两种。

①化学锈蚀。化学锈蚀是指钢材直接与周围介质中的氧气、水等发生化学反应而产生的锈蚀，锈蚀结果在钢材表面形成疏松的氧化铁。化学锈蚀在干燥环境或湿度较小的空气中反应缓慢，但在温度和湿度较高的环境条件下，锈蚀发展迅速。

②电化学锈蚀。电化学锈蚀是由于钢材本身组成上的原因和杂质的存在，在表面介质的作用下，由于各成分电极和电位的不同，形成微电池，结果铁元素失去了电子成为Fe^{2+}进入介质溶液，与溶液中的OH^{-}结合生成$Fe(OH)_2$，进一步反应生成结构疏松的铁的氧化物。

(2)锈蚀的危害

锈蚀后的钢材，表面局部出现锈蚀坑槽，造成受力截面减小、应力集中，承载力下降，疲劳强度下降，尤其是冲击韧性大幅度下降，容易产生脆断现象；混凝土中的钢筋腐蚀后，产生体积膨胀，使混凝土顺筋开裂。

(3)防止钢材锈蚀措施

①科学储存。选择适宜的堆放和贮存场所，防雨防潮；保护金属材料表面的防护与包装，尽量密封；在金属表面涂刷防锈剂，避免或减轻钢材的锈蚀。

②合理选用，严格检验。根据设计要求和工程环境特点选用钢材，合金钢的耐腐蚀能力相对碳素钢要强。对用于重要预应力承重结构的钢筋，尤其要严格质量检验。因为预应力钢筋一般含碳量较高，在经过变形加工或冷加工后，对锈蚀破坏较敏感，特别是高强度热处理钢筋，容易产生应力锈蚀现象。

③提高混凝土对钢筋的保护能力。在混凝土设计中要选择耐腐蚀性强的水泥品种，增强混凝土的抗环境侵蚀能力，还可掺用亚硝酸钠等阻锈剂；混凝土施工中要保证足够的混凝土保护层厚度，提供对钢筋起保护作用的碱性环境；严格控制最大水胶比和最小水泥用量，加强振捣，确保混凝土的密实度。

2. 耐热性

建筑钢材属于耐燃不耐火材料。试验及大量火灾案例表明，一般建筑钢材的临界使用温度为540 ℃左右，而建筑物的火场温度一般为800～1 000 ℃，因此处于火灾高温下的裸露钢结构一般为10～15 min，自身温度就会上升到钢的极限温度540 ℃以上。以失去支撑能力为标准，当无保护层时，钢柱和钢屋架的耐火极限只有0.25 h，而裸露钢梁的耐火极限却只有0.15 h。因此，建筑物发生火灾后，在很短的时间里，就会使钢材强度和承载能力急剧下降，发生扭曲变形，导致建筑物整体坍塌毁坏。主要原因是建筑钢材的热导率很大(67.63W/(m·K))，升温速率大，遇火后强度急剧降低，变形性能急剧劣化。

(1)强度降低

普通低碳钢在200～300 ℃温度条件下，抗拉强度达到最大值；随着温度的不断升高，弹性模量、屈服强度和极限强度均显著下降，应变急剧增大；达到600 ℃时，钢材基本上失去承载能力。

(2)变形速率加大

建筑钢材在一定温度和应力作用下,随时间的推移,会发生缓慢的塑性变形,即蠕变。对于普通低碳钢在 300～350 ℃时,蠕变速率增大;对于合金钢在 400～450 ℃时,蠕变速率明显增大。

钢材的防火处理方法以包裹法为主,即采用绝热或隔热材料,形成对热流较强的阻抗作用,降低钢结构的升温速率,推迟钢结构的升温时间。用防火涂料、不燃性板材或混凝土和砂浆等将钢材构件包裹起来,可以起到提高钢材耐热侵蚀能力的作用。

单元三　建筑工程用钢

【知识目标】

了解建筑工程用钢的种类和技术要求;掌握各种钢的牌号表示方法及意义。

建筑工程用钢包括钢结构用钢和钢筋混凝土结构用钢两大类。

一、钢结构用钢

1. 钢结构用钢的形式

钢结构是以钢材制作为主的结构。通常是由型钢和钢板等制成的钢梁、钢柱、钢桁架等构件组成;各构件或部件之间采用焊缝、螺栓或铆钉连接的方式制成钢结构建筑。

(1)型钢

型钢是长度和截面周长之比相当大的直条钢材,是钢结构中主要采用的钢材,其主要特点是截面形式合理,材料在截面上的分布对受力有利,且构件间的连接操作方便。

按型钢的截面形状,可分为简单截面和复杂截面(或异型截面)两大类;按不同工艺,型钢又分成热轧和冷轧两种。

①热轧型钢。热轧型钢有 H 型钢、工字钢、槽钢、角钢及 Z 型钢、U 型钢和部分 T 型钢,如图 5-9 所示为常用的几种型钢示意图。

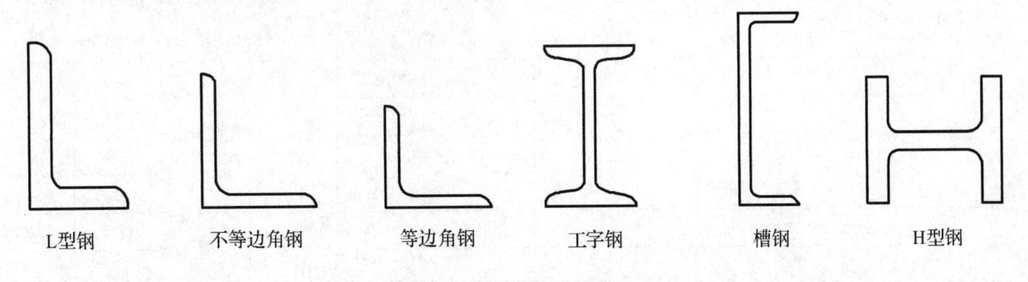

图 5-9　热轧型钢的形状

②冷弯薄壁型钢。冷弯薄壁型钢通常是用 2～6 mm 薄钢板冷弯或模压而成,有角钢、槽钢等开口冷弯薄壁型钢及方形、矩形等空心薄壁型钢,主要用于轻钢结构。

(2)钢板和钢带

通常情况下,钢板是指一种宽厚比和表面积都很大的扁平钢材。钢板按公称厚度可分为:薄板,厚度为 0.1～4 mm;中板,厚度为 4～20 mm;厚板,厚度为 20～60 mm;特厚板，厚度大于 60 mm。

钢带一般是指长度很长，可成卷供应的钢板。钢板和钢带在建筑工程中，主要用于围护结构、楼板、屋面等。

2. 钢结构用钢的种类

钢结构用钢主要包括碳素结构钢和低合金高强度结构钢两种。

(1)碳素结构钢

碳素结构钢属于非合金钢，简称“普通钢”，包括一般结构钢和工程用热轧钢板、钢带、型钢等。

①碳素结构钢牌号及其表示方法。《碳素结构钢》(GB/T 700—2006)规定，碳素结构钢分 Q195、Q215、Q235 和 Q275 四个牌号。牌号是由代表屈服强度的字母(Q)、屈服强度数值(MPa)、质量等级符号(A、B、C、D)和脱氧程度符号(F、Z、TZ)等四个部分按顺序组成。其中的质量等级 A、B、C、D 是按钢中硫、磷两种元素含量由多至少依次划分的，按 A、B、C、D 的顺序质量等级逐级提高；当为镇静钢或特殊镇静钢时，在牌号表示时可将“Z”或“TZ”符号省略。

例如：Q235－A. F　表示屈服强度为 235 MPa 的 A 级沸腾钢；Q235－B. F 的质量优于 235－A. F 的质量。

②碳素结构钢的技术标准

《碳素结构钢》(GB/T 700—2006)的规定，碳素结构钢的化学成分、力学性能应分别满足表 5-3 和表 5-4 的要求。

③碳素结构钢的特性及应用

碳素结构钢为 Q195～Q275，钢号越大，含碳量越高、硬度越大、脆性越大，塑性和冲击韧性越低。

表 5-3　　碳素结构钢的化学成分

<table>
<tr><th rowspan="2">牌号</th><th rowspan="2">统一数字代号[a]</th><th rowspan="2">等级</th><th rowspan="2">厚度(或直径)/mm</th><th rowspan="2">脱氧方法</th><th colspan="5">化学成分/%，不大于</th></tr>
<tr><th>C</th><th>Si</th><th>Mn</th><th>S</th><th>P</th></tr>
<tr><td>Q195</td><td>U11952</td><td>—</td><td>—</td><td>F、Z</td><td>0.12</td><td>0.30</td><td>0.50</td><td>0.040</td><td>0.035</td></tr>
<tr><td rowspan="2">Q215</td><td>U12152</td><td>A</td><td rowspan="2">—</td><td rowspan="2">F、Z</td><td rowspan="2">0.15</td><td rowspan="2">0.33</td><td rowspan="2">1.20</td><td>0.500</td><td rowspan="2">0.045</td></tr>
<tr><td>U12155</td><td>B</td><td>0.045</td></tr>
<tr><td rowspan="4">Q235</td><td>U12352</td><td>A</td><td rowspan="4">—</td><td rowspan="2">F、Z</td><td>0.22</td><td rowspan="4">0.35</td><td rowspan="4">1.40</td><td>0.050</td><td rowspan="2">0.045</td></tr>
<tr><td>U12355</td><td>B</td><td>0.20[b]</td><td>0.045</td></tr>
<tr><td>U12358</td><td>C</td><td>Z</td><td rowspan="2">0.17</td><td>0.040</td><td>0.040</td></tr>
<tr><td>U12359</td><td>D</td><td>TZ</td><td>0.035</td><td>0.035</td></tr>
<tr><td rowspan="5">Q275</td><td>U12752</td><td>A</td><td>—</td><td>F、Z</td><td>0.24</td><td rowspan="5">0.35</td><td rowspan="5">1.50</td><td>0.050</td><td>0.045</td></tr>
<tr><td rowspan="2">U12755</td><td rowspan="2">B</td><td>≤40</td><td rowspan="2">Z</td><td>0.21</td><td rowspan="2">0.045</td><td rowspan="2">0.045</td></tr>
<tr><td>>40</td><td>0.22</td></tr>
<tr><td>U12758</td><td>C</td><td rowspan="2">—</td><td>Z</td><td rowspan="2">0.20</td><td>0.040</td><td>0.040</td></tr>
<tr><td>U12759</td><td>D</td><td>TZ</td><td>0.035</td><td>0.035</td></tr>
</table>

注：1. [a]表中为镇静钢、特殊镇静钢牌号的统一数字，沸腾钢牌号的统一数字代号如下：

Q195F—U11950；Q215AF—U12150，Q215BF—U12153；Q235AF—U12150，Q235BF—U12153；Q275AF—U12750。

2. [b] 经需方同意，Q235B 的含碳量可不大于 0.22%。

表 5-4　　碳素结构钢的力学性能

<table>
<tr><th rowspan="5">牌号</th><th rowspan="5">等级</th><th colspan="12">拉伸试验</th><th colspan="2">冲击试验</th></tr>
<tr><th colspan="6">屈服点 R_{eH}/MPa</th><th rowspan="4">抗拉强度 R_m/MPa</th><th colspan="5">伸长率 δ_5/%</th><th rowspan="4">温度/℃</th><th rowspan="3">V 型冲击功(纵向)/J</th></tr>
<tr><th colspan="6">钢筋厚度(直径)/mm</th><th colspan="5">钢材厚度(直径)/mm</th></tr>
<tr><th>≤16</th><th>>16~40</th><th>>40~60</th><th>>60~100</th><th>>100~150</th><th>>150</th><th>≤40</th><th>>40~60</th><th>>60~100</th><th>>100~150</th><th>>150~200</th></tr>
<tr><th colspan="6">≥</th><th colspan="5">≥</th><th>≥</th></tr>
<tr><td>Q195</td><td>—</td><td>195</td><td>185</td><td>—</td><td>—</td><td>—</td><td>—</td><td>315~430</td><td>33</td><td>—</td><td>—</td><td>—</td><td>—</td><td>—</td><td>—</td></tr>
<tr><td rowspan="2">Q215</td><td>A</td><td rowspan="2">215</td><td rowspan="2">205</td><td rowspan="2">195</td><td rowspan="2">185</td><td rowspan="2">175</td><td rowspan="2">165</td><td rowspan="2">335~450</td><td rowspan="2">31</td><td rowspan="2">30</td><td rowspan="2">29</td><td rowspan="2">27</td><td rowspan="2">26</td><td>—</td><td>—</td></tr>
<tr><td>B</td><td>+20</td><td>27</td></tr>
<tr><td rowspan="4">Q235</td><td>A</td><td rowspan="4">235</td><td rowspan="4">225</td><td rowspan="4">215</td><td rowspan="4">205</td><td rowspan="4">195</td><td rowspan="4">185</td><td rowspan="4">375~500</td><td rowspan="4">26</td><td rowspan="4">25</td><td rowspan="4">24</td><td rowspan="4">22</td><td rowspan="4">21</td><td>—</td><td>—</td></tr>
<tr><td>B</td><td>+20</td><td rowspan="3">27</td></tr>
<tr><td>C</td><td>0</td></tr>
<tr><td>D</td><td>−20</td></tr>
<tr><td rowspan="4">Q275</td><td>A</td><td rowspan="4">275</td><td rowspan="4">265</td><td rowspan="4">255</td><td rowspan="4">245</td><td rowspan="4">225</td><td rowspan="4">215</td><td rowspan="4">410~40</td><td rowspan="4">22</td><td rowspan="4">21</td><td rowspan="4">20</td><td rowspan="4">18</td><td rowspan="4">17</td><td>—</td><td>—</td></tr>
<tr><td>B</td><td>+20</td><td rowspan="3">27</td></tr>
<tr><td>C</td><td>0</td></tr>
<tr><td>D</td><td>−20</td></tr>
</table>

Q195 和 Q215 号钢的塑性、韧性、冷加工性能与焊接性能均较好，但强度较低，因此常用于受力较小的焊接构件或制造技术要求不高的螺丝、铆钉等。

Q235 号钢具有强度高，塑性、韧性、加工性能与焊接性能均较好的综合力学性能，能够满足一般钢结构和钢筋混凝土结构用钢要求，是建筑上使用最多，使用范围最广的钢材。

Q275 号钢的强度和硬度较高，耐磨性较好，但塑性、冲击韧性和可焊接性差，不宜作为建筑结构用钢，主要用于制作机械零件和工具钢等。

(2)低合金高强度结构钢

低合金高强度结构钢是在低碳钢(含碳量＜0.2%)的基础上添加总量小于 5%的合金元素所得到的钢材，所加合金元素主要包括锰、硅、钒、钛、铌、铬、镍及稀土元素。

①牌号及其表示方法

《低合金高强度结构风》(GB1591—2018)规定，低合金高强度结构钢共分为 Q345、Q390、Q420、Q460、Q500、Q550 、Q620、Q690 八个牌号，牌号的内容必须包括代表屈服强度的字母(Q)、屈服强度数值(MPa)、质量等级符号(A、B、C、D、E)三个部分。按由 A 到 E 的顺序，抗冲击韧性尤其是低温下的抗冲击性能逐渐增强，韧性逐级提高，质量等级逐级提高。

A 级—不要求冲击韧性；

B 级—要求＋20 ℃的冲击韧性；

C 级—要求 0 ℃的冲击韧性；

D 级—要求－20 ℃的冲击韧性；

E 级—要求－40 ℃的冲击韧性。

当需求方要求钢板具有厚度方向性能时，则在上述规定的牌号后加上代表厚度方向(Z 向)性能级别的符号，如 Q345DZ15。

由于低合金高强度结构钢均为镇静钢，故表示钢牌号时省略了表示脱氧程度的 Z 符号。例如：Q345D15 表示屈服点强度为 345 MPa、厚度为 15 mm 的 D 级(镇静)钢。

②低合金高强度结构钢的技术标准

低合金高强度结构钢的化学成分和拉伸性能分别应符合表 5-5 和表 5-6 的要求。

表 5-5　　低合金高强度结构钢的化学成分

牌号	质量等级	化学成分/%													
		C≤	Si≤	Mn≤	P≤	S≤	Nb	V	Ti	Cr	Ni	Cu	N	Mo	B	Als
							不大于									不小于
Q345	A				0.035	0.035									—	—
	B	≤0.20			0.035	0.035										
	C		≤0.50	≤1.70	0.030	0.030	0.07	0.15	0.20	0.30	0.50	0.30	0.012	0.10		
	D	≤0.18			0.030	0.025										0.015
	E				0.025	0.020										
Q390	A				0.035	0.035										
	B				0.035	0.035										
	C	≤0.02	≤0.50	≤1.70	0.030	0.030	0.07	0.20	0.20		0.30	0.30	0.015	0.10	—	
	D				0.030	0.025										
	E				0.025	0.020										
Q420	A				0.035	0.035										—
	B				0.035	0.035										
	C	≤0.02	≤0.50	≤1.70	0.030	0.030	0.07	0.20	0.20	0.30	0.80	0.30	0.015	0.20	—	
	D				0.030	0.025										0.015
	E				0.025	0.020										
Q460	C				0.030	0.030										
	D	0.20	≤0.50	≤1.80	0.030	0.025	0.11	0.20	0.20	0.30	0.80	0.55	0.015	0.20	0.004	0.015
	E				0.025	0.020										
Q500	C				0.030	0.030										
	D	0.18	≤0.60	≤1.80	0.030	0.025	0.11	0.20	0.20	0.30	0.80	0.55	0.015	0.20	0.004	0.015
	E				0.025	0.020										
Q550	C				0.030	0.030										
	D	0.18	≤0.60	≤2.00	0.030	0.025	0.11	0.20	0.20	0.30	0.80	0.55	0.015	0.20	0.004	0.015
	E				0.025	0.020										
Q620	C				0.030	0.030										
	D	0.18	≤0.60	≤2.00	0.030	0.025	0.11	0.20	0.20	0.30	0.80	0.55	0.015	0.20	0.004	0.015
	E				0.025	0.020										
Q690	C				0.030	0.030										
	D	0.18	≤0.60	≤2.00	0.030	0.025	0.11	0.20	0.20	0.30	0.80	0.55	0.015	0.20	0.004	0.015
	E				0.025	0.020										

表 5-6　　　　低合金高强度结构钢的拉伸性能

牌号	质量等级	拉伸试验																					
		以下公称厚度(直径,边长)(mm)下屈服强度/ MPa									以下公称厚度(直径,边长)下抗拉强度/ MPa							断后伸长率(A)/% 公称厚度(直径,边长)					
		≤16	>16~40	>40~63	>63~80	>80~100	>100~150	>150~200	>200~250	>250~400	≤40	>40~63	>63~80	>80~100	>100~150	>150~250	>250~400	≤40	>40~63	>63~100	>100~150	>150~250	>250~400
Q345	A B C	≥345	≥335	≥325	≥315	≥305	≥285	≥275	≥265	—	470~630	470~630	470~630	470~630	470~630	470~630	—	≥20	≥19	≥19	≥18	≥17	—
	D E									≥265							470~630	≥21	≥20	≥20	≥19	≥18	≥17
Q390	A B C D E	≥390	≥370	≥350	≥330	≥330	≥310	—	—	—	490~650	490~650	490~650	490~650	470~620	—	—	≥20	≥19	≥19	≥18	—	—
Q420	A B C D E	≥420	≥400	≥380	≥360	≥360	≥340	—	—	—	520~680	520~680	520~680	520~680	500~650	—	—	≥19	≥18	≥18	≥18	—	—
Q460	A B C D E	≥460	≥440	≥420	≥400	≥400	≥380	—	—	—	550~720	550~720	550~720	550~720	530~700	—	—	≥17	≥16	≥16	≥16	—	—
Q500	A B C D E	≥500	≥480	≥470	≥450	≥440	—	—	—	—	610~770	600~760	590~750	540~730	—	—	—	≥17	≥17	≥17	—	—	—
Q550	C D E	≥550	≥530	≥520	≥500	≥490	—	—	—	—	670~830	620~810	600~790	590~780	—	—	—	≥16	≥16	≥16	—	—	—
Q620	C D E	≥620	≥600	≥590	≥570	—	—	—	—	—	710~880	690~880	670~860	—	—	—	—	≥15	≥15	≥15	—	—	—
Q690	C D E	≥690	≥670	≥660	≥640	—	—	—	—	—	770~940	750~920	730~900	—	—	—	—	≥14	≥14	≥14	—	—	—

③低合金高强度结构钢的特性及应用

低合金高强度结构钢中添加了少量的一种或多种合金元素，使得钢材的屈服强度、抗拉强度、耐磨性、耐蚀性与耐低温性等均得到提高；同时又有良好的塑性、低温韧性和可焊性等特点，是一种综合性能良好的建筑钢材。

低合金高强度结构钢主要用于轧制各种型钢（角钢、槽钢、工字钢）、钢板、钢管及钢筋，广泛用于钢结构和钢筋混凝土结构中，特别适用于各种大型结构、重型结构、大跨度结构、高层建筑、桥梁工程等承受动荷载和冲击荷载的结构，与使用碳素钢相比，可以节约钢材20%～30%，而成本并不很高。

【案例分析】 工程概况：某厂的钢结构屋架是用中碳钢焊接而成的，使用一段时间后，屋架坍塌，请分析事故原因。

事故分析：钢结构是由型钢和钢板通过焊接、螺栓连接或铆接而制成的工程结构。由题可知，钢结构屋架出现坍塌，说明构件间焊接、铆接等的连接强度不够，构件的韧性不足。原因是钢材的选用不当，应该选用普通碳素钢中的低碳钢和合金钢中的低合金高强度结构钢。因为中碳钢的塑性和韧性比低碳钢差，且其焊接性能较差，焊接时钢材局部温度高，其塑性及韧性差，较易产生裂纹。

二、钢筋混凝土结构用钢

我国《混凝土结构设计规范》（GB 50010—2010）规定，用于钢筋混凝土结构中的钢筋为热轧钢筋，是由低碳钢或普通低合金钢在高温下轧制成型并自然冷却而成的成品钢筋。

1. 热轧光圆钢筋

热轧光圆钢筋是经热轧成型并自然冷却而成的横截面为圆形，且表面状态光滑的钢筋混凝土用配筋。

（1）热轧光圆钢筋的牌号及表示

按照《钢筋混凝土用钢第一部分：热轧光圆钢筋》（GB 1499.1—2008）规定，热轧光圆钢筋的屈服强度特征值为300级，牌号的构成及含义见表5-7。

表5-7　热轧光圆钢筋的分级和牌号表示

产品名称	牌号	牌号构成	英文字母表示
热轧光圆钢筋	HPB300	由HPB+屈服强度特征值构成	HPB热轧光圆钢筋的英文首字母 (Hot rolled Plain Bars)

（2）技术要求

国家标准对热轧光圆钢筋的化学成分、力学性能及工艺性能的要求见表5-8和表5-9。

表5-8　热轧光圆钢筋的化学成分

牌号	化学成分（质量分数）/%				
	C	Si	Mn	P	S
HPB300	≤0.25	≤0.55	≤1.50	≤0.045	≤0.050

表 5-9　　热轧光圆钢筋的力学性能和工艺性能

钢筋种类	牌号	屈服强度/MPa	抗拉强度/MPa	断后伸长率/%	最大力总伸长率/%	冷弯试验 180° d—弯芯直径 a—钢筋公称直径
		不小于				
热轧光圆钢筋	HPB300	≥300	≥420	≥25.0	≥10.0	$d=a$；受弯曲部位表面不得产生裂纹

2. 热轧带肋钢筋

热轧带肋钢筋俗称螺纹钢，它是用低合金高强度结构钢轧制成的横截面为圆形的条形钢筋，通常表面带有 2 道纵肋和沿长度方向均匀分布的横肋，按肋纹的形状又分为月牙肋和等高肋。带肋钢筋的外形示意图如图 5-10 所示。

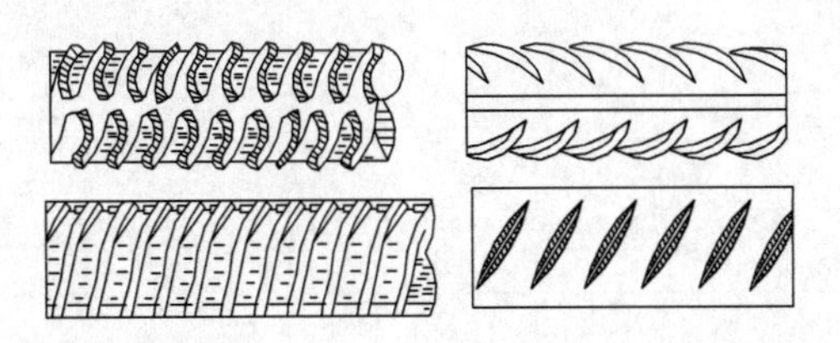

图 5-10　带肋钢筋外形示意图

按热轧状态交货的热轧钢筋又称为普通热轧钢筋；在热轧过程中，通过控轧和控冷工艺形成的钢筋称为细晶粒热轧钢筋。

(1)热轧带肋钢筋的分级和牌号表示见表 5-10。

表 5-10　　热轧带肋钢筋的分级和牌号表示

钢筋类别	牌号	牌号构成	英文含义
普通热轧钢筋	HRB335	由 HRB＋屈服强度特征值构成	HRB 为热轧带肋钢筋的英文首字母(Hot rolled Ribbed Bars)。
	HRB400		
	HRB500		
细晶粒热轧钢筋	HRBF335	由 HPBF＋屈服强度特征值构成	HRBF 热轧带肋钢筋的英文缩写后加“细”的英文首字母(Fine)。
	HRBF400		
	HRBF500		

(2)技术要求

国家标准对热轧带肋钢筋的化学成分、力学性能和工艺性能等都做了相关要求。化学成分要求见表 5-11；力学性能和工艺性能要求见表 5-12。

表 5-11　　热轧带肋钢筋的化学成分

牌号	化学成分(质量分数)/%					
	C	Si	Mn	P	S	碳当量 Ceq
HRB335 HRBF335	≤0.25	≤0.80	≤1.60	≤0.045	≤0.050	≤0.52
HRB400 HRBF400						≤0.55
HRB500 HRBF500						≤0.045

注:碳当量 Ceq(%)=C+Mn/6+(Cr+V+Mo)/5+(Cu+Ni)/15

表 5-12　　热轧带肋钢筋的力学性能和工艺性能

牌号	屈服强度/MPa	抗拉强度/MPa	断后伸长率/%	最大力总伸长率/%	公称直径/mm	弯芯直径/mm
	不小于					
HRB335 HRBF335	≥335	≥455	≥17	≥7.5	6~25	3d
					28~40	4d
					>40~50	5d
HRBF400 HRBF400	≥400	≥540	≥16		6~25	4d
					28~40	5d
					>40~50	6d
HRB500 HRBF500	≥500	≥630	≥15		6~25	6d
					28~40	7d
					>40~50	8d

热轧带肋钢筋的表面肋痕,增大了钢筋和混凝土之间的黏结力,使钢筋混凝土能更好地承受拉力的作用。HRB335 和 HRB400 级钢筋强度较高,塑性和可焊性好,主要用于钢筋混凝土结构的受力筋;HRB500 钢筋强度高,但塑性及可焊性较差,适宜做预应力钢筋、混凝土预制构件吊装用的吊环。

【知识拓展】 在钢筋混凝土结构中:HPB300 级钢筋,用代号Φ表示;HRB335 级钢筋,用代号Φ表示;HRBF335 级钢筋,用代号Φ^F 表示;HRB400 级钢筋,用代号Φ表示;HRBF400 级钢筋,用代号Φ^F 表示;RRB400 级钢筋,用代号Φ^R 表示;HRB500 级钢筋,用代号Φ表示;HRBF 500 级钢筋,用代号Φ^F 表示。

(3)工艺性能

①弯曲性能。热轧带肋钢筋在规定的弯芯直径上弯曲 180°后,钢筋受弯部位表面不得产生裂纹,不同牌号、不同公称直径带肋钢筋弯曲的弯芯直径见表 5-12。

②反向弯曲性能。根据需方要求,钢筋可以进行反向弯曲试验。

反向弯曲试验的弯芯直径比弯曲试验相应增加一个钢筋公称直径。进行反向弯曲试验时,应先正向弯曲 90°后再反向弯曲 20°,两个弯曲角度均应在去载之前测量。经反向弯曲后钢筋受弯曲部位表面不得产生裂纹。

③焊接性能。热轧钢筋的焊接工艺及焊接接头质量检验与验收应符合相关行业标准的规定。

3. 低碳钢热轧圆盘条

热轧圆盘条是热轧型钢中截面尺寸最小的一种，大多通过卷线机卷成盘卷供应，故称盘条或盘圆。低碳钢热轧圆盘条由屈服强度较低的碳素结构钢轧制，是目前使用量最大、使用范围最广的线材，适用于非预应力钢筋、箍筋、构造钢筋、吊钩等。

热轧圆盘条又是冷拔低碳钢丝的主要原材料，用热轧圆盘条冷拔而成的冷拔低碳钢丝可作为预应力钢丝，还用于小型预应力构件(如多孔板等)或其他构造钢筋、网片等。热轧盘条的直径范围为 5.5～14.0 mm。常用的公称直径(单位：mm)为 5.5、6.0、6.5、7.0、8.0、9.0、10.0、11.0、12.0、13.0、14.0。

三、预应力混凝土用钢

预应力混凝土用钢主要包括热处理钢筋、精轧螺纹钢筋、钢丝和钢绞线。

1. 热处理钢筋

热处理钢筋是指低合金高强度结构钢经热轧后立即穿水(淬火)，进行表面控制冷却，然后利用芯部余热自身完成回火调直处理所得的成品钢筋。按外形分为纵肋(公称直径为 8.2 mm、10 mm)和无纵肋(公称直径为 6 mm、8.2 mm)两种。

预应力混凝土用热处理钢筋的力学性能见表 5-13。

表 5-13　预应力混凝土用热处理钢筋的力学性能

公称直径/mm	牌号	屈服点/MPa	抗拉强度/MPa	伸长率 δ/%
		≥		
6	$40Si_2Mn$	1 325	1 470	6
8.2	$48Si_2Mn$			
1045	Si_2Cr			

热处理钢筋强度高、韧性好，可代替高强钢丝使用；配筋根数少，节约钢材；锚固性好不易打滑，预应力值稳定；产品一般成 17～20 m 长的弹性盘卷，开盘后能自然伸直，使用时可任意截断，不需冷拉和焊接，施工方便，价格便宜，主要用于预应力钢筋混凝土轨枕，也可用于预应力梁、板结构等。

2. 螺纹钢筋

预应力混凝土用螺纹钢筋亦称精轧螺纹钢筋，是用热轧方法在整根钢筋上轧有不连续的外螺纹的大直径、高强度、高尺寸精度的无纵肋的直条钢筋，该钢筋在任意截面处，均可用带有匹配形状的内螺纹的连接器或锚具进行连接或锚固，如图 5-11 所示。

螺纹钢筋以屈服强度划分级别，其代号为“PSB”加上规定屈服强度最小值表示。例如：PSB830 表示屈服强度最小值为 830 MPa 的钢筋(通常用 PSB830 表示)。螺纹钢筋的力学性能见表 5-14。

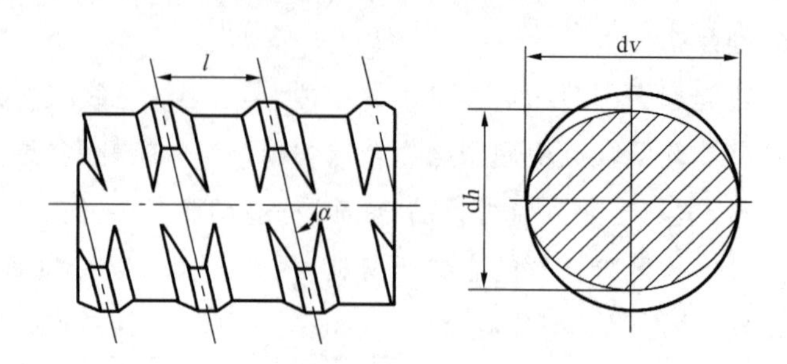

图 5-11 螺纹钢筋示意图

表 5-14 螺纹钢筋的力学性能

级别	屈服强度/MPa	抗拉强度/MPa	断后伸长率 δ_5/%	最大力下总伸长率/%	应力松弛性能	
					初始应力	1000 h后应力松弛率/%
PSB785	785	980	7	3.5	0.8R_{cL}	≤3
PSB830	830	1 030	6			
PSB930	930	1 080	6			
PSB1080	1 080	1 230	6			

注:1.无明显屈服时,用规定非比例延伸强度代替。

2.供方在保证钢筋 1 000 h 松弛性能合格的基础上,可进行 10 h 松弛试验,初始应力为公称屈服强度的 80%,松弛率不大于 1.5%。

3.伸长率类型通常选用断后伸长率,经供需双方协商,也可选用最大力下总伸长率。

4.钢筋以热轧状态、轧后余热处理状态或热处理状态按直条交货。

螺纹钢筋广泛应用于工业和民用建筑中的连续梁和大型框架结构,用于公路、铁路大中跨桥梁、核电站等工程。它具有连接、锚固简便,黏着力强,张拉锚固安全可靠,施工方便等优点,而且节约钢筋,减少构件面积和质量。

3. 优质钢丝及钢绞线

(1)预应力混凝土用钢丝

预应力混凝土用钢丝是将优质碳素结构钢盘条经高温、淬火、酸洗、冷拔加工而制成的高强钢丝。

预应力混凝土用钢丝的分类:

①按外形可分为:光圆钢丝(P)、刻痕钢丝(I)、螺旋肋钢丝(H)三种,其中,刻痕钢丝(I)是钢丝表面沿着长度方向上具有规则间隔的压痕;螺旋肋钢丝(H)是钢丝表面沿着长度方向上具有连续、规则的螺旋肋条。

②按加工状态可分为:消除应力的低松弛钢丝(WLR)和冷拉钢丝(WCD)两类。其中消除应力的低松弛钢丝(WLR)是钢丝在塑性变形下(轴应变)进行的短时热处理,得到

的钢丝;冷拉钢丝是通过拔丝等减径工艺经冷加工而形成的产品,以盘卷供货的钢丝,仅用于压力管道。

压力管道用冷拉钢丝的力学性能应符合表 5-15 的规定。

表 5-15　　压力管道用冷拉钢丝的力学性能

公称直径 d_n/mm	公称抗拉强度 R_m/MPa	最大力的特征值 F_m/kN	最大力的最大值 $F_{m,max}$/kN	0.2% 屈服力 $F_{p0.2}$/kN ≥	每 210 mm 扭矩的扭转次数 N ≥	断面收缩率 Z/% ≥	氢脆敏感性能负载为 70% 最大力时断裂时间 t/h≥	应力松弛性能初始力为最大力 70% 时,1 000 h 应力松弛率 r/% ≤
4.00	1 470	18.48	20.99	13.86	10	35	75	7.5
5.00		28.86	32.79	21.65	10	35		
6.00		41.56	47.21	31.17	8	30		
7.00		56.57	64.27	42.42	8	30		
8.00		73.88	83.93	55.41	7	30		
4.00	1 570	19.73	22.24	14.80	10	35		
5.00		30.82	34.75	23.11	10	35		
6.00		44.38	50.03	33.29	8	30		
7.00		60.41	68.11	45.31	8	30		
8.00		78.91	88.96	59.18	7	30		
4.00	1 670	20.99	23.50	15.74	10	35		
5.00		32.78	36.71	24.59	10	35		
6.00		47.21	52.86	35.41	8	30		
7.00		64.26	71.96	48.20	8	30		
8.00		83.93	93.99	62.95	6	30		
4.00	1 770	22.25	24.76	16.69	10	35		
5.00		34.75	38.68	26.06	10	35		
6.00		50.04	55.69	37.53	8	30		
7.00		68.11	75.81	51.08	6	30		

消除应力光圆及螺旋肋钢丝的力学性能应符合表 5-16 的规定。

表 5-16　　消除应力光圆及螺旋肋钢丝的力学性能

公称直径 d_n/mm	公称抗拉强度 R_m/MPa	最大力的特征值 F_m/kN	最大力的最大值 $F_{m,max}$/kN	0.2%屈服力 $F_{p0.2}$/kN≥	最大力下总伸长率 (l_0=200 mm,%)A/%≥	反复弯曲性能		应力松弛性能	
						弯曲次数 (180°)≥	弯曲半径 (mm)R/mm	初始力相当于实际最大力的百分数/%	1 000 h应力松弛率 r/%≤
4.00	1 470	18.48	20.99	16.22		3	10		
4.80		26.61	30.23	23.35		4	15		
5.00		28.86	32.78	25.32		4	15		
6.00		41.56	47.21	36.47		4	15		
6.25		45.10	51.24	39.58		4	20		
7.00		56.57	64.26	49.64		4	20		
7.50		64.94	73.78	56.99		4	20		
8.00		73.88	83.93	64.84		4	20		
9.00		93.52	106.25	82.07		4	25		
9.50		104.19	118.37	91.44		4	25		
10.00		115.45	131.16	101.32		4	25		
11.00		139.69	158.70	122.59		—	—		
12.00		166.26	188.88	145.90		—	—		
4.00	1 570	19.73	22.24	17.37		3	10		
4.80		28.41	32.03	25.00		4	15		2.5
5.00		30.82	34.75	27.12		4	15		
6.00		44.38	50.03	39.06	35	4	15		
6.25		48.17	54.31	42.39		4	20	70	
7.00		60.41	68.11	53.16		4	20		4.5
7.50		69.36	78.20	61.04		4	20		
8.00		78.91	88.96	69.44		4	20	80	
9.00		99.88	112.60	87.69		4	25		
9.50		111.28	125.46	97.93		4	25		
10.00		123.31	139.02	108.51		4	25		
11.00		149.20	168.21	131.30		—	—		
12.00		177.57	200.19	156.26		—	—		
4.00	1 670	20.99	23.50	18.47		3	10		
5.00		32.78	36.71	28.85		4	15		
6.00		47.21	52.86	41.54		4	15		
6.25		51.24	57.38	45.09		4	20		
7.00		64.26	71.96	56.55		4	20		
7.50		73.78	82.62	64.93		4	20		
8.00		83.93	93.98	73.86		4	20		
9.00		106.25	118.97	93.50		4	25		
4.00	1 770	22.25	24.76	19.58		3	10		
5.00		34.75	38.68	30.58		4	15		
6.00		50.04	55.69	44.03		4	15		
7.00		68.11	75.81	59.94		4	20		
7.50		78.20	87.04	68.81		4	20		
4.00	1 860	1860	23,83	25.89		3	10		
5.00		36.51	40.44	32.13		4	15		
6.00		52.58	58.23	46.27		4	15		
7.00		71.57	79.27	62.98		4	20		

注：0.2%屈服力 $F_{p0.2}$ 应不小于最大力的特征值 F_m 的 88%。

消除应力的刻痕钢丝的力学性能，除弯曲次数外其他应符合表5-16规定，对所有规格的消除应力的刻痕钢丝，其弯曲次数均应不小于3次。

预应力混凝土用钢丝的优点是抗拉强度高、柔性好、无须焊接、使用方便，用于构件中可达到节省钢材、减少构件截面和节省混凝土的效果。主要用于后张法的预应力钢筋混凝土结构，特别是用作桥梁、吊车梁、大跨度屋架、管庄等预应力钢筋混凝土构件中。

(2)预应力混凝土用钢绞线

预应力混凝土用钢绞线，是以数根优质碳素结构钢钢丝经绞捻和消除内应力的热处理后制成的。

①钢绞线的分类

按照捻制钢绞线的钢丝类型分为：

标准型钢绞线——由冷拉光圆钢丝捻制成的钢绞线；

刻痕钢绞线——由刻痕钢丝捻制成的钢绞线；

模拔型钢绞线——捻制后再经冷拔成的钢绞线。

②预应力钢绞线的分类

按现行国家标准《预应力混凝土用钢绞线》(GB/T 5224—2014)的规定，预应力钢绞线按结构分为8类，代号分别为：

a.用两根钢丝捻制的钢绞线　　1×2

b.用三根钢丝捻制的钢绞线　　1×3

c.用三根刻痕钢丝捻制的钢绞线　　1×3I

d.用七根钢丝捻制的标准型钢绞线　　1×7

e.用六根刻痕钢丝和一根光圆中心钢丝捻制的钢绞线　　1×7I

f.用七根钢丝捻制又经模拔的钢绞线　　(1×7)C

g.用十九根钢丝捻制的1+9+9西鲁式钢绞线　　1×19 S

h.用十九根钢丝捻制的1+6+6/6瓦林吞式钢绞线　　1×19 W

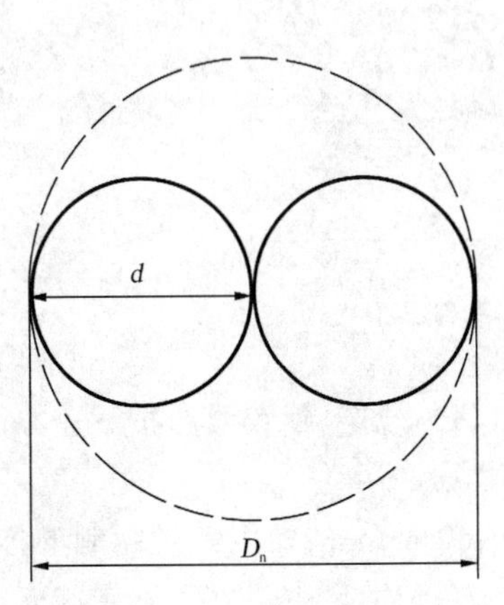

图5-12　1×2结构钢绞线外形示意图

d—钢丝直径；D_n/mm—钢绞线直径

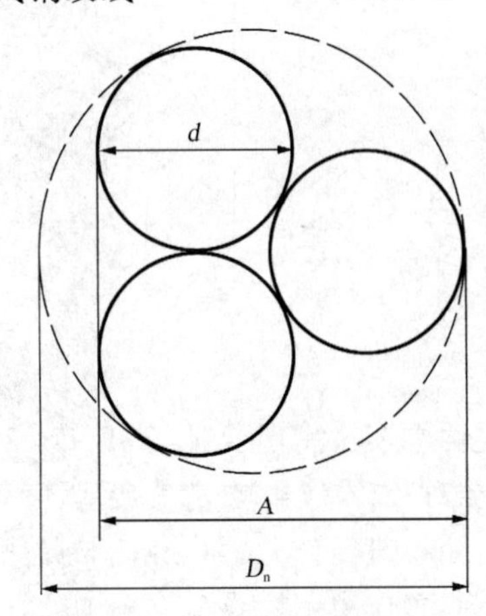

图5-13　1×3　结构钢绞线外形示意图

d—钢丝直径；D_n/mm—钢绞线直径

A—钢绞线测量尺寸(mm)

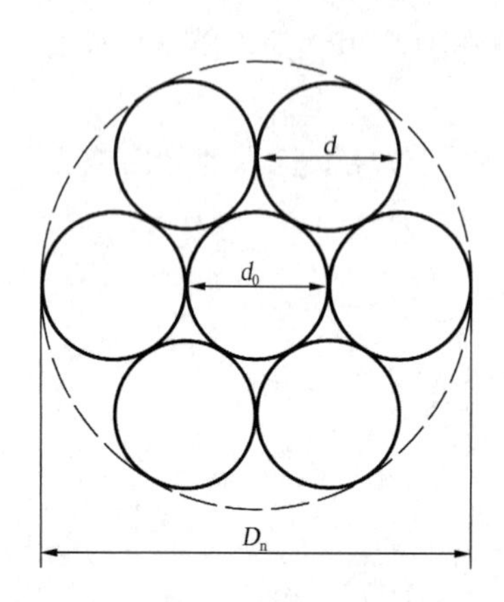

图 5-14　1×7 结构钢绞线外形示意图
d—钢丝直径；D_n/mm—钢绞线直径

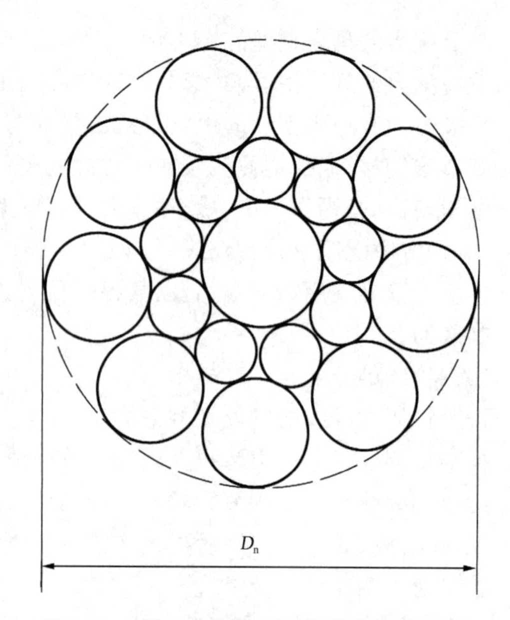

图 5-15　1+9+9 西鲁式结构钢绞线外形示意图
D_n/mm—钢绞线直径

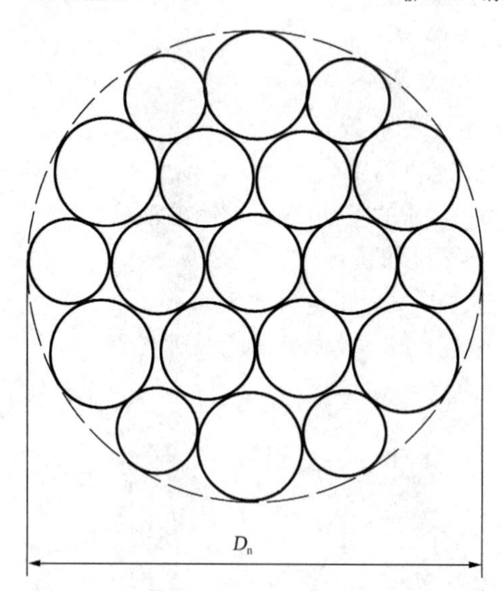

5-16　1+6+6/6 瓦林吞式结构钢绞线外形示意图
D_n/mm—钢绞线直径

《预应力混凝土用钢绞线》(GB/T 5224—2014)的规定，钢绞线的按下述方法标记：

钢材名称-结构代号-公称直径-强度等级-标准号

例如：公称直径为 15.20 mm，抗拉强度为 1 860 MPa 的七根钢丝捻制的标准型钢绞线可标记为：预应力钢绞线 1×7－15.20－1 860—GB/T 5224—2014；

公称直径为 12.70 mm，抗拉强度为 1 860 MPa 的七根钢丝捻制又经模拔的钢绞线标记为：

预应力钢绞线(1×7)C－12.70－1 860－GB/T 5224－2014。

预应力混凝土用钢绞线的力学性能要符合《预应力混凝土用钢绞钱》(GB/T 5224—2014)的相关规定。例如，1×3 结构钢绞线力学性能应符合表 5-18 的规定。

表 5-17　　**1×3 结构钢绞线力学性能**

钢绞线结构	钢绞线公称直径 D_n/mm	公称抗拉强度 R_m/MPa	整根钢绞线最大力 F_m/kN≥	整根钢绞线最大力的最大值 $F_{m,max}$/kN ≤	0.2%屈服力 $F_{p0.2}$/kN≥	最大力总伸长率 (L≥400 mm) A_{gt}/%≥	应力松弛性能	
							初始负荷相当于最大力的百分数/%	1 000 h应力松弛率 r/% ≤
1×3	8.60	1 470	55.4	63.0	48.8	对所有规格	对所有规格	对所有规格
	10.80		86.6	98.4	76.2			
	12.90		125	142	110			
	6.20	1 570	31.1	35.0	27.4			
	6.50		33.3	37.5	29.3			
	8.60		59.2	66.7	52.1			
	8.74		60.6	68.3	53.3			
	10.80		92.5	104	81.4			
	12.90		133	150	117			
	8.74	1 670	64.5	72.2	56.8			
	6.20	1 720	34.1	38.0	30.0		70	2.5
	6.50		36.5	40.7	32.1	3.5		
	8.60		64.8	72.4	57.0			
	10.80		101	113	88.9		80	4.5
	12.90		146	163	128			
	6.20	1 860	36.8	40.8	32.4			
	6.50		39.4	43.7	34.7			
	8.60		70.1	77.7	61.7			
	8.74		71.8	79.5	63.2			
	10.80		110	121	96.8			
	12.90		158	175	139			
	6.20	1 960	38.8	42.8	34.1			
	6.50		41.6	45.8	36.6			
	8.60		73.9	81.4	65.0			
	10.80		115	127	101			
	12.90		166	183	146			
1×3I	8.70	1 570	60.4	68.1	53.2			
		1 720	66.2	73.9	58.3			
		1 860	71.6	79.3	63.0			

预应力钢绞线的优点是强度高、柔韧性好、无接头、质量稳定。用于混凝土中，具有断面面积大、与混凝土黏结性好、使用根数少的特性，在结构中排列布置方便，易于锚固。主要用作大跨度、大负荷、曲线配筋的预应力结构。

四、钢材的选用原则

建筑工程中使用的钢材，应综合考虑节约能耗，利于环保的原则，积极倡导应用高强、高性能钢材。具体选择时应考虑以下原则：

1. 荷载性质

对于经常承受动力或振动荷载的结构，容易产生应力集中，从而引起疲劳破坏，宜选用优质钢材。对于混凝土结构中纵向受力的主导钢筋，宜选用400 MPa级和500 MPa级热轧带肋钢筋。

2. 使用温度和连接方式

对于经常处于低温状态的结构用钢材，尤其是焊接结构钢材，容易发生冷脆断裂，宜选用塑性和低温冲击韧性好的钢材。

3. 性能特点

在钢筋混凝土结构中，宜推广应用HRB系列普通热轧带肋钢筋，因为HRB系列普通热轧带肋钢筋具有较好延性、可焊性、机械连接性能，与混凝土间的握裹力大；提倡用HRBF热轧钢筋代替普通低合金热轧钢筋，节约钒、钛等合金资源，降低工程造价。

五、钢材的运输、验收和储存

1. 钢材的运输

运输钢材时，不同钢号、炉号、规格的钢材要分别装卸，避免混乱；装卸中不得摔掷，以免钢材变形或破坏表面状态。

2. 钢材的验收

(1)验收批的确定

建筑钢材必须按批验收，同一级别、同一种类、同一规格、同一批号的钢材，每60吨为一个验收批，不足60吨的也按一个验收批计算。允许同一牌号、同一冶炼方法、同一浇注方法的不同炉罐号组成混合批，但各炉罐号含碳量之差不大于0.02%，含锰量之差不大于0.15%。

(2)验收项目及要求

①核对货单和实物。验收现场重点检查钢材的品种和数量，确保订货单、发货资料单和实物完全一致。

②核对质量保证书。每批钢材必须具备生产厂家提供的质量证明书，证明书上写明钢材的炉号、钢号、化学成分和机械性能等，根据国家技术标准核对钢材的各项指标；发货码单、质量证明书内容与工程标牌标志上的内容相符。

③检查包装。除了大型型钢外，其他所有钢材，都必须成捆交货，每捆必须用钢带、盘条或铁丝均匀捆扎结实，端面要求平齐，不得有异类钢材混装现象。

④检查外观质量。钢材表面不允许有裂纹、结疤、折叠、分层和油污等缺陷。盘条允

许有压痕及局部的凸块、凹块、划痕、麻面，但其深度或高度(从实际尺寸算起)不得大于0.2 mm，带肋钢筋表面凸块不得超过横肋高度，钢筋表面上其他缺陷的深度和高度不得大于所在部位尺寸的允许偏差，冷拉钢筋不得有局部缩颈。

⑤抽检力学性能

a. 抽检取样：从每批外观质量和尺寸已检验合格的钢筋中，任意抽取 4 根，每根距端部 50 cm 处截取一定长度的钢筋作为试样，两根做拉伸试验，另两根做冷弯试验。当每批钢材多于 60 t 时，每增加 40 t 或增加不足 40 t 时，分别增加 1 个拉伸试件和 1 个冷弯试件。

b. 抽检结果评价：钢材力学性能抽检项目主要为拉伸性能和弯曲性能，操作方法必须符合国家标准规定。拉伸试验和弯曲试验中，如有一项试验不合格，则从同一批另取双倍数量的试样重做各项试验。如仍有一个试样不合格，则该批钢筋为不合格产品，严禁用于工程。

【注】 直径 12 mm 或小于 12 mm 的热轧Ⅰ级钢筋有出厂证明书或试验报告单时，可不再做机械性能试验。

3. 钢材的储存

(1)场地适宜

钢材堆放关键是防潮。尽可能存放在库房或料棚内，若采用露天堆放，则料场应选择地势高而又平坦的地面，经平整、夯实、预设排水沟道，妥善的苫垫、码垛和密封；在雨雪季节建筑钢材要用防雨材料覆盖。

(2)分类堆放

钢材要按不同钢号、炉号、规格、长度等分别堆放。

(3)堆放稳定

钢材的堆放要考虑堆放的稳定性，避免钢材变形。通常堆放高度不应大于其宽度；若有可使钢材互相勾连或采用某些稳定措施时，其堆放高度可放宽到钢材堆宽度的两倍。

(4)明细信息

注明钢材生产企业名称、品种规格、钢号、进场日期及数量等内容，并在钢材端部根据其钢号涂以不同颜色的油漆。在施工现场应注明“合格”“不合格”“在检”“待检”等产品质量状态。

(5)防锈维护

①有保护金属材料的防护与包装，不得损坏。

②在金属表面涂刷防锈剂。

③加强检查，经常维护保养。

工作任务　钢材力学性能检测

钢材力学性能检测项目通常包括拉伸试验和冷弯试验；特殊情况下，有时需要做疲劳强度、冲击韧性和反向弯曲试验检测。

【检测规定】

1. 用于拉伸及冷弯的钢筋试样，不允许进行车削加工。

2. 取样

从每批外观质量和尺寸已检验合格的钢筋中，任意抽取 4 根，每根距端部 50 cm 处截取一定长度的钢筋作为试样，两根做拉伸试验，另两根做冷弯试验。当每批钢材多于 60 t 时，每增加 40 t 或增加不足 40 t 时，分别增加 1 个拉伸试件和 1 个冷弯试件。

3. 试验条件

钢材检测试验应在 20 ℃±1 ℃的温度下进行，如试验温度超出规定范围，应于试验记录和报告中注明。

4. 对于冷轧带肋钢筋、预应力混凝土用热处理钢筋、刻痕钢丝的要求：

(1)试验期间试样的环境温度应保持在 20 ℃±2 ℃。

(2)试样不得在制造后进行任何热处理和冷加工。

(3)加在试样上的初始载荷为试样实际强度(冷轧带肋钢筋)或抗拉强度标准规定值(预应力混凝土用热处理钢筋、刻痕钢丝)的 70%乘以钢筋的公称横截面积。

(4)初始荷载在 5 min 内均匀施加完毕，并保持 2 min 后开始记录松弛值。

(5)试样长度不小于公称直径的 60 倍。

5. 对有抗震设防要求的框架结构，其纵向受力钢筋的强度应满足设计要求；当设计无具体要求时，对一、二级抗震等级，检验所得的强度实测值应符合下列规定：

(1)钢筋的抗拉强度实测值与屈服强度实测值的比值不应小于 1.25。

(2)钢筋的屈服强度实测值与强度标准值的比值不应大于 1.3。

任务一　低碳钢的拉伸试验

【知识准备】

1. 屈服强度、极限拉伸强度、伸长率、屈强比的含义及工程意义。

2. Q235 的含义和性能。

【技能目标】

1. 熟悉拉伸试验设备的操作要领。

2. 会确定取样量并制作标准试件；能进行低碳钢的拉伸试验并对试验结果处理和评价。

一、主要仪器设备

1. 万能材料试验机

为保证机器安全和试验准确，其吨位选择最好是使试件达到最大荷载时，指针位于第二象限内。试验机的测力示值误差不大于1%。

2. 游标卡尺

如图5-17所示，其精确度为0.1 mm。

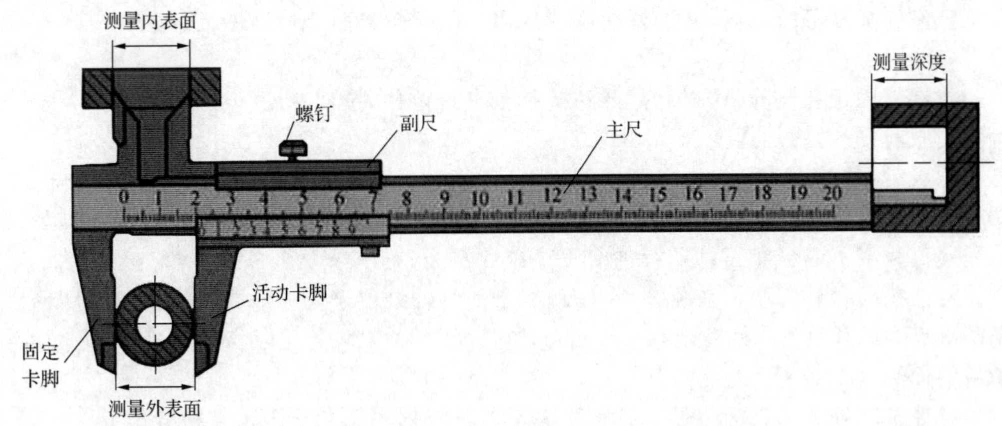

图5-17　游标卡尺

二、试验步骤

1. 取样

按前述【检测规定】取样，此处略。

2. 标准拉伸试件的制作

拉伸试验用钢筋试件不得进行车削加工，可以用两个或一系列等分小冲点或细画线标出试件原始标距，测量标距长度 L_0，精确至0.1 mm，通常长试件长度为 $10d_0+200$ mm；短试件长度为 $5d_0+200$ mm。也可以按照图5-18所示来确定试件长度。

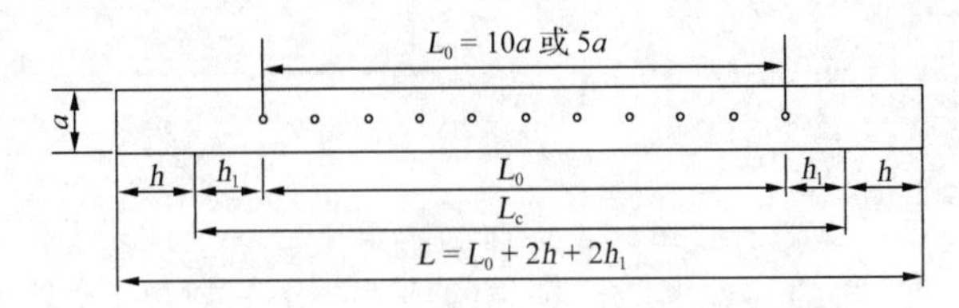

图5-18　钢筋拉伸试验试件

a—试样原始直径；L_0—标距长度；h_1—取(0.5～1)a；h—夹具长度；L_c—试样平行长度(不小于 L_0+a)。

待测试件的公称横截面积(mm^2)，可根据钢筋的公称直径按表5-18选取。

表 5-18　钢筋的公称横截面积

公称直径/mm	公称横截面积/mm^2	公称直径/mm	公称横截面积/mm^2
8	50.27	22	380.1
10	78.54	25	490.9
12	113.1	28	615.8
14	153.9	32	804.2
16	201.1	36	1018
18	254.5	40	1257
20	314.2	50	1964

3. 仪器设备准备

调整试验机测力度盘指针，使其对准零点，并拨动副指针，使其与主指针重叠。根据被测试件的强度等级，选择并加好所需的配重砝码，连接好电脑绘图等设备。

4. 测定

将试件固定在试验机夹头内，开动试验机进行拉伸，拉伸速度为：

屈服前：应力增加速度为 10 MPa/s；

屈服后：试验机活动夹头在荷载下移动速度不大于 $0.5L_c$/min，直至试件被拉断。

拉伸过程中，测力度盘指针停止转动时的恒定荷载，或第一次回转时的最小荷载，即为屈服荷载 F_s(N)。将试件继续加荷直至试件拉断，读出最大荷载 F_b(N)。

将已拉断的试件两端在断裂处对齐，尽量使其轴线位于同一条直线上，测量拉断后标距两端点间的长度 L_1(精确至 0.1 mm)。如拉断处形成缝隙，则此缝隙应计入该试件拉断后的标距内。

试件拉断处到邻近标距端点处距离大于 $L_0/3$ 时，可用游标卡尺直接量出 L_1。

拉断处距离邻近标距端点小于或等于 $L_0/3$ 时，可按下述移位法确定 L_1：

在长段上自断点 O 起，取等于短段格数得 B 点，再取等于长段所余格数(偶数如图 5-19(a))之半得 C 点；或者取所余格数(奇数如图 5-19(b))减 1 与加 1 之半得 C 与 C_1 点。则移位后的 L_1 分别为 $AO+OB+2BC$ 或 $AO+OB+BC+BC_1$。

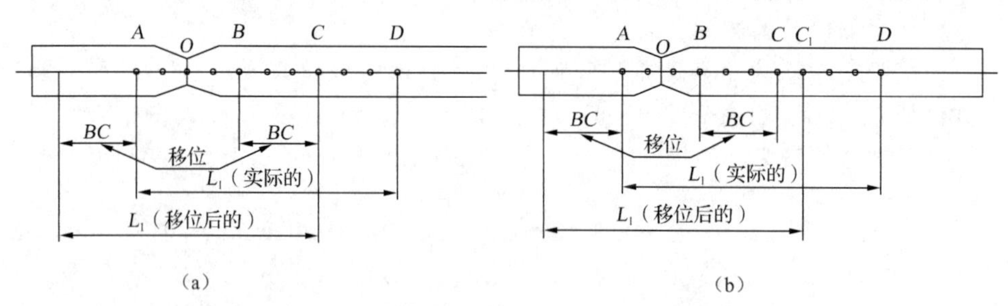

图 5-19　用移位法计算标距

如果直接测量所求得的伸长率能达到技术条件要求的规定值，则可不采用移位法。

【操作提示】

1. 试件夹持在夹头里，保持与夹具轴线平行的绝对的垂直状态。

2. 试件标距部分不得夹入钳口内，同时被夹持的部分不得小于钳口的 3/2。

3. 如试件在标距端点上或标距处断裂，则试验结果无效，需重做试验。

三、结果计算

(1)钢筋的屈服点强度 σ_s 和抗拉强度 σ_b 按下式计算

$$\sigma_s=\frac{F_s}{A} \tag{5-4}$$

$$\sigma_b=\frac{F_b}{A} \tag{5-5}$$

式中　σ_s、σ_b——钢筋的屈服点强度和抗拉强度,MPa;

F_s、F_b——钢筋的屈服荷载和最大荷载,N;

A——试件的公称横截面积,mm^2。

当 σ_s、σ_b 大于 1 000 MPa 时,应计算至 10 MPa,按“四舍六入五留双法”修约;

当 σ_s、σ_b 在 200～1 000 MPa 时,计算至 5 MPa,按“二五进位法”修约;

当 σ_s、σ_b 小于 200 MPa 时,计算至 1 MPa,小数点数字按“四舍六入五留双法”处理。

(2)钢筋的伸长率 δ_5 或 δ_{10} 按下式计算

$$\delta_5(\text{或 }\delta_{10})=\frac{L_1-L_0}{L_0}\times 100\% \tag{5-6}$$

式中　δ_5 或 δ_{10}——$L_0=5a$ 或 $L_0=10a$ 时的伸长率,精确至 1%;

L_0——原标距长度 $5a$ 或 $10a$,mm;

L_1——试件拉断后直接量出或按移位法计算的标距长度,mm,精确至 0.1 mm。

四、结果评定规定

在拉伸试验的两根试件中,如其中一根试件的屈服点、抗拉强度和伸长率 3 个指标中有一个指标达不到钢筋标准中规定的数值,应再抽取双倍(4 根)钢筋,制取双倍试件重做试验;如仍有一根试件的一个指标达不到标准要求,则不论这个指标在第一次试件中是否达到标准要求,拉伸试验项目也作为不合格。

五、钢材拉伸试验记录

钢材拉伸试验记录见表 5-19。

表 5-19　　钢材拉伸试验记录

<table>
<tr><td rowspan="4">屈服点和抗拉强度测定</td><td rowspan="2">公称直径/mm</td><td rowspan="2">截面面积/mm²</td><td rowspan="2">屈服荷载/N</td><td rowspan="2">极限荷载/N</td><td colspan="2">屈服点/MPa</td><td colspan="2">抗拉强度/MPa</td></tr>
<tr><td>测定值</td><td>平均值</td><td>测定值</td><td>平均值</td></tr>
<tr><td></td><td></td><td></td><td></td><td></td><td rowspan="2"></td><td></td><td rowspan="2"></td></tr>
<tr><td></td><td></td><td></td><td></td><td></td><td></td></tr>
<tr><td rowspan="4">伸长率测定</td><td rowspan="2">公称直径/mm</td><td rowspan="2">原始标距长度/mm</td><td rowspan="2">拉断后标距长度/mm</td><td rowspan="2">拉伸长度/mm</td><td colspan="4">伸长率</td></tr>
<tr><td colspan="3">测定值</td><td>平均值</td></tr>
<tr><td></td><td></td><td></td><td></td><td colspan="3"></td><td rowspan="2"></td></tr>
<tr><td></td><td></td><td></td><td></td><td colspan="3"></td></tr>
<tr><td>钢筋抗拉性能结论</td><td colspan="8"></td></tr>
</table>

任务二 钢材的冷弯试验

【知识准备】

1. 钢材的冷弯试验测定钢材的什么性能？

2. 如何判断冷弯合格性？如何评价钢材冷弯性能的优劣？

【技能目标】

熟悉弯曲试验设备的操作要领；能测定钢筋冷弯性能并评价冷弯合格性。

一、主要仪器设备

(1)压力机或万能试验机；

(2)弯曲装置。具有足够硬度的支承辊，其长度应大于试件的直径和宽度，支承辊间的距离可以调节。根据试验检测要求，可采用支辊式、V形模具式、虎钳式、翻板式弯曲装置。

二、试验方法步骤

(1)按表5-20确定弯芯直径 d 和弯曲角度。

表5-20　钢筋冷弯的弯芯直径和弯曲角度

钢筋牌号	公称直径 a/mm	弯芯直径 d/mm	弯曲角度	钢筋牌号	公称直径 a/mm	弯芯直径 d/mm	弯曲角度
HPB300	8～20	a	180°	HRB400 HRBF400	6～25	$4a$	180°
HRB335 HRBF335	6～25	$3a$			28～40	$5a$	
	28～40	$4a$			40～50	$6a$	
	40～50	$5a$		HRB500 HRBF500	6～25	$6a$	
					28～40	$7a$	
					40～50	$8a$	

(2)制作标准试件。

(3)调整支承辊

调整两支承辊间距离 L_1 为 $(d+2.5a)\pm0.5a$，其中 d 为冷弯冲头直径，$d=na$；n 为自然数，其值大小根据钢筋级别按照表5-21确定。

(4)导向弯曲

①试件放在两个支点上(图5-20(a))，将一定直径的弯芯在试样两个支点中间，平稳缓慢地施加压力，使试样弯曲到规定角度(图5-20(b)、图5-20(c))或出现裂纹、裂缝、裂断为止。

②试验应在10～35 ℃下进行。在控制条件下，试验在23 ℃±5 ℃进行。试验过程中，两支承辊间距离 L_1 不允许有变化。

③弯曲时如不能直接达到180°，应将试件置于两平行压板之间连续加荷，直至达到

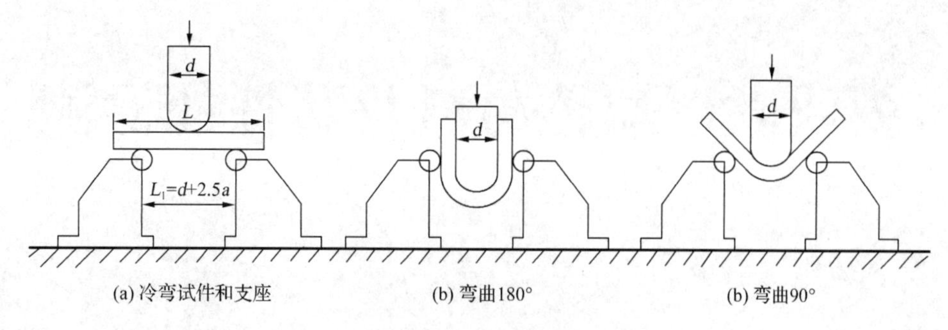

图 5-20　钢筋冷弯试验装置示意图

180°，如图 5-21 所示，试验时可以加垫块也可以不加垫块。

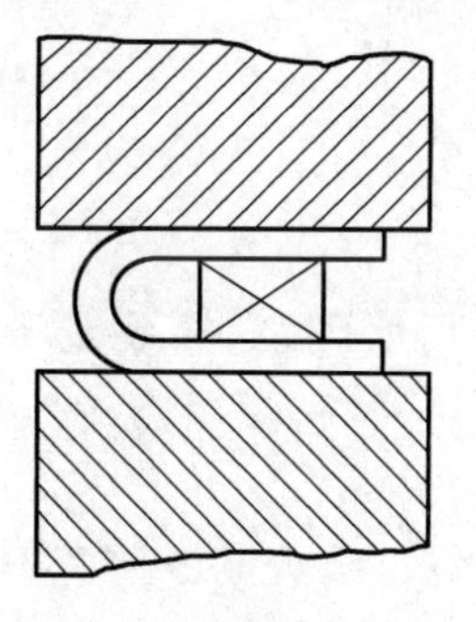

图 5-21　弯至两壁平行

三、结果评定

(1)检查试件弯曲处外表面，无肉眼可见裂纹、起皮、裂缝或断裂，则冷弯性能合格，否则冷弯不合格。

(2)复检与判定。在冷弯试验中，两根试件中如有一根试件不符合标准要求，应再抽取四根钢筋制成双倍试件重新试验，如仍有一根试件不符合标准要求，则冷弯试验项目判为不合格。

知识与技能综合训练

一、名词和符号解释

1. 钢材的屈强比　2. 自然时效　3. Q235－AZ　4. HRB500　5. δ_5

二、工程应用案例分析

工程上使用钢筋时，常要进行冷拉和时效处理，为什么？

三、计算

从新进货的一批钢筋中抽样，并截取两根钢筋做拉伸试验，测得如下结果：屈服下限荷载分别为 42.4 kN、41.5 kN；抗拉极限荷载分别为 62.0 kN、61.6 kN，钢筋公称直径为 12 mm，标距为 60 mm，拉断时长度分别为 66.8 mm、68.0 mm。计算该钢筋的屈服强度、抗拉强度及伸长率。

移动在线自测

建筑钢材及其性能检测

模块六　墙体材料及其性能检测

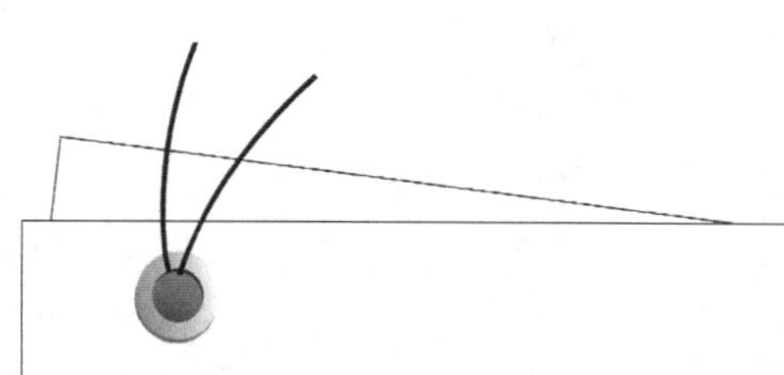

在建筑工程中，用于砌筑、拼装或浇筑墙体的材料称为墙体材料，如砌墙用的砖、石、砌块，拼墙用的各种板材，浇注墙用的混凝土等等。

我国房屋建筑材料中，近70%是墙体材料。传统的墙体材料是烧结普通黏土砖。但在生产实心黏土砖时，需要消耗大量的土地资源和煤炭资源，并且砖体具有块体小、自重大、保温隔热性能差、施工效率低、工期长等缺点，无法满足现代建筑施工和使用功能的要求。为了节省土地资源，实现建筑材料节能、利废和环保的可持续发展目标，国务院办公厅早在2005年就发出了《关于进一步推进墙体材料革新和推广节能建筑的通知》，要求到2010年底，所有城市都要禁止使用实心黏土砖。取而代之的是具有轻质、高强、保温、隔热等良好性能的新型墙体材料。目前，建筑业重点推广应用以粉煤灰、页岩、炉渣、煤矸石等工业废渣废料为主要原材料的新型墙体材料。

墙体材料的品种较多，本模块学习单元重点介绍几种常用的砌墙砖、墙用砌块和墙用板材的分类、主要技术特性及工程应用；工作单元重点训练学生烧结多孔砖抗压强度、普通混凝土小型空心砌块抗压强度的检测方法。

学习单元

单元一　砌墙砖

【知识目标】

1. 了解烧结砖、非烧结砖的组成及分类；
2. 掌握常用烧结砖、非烧结砖的技术要求及工程应用。

砌墙砖是指以黏土、工业废料及其他地方资源为主要原材料，按不同工艺制成的、用于砌筑承重和非承重墙体的小型人造块材。按照制造工艺和孔洞率，砌墙砖的分类见表6-1。

表 6-1　　砌墙砖的分类

<table>
<tr><td rowspan="5">砌墙砖</td><td>按生产工艺</td><td>烧结砖</td><td>经焙烧制成的砖，如红砖、青砖</td></tr>
<tr><td rowspan="4">按孔洞率</td><td>非烧结砖</td><td>经蒸压(高压蒸汽养护、硬化)或蒸养(常压蒸汽养护、硬化)而制成的砖</td></tr>
<tr><td>实心砖</td><td>无孔洞或孔洞率<15%</td></tr>
<tr><td>多孔砖</td><td>孔洞率≥15%，孔的数量多但尺寸小</td></tr>
<tr><td>空心砖</td><td>孔洞率≥25%，孔的数量少但尺寸大</td></tr>
</table>

图 6-1 是按孔洞率分类的砌墙砖结构示意图。

实心砖

多孔砖

空心砖

图 6-1　砌墙砖结构示意图

一、烧结砖

烧结砖指以黏土、页岩、煤矸石和粉煤灰等为主要原料，经成型、焙烧等工艺制成的砖。烧结砖又可分为烧结普通砖、烧结多孔砖和烧结空心砖。

1. 烧结普通砖

(1)烧结普通砖的分类

①按主要生产原料分为：烧结普通黏土砖(N)、烧结页岩砖(Y)、烧结粉煤灰砖(F)、烧结煤矸石砖(M)。

【知识拓展】 未来的建筑中，黏土砖将不再作为普通的墙体材料使用，可能会用于一些特殊的、仿古的建筑中。国外有些国家已把黏土砖作为高档的装修材料来使用。而以煤矸石、粉煤灰等工业废渣为原料的烧结普通砖的开发和应用将越来越受到重视。

②按砖的外形分为：烧结普通砖、烧结装饰砖、配砖。

烧结普通砖的外形为直角六面体，其公称尺寸为：长 240 mm、宽 115 mm、高 53 mm。在砌筑时加上其中灰缝宽度 1 mm，则 1 m^3 砌筑体需要 512 块砖。每块砖的平面分为大面、条面和顶面，其中的 240 mm×115 mm 的面为大面，240 mm×53 mm 的面为条面，115 mm×53 mm 的面为顶面。烧结普通砖的平面名称如图 6-2 所示。

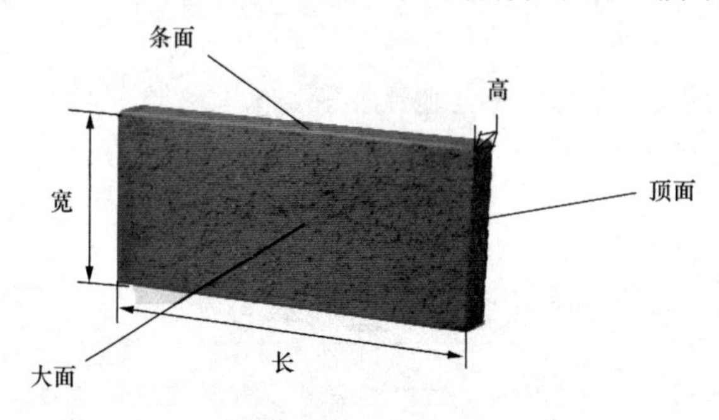

图 6-2 普通砖的平面名称

烧结装饰砖(简称装饰砖)是指经烧结而成的用于清水墙或带有装饰面的砖，主规格同烧结普通砖；为增强装饰效果，装饰砖可制成本色、一色或多色，装饰面也可具有砂面、光面、压花等起墙面装饰作用的图案。配砖常用规格为 175 mm×115 mm×53 mm。

③按焙烧的火候分为：正火砖、欠火砖和过火砖。

由于砖在焙烧时窑内温度(火候)分布很难做到绝对均匀，因此，除了正火砖外，还会出现欠火砖和过火砖。欠火砖色浅、敲击声发哑、吸水率大、强度低、耐久性差；过火砖色深、敲击时声音清脆、吸水率低、强度较高，但砖体表面有弯曲变形现象。欠火砖和过火砖均属不合格产品。

(2)烧结普通砖的产品标记

烧结普通砖按"产品名称＋类别＋强度等级＋质量等级＋标准编号"的顺序标记。

例如：强度等级为 MU20 优等品的烧结普通页岩砖，标记为：

烧结普通砖 Y MU20 A GB5101—2003。

(3)烧结普通砖的技术要求

①尺寸允许偏差和外观质量

尺寸允许偏差是制品的长宽高等尺寸的实际测量值与标准值的差。尺寸允许偏差过大会造成砌筑时灰缝高度、宽度不能保持均匀一致,严重时同样会对建筑结构承载造成影响。烧结普通砖的尺寸允许偏差要求见表6-2。

表6-2　烧结普通砖的尺寸允许偏差　mm

项目		优等品		一等品		合格品	
尺寸		样本平均偏差	样本极差≤	样本平均偏差	样本极差≤	样本平均偏差	样本极差≤
长度	240	±2.0	6	±2.5	7	±3.0	8
宽度	115	±1.5	5	±2.0	6	±2.5	7
高度	90	±1.5	4	±1.6	5	±2.0	6

外观质量是用肉眼或简单工具即能判断的产品外表质量优劣程度的指标,如砖体颜色、两个条面间的高度差、弯曲程度、裂纹长度、缺棱掉角等。外观质量不合格时,对墙体表面质量会造成影响,严重时会降低建筑结构承载能力。烧结普通砖的外观质量要求见表6-3。

表6-3　烧结普通砖的外观质量要求　mm

项目		一等品	合格品
弯曲≤		3	4
杂质凸出高度≤		3	4
缺棱掉角的3个破坏尺寸不得同时大于		20	30
完整面不得少于		一条面和一顶面	—
颜色		—	—
裂纹长度	a.大面上宽度方向及其延伸至条面的裂纹长度≤	60	80
	b.大面上长度方向及其延伸到顶面的裂纹长度或条顶面上水平裂纹的长度≤	80	100

【规范提示】1.为装饰面施加的色差、凹凸纹、拉毛、压花等不算作缺陷。

2.凡有下列缺陷之一者,不能称为完整面:

①缺损在条面或顶面上造成的破坏面尺寸同时大于10 mm×10 mm。

②条面或顶面上裂纹宽度大于1 mm,其长度超过30 mm。

③压陷、焦花、黏底在条面或顶面上的凹陷或凸出超过2 mm,区域尺寸同时大于10 mm×10 mm。

②强度等级

烧结普通砖抗压强度试验

强度等级是砖(或砌块)强度的表示方法,是砌体材料中一项非常重要的力学指标,直接影响建筑物的安全性和抗震性。烧结普通砖依据抗压强度分为MU30、MU25、MU20、MU15、MU10五个强度等级。

按《砌墙砖试验方法》(GB/T 2542—2012)的规定进行强度试验,强度结果评定和指标要求应符合表6-4的规定。

表 6-4　　烧结普通砖强度等级

强度等级	抗压强度平均值(MPa)，$\overline{f}\geqslant$	变异系数 $\delta\leqslant 0.21$	变异系数 $\delta>0.21$
		强度标准值(MPa)，$f_k\geqslant$	单块最小抗压强度值(MPa)，$f_{min}\geqslant$
MU30	30.0	22.0	25.0
MU25	25.0	18.0	22.0
MU20	20.0	14.0	16.0
MU15	15.0	10.0	12.0
MU10	10.0	6.5	7.5

③抗风化性能

a. 风化指数

风化指数是指日气温从正温降至负温或从负温升至正温的每年平均天数与每年从霜冻之日起至霜冻消失之日止这一期间降雨总量(以 mm 计)的平均值的乘积。风化指数用于划分风化区。

b. 风化区的划分

风化区是按照风化指数划分的。风化指数大于等于 12 700 的地区为严重风化区，风化指数小于 12 700 的地区为非严重风化区。全国各省自治区直辖市的风化区划分见表 6-5。各地如有可靠数据，也可按计算的风化指数划分本地区的风化区。

表 6-5　　风化区划分

严重风化区	非严重风化区
1. 黑龙江省；2. 吉林省；3. 辽宁省；4. 内蒙古自治区；5. 新疆维吾尔自治区；6. 宁夏回族自治区；7. 甘肃省；8. 青海省；9. 陕西省；10. 山西省；11. 河北省；12. 北京市；13. 天津市	1. 山东省；2. 河南省；3. 安徽省；4. 江苏省；5. 湖北省；6. 江西省；7. 浙江省；8. 四川省；9. 贵州省；10. 湖南省；11. 福建省；12. 台湾省；13. 广东省；14. 广西壮族自治区；15. 海南省；16. 云南省；17. 西藏自治区；18. 上海市；19. 重庆市；20. 香港特别行政区；21. 澳门特别行政区

c. 抗风化性能评价

抗风化性能是烧结普通砖的重要耐久性能之一。对砖的抗风化性能要求，应根据各地区风化程度不同而定。抗风化性能用抗冻融试验、吸水率及饱和系数指标综合衡量。东北三省及内蒙古、新疆五地区的烧结普通砖必须进行冻融试验，其他地区砖的抗风化性能若能符合表 6-6 规定，可不做冻融试验，否则，必须进行冻融试验。冻融试验后，每块砖样不允许出现裂纹、分层、掉皮、缺棱、掉角等冻坏现象，同时质量损失不得大于 2%。

表 6-6　　烧结普通砖抗风化性能指标

种类	严重风化区				非严重风化区			
	5 h 沸煮吸水率(%)≤		饱和系数≤		5 h 沸煮吸水率(%)≤		饱和系数≤	
	平均值	单块最大值	平均值	单块最大值	平均值	单块最大值	平均值	单块最大值
黏土砖	21	23	0.85	0.87	23	25	0.88	0.90
粉煤灰砖	23	25			30	32		
页岩砖	16	18	0.74	0.77	18	20	0.78	0.80
煤矸石砖	19	21			21	23		

注：1. 粉煤灰掺入量(质量比)小于 30%时按黏土砖规定判定。

2. 饱和系数是指砖在常温下浸水 24 h 后的吸收率与沸煮 5 h 的吸收率之比。

④泛霜和石灰爆裂

泛霜俗称“泛碱”，是砖内过量的可溶性盐类（如硫酸钠）遇水溶解，随砖内水分的蒸发沉积于砖的表面，并逐渐结晶形成的白色粉末附着物的现象，泛霜也叫“盐析”，图 6-3 为砖泛霜后的表面状态示意图。

图 6-3 烧结普通砖的泛霜现象

附着在砖表面的白色粉状物质，不但影响砌筑体的表面美观，而且结晶膨胀也会引起砖表层结构的疏松甚至剥落。

【知识拓展】 砖体表面轻微的泛霜对清水砖墙建筑外观质量产生影响；中等程度的泛霜砖用于建筑中潮湿部位时，七、八年以后因析出盐的结晶膨胀，使砌体表面产生粉化剥落，在干燥环境中使用约十年以后，也将开始剥落；严重泛霜时对建筑结构的破坏程度将更严重。

石灰爆裂是指烧结砖的原料中夹杂着石灰石，焙烧时被烧成生石灰，在使用过程中生石灰吸水熟化为熟石灰时产生体积膨胀而引起砖裂缝的现象。石灰爆裂严重影响烧结砖的质量，降低砖砌体强度。烧结普通砖的泛霜和石灰爆裂应符合表 6-7 的规定。

表 6-7 烧结普通砖的泛霜和石灰爆裂限定要求

<table>
<tr><th>项目</th><th>优等品</th><th>一等品</th><th>合格品</th></tr>
<tr><td>泛霜</td><td>无泛霜</td><td>不允许出现中等泛霜</td><td>不允许出现严重泛霜</td></tr>
<tr><td rowspan="2">石灰爆裂</td><td rowspan="2">不允许出现最大破坏尺寸大于 2 mm 的爆裂区域</td><td>a.最大破坏尺寸大于 2 mm 且小于等于 10 mm 的爆裂区域，每组砖样不得多于 15 处</td><td>a.最大破坏尺寸大于 2 mm 且小于等于 15 mm 的爆裂区域，每组砖样不得多于 15 处，其中大于 10 mm 的不得多于 7 处</td></tr>
<tr><td>b.不允许出现最大破坏尺寸大于 10 mm 的爆裂区域</td><td>b.不允许出现最大破坏尺寸大于 10 mm 的爆裂区域</td></tr>
</table>

⑤放射性物质限量、欠火砖、酥砖和螺旋纹砖

煤矸石、粉煤灰砖以及掺加工业废渣的砖，应进行放射性物质检测。检验结果应符合《建筑材料放射性核素限量》(GB6566—2010)的要求。

酥砖是指砖内芯有发黄、蜂窝现象，外表有破碎、起壳、掉角、裂纹等“症状”的砖，用手可捏碎。螺纹转是指在砖体表面或内部存在类似螺纹状的凹凸不平的纹理，影响砖体外观和质量。欠火砖、酥砖和螺旋纹砖的共性是强度低，均属于不合格砖。

⑥质量等级

强度、抗风化性能和放射性物质含量合格的烧结普通砖，根据外观质量、尺寸偏差、泛霜和石灰爆裂分为优等品(A)、一等品(B)、合格品(C)三个质量等级。

(4)产品质量评定

《烧结普通砖》(GB5101—2003)的规定,强度、抗风化性能和放射性物质含量合格的砖,按尺寸偏差、外观质量、泛霜和石灰爆裂检验中最低质量等级判定,其中有一项不合格则判该批产品质量不合格。外观检验中有欠火砖、酥砖和螺旋纹砖则判该批产品质量不合格。

(5)烧结普通砖的工程应用

烧结普通砖具有较高的强度和较好的耐久性,是应用最久、应用范围最为广泛的传统的墙体材料,可用于砌筑柱、拱、烟囱、地面及基础等,还可与轻骨料混凝土、加气混凝土、岩棉等复合砌筑成各种轻质墙体;在砌体中配置适当钢筋或钢丝网制作柱、过梁等,可代替钢筋混凝土柱、过梁使用。优等品的烧结普通砖用于砌筑清水墙;一等品、合格品的烧结普通砖可用于砌筑混水墙。

2. 烧结多孔砖

烧结多孔砖,是以黏土、页岩、煤矸石、粉煤灰、淤泥(江河湖淤泥)及其他固体废弃物等为主要原料,经焙烧制成的孔洞率≥25%(孔洞率是孔洞的总面积占其所在砖面面积的百分率)、孔的尺寸小而数量多,且为竖向孔的烧结砖。

(1)烧结多孔砖的分类

《烧结多孔砖和多孔砌块》(GB 13544—2011)规定,烧结多孔砖按所用主要原料,分为黏土砖(N)、页岩砖(Y)、煤矸石砖(M)和粉煤灰砖(F)、淤泥砖(U)、固体废弃物砖(G)六类。

(2)烧结多孔砖的产品标记

烧结多孔砖按"产品名称+品种+规格+强度等级+密度等级+标准编号"的顺序进行标记。

例如:规格尺寸为 290 mm × 140 mm × 90 mm、强度等级为 MU25 的合格品烧结多孔砖,标记为:

烧结多孔砖 N 290 mm × 140 mm × 90 mm MU25 1200 GB13544—2011

(3)烧结多孔砖的技术要求

①规格与孔型、孔结构及孔洞率

烧结多孔砖为直角六面体,其长度、宽度与高度的规格尺寸为:290 mm、240 mm、190 mm、180 mm、140 mm、115 mm、90 mm;结构示意如图 6-4 所示,其孔型、孔结构及孔洞率的要求见表 6-8。

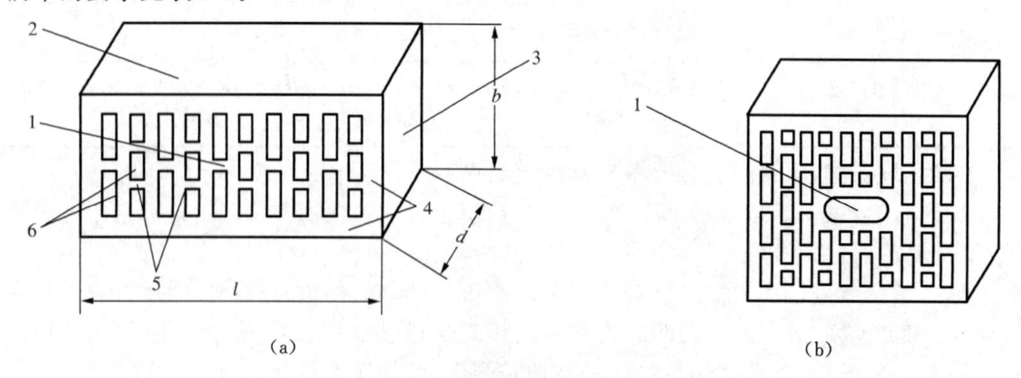

图 6-4 多孔砖的结构示意图

1—大面(坐浆面);2—条面;3—顶面;4—外壁;
5—肋;6—孔洞;7. 手抓孔 l—长度;b—宽度;d—高度;

表 6-8　　烧结多孔砖的孔型、孔结构及孔洞率

孔型	孔洞尺寸		最小外壁厚/mm	最小肋厚/mm	孔洞率/%≥	孔洞排列
	孔宽度尺寸 b	孔长度尺寸 L				
矩形条孔或矩形孔	≤13	≤40	≥12	≥5	≥28	a.所有孔宽应相等。孔采用单向或双向交错排列 b.孔洞排列上下、左右应对称,分布均匀,手抓孔的长度方向尺寸必须平行于砖的条面。

【规范提示】a.矩形孔的孔长 L、孔宽 b 满足 $L \geqslant 3b$ 时,为矩形条孔。

b.孔四个角应做成过渡圆角,不得做成直尖角。

c.如设有砌筑砂浆槽,则砌筑砂浆槽不计算在孔洞率内。

d.规格大的砖应设置手抓孔,手抓孔尺寸为(30～40)mm×(75～85)mm。

②强度等级

烧结多孔砖根据抗压强度平均值和抗压强度标准值划分为 MU30、MU25、MU20、MU15 和 MU10 五个强度等级,各强度等级的指标要求见表 6-9。

表 6-9　　烧结多孔砖强度等级指标

强度等级	抗压强度平均值(MPa),$\overline{f} \geqslant$	强度标准值(MPa),$f_k \geqslant$
MU30	30.0	22.0
MU25	25.0	18.0
MU20	20.0	14.0
MU15	15.0	10.0
MU10	10.0	6.5

③密度等级

烧结多孔砖按照 3 块砖的干燥表观密度平均值划分为 1 000、1 100、1 200、1 300 四个密度等级,各密度等级的表观密度平均值应符合表 6-10 的规定。同等条件下,密度等级越大,砖体结构密实性越大。

表 6-10　　烧结多孔砖的密度等级

密度等级	3 块砖干燥表观密度平均值(kg/m^3)	密度等级	3 块砖干燥表观密度平均值(kg/m^3)
1 000	900～1 000	1 200	1 100～1 200
1 100	1 000～1 100	1 300	1 200～1 300

④抗风化性能

风化区的划分同表 6-5。对于严重风化区中 1、2、3、4、5 地区的烧结多孔砖和其他地区以淤泥、固体废弃物为主要原料生产的烧结多孔砖必须做冻融试验;其他地区以黏土、粉煤灰、页岩、煤矸石为主要原料生产的烧结多孔砖的抗风化性能,若能符合表 6-11 的规

定，可不做冻融试验，否则必须做冻融试验。进行15次冻融循环试验后，每块砖样不允许出现裂纹、分层、掉皮等冻坏现象；同时产品中不允许有欠火砖、酥砖。

表6-11　　烧结多孔砖的抗风化性能指标

种类	严重风化区				非严重风化区			
	5 h沸煮吸水率(%)≤		饱和系数≤		5 h沸煮吸水率(%)≤		饱和系数≤	
	平均值	单块最大值	平均值	单块最大值	平均值	单块最大值	平均值	单块最大值
黏土砖	21	23	0.85	0.87	23	25	0.88	0.90
粉煤灰砖	23	25			30	32		
页岩砖	16	18	0.74	0.77	18	20	0.78	0.80
煤矸石砖	19	21			21	23		

【规范提示】粉煤灰掺入量(质量比)小于30%时，按黏土砖规定判定。

此外，烧结多孔砖的外观质量、尺寸偏差、石灰爆裂、泛霜等技术性质和指标都应满足GB 13544—2011的相关规定，放射性物质含量应满足《建筑材料放射性核素限量》(GB 6566—2010)的相关要求。

(4)产品质量评定

在烧结多孔砖的指标验收中，当外观质量、尺寸偏差、强度等级、抗风化性能、石灰爆裂、泛霜、孔形孔洞率及孔洞排列和放射性物质含量等九项指标中，有一项不合格时，则该批产品就判为不合格。

(5)烧结多孔砖的应用

烧结多孔砖是我国目前大力推广应用的新型墙体材料之一，是实心黏土砖的较好替代产品。生产烧结多孔砖，可以节省黏土，降低生产能耗，利于实行建筑节能；同时，烧结多孔砖砖体具有容重轻、抗压强度高、保温性能好的特点，可以改善建筑使用功能，一般用于砌筑六层以下建筑的承重墙体。

3. 烧结空心砖

烧结空心砖，是以黏土、页岩、煤矸石、粉煤灰、淤泥(江、河、湖等淤泥)、建筑渣土及其他固体废弃物为主要原料，经焙烧而成的孔洞率≥40%砖，主要用于建筑物的非承重部位。

【知识拓宽】 采用烧结多孔砖和烧结空心砖，可以节约燃料10%～20%，节约黏土25%以上，提高工效40%，降低造价20%，极大程度改善墙体的热工性能，是当前墙体改革中取代黏土实心砖的重要品种。

(1)烧结空心砖的种类

按照GB 13545—2014的规定，烧结空心砖按制砖的主要原料不同可分为黏土空心砖(N)、页岩空心砖(Y)、煤矸石空心砖(M)、粉煤灰空心砖(F)、淤泥空心砖(U)、建筑渣土空心砖(Z)和其他固体废弃物空心砖(G)等七类。

(2)烧结空心砖的规格

烧结空心砖的外形为直角六面体，混水墙用空心砖，应在大面和条面上设有均匀分布的粉刷槽或类似结构，槽的深度不小于2 mm。空心砖的长度尺寸应符合390 mm、290 mm、240 mm、190 mm、180 (175) mm、140 mm的要求；宽度尺寸应符合190 mm、180 (175) mm、140 mm、115 mm的要求；高度尺寸应符合180 (175) mm、140 mm、

115 mm、90 mm 的要求；其他规格尺寸由供需双方协商确定。

(3)烧结空心砖的产品标记

烧结空心砖产品按照“产品名称＋类别＋规格＋密度等级＋强度等级＋标准编号”顺序标记。

例如：规格尺寸为 290 mm×190 mm×90 mm，密度等级为 800、强度等级为 MU7.5 的烧结页岩空心砖，标记为：烧结空心砖（Y） 290 mm×190 mm×90 mm 800 MU7.5 GB/T 13545—2014。

(4)烧结空心砖的技术要求

①孔洞排列及其结构

烧结空心砖的孔洞排列及其结构，应符合表 6-12 的规定。

表 6-12　烧结空心砖的孔洞排列及其结构

孔洞排列	孔洞排数/排		孔洞率/%	孔壁
	宽度方向	高度方向		
有序或交错排列	b≥200 mm　≥4 b<200 mm　≥3	≥2	≥40	矩形孔

此外，在空心砖的外壁内侧设置有序排列的宽度或直径不大于 10 mm 的壁孔，壁孔的孔形可为圆孔或矩形孔，如图 6-5 所示。

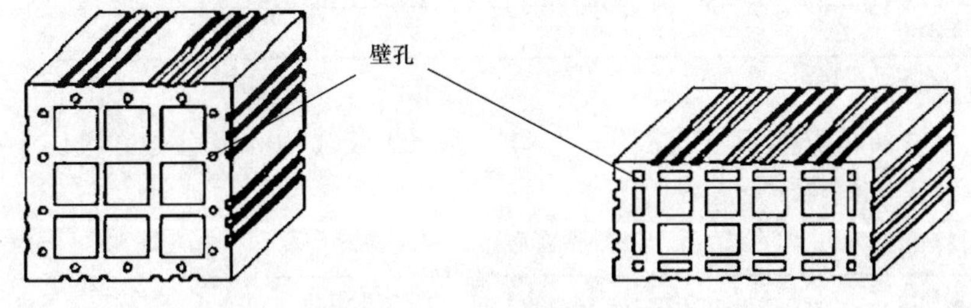

图 6-5　空心砖孔洞排列示意图

一般地，在孔洞率相同的条件下，小孔、多孔的空心砖比大孔、少孔的空心砖抗压强度和抗折强度都高。空心砖的孔洞率直接影响其热导率，一般二者成反比例关系，即孔洞率越大，热导率越小，保温性能也越好。

②外观质量

烧结空心砖的外观质量应符合表 6-13 的规定。

表 6-13　烧结空心砖的外观质量　mm

项目		指标
弯曲 ≤		4
缺棱掉角的三个破坏尺寸，不得同时 >		30
垂直度差 ≤		4
未贯穿裂纹长度	大面上宽度方向及其延伸到条面的长度 ≤	100
	大面上长度方向或条面上水平面方向的长度≤	120
贯穿裂纹长度	大面上宽度方向及其延伸到条面的长度≤	40
	壁、肋沿长度方向、宽度方向及其水平方向的长度≤	40
肋、壁内残缺长度	≤	40
完整面	不少于	一条面或一大面

【规范提示】

凡有下列缺陷之一者，不能称为完整面：

a. 缺损在大面、条面上造成的破坏面尺寸同时大于 20 mm×30 mm；

b. 大面、条面上裂纹宽度大于 1 mm，其长度超过 70 mm；

c. 压陷、黏底、焦花在大面、条面上的凹陷或凸出超过 2 mm，区域尺寸同时大于 20 mm×30 mm。

③强度等级

烧结空心砖依据抗压强度，划分为 MU10.0、MU7.5、MU5.0、MU3.5 四个强度等级，各强度等级强度指标要求见表 6-14。

表 6-14　　烧结空心砖的强度等级

强度等级	抗压强度/MPa		
	抗压强度平均值 $\overline{f}$≥	变异系数 δ≤0.21	变异系数 δ>0.21
		强度标准值 f_k≥	单块最小抗压强度值 f_{min}≥
MU10.0	10.0	7.0	8.0
MU7.5	7.5	5.0	5.8
MU5.0	5.0	3.5	4.0
MU3.5	3.5	2.5	2.8

④密度等级

烧结空心砖依据体积密度，划分为 800 级、900 级、1 000 级、1 100 级四个密度等级，各密度等级密度值要求见表 6-15。

表 6-15　　烧结空心砖的密度等级

密度等级	五块试样密度平均值(kg/m³)	密度等级	五块试样密度平均值(kg/m³)
800	≤800	1 000	901～1 000
900	801～900	1 100	1 001～1 100

⑤抗风化性能

烧结空心砖的抗风化性能，按照表 6-5 划分的风化区及表 6-11 规定的抗风化性能指标要求，确定其是否需进行冻融试验。严重风化区中的 1、2、3、4、5 地区的空心砖和空心砌块应进行冻融试验；其他地区的空心砖和空心砌块，若其抗风化性能符合表 6-11 规定，则可不做冻融试验，否则应进行冻融试验。

冻融循环 15 次试验后，每块空心砖和空心砌块不允许出现分层、掉皮、缺棱掉角等冻坏现象；冻后裂纹长度(未贯穿裂纹长度和贯穿裂纹长度)不得大于表 6-13 规定的产品外观质量要求。

此外，《烧结空心砖和空心砌块》(GB/T 13545—2014)对产品的尺寸偏差、石灰爆裂、泛霜等技术性质和指标都做了相应的规定，放射性物质含量应满足 GB6566—2010 的相关要求。

(5)产品质量评定

《烧结空心砖和空心砌块》(GB/T 13545—2014)的规定，烧结空心砖按照尺寸偏差、外观质量、强度等级、密度等级、孔洞排列及其结构、泛霜、石灰爆裂、抗风化性能、欠火砖或酥砖、放射性核素限量分为合格品和不合格品，上述指标中有任一项不满足规范规定者，均为不合格品。

(6)烧结空心砖的应用

烧结空心砖具有孔数少、孔径大、孔隙率大、自重轻的特点，具有良好的保温、隔热功能，减轻了墙体自重，可用于多层建筑的隔断墙和填充墙。但需要注意的是，地面以下或室内防潮层以下的基础不得使用空心砖砌筑。空心砖墙底部至少砌 3 皮普通砖，在门窗洞口两侧一砖范围内，需用普通砖实砌。

【跟踪自测】从组成、结构、性质及应用角度比较分析烧结多孔砖与烧结空心砖的异同之处。

二、非烧结砖

非烧结砖是以胶凝材料、骨料和水为原料，必要时加入掺和料及外加剂，经过搅拌、成型，在常温或高温湿热条件下养护制成的砖。

非烧结砖主要包括两类：一类是以水泥为主要胶凝材料制成的砖，称为混凝土砖；另一类是以石灰和硅质材料(砂子、粉煤灰、煤矸石、炉渣和页岩等)为主，经过湿热养护制成的砖，称为蒸养(或蒸压)砖。

国家推广应用的非烧结砖主要有：蒸压灰砂多孔砖、蒸压粉煤灰砖和混凝土多孔砖。

1. 蒸压灰砂多孔砖

蒸压灰砂多孔砖是以石灰和砂为主要原料，掺入颜料和外加剂，经坯料制备、压制成型、高压蒸汽养护(绝对压力不低于 0.88 MPa，温度 174 ℃以上)而成的多孔砖，如图 6-6 所示，在垂直于砖体的大面，设有圆形或其他形状的孔洞。

图 6-6　蒸压灰砂多孔砖

(1)产品规格及等级

按照 JC/T 637—2009 的规定，蒸压灰砂多孔砖的尺寸规格为长 240 mm、宽 115 mm、高 90 mm(或 115 mm)。

按抗压强度划分为 MU30、MU25、MU20、MU15 四个强度等级；按照尺寸允许偏差和外观质量将产品划分为优等品(A)和合格品(C)。

(2)产品标记

蒸压灰砂多孔砖按“产品名称＋规格＋强度等级＋产品等级＋标准编号”的顺序标

记，如强度等级为15级、优等品，规格尺寸为240 mm×115 mm×90 mm的蒸压灰砂多孔砖，标记为蒸压灰砂多孔砖 240 mm×115 mm×90 mm 15 A JC/T 637—2009。

(3)蒸压灰砂多孔砖的技术要求

①尺寸允许偏差

蒸压灰砂多孔砖的尺寸允许偏差应满足表6-16的要求。

表6-16 蒸压灰砂多孔砖的尺寸允许偏差 mm

尺寸	优等品		合格品	
	样本平均偏差	样本极差≤	样本平均偏差	样本极差≤
长度	±2.0	4	±2.5	6
宽度	±1.5	3	±2.0	5
高度	±1.5	2	±1.5	4

②外观质量

蒸压灰砂多孔砖的外观质量指标，见表6-17

表6-17 蒸压灰砂多孔砖的外观质量

项目		指标	
		优等品	合格品
缺棱掉角	最大尺寸 /mm ≤	10	15
	大于以上尺寸的缺棱掉角个数/个 ≤	0	1
裂缝长度	大面宽度方向及其延伸到条面上的长度 ≤	20	50
	大面长度方向及其延伸到顶面上的长度或条、顶面水平裂纹的长度 ≤	30	70
	大于以上尺寸的裂纹条数/条 ≤	0	1

③强度等级及抗冻性

蒸压灰砂多孔砖的强度等级和抗冻性应符合表6-18的规定。

表6-18 蒸压灰砂多孔砖的强度等级和抗冻性

强度等级	抗压强度(MPa)		冻后抗压强度(MPa)	单块砖的干质量损失(%)
	平均值≥	单块最小值≥	平均值≥	≤
MU30	30.0	24.0	24.0	2.0
MU25	25.0	20.0	20.0	
MU20	20.0	16.0	16.0	
MU15	15.0	12.0	12.0	

注：冻融循环次数应符合以下规定：夏热冬暖地区15次；夏热冬冷地区25次；寒冷地区35次；严寒地区50次。

④产品验收

《蒸压灰砂多孔砖》(JC/T 637—2009)规定，各项检验结果均合格时，按检验项目中的最低等级进行判定；检验结果有一项不合格，则判该批产品不合格。

(4)蒸压灰砂多孔砖的工程应用

蒸压灰砂多孔砖是国家大力发展推广应用的新型墙体材料。其突出的优点是组织均匀密实、强度高、大气稳定性好，外形光滑整齐，具有较高的蓄热能力，堆积密度大，隔声性能十分优越。可用于防潮层以上的建筑承重部位。

蒸压灰砂多孔砖的缺点是耐热性、耐酸性差，抗流水冲刷能力差；由于砖的表面比较光滑，故与砂浆黏结力差。在砌筑时必须采取相应的措施，如选用高黏度的专用砂浆。长期受热高于200 ℃、受急冷急热和有酸性侵蚀的建筑部位，不得使用灰砂砖；有流水冲刷的部位也不得使用灰砂砖。

2. 蒸压粉煤灰砖

蒸压粉煤灰砖是以粉煤灰、生石灰为主要原料，可掺加适量石膏等外加剂和其他集料，经坯料制备、压制成型、高压蒸汽养护而制成的砖。产品代号为AFB。

(1)产品规格及等级

《蒸压粉煤灰砖》(JC/T 239—2014)的规定，蒸压粉煤灰砖的外形为直角六面体。公称尺寸为长度240 mm、宽度115 mm、高度53 mm。

按强度分为MU30、MU25、MU20、MU15、MU10五个等级。按尺寸允许偏差和外观质量将产品分为优等品(A)和合格品(C)。

(2)产品的技术要求

①强度等级

蒸压粉煤灰砖各强度等级的强度指标要求见表6-19。

表6-19 蒸压粉煤灰砖强度指标

强度等级	抗压强度(MPa)		抗折强度(MPa)	
	20块平均值不小于	单块值不小于	20块平均值不小于	单块值不小于
MU30	30.0	24.0	4.8	3.8
MU25	25.0	20.0	4.5	3.6
MU20	20.0	16.0	4.0	3.2
MU15	15.0	12.0	3.7	3.0
MU10	10.0	8.0	2.5	2.0

②抗冻性

蒸压粉煤灰砖的抗冻性要求见表6-20。

表6-20 蒸压粉煤灰砖的抗冻性

使用地区	抗冻指标	质量损失率(%)≤	抗压强度损失率(%)≤
夏热冬暖地区	D15	5	25
夏热冬冷地区	D25		
寒冷地区	D35		
严寒地区	D50		

此外，蒸压灰砂多孔砖还应满足《蒸压粉煤灰砖》(JC/T 637—2009)对尺寸偏差的要求。

(3)产品质量评定

《蒸压粉煤灰砖》(JC/T 637—2009)的规定，各项检验结果均符合规范相应的技术要求时，判该批产品为合格；否则，判为不合格。

(4)蒸压粉煤灰砖的工程应用

蒸压粉煤灰砖在性能上与灰砂砖相近,可用于一般的工业与民用建筑的墙体和基础。但用于基础或用于易受冻融作用和干湿交替作用的建筑部位,必须使用优等砖。因砖中含有氢氧化钙,不得用于长期受热高于 200 ℃,受急冷、急热交替作用或有酸性介质的建筑部位。

由于粉煤灰砖出釜后收缩较大,因此,出釜 1 周后才能用于砌筑,以减少砖块在砌体中的相对收缩值。

3. 混凝土砖

(1)承重混凝土多孔砖

以水泥、砂、石等为主要原材料,经配料、搅拌、成型、养护等工艺制成的,用于承重结构的多排孔混凝土砖,简称为混凝土多孔砖,代号 LPB。混凝土多孔砖各部位名称见图 6-7。

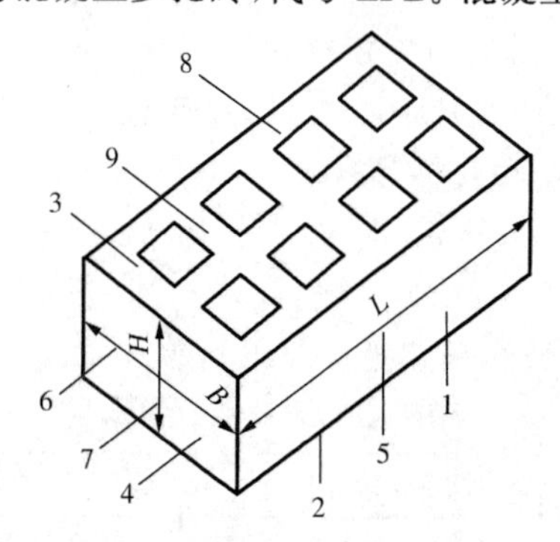

图 6-7 混凝土多孔砖各部位名称

1—条面;2—坐浆面(外壁、肋的厚度较小的面);3—铺浆面(外壁、肋的厚度较小的面);4—顶面;5—长度(L);6—宽度(B);7—高度(H);8—外壁;9—肋。

①混凝土多孔砖的规格

混凝土多孔砖的外形为直角六面体,常用砖型的规格尺寸见表 6-21。

表 6-21 混凝土多孔砖的规格尺寸 mm

长 度	宽 度	高 度
360、290、240、190、140	240、190、115、90	115、90

注:其他规格尺寸可由供需双方协商确定,采用薄灰缝砌筑的块型,相关尺寸可作相应调整。

②产品的技术要求

a. 强度等级

混凝土多孔砖按照抗压强度划分为 MU15、MU20、MU25 三个强度等级。各强度等级的抗压强度指标要求应符合表 6-22 的规定。

表 6-22 混凝土多孔砖的抗压强度

强度等级	抗压强度(MPa)	
	平均值不小于	单位最小值不小于
MU15	15.0	12.0
MU20	20.0	16.0
MU25	25.0	20.0

b.线性干燥收缩率、相对含水率和最大吸水率

线性干燥收缩率是评价砖制品在干燥气候条件下体积收缩变化情况的指标。其值过大，砖砌筑墙体后，在气候干湿变化过程中因砖块的体积收缩而容易导致墙体开裂，影响墙体的耐久性能。

相对含水率是砌块出厂时的含水率占砌块吸收率的百分比。砌块失水而产生的收缩会导致墙体开裂。为了控制砌块建筑的墙体裂缝，相对含水率应满足规范要求。混凝土多孔砖的线性干燥收缩率、相对含水率和最大吸水率应符合表6-23的规定。

表6-23　混凝土多孔砖的线性干燥收缩率、相对含水率和最大吸水率　%

线性干燥收缩率	相对含水率			最大吸水率
	潮湿	中等	干燥	
≤0.045	≤40	≤35	≤30	≤12

注：使用地区的潮湿条件：

潮湿——指年平均相对湿度大于75%的地区；

中等——指年平均相对湿度在50%～75%的地区；

干燥——指年平均相对湿度小于50%的地区。

c.抗冻性

混凝土多孔砖的抗冻性应符合表6-24的要求。

表6-24　混凝土多孔砖的抗冻性指标

使用条件	抗冻指标	单块质量损失率	单块抗压强度损失率
夏热冬暖地区	D15	≤5	≤25
夏热冬冷地区	D25		
寒冷地区	D35		
严寒地区	D50		

此外，混凝土多孔砖的外观质量、尺寸偏差等指标应满足《承重混凝土多孔砖》(GB 25779—2010)的具体规定。

③承重混凝土多孔砖的工程应用

承重混凝土多孔砖可用于各类承重、保温承重和框架填充等不同建筑墙体结构中，有助于减少制砖原材料中黏土的使用，对于改善环境，保护土地资源，推进墙体材料的革新和建筑节能，有着十分重要的经济和社会意义。

(2)非承重混凝土多孔砖

非承重混凝土多孔砖是以水泥、集料为主要原材料，可掺入外加剂及其他材料，经配料、搅拌、成型、养护制成的空心率不小于25%，用于非承重结构部位的砖，简称为空心砖，代号NHB。

非承重混凝土多孔砖的规格尺寸同承重混凝土多孔砖。

①技术要求

a.强度等级

非承重混凝土多孔砖按抗压强度划分为MU5、MU7.5、MU10三个强度等级。各强

度等级的应符合表 6-25 的规定。

表 6-25　　非承重混凝土多孔砖抗压强度

强度等级	抗压强度(MPa)	
	平均值≥	单块最小值≥
MU5	5.0	4.0
MU7.5	7.5	6.0
MU10	10.0	8.0

b. 密度等级

非承重混凝土多孔砖按表观密度划分为 1 400、1 200、1 100、1 000、900、800、700、600 八个密度等级，各密度等级的表观密度范围应符合表 6-26 的要求。

表 6-26　　非承重混凝土多孔砖密度等级

密度等级	表观密度范围(kg/m³)	密度等级	表观密度范围(kg/m³)
1 400	1 210～1 400	900	810～900
1 200	1 110～1 200	800	710～800
1 100	1 010～1 100	700	610～700
1 000	910～1 000	600	≤600

此外，非承重混凝土多孔砖的外观质量、尺寸偏差、线性干燥收缩率、相对含水率、最大吸水率、抗冻性等指标应满足《非承重混凝土多孔砖》(GB/T 24492—2009)的具体规定。

②非承重混凝土多孔砖的工程应用

非承重混凝土多孔砖具有质轻、隔热及高强度等一系列优点，已成为我国较重要的可替代实心黏土砖的新型墙体材料。但使用中会出现墙体易开裂的现象，施工工艺较难控制，尤其是二次装修受到限制。

单元二　墙用砌块

【知识目标】

1. 了解建筑工程中常用砌块的种类；
2. 掌握常用砌块的技术要求和工程应用。

墙用砌块是比砌墙砖形体大的新型人造砌筑块材，外形多为直角六面体。砌块系列中主规格的长度、宽度或高度，有一项或一项以上分别大于 365 mm、240 mm 或 115 mm，但高度不大于长度或宽度的 6 倍，长度不超过高度的 3 倍。

墙用砌块多为直角六面体，砌块系列中主规格的长度、宽度或高度有一项或一项以上分别大于 365 mm、240 mm 或 115 mm，但高度不大于长度或宽度的六倍，长度不超过高度的三倍。

墙用砌块的种类很多，常见的分类见表 6-27。

表 6-27　墙用砌块的分类

墙用砌块	按主规格的高度	大型砌块（高度＞980 mm）
		中型砌块（高度为 380～980 mm）
		小型砌块（380 mm＞高度＞115 mm）
	按孔洞率	实心砌块（无孔洞或孔洞率＜25%）
		空心砌块（孔洞率≥ 25%）
	按砌筑墙体的结构和受力	承重砌块
		非承重砌块
	按原材料	普通混凝土小型砌块
		轻骨料混凝土砌块
	按工艺	烧结砌块
		蒸养蒸压砌块

砌块是一种新型墙体材料，与砌墙砖相比，砌块的规格尺寸较大，具有施工效率高的优势；生产制作砌块可以充分利用地方资源和炉渣、粉煤灰、煤矸石等工业废料，节省黏土资源，减少生产能耗，改善墙体使用功能，具有很好的发展前景。本单元重点介绍以下几种墙用砌块。

一、普通混凝土小型砌块

普通混凝土小型砌块是以水泥、矿物掺和料、砂、石、水等为原材料，经搅拌、振动成型、养护等工艺制成的直角六面体砌块。按空心率和结构受力情况，普通混凝土小型砌块的分类见表 6-28。

表 6-28　普通混凝土小型砌块的分类

		名称	特点	代号
混凝土小型砌块	按空心率	空心砌块	空心率不小于 25%	H
		实心砌块	空心率小于 25%	S
	按墙体结构和受力	承重砌块	墙体系承重结构	L
		非承重砌块	墙体系非承重结构	N

1. 产品规格尺寸

常用普通混凝土小型砌块的规格尺寸见表 6-29。

表 6-29　普通混凝土小型砌块的规格尺寸　mm

长度	宽度	高度
390	90、120、140、190、/240、290	90、140、190

注：其他规格尺寸可由供需双方协商确定。采用薄灰缝砌筑得快，相关尺寸可做相应调整

2. 产品等级

普通混凝土小型砌块的强度等级，是按砌块的抗压强度划分的，见表 6-30。

表 6-30　普通混凝土小型砌块的强度等级　MPa

砌块种类	承重砌块	非承重砌块
空心砌块（H）	7.5、10.0、15.0、20.0、25.0	5.0、7.5、10.0
实心砌块（S）	15.0、20.0、25.0、30.0、35.0、40.0	10.0、15.0、20.0

3. 混凝土小型砌块的技术要求

(1)强度等级

混凝土小型砌块各强度等级的抗压强度指标应符合表 6-31 的规定。

表 6-31　　强度等级　　MPa

强度等级	抗压强度		强度等级	抗压强度	
	平均值≥	单块最小值≥		平均值≥	单块最小值≥
MU5.0	5.0	4.0	MU25	25.0	20.0
MU7.5	7.0	6.0	MU30	30.0	24.0
MU10	10.0	8.0	MU35	35.0	28.0
MU15	15.0	12.0	MU40	40.0	32.0
MU20	20.0	16.0			

(2)吸水率和线性干燥收缩值

L 类混凝土小型砌块的吸水率应不大于 10%,线性干燥收缩值应不大于 0.45 mm/m;N 类混凝土小型砌块的吸水率应不大于 14%,线性干燥收缩值应不大于 0.65 mm/m。

(3)抗冻性

混凝土小型砌块的抗冻性应符合表 6-32 的规定

表 6-32　　混凝土小型砌块的抗冻性

使用条件	抗冻指标	质量损失率	强度损失率
夏热冬暖地区	D15	平均值≤5% 单块最大值≤10%	平均值≤20% 单块最大值≤30
夏热冬冷地区	D25		
寒冷地区	D35		
严寒地区	D50		

注:使用条件应符合 GB 50176—2016 的规定。

4. 普通混凝土小型砌块的工程应用

普通混凝土小型砌块可用于一般工业与民用多层建筑的承重墙体、隔断墙及框架结构填充墙。混凝土小型空心砌块还可用于保温隔热墙体、吸声墙体等。但空心砌块在砌筑时一般不宜浇水,但在气候特别干燥、炎热时,可在砌筑前稍喷水湿润。

二、蒸压加气混凝土砌块

蒸压加气混凝土砌块,是以钙质材料(水泥、石灰等)和硅质材料(砂、矿渣、粉煤灰等)以及加气剂(铝粉)等,经配料、搅拌、浇注、发气(由化学反应形成孔隙)、预养切割、蒸汽养护等工艺过程制成的多孔轻质混凝土制品。

1. 产品规格

蒸压加气混凝土砌块为直角六面体,其公称尺寸见表 6-33。

表 6-33　　蒸压加气混凝土砌块产品规格

公称尺寸 (mm)		
长	宽	高
600	100、120、125、150、180、200、240、250、300	200、240、250、300

2. 技术要求

(1)干密度级别和强度级别

蒸压加气混凝土砌块的干密度级别有B03、B04、B05、B06、B07、B08六个;干体积密度应符合表6-34的规定。

表6-34　　蒸压加气混凝土砌块的干密度

干密度级别		B03	B04	B05	B06	B07	B08
干密度/(kg/m^3)	优等品(A)≤	300	400	500	600	700	800
	合格品(B)≤	325	425	525	625	725	825
强度级别	优等品(A)	A1.0	A2.0	A3.5	A5.0	A7.5	A10.0
	合格品(B)			A2.5	A3.5	A5.0	A7.5

(2)其他性能指标

蒸压加气混凝土砌块的收缩、抗冻性和导热系数,应符合表6-35的规定。

表6-35　　蒸压加气混凝土砌块的收缩、抗冻性和导热系数性能

体积密度级别			B03	B04	B05	B06	B07	B08
干燥收缩值	标准法/(mm/m),≤		0.50					
	快速法/(mm/m),≤		0.80					
抗冻性	质量损失/(%),≤		5.0					
	冻后强度/MPa,≥	优等品(A)	0.8	1.6	2.8	4.0	6.0	8.0
		合格品(B)	0.8	1.6	2.0	2.8	4.0	6.0
导热系数(干态)/[W/(m·K)],≤			0.10	0.12	0.14	0.16	0.18	0.20

3. 蒸压加气混凝土砌块的工程应用

蒸压加气混凝土砌块的孔隙率达70%~80%,砌块质量轻,表观密度约为黏土砖的1/3,具有保温、隔热、隔音性能好、抗震性强(自重小)、导热系数低、耐火性好、易于加工、施工方便等特点,是应用较多的轻质墙体材料之一。适用于低层建筑的承重墙,多层建筑的隔墙和高层框架结构的填充墙,作为保温隔热材料也可用于复合墙板和屋面结构中。

蒸压加气混凝土砌块不得用于建筑物标高±0.000以下的部位或长期浸水或经常受干湿交替的部位;不得用于受酸碱化学物质侵蚀的部位和制品表面温度高于80 ℃的部位。

单元三　墙用板材

【知识目标】

1. 了解建筑工程中所用板材的种类。
2. 掌握常用板材的技术要求及工程应用。

墙用板材作为新型墙体材料,具有轻质、高强、多功能的特点。平面尺寸大,施工劳动效率高;厚度薄,可提高室内使用面积;自重小,可减轻建筑物对基础的承重要求,降低工

程造价。因此大力发展轻质墙体板材是墙体材料改革的趋势。

我国目前可用于墙体的板材品种很多，而且新型板材层出不穷，主要分为轻质板材类（平板和条板）与复合板材类（外墙板、内隔墙板、外墙内保温板和外墙外保温板），按制作材料主要有水泥混凝土类、石膏类、纤维类和发泡塑料类等。本单元介绍几种具有代表性的板材。

一、蒸压加气混凝土板

蒸压加气混凝土板即加气混凝土板，由钙质材料（水泥与石灰或水泥与矿渣）、硅质材料（砂或粉煤灰）、石膏、铝粉、水和钢筋（网片）等制成的轻质板材。

1. 蒸压加气混凝土板品种

蒸压加气混凝土板按使用功能分为屋面板（JWB）、楼板（JLB）、外墙板（JQB）、隔墙板（JGB）等常用品种。

2. 蒸压加气混凝土板级别

蒸压加气混凝土板按混凝土强度分为 A2.5、A3.5、A5.0、A7.5 四个强度级别，按混凝土干密度分为 B04、B05、B06、B07 四个干密度级别。

3. 蒸压加气混凝土板的主要技术要求

（1）强度级别

蒸压加气混凝土板的强度级别应符合表 6-36 的规定。

表 6-36　蒸压加气混凝土板的强度等级要求

品种	强度级别
屋面板、楼板、外墙板	A3.5、A5.0、A7.5
隔墙板	A2.5、A3.5、A5.0、A7.5

（2）基本性能要求

蒸压加气混凝土基本性能，包括干密度、抗压强度、干燥收缩值、抗冻性、导热系数，应符合表 6-37 的规定。

表 6-37　蒸压加气混凝土基本性能

强度级别		A2.5	A3.5	A5.0	A7.5
干密度级别		B04	B05	B06	B07
干密度/(kg/m³)，≤		425	525	625	725
抗压强度/MPa	平均值≥	2.5	3.5	5.0	7.5
	单组最小值≥	2.0	2.8	4.0	6.0
干燥收缩值/(mm/m)	标准法≤	0.50			
	快速法≤	0.80			
抗冻性	质量损失/%，≤	5.0			
	冻后强度/MPa，≥	2.0	2.8	4.0	6.0
导热系数（干态）/[W/(m·k)]，≤		0.12	0.14	0.16	0.18

4. 加气混凝土板的工程应用

（1）加气混凝土外墙板具有表观密度小、热导率小、保温性能好的特点，板内设有钢筋，强度高，具有良好的可加工性能（可钉、锯、黏结），通常被用作多层及高层建筑的框架结构外墙。

加气混凝土隔墙板具有轻质、保温、隔声的特点，强度较高，广泛应用于各种非承重隔墙。具有良好的可加工性能，施工方便，无须吊装，可进行人工安装，平面布置灵活，隔墙板幅面较大，施工速度快，劳动强度低，缩短施工周期。

加气混凝土屋面板质量轻，仅为一般混凝土预应力圆孔板的1/3左右，热导率低，耐火性能好，兼具保温承重的双重功能。施工简便，一次可吊装5～6块板，可在屋面板上直接铺设油毡等防水卷材，基本上避免了屋面的湿作业，加快施工进度，缩短施工周期。是我国目前广泛使用且具有广阔前景的一种屋面材料。

二、纸面石膏板材

纸面石膏板是以熟石膏为胶凝材料，并掺入适量添加剂和纤维作为芯材，以特制的纸板作为护面，经连续成型、切割、干燥等工艺加工而成的一种轻质板材。

1. 分类

纸面石膏板按使用功能分为：普通纸面石膏板（P）、耐水纸面石膏板（S）、耐火纸面石膏板（H）以及耐水耐火纸面石膏板（SH）四种。

普通纸面石膏板是以建筑石膏为主要原料，掺入适量纤维增强材料和外加剂等，在与水搅拌后，浇注于护面纸的面纸与背纸之间，并与护面纸牢固地黏结在一起的建筑板材。若在板芯配料中加入防水、防潮外加剂，并用耐水护面纸，即可制成耐水纸面石膏板。若在板芯配料中加入无机耐火纤维增强材料，构成耐火芯材，即可制成耐火纸面石膏板。若在板芯配料中同时加入防水外加剂和无机耐火纤维增强材料，构成耐火芯材，即可制成耐水耐火纸面石膏板。

2. 主要技术特点及工程应用

（1）质量轻，造价低。用纸面石膏板作隔墙，质量仅为同等厚度砖墙的1/15，砌块墙体的1/10，有利于结构抗震，并可有效减少基础及结构主体造价。

（2）保温隔热。纸面石膏板板芯60%左右是微小气孔，因空气的导热系数很小，因此具有良好的轻质保温性能。

（3）隔音性能好。纸面石膏板隔墙具有独特的空腔结构，具有很好的隔声性能。

（4）具有“呼吸”功能。板的孔隙率较大，且孔结构分布适当，具有较高的透气性能，可在一定范围内调节室内湿度。

（5）装饰效果好。板材表面平整，板与板之间通过接缝处理形成无缝表面，表面可直接进行装饰。

（6）防水防火。由于石膏芯本身不燃，且遇火时在释放化合水的过程中会吸收大量的热，延迟周围环境温度的升高，因此，纸面石膏板具有良好的防火阻燃性能。经国家防火检测中心检测，纸面石膏板隔墙耐火极限可达4小时。

（7）可加工性强。纸面石膏板材可加工性强（刨、钉、锯、黏）、施工方便、可拆装性能好，因此广泛用于各种工业建筑、民用建筑，尤其是高层建筑中的内墙材料和装饰装修材料，如：用于框架结构中的非承重墙、室内贴面板、吊顶等。

三、复合墙板

为满足对墙体特别是外墙的保温、隔热、防水、隔声和承重等多种功能的要求，采用两种以上的材料结合在一起构成复合墙板。复合墙板一般由结构层、保温层和装饰层组成。复合墙板制成的墙体强度高，绝热性好，施工方便，具有承重和保温的双重作用。

金属面聚苯乙烯夹芯板是目前我国使用较多的复合墙体板状材料。

金属面聚苯乙烯夹芯板是以阻燃型聚苯乙烯泡沫塑料作芯材，以彩色涂层钢板为面材，用黏结剂复合而成的金属夹芯板（简称夹芯板）。

金属夹芯板具有保温隔热性能好、重量轻、机械性能好、外观美观、安装方便等特点。适合于大型公共建筑如车库、大型厂房、简易房等建筑，所用部位主要是建筑物的绝热屋顶和墙壁。

工作单元

任务　烧结多孔砖、混凝土小型空心砌块的取样及抗压强度检测

【知识准备】

1. 烧结多孔砖的技术要求有哪几项?

2. 普通混凝土小型空心砌块的强度等级确定依据是什么?

【技能目标】

1. 会选择使用墙体材料最新规范,按规范要求确定取样批和取样量。

2. 能按照规范要求进行烧结多孔砖和混凝土小型空心砌块抗压强度测定。

一、验收批及取样数量

1. 烧结多孔砖的取样

(1) 抽检数量:每一生产厂家,烧结普通砖、混凝土实心砖每 15 万块,烧结多孔砖、混凝土多孔砖、蒸压灰砂砖及蒸压粉煤灰砖每 10 万块各为一验收批,不足上述数量时按一批计,抽检数量为 1 组。

(2)强度检验试样每组为 10 块。

2. 普通混凝土小型空心砌块

(1)抽检数量:每一生产厂家,每 1 万块小砌块为一验收批,不足 1 万块按一批计,抽检数量为 1 组;用于多层以上建筑的基础和底层的小砌块抽检数量不应少于 2 组。

(2)强度检验试样每组为 5 块。

二、烧结多孔砖抗压强度检测

抗压强度试验按《砌墙砖试验方法》(GB/T 2542—2012)进行,其中砖样数量为 10 块。

1. 仪器设备

(1)材料试验机。示值相对误差不超过±1%,其上、下加压板至少应有一个球铰支座,预期最大破坏荷载应在量程的 20%~80%。

(2)钢直尺:分度值不应大于 1 mm。

(3)振动台、制样模具、搅拌机。

(4)切割设备。

(5)抗压强度试验用净浆材料。

2. 试样制备

(1)一次成型制样

一次成型制样适用于采用样品中间部位切割，交错叠加灌浆制成强度试验试样的方式。

将试样锯成两个半截砖，两个半截砖用于叠合部分的长度不得小于 100 mm，如图 6-8 所示。如果不足 100 mm，应另取备用试样补足。

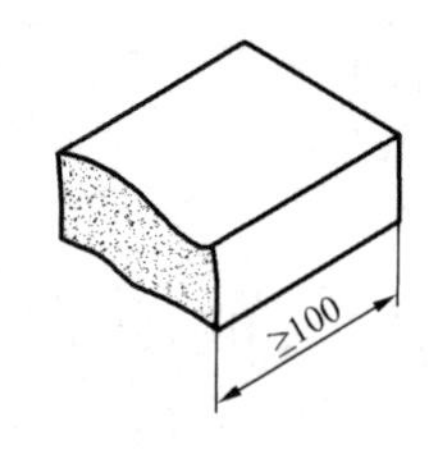

图 6-8 半截砖长示意图(mm)

将已切割开的半截砖放入室温的净水中浸 20～30 min 后取出，在铁丝网架上滴水 20～30 min，以断口相反方向装入制样模具中。用插板控制两个半砖间距不应大于 5 mm，砖大面与模具间距不应大于 3 mm，砖断面、顶面与模具间垫以橡胶垫或其他密封材料，模具内表面涂油或脱模剂。制样模具及插板如图 6-9 所示。

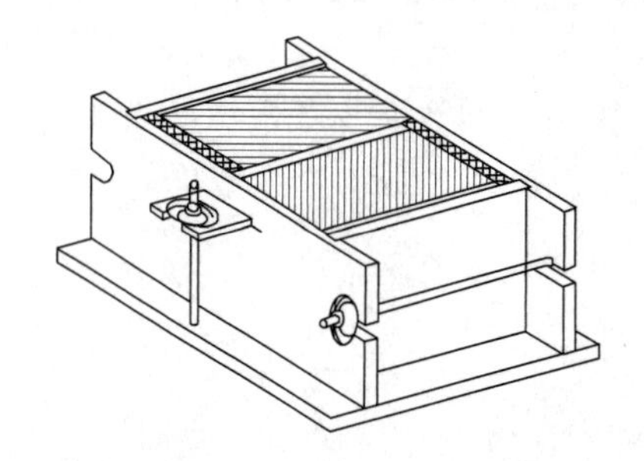
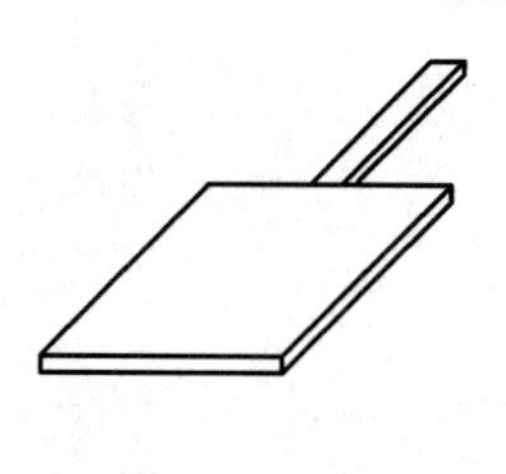
图 6-9 一次成型制样模具及插板

将净浆材料按照配制要求，置于搅拌机中搅拌均匀。

将装好试样的模具置于振动台上，加入适量搅拌均匀的净浆材料，振动时间为 0.5～1 min，停止振动，静置至净浆材料达到初凝时间(15～19 min)后拆模。

(2)二次成型制样

二次成型制样适用于整块样品上下表面灌浆制成强度试验试样的方式。

将整块试样放入室温的净水中浸 20～30 min 后取出，在铁丝网架上滴水 20～30 min。

按照净浆材料配制要求，置于搅拌机中搅拌均匀。

模具内表面涂油或脱模剂，加入适量搅拌均匀的净浆材料，将整块试样一个承压面与净浆接触，装入制样模具中，承压面找平层厚度不应大于 3 mm。接通振动台电源，振动 0.5～1 min，停止振动，静置至净浆材料达到初凝时间(15～19 min)后拆模。按同样方法完成整块试样另一承压面的找平。二次成型制样模具如图 6-10 所示。

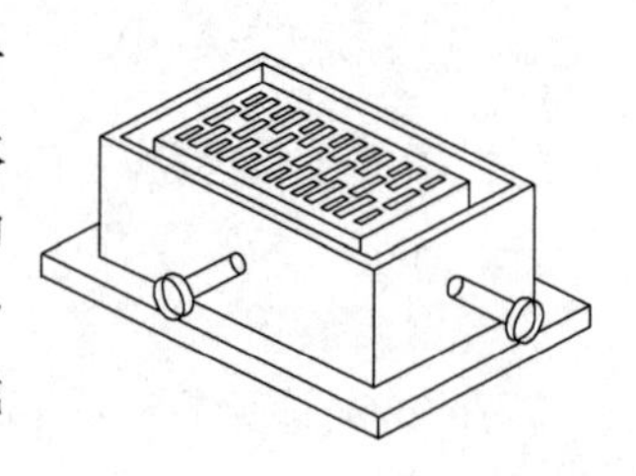
图 6-10 二次成型制样模具

(3)非成型制样

非成型制样适用于试样无须进行表面找平处理制样的方式。

将试样锯成两个半截砖，两个半截砖用于叠合部分的长度不得小于 100 mm。如果不足 100 mm，应另取备用试样补足。

两半截砖切断口相反叠放，叠合部分不得小于 100 mm，如图 6-11 所示，即为抗压强度试样。

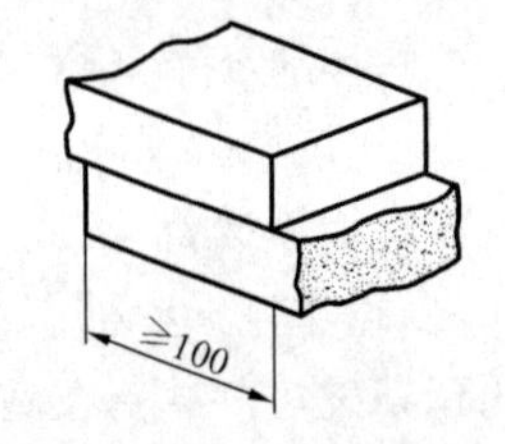

图 6-11　半砖叠合示意图(mm)

3. 试样养护

(1)一次成型制样、二次成型制样在不低于 10 ℃的不通风室内养护 4 h。

(2)非成型制样不需养护，试样气干状态直接进行试验。

4. 试验步骤

(1)测量每个试样连接面或受压面的长、宽尺寸各 2 个，分别取其平均值，精确至 1 mm。

(2)将试样平放在加压板的中央，垂直于受压面加荷，应均匀平稳，不得发生冲击或振动，加荷速度以(2～6)kN/s 为宜，直至试样破坏为止，记录最大破坏荷载 P。

5. 结果计算与评定

(1)每块试样的抗压强度 R_p 按下式计算

$$R_p=\frac{P}{L\times B} \tag{6-1}$$

式中　R_p——抗压强度，MPa；

P——最大破坏荷载，N；

L——受压面(连接面)的长度，mm；

B——受压面(连接面)的宽度，mm。

(2)试验结果以试样抗压强度的算术平均值和标准值或单块最小值表示。

烧结多孔砖抗压强度试验检测数据记录及结果处理见表 6-38

表 6-38　烧结多孔砖抗压强度试验检测数据记录及结果处理

试样编号	试样制备方法	试件受压面		最大荷载/kN	抗压强度/MPa		
		长/mm	宽/mm		单块测定值	平均值	最小值
1							
2							
3							
4							
5							
6							
7							
8							
9							
10							
试验结果计算及分析							

三、普通混凝土小型空心砌块抗压强度检测

试验18
混凝土小型空心砌块抗压强度的测定

抗压强度试验按《普通混凝土小型空心砌块》(GB 8239—2014)进行，其中试件数量为5个砌块。

1. 检测设备

(1)材料试验机。示值相对误差应不大于2%，其量程选择应使试件的预期破坏荷载落在满量程的20%～80%。

(2)钢板。厚度不小于10 mm，平面尺寸应大于440 mm×240 mm。钢板的一面需平整，精度要求在长度方向范围内的平面度不大于0.1 mm。

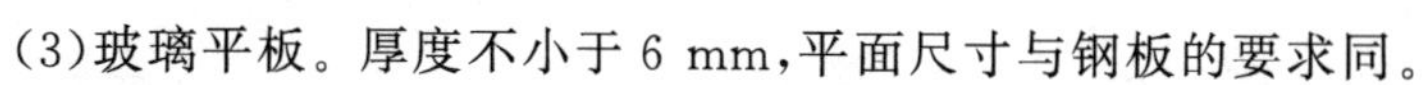
(3)玻璃平板。厚度不小于6 mm，平面尺寸与钢板的要求同。

(4)水平尺。

2. 试件

处理试件的坐浆面和铺浆面，使之成为互相平行的平面。将钢板置于稳固的底座上，平整面向上，用水平尺调至水平。在钢板上先薄薄地涂一层机油，或铺一层湿纸，然后铺一层以1份质量的32.5强度等级以上的普通硅酸盐水泥和2份细砂，加入适量的水调成的砂浆，将试件的坐浆面湿润后平稳地压入砂浆层内，使砂浆层尽可能均匀，厚度为3～5 mm，多余的砂浆沿试件棱边刮掉。静置24 h以后，再按上述方法处理试件的铺浆面。为使两面能彼此平行，在处理铺浆面时应将水平尺置于现已向上的坐浆面上调至水平。在温度10 ℃以上不通风的室内养护3 d后做抗压强度试验。

为缩短时间，也可在坐浆面砂浆层处理后，不经静置立即在向上的铺浆面上铺一层砂浆、压上事先涂油的玻璃平板，边压边观察砂浆层，将气泡全部排除，并用水平尺调至水平，直至砂浆层平面均匀，厚度达3～5 mm。

3. 试验步骤

按标准方法测量每个试件的长度和宽度(长度在条面的中间，宽度在顶面的中间测量，每项在对应两面各测一次，精确至1 mm)，分别求出各个方向的平均值，精确至1 mm。

将试件置于试验机压板上，使试件的轴线与试验机压板的压力中心重合，以10～30 kN/s的速度加荷直至试件破坏，记录最大破坏荷载P。

当试验机压板不足以覆盖试件受压面时，可在试件的上、下承压面加辅助钢压板。辅助钢压板的表面光洁度应与试验机原压板相同，其厚度至少为原压板边至辅助钢压板最远角距离的三分之一。

4. 结果计算与评定

(1)每个试件的抗压强度按下式计算，精确至0.1 MPa。

$$R=\frac{P}{LB} \tag{6-2}$$

式中　R——试件的抗压强度，MPa；

P——破坏荷载，N；

L——受压面的长度，mm；

B——受压面的宽度 mm。

(2)试验结果以五个试件抗压强度的算术平均值和单块最小值表示，精确至 0.1 MPa。强度等级应符合表 6-31 的规定。

普通混凝土小型空心砌块抗压强度试验检测数据记录及结果处理见表 6-39。

表 6-39　　普通混凝土小型空心砌块抗压强度试验检测数据记录及结果处理

<table>
<tr><th rowspan="2">试样编号</th><th colspan="2">试件受压面/mm</th><th rowspan="2">最大荷载/kN</th><th colspan="3">抗压强度/MPa</th></tr>
<tr><th>长</th><th>宽</th><th>单值</th><th>平均值</th><th>最小值</th></tr>
<tr><td>1</td><td></td><td></td><td></td><td></td><td rowspan="5"></td><td rowspan="5"></td></tr>
<tr><td>2</td><td></td><td></td><td></td><td></td></tr>
<tr><td>3</td><td></td><td></td><td></td><td></td></tr>
<tr><td>4</td><td></td><td></td><td></td><td></td></tr>
<tr><td>5</td><td></td><td></td><td></td><td></td></tr>
<tr><td>试验结果
计算及分析</td><td colspan="6"></td></tr>
</table>

知识与技能综合训练

一、名词解释

1. 烧结多孔砖　2. 烧结空心砖　3. 石灰爆裂　4. 混凝土小型空心砌块　5. 泛霜

二、问答题

1. 烧结普通多孔砖与烧结空心砖有何异同点？
2. 纸面石膏板的主要技术特点及工程应用？

墙体材料及其性能检测

模块七 建筑功能材料及其性能检测

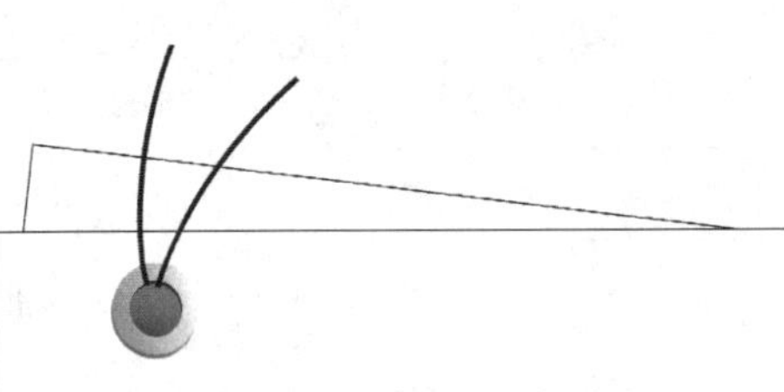

建筑功能材料是指以力学性能以外的功能为特征的材料，它赋予建筑物防水、绝热、吸声隔声、装饰等功能。优质的建筑功能材料，不但能够改善建筑物使用功能，还对优化人们的生活环境和工作环境、延长建筑物的使用寿命及建筑节能、和谐生态具有重要意义。

建筑功能材料主要包括建筑防水材料、绝热材料、吸声隔声材料和建筑装饰材料。本模块的学习单元重点介绍建筑防水材料和建筑绝热材料。建筑防水材料重点介绍防水卷材、防水涂料等柔性防水材料；工作单元重点训练学生学会黏稠石油沥青三大技术指标的检测，防水卷材的不透水性检测和防水卷材的延伸率检测。

学习单元

单元一 建筑防水材料

【知识目标】

1. 了解防水材料的分类及基本技术性质。

2. 了解不同建筑部位对建筑防水材料性能的特殊要求。

一、建筑防水材料概述

建筑防水材料是用于建筑物或构筑物的屋面、墙面、基础等易产生裂缝部位或构件的接缝处，起着防潮、防渗、防漏功能的建筑功能材料。

建筑防水材料是建筑工程不可或缺的重要建筑材料。正确选择和合理使用防水材料，是防水工程质量的关键，也是设计和施工的前提，高质量的防水材料影响和决定防水层的施工质量、建筑物的使用功能及使用寿命。

1. 建筑防水材料的分类

随着现代科学技术的飞速发展，建筑防水材料的品种和数量越来越多，性能各异。依据外观形态，通常将防水材料分为防水卷材、防水涂料、刚性防水材料、粉状憎水材料、水泥基防水剂等。具体分类如图 7-1 所示。

不同的防水材料有着相对不同的技术性能和使用要求，具体选择和使用防水材料时，应考虑建筑物的结构类型、防水构造形式以及节点部位、外界气候环境情况等多方面因素。

2. 建筑防水材料的基本性质

(1)良好的耐候性。对光、热、酸雨、紫外线等作用有一定的抵抗能力。

(2)良好的抗水渗透和耐酸碱性能。

(3)良好的抵抗温度和应力变形能力。对环境温度和外力具有一定的适应性，即材料的拉伸强度要高，断裂伸长率要大，能承受温差变化以及各种外力与基层伸缩、开裂所引起的变形。

(4)整体性好。既能保持自身的黏结性，又能与基层牢固黏结，同时在外力作用下有

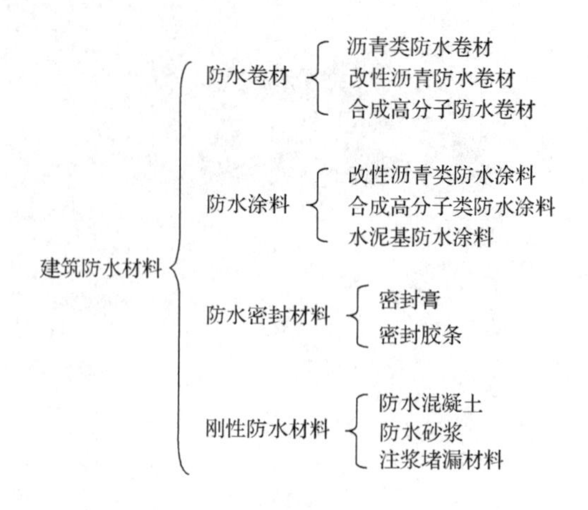

图 7-1 建筑防水材料的分类

较高的抗剥离能力，形成稳定的不透水整体。

3. 不同部位防水工程对防水材料的要求

(1)屋面防水工程

根据《屋面工程技术规范》(GB 50345—2012)的有关规定，屋面防水等级及设防要求见表 7-1。

表 7-1 屋面防水等级和设防要求

防水等级	建筑类别	设防要求
Ⅰ	重要建筑，高层建筑	两道防水设防
Ⅱ	一般建筑	一道防水设防

屋面防水层，尤其是不设保温层的外漏防水层，要长期经受风吹、雨淋、日晒和冰冻等恶劣自然环境侵袭和基层结构变形的影响，因此防水材料必须具备良好的耐候性和良好的抵抗外力作用的性能。

(2)地下防水工程

地下防水工程由于会受到地下水的侵蚀作用和一定程度的水压作用，因而会产生一定程度的结构变形，所以防水材料必须具备抗渗水能力和较大的延伸能力，具有良好的整体不透水性。

(3)室内厕浴间防水工程

通常室内厕浴间面积小、穿墙管洞多、阴阳角多，地面、楼面、墙面等连接比较复杂，因此要求防水材料必须适应基层形状的变化并要有利于管道设备的敷设；具有非常好的不透水性、耐腐蚀性、耐霉变性和耐穿刺性。

(4)建筑外墙板缝防水工程

建筑外墙通常起着保温、隔热和防水等综合作用，因此要求防水材料具有较好的耐候性，较高的延伸率及黏结性。

二、沥青材料

沥青材料是由高分子碳氢化合物及其非金属(氧、氮、硫)衍生物所组成的复杂的有机混合物。常温下沥青呈固体、半固体或液体状态，不溶于水，但溶于多种有机溶剂中。沥青具有良好的黏结性、塑性、防水性和耐腐蚀性，在建筑工程中主要用作胶凝材料、防潮防水材料和防腐蚀材料，广泛用于屋面、地下防水工程、防腐蚀工程、道路路面工程以及水池、浴池等的防水和防潮部位。

沥青材料可分为地沥青和焦油沥青两大类。地沥青又可分为天然沥青和石油沥青，石油沥青是石油工业的副产品；焦油沥青是各种有机物（煤、木材、页岩等）经干馏得到的焦油，经再加工而得到的产品。石油沥青由于产量高、价格低及良好的技术性能，被较多地用于建筑工程中。

1. 石油沥青

(1)石油沥青的组分

石油沥青是指由石油原油分馏提炼出各种轻质油分（汽油、煤油、柴油等）及润滑油后的残渣，再经过加工炼制而得到的产品。石油沥青的成分和性能取决于石油原油的成分和性能。

由于石油沥青的化学组成比较复杂，因此人们通常从使用的角度，将沥青分离为化学性质、物理性质相近而又与使用性能密切相关的几个组，这些组称为组分。

按照四组分分析法，石油沥青分为饱和酚、芳香酚、胶质和沥青质四种组分。在－20 ℃条件下，以丁酮－苯为脱蜡溶剂，又可从饱和酚、芳香酚中冷冻分离出固态蜡。石油沥青各组分的基本性能特性见表 7-2。

表 7-2　　石油沥青各组分的基本特性

<table>
<tr><th colspan="2">组分名称</th><th>外观特征</th><th>相对密度 ρ_4^{20}（平均）</th><th>分子量（平均）</th><th>对沥青性质的影响</th></tr>
<tr><td>饱和酚</td><td rowspan="2">油分</td><td>无色黏稠液体</td><td>0.87</td><td>650</td><td rowspan="2">赋予沥青流动性，含量越多，沥青越软</td></tr>
<tr><td>芳香酚</td><td>黄至红色黏稠液体</td><td>0.99</td><td>725</td></tr>
<tr><td colspan="2">胶质（即树脂）</td><td>红褐色至深褐色黏稠半固体</td><td>1.07</td><td>1 150</td><td>赋予沥青稳定性，提高塑性和黏附性</td></tr>
<tr><td colspan="2">沥青质</td><td>深棕色至黑色固体粉末</td><td>1.05</td><td>3 500</td><td>影响沥青高温稳定性，赋予沥青黏结性</td></tr>
<tr><td colspan="2">蜡</td><td>白色结晶</td><td>＜1.0</td><td>300～1 000</td><td>增大沥青的温度敏感性，降低沥青的塑性和黏结性</td></tr>
</table>

由表 7-2 可知，蜡是沥青中的有害成分，蜡含量过多会使沥青的黏结性、高温稳定性等技术性能大幅度下降，所以要严格控制沥青中蜡的含量；沥青中饱和酚和芳香酚含量增加，会使沥青的流动性增大、变软；胶质含量增加，沥青塑性和黏结性将增加；沥青质含量增加，沥青的黏滞性将增大，但过多的沥青质会导致沥青变硬。

(2)石油沥青的主要技术性质

①防水性。石油沥青是憎水材料，本身构造密实，与矿物材料间有着很好的黏结力，能够紧密黏附于矿物材料表面，是建筑工程中应用范围很广的防潮和防水材料。

②耐腐蚀性。石油沥青对于一般的酸、碱、盐类侵蚀性液体和气体有一定耐蚀能力，可广泛地用于有耐腐蚀要求的地坪、地基、水池、地沟等处。

③黏滞性。黏滞性是指沥青材料抵抗外力作用产生流动变形的能力。

固体和半固体石油沥青、改性沥青以及液体石油沥青蒸馏或乳化沥青蒸发后残留物的黏滞性用针入度表示；而对于液体石油沥青、煤沥青、乳化沥青等流动状态沥青的黏滞性，用黏度表示。

a. 针入度

针入度是在规定温度(T)和时间(t)内，附加一定质量的标准针(m)垂直贯入沥青试样的深度，单位为 0.1 mm，以 $P_{T,m,t}$表示，其中 P 为针入度，T 为试验温度，m 为标准针、针连杆及砝码的总质量，t 为贯入时间。针入度用针入度仪测定。如图 7-2 为沥青针入度测定仪，图 7-3 为沥青针入度测定示意图。

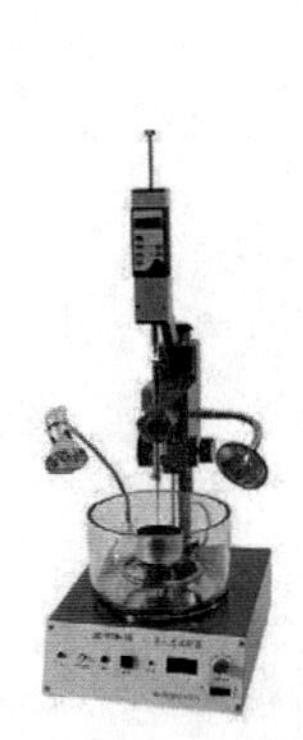

图 7-2　沥青针入度测定仪

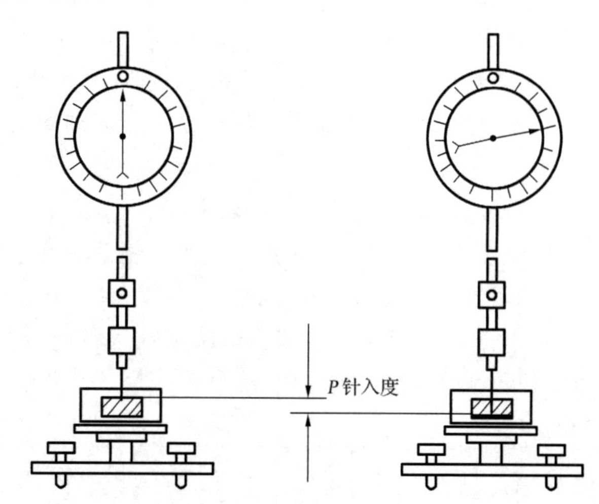

图 7-3　沥青针入度测定示意图

最常用的针入度测定条件为 25 ℃、100 g、5 s。例如，某沥青在温度 25 ℃、荷载 100 g、时间 5 s 的条件下测得针入度为 105 (0.1 mm)，可表示为：$P_{(25\ ℃,100\ g,5\ s)}=105$ (0.1 mm)；表明标准试针在沥青中下落的深度为 10.5 mm。

【跟踪自测】 针入度是测定(　　)沥青黏滞性的。影响针入度测定结果的因素有(　　)度、荷载及试针下落的(　　)。荷载越大，测定结果(　　)；其他条件相同时，在高于 30 ℃下测定结果较 25 ℃时测定结果(　　)。

b. 黏度

黏度是用于表示乳化沥青等液体状态沥青黏滞性的指标，用标准黏度计测定，如图 7-4 所示。

黏度测定时将液体状态的沥青盛装于标准黏度计盛样管中，测定在规定的温度条件下，通过规定的流孔孔径，流出规定体积的沥青所需的时间即为黏度，以秒(s)表示。

黏度通常以符号 $C_{T,d}$表示，其中 C 为黏度，T 为试验温度，d 为流孔直径。

常用的试验温度为 25 ℃、30 ℃、50 ℃和 60 ℃，流孔直径分别是 3 mm、4 mm、5 mm 和 10 mm 四种。例如 $C_{60,5}=80$ s 表示某沥青试样在 60 ℃时，通过直径为 5 mm 的流孔流出 50 mL 沥青时，需要的时间为 80 s。

当温度和流孔直径一定时，流出规定量沥青所需时间愈长，表示沥青黏度愈大。黏度

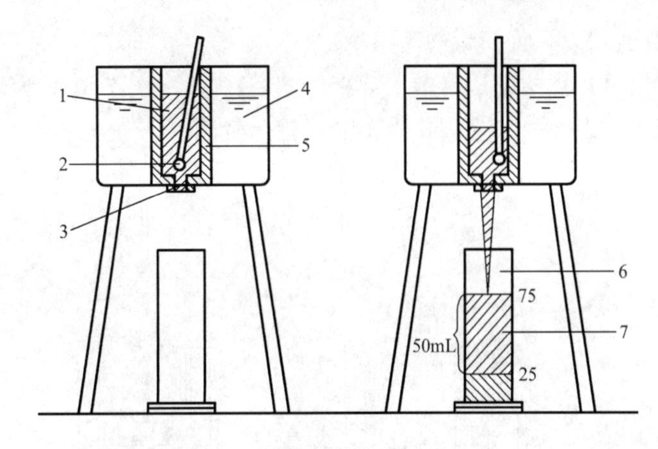

图 7-4　沥青标准黏度测定示意图

1—沥青试样；2—活动球杆；3—流孔；4—水；5—沥青盛样管；6—接取沥青的量杯；7—流出的沥青试样

用来划分液体沥青的等级(标号)，所以液体沥青亦称为“黏度级沥青”。

④塑性。塑性是指沥青在外力作用下发生变形而不破坏的能力。塑性的评价指标是延度。延度是规定形状的沥青试样，在规定温度下以一定速度被拉断时的长度，单位是“cm”。延度采用延度仪测定，如图 7-5(a)为沥青延度仪，图 7-5(b)为沥青延度试验示意图。

(a) 沥青延度仪

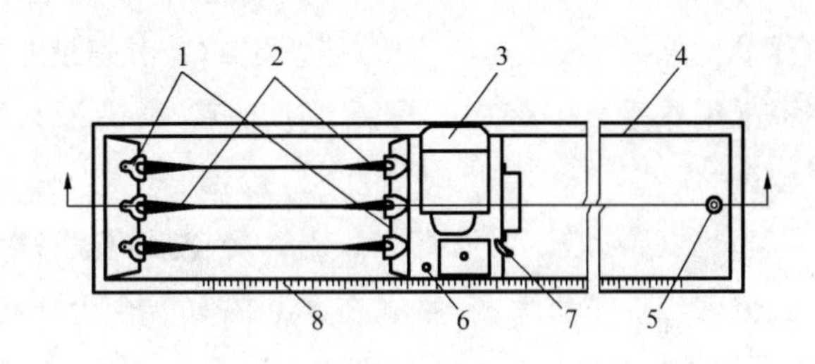

(b) 沥青延度试验示意图

图 7-5　延度试验仪形状及结构示意图

1—试模；2—试样；3—电机；4—水槽；5—泄水孔；6—开关柄；7—指针；8—标尺

延度以符号 $D_{T,V}$ 表示，其中 D 为延度值，T 为试验温度，V 为拉伸速度。通常采用的试验温度为 25 ℃、15 ℃、10 ℃或 5 ℃，拉伸速度为(5±0.25)cm/min，低温拉伸速度为(1±0.05)cm/min。

延度值越大，沥青的塑性越好。一般地，沥青中的胶质含量越多，沥青的塑性越好，变形后的恢复能力或自愈合能力越强。

⑤温度稳定性。温度稳定性是指沥青的黏结性和塑性随温度升降而变化的性能。表示沥青温度稳定性的指标有软化点和脆点。

a. 软化点

软化点是评价沥青高温稳定性的温度指标。

由于沥青是一种非晶态的高分子混合物，随着温度的升高会逐渐软化变形，但没有敏锐的熔点。为了方便工程应用，规定用“软化点”来衡量沥青由固态逐渐升温达到一定流动性状态时的温度，用以评价沥青的高温稳定性。

我国现行测定软化点的方法为“环与球法”，图 7-6(a)、图 7-6(b)为环与球法软化点测定仪结构示意图。图 7-6(c)为软化点测定过程示意图。

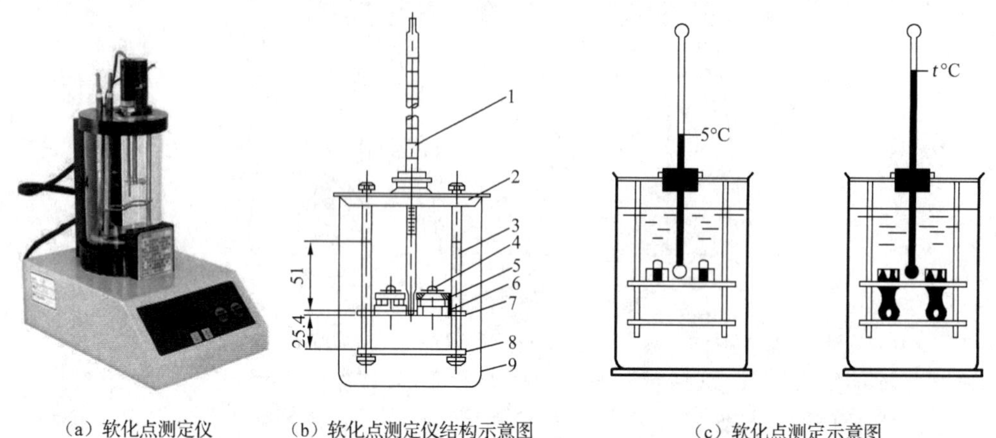

(a) 软化点测定仪　　(b) 软化点测定仪结构示意图　　(c) 软化点测定示意图

图 7-6　沥青环与球法软化点试验仪结构示意图及测定示意图

1—温度计；2—盖板；3—立杆；4—钢球；5—钢球定位环；6—金属环；7—中层板；8—下底板；9—烧杯

如图 7-6(c)所示，试验时将沥青试样置于标准的金属铜环内，上置一规定尺寸和质量的标准钢球，浸入水或甘油中，以规定的升温速度加热，使沥青软化下垂。当沥青软化携带标准钢球垂直下落 25.4 mm 高度时的温度(℃)，即为沥青软化点，用符号“$T_{R\&B}$”表示，单位是“℃”。

软化点越高，表明沥青耐高温性能越强，夏季高温时越不容易产生变形或出现流淌现象。但软化点不宜太高，否则在寒冷的季节会出现脆裂现象。

【知识拓展】 不同沥青的软化点是不同的，一般地，建筑石油沥青的软化点在 70～100 ℃；道路石油沥青的软化点在 40～60 ℃。对于估计软化点高于 80 ℃的沥青，采用甘油做沥青的加热介质测定其软化点；对于估计软化点低于 80 ℃的沥青，采用水做沥青的加热介质测定其软化点。

软化点与沥青的组分有关，沥青质增多，温度敏感性降低，软化点升高；沥青中含蜡量多时，其温度敏感性大，软化点降低；老化后的沥青软化点升高。工程上常采取加入滑石粉、石灰石粉或其他矿物填料的方法来减小沥青的温度敏感性，提高软化点。

沥青的针入度、软化点和延度是划分黏稠石油沥青标号的主要依据，称为黏稠石油沥青的三大指标。

b. 脆点

当使用环境温度降低时沥青的塑性明显下降，在较低温度下甚至会出现脆性裂缝现象。用于防水层或路面中的沥青，若抵抗低温变形能力差，在冬季气温较低时会出现严重的体积收缩而开裂现象。

评价沥青低温变形性能的指标是“脆点”，用符号是“$F_{raa\ s}$”，单位是“℃”，通常采用弗拉斯脆点仪测定，如图 7-7 所示。

脆点的试验检测方法是将(0.4±0.01)g 的沥青试样，按规定的方法均匀地涂于薄钢片上，在室温下冷却至少 30 min 后将其稍稍弯曲装入弯曲器内，弯曲器置于大试管中。再将装有弯曲器的大试管置于圆柱玻璃筒内。然后将干冰慢慢加到酒精中，控制温度下降的速度为 1 ℃/min。当温度到达预计的脆点前 10 ℃时，开始以 60 r/min 的速度转动摇把，即每分钟使薄钢片弯曲一次。当薄钢片弯曲至沥青出现第一道裂纹时的温度即作为沥青的脆点。脆点越低，沥青在低温下抵抗脆裂变形的能力越强。

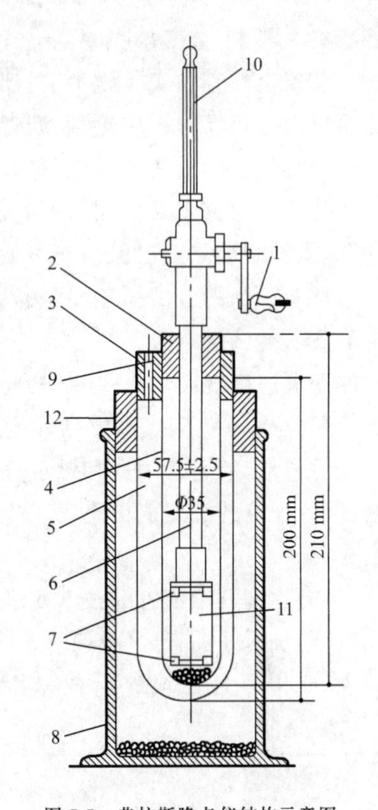

图 7-7 弗拉斯脆点仪结构示意图

1—摇把；2—内橡胶塞；3—外橡胶塞；4—内试管；5—外试管；6—弯曲器；7—夹钳；8—圆柱形玻璃筒；9—漏斗插孔；10—温度计；11—钢片；12—绝热塞

沥青的脆点主要取决于沥青的组分，当树脂含量较多时，其抗低温能力就较强；当沥青中含有较多石蜡时，其抗低温变形能力就较差。

⑥大气稳定性。大气稳定性是指沥青在温度、阳光、空气、水等环境因素长期作用下使用性能的稳定程度。

沥青在外界热、氧、光和水等自然因素的物理-化学作用下，其组分之间会发生转变，产生“不可逆”的化学反应，其中的油分、胶质含量逐渐减少，而沥青质的含量则逐渐增多，这种演变过程称为沥青的“老化”。老化后的沥青变得硬脆，表 7-3 给出了一组沥青老化前后的技术指标比较。

表 7-3 老化沥青和原始沥青的技术指标比较

沥青种类	技术性质			
	针入度/(0.1 mm)	延度/cm	软化点/℃	脆点/℃
原始沥青	106	73	48	−6
老化沥青	39	23	55	−4

由表 7-3 可知，老化后的沥青针入度减小，软化点升高，塑性下降，脆性增加。

石油沥青的大气稳定性用“蒸发损失率”或“针入度比”表示。蒸发损失率是将待测沥青试样在 163 ℃的标准烘箱中加热 5 h，测定质量变化、残留物的针入度以及残留物在 10 ℃ 和 15 ℃的延度等指标，计算质量变化百分率及残留物针入度比(蒸发后的针入度与蒸发前的针入度的比值)，以评定沥青的耐老化性能。

通常石油沥青的蒸发损失率不得超过 1%；建筑石油沥青的针入度比不小于 75%，即沥青老化后的针入度损失不得超过原始沥青的 25%。

大气稳定性好的沥青，抗老化性能强，耐久性好。反之，大气稳定性差的沥青，长时间暴露在大气中，会变得脆硬，低温下容易出现裂缝、松散的现象，失去防水和防腐蚀效果。

⑦安全性。在实际施工中，沥青拌和厂或者施工现场经常要在150～170 ℃甚至更高的温度下加热沥青。加热时，沥青中挥发出的可燃气体与空气混合，当达到一定浓度后，遇火即会发生闪火甚至燃烧、爆炸现象。

为了保证施工安全和沥青的加热质量，必须测定沥青加热闪火和燃烧的温度，即所谓的"闪点"和"燃点"，以保证沥青加热质量和施工安全性。

"闪点"是沥青试样在规定的盛样器内，按规定的升温速度受热时所蒸发的气体，以规定的方法与试焰接触，初次发生一闪即灭的火焰时的试样温度，单位是 ℃。将试样按规定的升温速度继续加热，当试样蒸气接触火焰能持续燃烧不少于 5 s 时的温度即为"燃点"，单位是 ℃。闪点和燃点温度值越高，沥青对热操作的安全性越好。

一般地，沥青的闪点和燃点温度值相差 10 ℃左右，液体沥青由于组成中轻质成分含量多，两个点的温差值更小。工程上熬制沥青时，切忌超过闪点和接近燃点温度，以免发生火灾。

(3)建筑石油沥青的技术要求

《建筑石油沥青》(GB/T 494—2010)规定，建筑石油沥青按针入度不同划分为 10 号、30 号和 40 号共 3 个牌号，各牌号的技术要求见表 7-4。

表 7-4　　建筑石油沥青技术标准

项目	质量指标		
	10 号	30 号	40 号
针入度(25 ℃、100 g、5 s)/(0.1 mm)	10～25	26～35	36～50
针入度(46 ℃、100 g、5 s)/(0.1 mm)	报告[a]	报告[a]	报告[a]
针入度(0 ℃、200 g、5 s)/(0.1 mm)	≥3	≥6	≥6
延度(25 ℃、5 cm/min)/cm	≥1.5	≥2.5	≥3.5
软化点(环球法)/℃	≥95	≥75	≥60
溶解度(三氯乙烯)/%	≥99.0		
蒸发后质量损失(163 ℃、5 h)/%	≤1		
蒸发后 25 ℃针入度比[b]/%	≥65		
闪点(开口杯法)/℃	≥260		

a. 报告应为实测值；

b. 测定蒸发损失后样品的 25 ℃针入度与原针入度之比乘以 100 后，所得的百分比，称为蒸发后针入度比

(4)石油沥青材料的应用选择

选择和使用沥青材料，应根据工程性质(房屋、道路、防腐)、使用部位(屋面、地下)、当地气候条件(寒冷、严寒、酷热)等多种因素科学选择。

通常在满足沥青黏度、塑性和温度稳定性等主要性能要求的前提下，应尽量选用牌号较大的沥青，以保证其使用耐久性。

用于屋面防水的沥青主要考虑其温度稳定性，即要求所用沥青的软化点应比屋面可

能达到的最高温度高 20～25 ℃，以免沥青在炎热的夏季发生软化甚至流淌现象；同时还要求沥青具有良好的耐低温能力，避免冬季低温下出现脆裂现象。

实际屋面防水工程中，多选用 10 号或 30 号建筑石油沥青，或将 10 号建筑石油沥青与 30 号建筑石油沥青掺配使用；但在严寒地区屋面工程不宜单独使用 10 号建筑石油沥青。普通石油沥青石蜡含量较多(一般均大于 5%)，温度敏感性大，建筑工程中不宜单独使用，只能与其他种类石油沥青掺配后使用。

用于地下防潮、防水工程中的沥青，应选用黏度大、塑性及韧性好的沥青，以保证沥青层与基层的牢固黏结，并适应结构的变形，保持防水层的完整性。

道路石油沥青主要用来拌制沥青混合料或沥青砂浆，用于铺筑道路路面，在综合考虑施工方法、环境温度和工程性质等多种因素的同时，还应严格控制沥青中蜡的含量，确保沥青的路用安全性能。

2. 改性沥青

(1)改性沥青的定义

掺加了橡胶、树脂、高分子聚合物、天然沥青、磨细的橡胶粉等外掺剂而制成的沥青称为改性沥青。

改性沥青与基质沥青相比，具有较高的黏结性、较好的塑性变形能力、较高的软化点和较低的脆点。工程上常用的改性剂主要为高聚物，如树脂类、橡胶类、热塑性弹性体类等，改性沥青常用高聚物名称见表 7-5。

表 7-5　改性沥青常用高聚物

树脂类高聚物	橡胶类高聚物	树脂一橡胶共聚物(热塑性弹性体)
聚乙烯(PE) 聚氯乙烯(PVC) 聚丙烯(PP) 乙烯一乙酸乙烯酯共聚物(EVA)	丁苯橡胶(SBR) 氯丁橡胶(CR) 丁腈橡胶(NBR) 苯乙烯一异戊二烯橡胶(SIR) 乙丙橡胶(EPDR)	苯乙烯一丁二烯嵌段共聚物(SBS) 苯乙烯一异戊二烯嵌段共聚物(SIS)

(2)改性沥青的性能

①热塑性树脂类改性沥青。树脂类高聚物可分为热塑性树脂和热固性树脂两类。用作沥青改性的树脂主要是热塑性树脂，即聚烯烃类高分子聚合物，最常用的是聚乙烯(PE)和聚丙烯(PP)。

热塑性树脂的共同特点是受热后软化，冷却时变硬，它们能提高沥青的黏度，增大沥青的韧性，使沥青的针入度下降，软化点上升，高温性能得到改善，但不能使沥青的弹性增加，因此热塑性树脂类改性沥青主要应用于对沥青低温性能要求不高的温和地区。

②橡胶类改性沥青。橡胶类改性沥青通常称为橡胶沥青，其中使用最多的是丁苯橡胶(SBR)和氯丁橡胶(CR)。

橡胶类改性沥青不仅是世界上最早出现并广泛应用的改性沥青品种，也是我国较早得到研究和推广的品种。其中氯丁橡胶(CR)具有极性，主要用作煤沥青的改性剂。丁苯橡胶(SBR)改性沥青的特点是低温变形能力较强，韧度或韧性较大。但试验表明，老化后的 SBR 改性沥青，延度严重下降，所以 SBR 改性沥青主要适宜在寒冷气候条件下使用。

③热塑性弹性体改性沥青。热塑性弹性体兼具有树脂和橡胶的综合特性，它对沥青性能的改善优于单纯的树脂和橡胶。以 SBS 为例，当以胜利 90 号沥青为基础沥青，向其中掺入 5%的 SBS 后，所得改性沥青的技术性能见表 7-6。

表 7-6　SBS 改性沥青的技术性质

沥青名称	高温指标	低温指标		耐久性指标
	软化点 $T_{R\&B}$/℃	低温 5 ℃延度/cm	脆点 $F_{raa\ s}$/℃	T_{FOT}前后黏度比 $A=\eta_{(60\ ℃)b}/\eta_{(60\ ℃)a}$
原始沥青（针入度 86/0.1 mm）	48	3.8	−10.0	2.18
改性沥青（针入度 90/0.1 mm）	51	36.0	−23.0	1.08

可见用 SBS 改性后的沥青，低温延度和脆点都较基础沥青有明显改善。同时试验表明，温度高于 160 ℃后，SBS 改性沥青的黏度与基础沥青基本相近，可与普通沥青一样使用；温度低于 90 ℃后，黏度是基础沥青的数倍，高温稳定性好，因此，SBS 改性沥青是目前我国改性沥青中使用量较大，比较有发展前景的改性沥青。

④矿物填充料改性沥青。向沥青中加入适量的粉状或纤维状矿物填充料，如石灰石粉、滑石粉、硅藻土、石棉和云母粉等，可以改善沥青的耐热性，提高沥青的黏结力，减小沥青的温度敏感性。

3. 沥青基制品

(1)冷底子油

冷底子油是用 30%～40%的 10 号或 30 号石油沥青与 60%～70%的汽油、煤油、柴油等有机稀释剂均匀调配得到的液体沥青产品，它多在常温下用于防水工程的底层，故称冷底子油。

冷底子油黏度小，具有良好的流动性。涂刷在混凝土、砂浆或木材等干燥的基底表面上，能很快渗入基层并封闭基层孔隙，待溶剂挥发后，便与基面牢固结合，使基层形成沥青防水层。

冷底子油形成的涂膜较薄，一般不单独作防水材料使用，只作某些防水材料的配套材料。

(2)沥青玛𤥻脂

沥青玛𤥻脂是沥青与适量粉状或纤维状矿物质填充料的混合物。

沥青玛𤥻脂常用 10 号或 30 号石油沥青配制。常用的粉状填料有石灰石粉、滑石粉；常用的纤维状填料有石棉绒和石棉粉等。填料可以提高沥青玛𤥻脂的耐热性、黏结性、大气稳定性、柔韧性和抗裂性。

①沥青玛𤥻脂的技术要求

石油沥青玛𤥻脂按其耐热度、黏结力和柔韧性划分标号，并用耐热度来表示。各标号的技术要求应满足表 7-7 的规定。

表 7-7　　沥青玛琋脂的技术要求

技术指标＼标号	S—60	S—65	S—70	S—75	S—80	S—85
耐热性	用 2 mm 厚的沥青玛琋脂黏合两张沥青油纸，在不低于下列温度（单位为℃）中，在 1∶1 坡度上停放 5 h 后，沥青玛琋脂不应流淌，油纸不应滑动					
	60	65	70	75	80	85
柔韧度	涂在沥青油纸上的 2 mm 的沥青玛琋脂层，在 18 ℃±2 ℃时围绕下列直径（单位为 mm）的圆棒，用 2 s 的时间以均衡速度弯成半周，沥青玛琋脂不应有裂纹					
	10	15	15	20	25	30
黏结力	用手将两张粘贴在一起的油纸慢慢地一次撕开，从油纸和沥青玛琋脂粘贴面的任何一面的撕开部分，应不大于粘贴面积的 1/2					

②沥青玛琋脂的应用

沥青玛琋脂主要用于粘贴防水卷材，也可用于涂刷防水涂层，用作沥青砂浆防水层的底层及接头密封等。选用沥青玛琋脂的原则是夏季不流淌，冬季不开裂。具体应根据层面坡度及历年室外最高气温条件，按表 7-8 选用。

表 7-8　　沥青玛琋脂标号的选用

材料名称	屋面坡度/%	历年极端最高气温/℃	沥青玛琋脂标号
沥青玛琋脂	1～3	＜38	S—60
		1～3	S—65
		1～3	S—70
	3～15	＜38	S—65
		1～3	S—70
		1～3	S—75
	15～25	＜38	S—75
		1～3	S—80
		1～3	S—85

注：1. 卷材层上有块体保护层或整体刚性保护层时，沥青玛琋脂的标号可较本表降低 5 号。

2. 屋面受其他热源影响（如高温车间等）或屋面坡高超过 25%时，应将沥青玛琋脂的标号适当提高。

三、常用的建筑工程防水材料

建筑工程中经常使用的防水材料有防水卷材、防水涂料和防水密封材料。

1. 防水卷材

防水卷材是一种可卷曲的片状柔性防水材料。具有良好的耐水性、低温柔韧性和大气稳定性，机械强度较高，延伸性能较好。在防水工程中使用具有尺寸大、施工作业效率高、使用年限长等优点。

(1)沥青防水卷材

沥青防水卷材是在原纸或纤维织物等基胎上浸涂沥青后，在表面散布粉状或片状隔离材料制成的一种防水卷材。沥青防水卷材属于传统的防水卷材，主要用于建筑墙体、屋面以及隧道、公路、垃圾填埋场等处，起到抵御外界雨水、地下水渗漏的作用。

沥青防水卷材具有成本低的优点，但其低温变形能力较差、不耐油脂及某些有机溶剂的侵蚀，容易起鼓、老化、渗漏，对使用环境存在污染，因此在建筑工程中，逐渐被高聚物改性沥青防水卷材和合成高分子防水卷材等所取代。

(2)高聚物改性沥青防水卷材

高聚物改性沥青防水卷材是在传统的沥青防水卷材基础上，以合成高分子聚合物改性沥青为涂盖层，纤维织物或纤维毡为基胎，粉状、粒状、片状或薄膜材料为防黏隔离层，经混炼、压延或挤出成型而制成的防水卷材。

与沥青防水卷材相比，高聚物改性沥青防水卷材克服了传统沥青防水卷材的缺点，具有高温不流淌、低温不脆裂、拉伸强度较高、延伸率较大等优点。

①SBS 改性沥青防水卷材。SBS 改性沥青防水卷材是用 SBS 改性沥青浸滞胎基，两面涂以 SBS 沥青涂盖层，上表面撒以细砂、矿物粒(片)料或覆盖聚乙烯膜，下表面撒以细砂或覆盖聚乙烯膜所制成的一种高性能的改性沥青防水卷材。

SBS 防水卷材具有很好的温度稳定性和工程适应性。低温柔性好，在 −25 ℃使用无裂纹，且能在寒冷气候条件下热熔搭接，密封可靠；耐热性能高，在 90 ℃的高温下不流淌。有较高的弹性，伸长率高达 150%；具有较强的耐穿刺能力、耐撕裂能力和自愈合能力；施工简便、污染小、使用寿命长。

SBS 防水卷材适用于Ⅰ、Ⅱ级防水工程，尤其适用于我国北方低温寒冷地区和结构变形频繁的建筑防水工程。广泛应用于工业和民用建筑的屋面、地下室、卫生间等防水和屋顶花园、地下停车场、游泳池等工程的防水防潮以及各种水利设施及市政等特殊结构防水工程。

②塑性体(APP)改性沥青防水卷材。塑性体(APP)改性沥青防水卷材是以聚酯毡或玻纤毡为胎基，用 APP 改性沥青浸渍胎基，并涂盖两面，上表面撒以细砂、矿物粒(片)料或覆盖聚乙烯膜，下表面撒以砂或覆盖聚乙烯膜而制得的一类防水卷材。

APP 改性沥青防水卷材的性能接近 SBS 改性沥青卷材。其最突出的优点是耐高温性能好，130 ℃高温下不流淌，特别适合南方高温地区或太阳辐射强烈的地区使用；低温柔韧性也较好，在 −15 ℃下不裂断，形成高强度、耐撕裂、耐穿刺的防水层。另外，APP 改性沥青防水卷材热熔性非常好，特别适合热熔法施工，也可用冷黏法施工。

APP 卷材广泛用于各种领域和类型的防水，尤其是工业与民用建筑的屋面及地下结构防水，如地铁、隧道工程的防水。

(3)高分子防水卷材

高分子防水卷材是以合成树脂、合成橡胶或橡胶-树脂两者混合体等为基体材料，再加入适量的化学助剂和添加剂，经过塑炼、压延等一系列工序制成的一种新型片状防水卷材。

高分子防水卷材是综合性能较好的高档防水材料。主要表现在抗拉强度高，弹性好，低温柔性好，耐高温性能强，防水性能好，大气稳定性好。

高分子卷材的种类较多，目前国内应用较广的高分子防水卷材主要有三元乙丙橡胶防水卷材、氯丁橡胶防水卷材和聚氯乙烯防水卷材。以工程中应用较多的聚氯乙烯(PVC)卷材为例，它具有抗拉强度高，弹性和延伸率大，低温柔韧性和耐候性好，抗渗能力强等优点，且原材料来源丰富，价格便宜，生产成本低，广泛用于新建及修缮的各种工程中，也用于地下室、水池、水渠、市政工程等防水抗渗工程中。

需要说明的是，高分子防水卷材适用于防水等级为Ⅰ、Ⅱ级的屋面防水工程，而且Ⅰ级防水的三道设防中必须有一道用高分子卷材。

(4)防水卷材的贮运与保管

①卷材应贮存在阴凉通风的室内，避免雨淋、日晒和受潮，严禁接近火源。贮存环境温度不得高于 45 ℃。

②不同品种、型号和规格的卷材应分别堆放。

③卷材宜直立堆放，其高度不宜超过两层，不得倾斜或横压，短途运输平放不宜超过四层。

④防水卷材应避免与化学介质及有机溶剂等有害物质接触。

2. 防水涂料

防水涂料是以沥青、合成高分子为主体，在常温下呈流动状态或半固态，涂抹在构筑物表面，通过溶剂挥发或反应固化后能形成坚韧防水膜的材料的总称。

(1)工程上常用的防水涂料

①沥青基防水涂料。沥青基防水涂料是水乳型防水涂料，又称乳化沥青，是以石油沥青为基料，掺入各种改性材料加工制成的防水材料。

沥青基防水涂料适用于一般屋面防水，浴室、卫生间、厨房地面的防水，特别适合紧急抢修的防渗漏工程。

②高聚物改性沥青防水涂料。高聚物改性沥青防水涂料是以高聚物改性沥青为基料，制成的水乳型或溶剂型防水涂料，如氯丁橡胶改性沥青防水涂料、SBS 橡胶改性沥青防水涂料等。

高聚物改性沥青防水涂料，广泛应用于工业与民用建筑的屋面防水工程、地下室防水工程和地面防潮、防渗等工程中。但使用前需对涂料的延伸性、柔韧性、不透水性、耐热性等指标进行检验，合格后方可使用。

③合成高分子类防水涂料。合成高分子类防水涂料是以合成橡胶或合成树脂为主要成膜物质，加入其他辅料配制而成的单组分或多组分防水涂料。合成高分子类防水涂料主要包括聚氨酯、丙烯酸酯、聚氯乙烯等防水涂料，目前使用较多的是聚氨酯防水涂料。聚氨酯防水涂料具有以下特点：

a. 能在潮湿或干燥的各种基面上直接施工，与基面黏结力强；涂膜密实，防水层完整，既具有防水功能又具有隔气功能。

b. 涂膜有良好的柔韧性，对基层伸缩或开裂的适应性强，抗拉强度高。

c. 耐候性好，高温不流淌，低温不龟裂。优异的抗老化性能和抗腐蚀性能，耐油、耐臭氧、耐酸碱的侵蚀。

d. 绿色环保，无毒无味，对环境无污染，对人身无伤害。

聚氨酯涂膜防水层合成高分子类防水涂料，主要用于屋面、墙体及卫生间的防水防潮工程；还可用于地下维护结构的迎水面防水，地下室、储水池、人防工程等的防水，是一种常用的中高档防水涂料。

(2)防水涂料的贮运与保管

①不同类型、规格的产品应分别堆放,不应混杂;

②避免雨淋、日晒和受潮,严禁接近火源;

③防止碰撞,注意通风。

3. 防水密封材料

(1)防水密封材料的分类及性能

防水密封材料也称建筑防水油膏,是嵌入建筑物的板缝、构件接头连接缝、建筑物的变形缝等缝隙中,能够承受位移且能起到气密或水密作用的建筑材料,又称嵌缝材料。

建筑防水密封材料分为定型和不定型两大类。定型的有压条、密封条等,不定型的分为密封胶和密封膏。各类防水材料应具备以下性质:

①具有良好的黏结性和施工工作性。抗下垂、不渗水、不透气、易于施工操作,能够黏结于被黏物间形成防水连续体。

②具有良好的弹塑性。能长期经受被黏构件的拉伸、压缩和振动,在接缝发生变化时不断裂、不剥落,在室外长期经受风吹、日晒、雨淋、冰冻等条件作用下,能保持长期的黏结性与拉伸压缩性能。

③具有良好的耐老化性能。不受热和紫外线的影响,长期保持密封所需要的黏结性和内聚力等。

(2)工程中常用的密封材料

①聚氯乙烯接缝材料。聚氯乙烯接缝材料是以聚氯乙烯树脂和焦油为基料,掺入适量的填充材料和增塑剂、稳定剂等改性剂,经塑化或热熔制得的防水密封材料。

聚氯乙烯防水接缝材料具有良好的弹性、延伸性和抗老化性能,与水泥砂浆、水泥混凝土基底有较好的黏结强度,能适应屋面振动、伸缩、沉降等变形要求,可用于建筑物和构筑物的各种接缝处的防水。

②沥青嵌缝油膏。沥青嵌缝油膏是以石油沥青为基质材料,加入改性沥青、填充料和稀释剂混合而成的一种冷用膏状防水材料。

沥青嵌缝油膏有一定的延伸性和耐久性,但弹性较差。主要用于各种混凝土屋面板、墙板等构件节点的防水密封。

③聚氨酯密封膏。聚氨酯密封膏是以聚氨基甲酸酯聚合物为主要成分的双组分反应型的建筑密封材料。这种材料能在常温下固化,并有优良的弹性、耐候性和耐久性,与塑料、混凝土、木材、金属等建筑材料都能很好地黏结,广泛用于屋面板、窗框、阳台、卫生间等部位的接缝密封及各种施工缝的密封,还可用于混凝土裂缝的修补。

(3)密封材料的储运与保管

①运输密封材料时应防止日晒雨淋,防止接近热源撞击、挤压,保持包装完好无损。

②不同品种、型号和规格的密封材料应分别堆放,贮存于阴凉、干燥、通风的仓库中,并且必须要盖紧。

③在不高于 27 ℃的条件下,自生产之日起贮存期为六个月。

单元二　建筑绝热材料

【知识目标】

掌握绝热材料的含义;了解常用绝热材料的分类、技术性能及其工程应用。

在建筑工程上通常将防止室内热量流向室外的材料称为保温材料,将防止室外热量进入室内的材料称为隔热材料。保温材料和隔热材料统称为绝热材料。

绝热材料的导热系数小于0.23 W/(m·K),不易传热,对热流有着明显的阻抗作用,主要用于墙体和屋面的保温隔热。

绝热材料按化学成分可分为有机和无机两大类;按材料的构造可分为纤维状、松散粒状和多孔状三种。通常可制成板、片、卷材或管壳等多种形式的制品。

一般来说,无机绝热材料的表观密度较大,不易腐朽、不会燃烧,有的能耐高温。有机绝热材料则质轻,绝热性能好,耐热性较差。工程中常用的绝热材料如下:

一、纤维状保温隔热材料

这类材料主要是以矿棉、石棉、玻璃棉及植物纤维等为主要原料,制成板、筒、毡等形状的制品,广泛用于住宅建筑和热工设备、管道等的保温隔热。这类绝热材料通常也是良好的吸声材料。

1. 石棉及其制品

石棉是一种天然矿物纤维,具有耐火、耐热、耐酸碱、绝热、防腐、隔音及绝缘等特性,常制成石棉粉、石棉纸板、石棉毡等制品。主要用于工业建筑的隔热、保温及防火覆盖等,但使用时需要注意石棉有致癌性。

2. 矿物棉及其制品

矿物棉包括矿渣棉和岩石棉。矿渣棉的原料有高炉硬矿渣、铜矿渣等,并加一些钙质和硅质的原料调节料;岩石棉的主要原料为白云岩、花岗岩或玄武岩等天然岩石。上述原料经熔融后,用喷吹法和离心法制成细纤维。

矿棉具有轻质、不燃、绝热和绝缘等性能,且原料来源广,成本较低,可制成矿棉板、矿棉毡及管壳等,可用作建筑物的墙壁、屋顶、天花板等处的保温隔热和吸声材料,热力管道的保温材料等。

3. 玻璃棉及其制品

玻璃棉是用玻璃为原料或碎玻璃经熔融后制成的纤维材料,包括短棉和超细棉两种。短棉的表观密度为40～150 kg/m^3,导热系数为0.035～0.058 W/(m·K),其可制成沥青玻璃棉毡、板及酚醛玻璃棉毡、板等制品,广泛用在温度较低的热力设备和房屋建筑中的保温隔热,同时它还是良好的吸声材料。超细棉直径在4微米左右,表观密度为18 kg/m^3,导热系数为0.028～0.037 W/(m·K)的玻璃棉具有更好的绝热性能。

4. 植物纤维复合板

植物纤维复合板是以植物纤维为主要材料加入胶结料和填充料制成的。其表观密度为200～1 200 kg/m^3,导热系数为0.058 W/(m·K),可用于墙体、地板、顶棚等结构部位,也可用于冷藏库、包装箱等。

二、散粒状保温隔热材料

1. 膨胀蛭石及其制品

蛭石是一种天然矿物，将其在850～1 000 ℃下煅烧，体积急剧膨胀5～20倍。膨胀蛭石的主要特性是体积密度小（80～200 kg/m^3），导热系数低（0.046～0.070W/(m·K)），可在1 000～1 100 ℃温度下使用，不蛀、不腐，吸水性较大。但使用时应注意防潮，以保证绝热性能的正常发挥。

通常膨胀蛭石是以松散颗粒状态填充于墙壁、楼板、屋面等的中间层，起绝热、隔声的作用；也可与水泥、水玻璃等胶凝材料配合，浇制成板材，用于墙体、楼板和屋面板等构件的绝热。

2. 膨胀珍珠岩及其制品

膨胀珍珠岩是由天然珍珠岩煅烧而成的高性能的酸性玻璃质火山岩。膨胀珍珠岩呈蜂窝泡沫状的白色或灰白色颗粒，其堆积密度为40～500 kg/m^3，导热系数为0.028～0.175W/(m·K)，使用温度范围在200～800 ℃，具有吸湿小、无毒、不燃、抗菌、耐腐、施工方便等特点。建筑上广泛用作围护结构、低温及超低温保冷设备、热工设备等的绝热保温材料，也可用于制作吸声制品。膨胀珍珠岩制品是以膨胀珍珠岩为主，配合适量胶结材料（水泥、水玻璃、磷酸盐、沥青等），经拌和、成型、养护（或干燥，或固化）后制成板、块、管壳等制品。

三、多孔性板块绝热材料

1. 微孔硅酸钙制品

微孔硅酸钙制品是用粉状二氧化硅材料（硅藻土）、石灰、纤维增强材料及水等经搅拌、成型、蒸压处理和干燥等工序而制成的SiO_2。其中以托贝莫米石为主要水化产物的微孔硅酸钙，表观密度约为200 kg/m^3，导热系数为0.047 W/(m·K)，最高使用温度约为650 ℃。而以硬硅酸钙为主要水化产物的微孔硅酸钙，其表观密度约为230 kg/m^3，导热系数为0.056 W/(m·K)，最高使用温度约为1000 ℃。

2. 多孔混凝土制品

多孔混凝土主要有泡沫混凝土和加气混凝土。泡沫混凝土的表观密度为300～500 kg/m^3，导热系数为0.082～0.186 W/(m·K)；加气混凝土的表观密度为400～700 kg/m^3，导热系数为0.093～0.164 W/(m·K)。

3. 有机气泡状绝热材料

(1)泡沫塑料

泡沫塑料是以各种树脂为基料，加入各种辅助材料经发泡制得的轻质保温材料。泡沫塑料的毛体积密度很小，隔热、隔声性能好，加工方便，广泛用作保温隔热材料。常用品种有聚苯乙烯泡沫塑料、聚氨酯泡沫塑料、聚氯乙烯泡沫塑料等。

(2)硬质泡沫橡胶

硬质泡沫橡胶的毛体积密度为64～120 kg/m^3，导热系数小。硬质泡沫塑料属于热塑性材料，耐热性不好，在65 ℃左右开始软化。但它具有良好的低温性能，较好的体积稳定性，是一种较好的保冷材料。

工作单元

任务一　沥青的取样及石油沥青三大技术指标的检测

【知识准备】

黏稠石油沥青三大指标的含义，表示沥青的技术性质、测定值的工程意义。

【技能目标】

会制取沥青试样；能独立测定黏稠石油沥青三大指标并对测定结果进行评价。

一、沥青的取样

1. 取样方法

(1)从储油罐中取样

应按液面上、中、下位置（液面高各为 1/3 等分处，但距罐底不得低于总液面高度的 1/6），各取规定数量的样品。对无搅拌设备的储罐，将取出的三个位置处样品充分混合后，取规定数量的样品作为试样；对有搅拌设备的储罐，充分搅拌后用取样器从沥青层中部取规定数量试样。

(2)从槽、罐、撒布车中取样

对设有取样阀的，流出 4 kg 或 4 L 沥青后再取样；对仅有放料阀的，放出全部沥青的一半时再取样；对从顶盖处取样的，可用取样器从容器中部取样。

(3)从沥青储存池中取样

沥青经管道或沥青泵流至加热锅后取样，分间隔每锅至少取三个样品，然后充分混匀后再取规定数量作为样品。

(4)从沥青桶中取样

应从同一批生产的产品中随机取样，或将沥青桶中沥青加热全熔成液体后，按罐车取样方法取样。

(5)从桶、袋、箱装固体沥青中取样

应在表面以下及容器侧面以内至少 5 cm 处取样。

2. 取样数量

(1)进行沥青常规性质（三大指标检验、黏度、蒸发损失、密度试验）的检验取样数量为：黏稠或固体沥青不少于 1.5 kg；液体沥青不少于 1 L；沥青乳液不少于 4 L。

(2)进行沥青非常规性质(溶解度、闪点、燃点等)检验及沥青混合料性质试验,所需的沥青试样数量,应根据实际需要确定。

二、沥青针入度测定

1. 试验仪器

(1)数显式自动针入度仪,如图 7-2 所示。

包括标准针和针连杆(总质量为 50 g±0.05 g);砝码(50 g±0.05 g)。针、针连杆和砝码总质量为 100 g±0.05 g。

(2)金属盛样皿。圆柱形平底金属皿,规格见表 7-9。

表 7-9　　盛样皿的选择

盛样皿名称	盛样皿的规格(内径、深)/mm	适用范围(针入度)
小	55、35	＜200
大	70、45	200～350
特殊	≥60、体积≥125 mL	＞350

(3)盛样皿盖:平板玻璃,直径不小于盛样皿开口尺寸。

(4)恒温水槽:容积不少于 10 L,控温的准确度为 0.1 ℃。水槽中应设有一带孔的搁架,位于水面下不得少于 100 mm,距水槽底不得少于 50 mm 处。

(5)平底玻璃皿:用于盛装恒温水浴用水的容器。容积不少于 1 L,深度不少于 80 mm,内设有一不锈钢三脚支架,能使盛样皿稳定。

(6)温度计或温度传感器:精度为 0.1 ℃。

(7)溶剂:三氯乙烯等。

(8)其他:电炉、石棉网、金属锅等。

2. 试验准备

(1)沥青试样的准备

将沥青试样在 120～180 ℃下脱水。脱水后的沥青试样放入金属皿中,在电炉上加热熔化。加热过程中,要充分搅拌使气泡完全排除,控制加热温度不得高于沥青估计软化点以上 100 ℃,加热时间不得超过 30 min。

(2)调整恒温水浴

按试验要求将恒温水槽调节到要求的试验温度 25 ℃并保持稳定恒温。

(3)灌模

将加热成流动状态的沥青倒入盛样皿中,试样的深度应比预计针入度大 10 mm,并盖上盛样皿盖,以防落入灰尘。

(4)冷却

将试样在 15～30 ℃的空气中冷却不少于 1.5 h(小盛样皿)、2 h(大盛样皿)或 3 h(特殊盛样皿)。然后将盛样皿移入保持在规定试验温度±0.1 ℃的恒温水浴中不少于 1.5 h(小盛样皿)、2 h(大盛样皿)或 2.5 h(特殊盛样皿)。

(5)调整针入度仪

借助于脚螺旋、水准泡，调整针入度仪使之水平，检查针连杆及导轨等各部分的灵活性，安装试针及附加砝码。

3. 测定步骤

(1)从恒温水槽中取出达恒温状态的盛样皿，移入平底玻璃皿中的三脚架上，玻璃皿中水温保持试验温度 25 ℃±0.1 ℃，水深高于试样表面不小于 10 mm。

(2)将平底玻璃皿置于针入度仪的平台上。慢慢放下针连杆，调整标准针使针尖恰好与试样表面接触(可借助于反光镜或手电观察)，将位移计或刻度盘指针复位为零。

(3)选择自动针入度仪 5 s 的按钮，按下启动键，使标准针自动下落贯入试样，5 s 后自动停止贯入。

(4)读取示数盘上的针入度值，准确至 0.1 mm。

4. 平行试验

同一试样平行试验至少 3 次，各测试点之间及其与盛样皿边缘的距离不少于 10 mm，每次测试后，应将试样置于恒温水浴中，并保证平底玻璃皿中的水温符合试验要求；同时将标准针取下，用三氯乙烯溶剂擦净试针表面的沥青，并用干净的棉花或布擦干。

【注】 测定针入度大于 200 mm 的沥青试样时，至少用 3 根标准针，每次测定后将针留在试样中，直至 3 次测定完成后，才能将标准针一同从试样中取出。

5. 结果处理

同一试样 3 次平行试验结果的最大值和最小值之差在下列允许偏差范围内时，计算 3 次试验结果的平均值，取整数作为针入度试验结果(以 0.1 mm 为单位)。沥青针入度试验精度要求见表 7-10；沥青针入度重复性和再现性误差要求见表 7-11。沥青针入度试验结果记录见表 7-12。

表 7-10　　沥青针入度试验精度要求

针入度/(0.1 mm)	允许差值/(0.1 mm)	针入度/(0.1 mm)	允许差值/(0.1 mm)
0～49	2	50～149	4
150～249	12	250～500	20

表 7-11　　沥青针入度重复性和再现性误差

沥青针入度/(0.1 mm)	重复性误差/(0.1 mm)	再现性误差/(0.1 mm)
<	2	4
≥	平均值的 4%	平均值的 4%

【知识拓展】 1. 重复性试验误差：指在短期内，在同一个实验室，由同一个试验人员，采用同一套仪具，对同一个试样，完成两次以上的试验操作所得试验结果之间的误差(通常用标准差表示)。

2. 再现性试验误差：是指在两个以上的实验室，由各自的试验人员，采用各自的试验仪具，按照相同的试验方法，对同一个试样，分别完成试验操作所得试验结果之间的误差。

6.试验记录及结果处理见表7-12

表7-12　　沥青针入度试验记录表及结果处理

试验次数	试验温度/℃	试验时间/s	试验荷载/N	针入度/(0.1 mm)	
				测定值	平均值

【操作提示】 1.沥青要预先除去水分,加热时要不断搅拌以防局部过热,搅拌时要避免沥青中混入空气泡。

2.试验操作的关键是严格控制试验温度,控制水浴温度维持恒定,每次试验前都要检查、调节平底玻璃皿内的水温至符合试验要求的温度。

3.试验操作的难点是必须调整标准针的针尖刚好与沥青试样的表面接触。

4.每次测定,各测试点之间及其与盛样皿边缘的距离不少于10 mm,且每次都要将试针表面的沥青擦净、擦干。

三、沥青延度测定

1.试验仪器设备

(1)延度试验仪:其形状及组成如图7-5所示。

(2)试模:用黄铜制成。由两个端模和两个侧模组成,形状和尺寸如图7-8所示。

图7-8 “∞”字形延度试模

(3)试模底板:玻璃板或磨光的铜板、不锈钢板。

(4)恒温水槽:容量不少于10 L,控制温度的准确度为0.1 ℃,水槽中应设有带孔搁架,搁架距水槽底不得少于50 mm,试件浸入水中深度不小于100 mm。

(5)温度计:0～5 ℃,分度为0.1 ℃。

(6)加热炉具。

(7)甘油滑石粉隔离剂:甘油与滑石粉的质量比为2∶1。

(8)其他:平刮刀、石棉网、酒精、食盐等。

2.试验准备工作

(1)加热沥青试样。将试样加热熔化,加热温度不得高于沥青估计软化点100 ℃以上,加热时间不得超过30 min。

(2)涂隔离剂,组装试模。将隔离剂搅拌均匀,涂抹于清洁干燥的玻璃板和两个侧模的内表面,并将试模在玻璃板上组装好。

(3)灌模。将脱水过滤加热的试样自试模的一端至另一端往返数次缓缓注入试模中,并略高出试模表面(灌模时勿使气泡混入)。

(4)冷却、刮平、冷却。将试件在15～30 ℃的空气中冷却30～40 min后,置于规定试验温度±0.1 ℃的恒温水浴中,保持30 min后取出,用热的刮刀刮去高出试模的沥青,使沥青表面与模面平齐(沥青的刮法应自试模的中间刮向两端,且表面应刮得平滑)。将试模连同底板再浸入规定试验温度的水槽中1～1.5 h。

(5)检查延度仪。检查延度仪的运转情况,拉伸速度控制在(5±0.25)cm/min;水温控制在试验温度±0.5 ℃范围内,水面距试件表面应不小于25 mm。

3. 试验步骤

(1)安装试件。将试件连同底板移入延度仪的水槽中,取下底板,将试模两端的孔分别套在滑板及槽端固定板的金属柱上,并取下侧模。

(2)拉伸,调水密度。开动延度仪,注意观察试件的延伸情况。拉伸过程中仪器不得有振动、水面不得有晃动。如发现沥青细丝浮于水面或沉入槽底,则应在水中分别加入酒精或食盐调整水的密度至与试样的密度相近后,重新进行试验。

(3)读数。试件拉断时指针所指标尺上的读数,即为沥青的延度,单位“cm”。在正常情况下,试件拉伸时应成锥尖状,拉断时断面为零。如不能得到这种结果,则应在报告中注明。

4. 结果处理

(1)同一试样,每次平行试验不少于3个试件。

如3个测定结果均大于100 cm,试验结果记为“＞100 cm”;特殊需要也可分别记录实测值。

如3个测定结果中,有一个小于100 cm时,若最大值或最小值与平均值之差满足重复性试验精度要求,则取3个测定结果的平均值的整数作为延度试验结果,若平均值大于100 cm,记作“＞100 cm”;若最大值与最小值之差不符合重复性试验精度要求时,试验重做。

(2)精密度或允许差

当试验结果小于100 cm时,重复性试验精度的允许差为平均值的20%;再现性试验精度的允许差为平均值的30%。

5. 延度试验数据记录及结果处理

沥青延度试验记录及结果处理见表7-13。

表7-13　　沥青延度试验记录及结果处理

试验次数	试验温度 T_0/℃	拉伸速度 V/(cm/min)	延度 D/cm		
			测定值	平均值	备注

【操作提示】

1. 延度试模的两个端模内壁绝对不能涂抹隔离剂,且隔离剂的涂抹量要适中。

2. 灌模时应使试样高出试模,以免试样冷却后欠模。

3. 试样在灌模后刮模前,先在空气中冷却,再在水中恒温,然后方可刮模,最后再在规定温度的水中恒温。

4. 沥青试件刮平时,应自试模的中间刮向两端,且表面应刮得平滑,务必使沥青面与试模面齐平,不得有凹陷或凸出现象。

四、沥青软化点测定(环球法)

1. 试验仪具

(1)软化点试验仪,如图 7-6 所示。

具体组成部件如下:

①钢球:直径为 9.53 mm,质量为 3.5 g±0.05 g。

②试样环:黄铜或不锈钢制成。

③钢球定位环:黄铜或不锈钢制成。

④耐热玻璃烧杯:容量为 800～1 000 mL,直径不小于 86 mm,高度不小于 120 mm。

⑤温度计:0～80 ℃,分度为 0.5 ℃。

⑥金属支架:由两个主杆和三层平行的金属板组成。板上有两个孔,各放置金属环,中间有一小孔可支撑温度计的测温端部。

(2)加热炉具。

(3)恒温水槽:控温的准确度为 0.5 ℃。

(4)平直刮刀。

(5)甘油滑石粉隔离剂(甘油与滑石粉用量的质量比为 2∶1)。

(6)新煮沸过的蒸馏水。

2. 试验准备

(1)涂隔离剂。将试样环(有槽口的面在下)置于涂有隔离剂的底板上。

(2)灌模。将脱水、加热和过滤过的沥青试样注入试样环内,并略高出环面。若估计软化点高于 120 ℃,应将试样环和金属板预热至 80～100 ℃(不用玻璃板)。

(3)冷却、刮平。试样在 15～30 ℃的空气中冷却 30 min 后,用环夹夹住试样环,用热刮刀刮去高出环面的试样,务必使试件表面和环面齐平。

(4)试样恒温

①对估计软化点低于 80 ℃的试样,将试样环连同底板置于盛水的保温槽内,水温保持在 5 ℃±0.5 ℃,恒温 15 min。

②对估计软化点高于 80 ℃的试样,将试样环连同底板置于盛有甘油的保温槽内,甘油温度保持在 32 ℃±1 ℃,恒温至少 15 min;同时,将钢球、钢球定位环及支架一并置于保温槽内一起保温。

3. 试验步骤

(1)向烧杯中加入加热介质

在烧杯内倒入新沸煮并冷却至 5 ℃的蒸馏水或 32 ℃的甘油,液面深度略低于立杆上的深度标记。

(2)组装软化点仪

试验前要检查调整支架的中层板与下层板的净距为 25.4 mm,下层板与烧杯底距离为 12.7～19 mm。从恒温水槽中取出盛有试样的试样环并将其放置在支架中层板的圆孔中,套上定位环,将钢球放在定位环中间的试样中央,然后将整个环架放入烧杯内,调整水面至深度标记,并保持水温 5 ℃±0.5 ℃或甘油温度为 32 ℃±1 ℃,注意环架上任何部分均不得有气泡。将温度计由上层板中心孔垂直插入,并使端部测温头底部与试样环下表面齐平。

(3)加热

将盛有水(或甘油)和环架的烧杯移至放有石棉网的加热炉具上,立即开动振荡搅拌器,使水微微振荡,并开始加热,并使杯中水温在 3 min 内调节至维持每分钟上升 5 ℃±0.5 ℃。

【操作提示】 在加热中,应记录每分钟上升的温度值,在前 3 min 内务必调整升温速度在要求的范围内;3 min 后如温度上升速度超出此范围时,则试验应重做。

(4)读数

沥青受热逐渐软化下坠,至与下层底板表面接触时,立即读取温度,精确至 0.5 ℃(若传热介质为甘油,最后温度读数精确至 1 ℃)。

【操作提示】 1. 试验前要检查调整支架的中层板与下层板的净距为 25.4 mm,下层板与烧杯底距离介于 12.7～19 mm。

2. 试样底板涂隔离剂要均匀、适量,试环内壁绝对不能涂隔离剂。

3. 要注意控制升温速度,不得超出规定范围。

4. 观察下坠中的试样和温度要分工合作,准确无误。

5. 试验结束,要立即将钢球和试样环等取下、洗净、擦干。

4. 结果处理规定

当试样软化点小于 80 ℃时,重复性试验的允许误差为 1 ℃,再现性试验的允许误差为 4 ℃。当试样软化点等于或大于 80 ℃时,重复性试验的误差为 2 ℃,再现性试验的允许误差为 8 ℃。同一试样平行试验两次,当两次测定值的差值符合重复性试验精度要求时,取其平均值,准确至 0.5 ℃。

5. 试验数据记录及结果处理

沥青软化点试验记录及结果处理见表 7-14。

表 7-14 沥青软化点试验记录及结果处理

<table>
<tr><th rowspan="3">试验次数</th><th rowspan="3">室内温度/℃</th><th rowspan="3">烧杯内被加热的液体种类</th><th rowspan="3">开始加热时的时间</th><th rowspan="3">开始加热时的液体温度/℃</th><th colspan="15">烧杯中液体在下列各分钟末温度的上升记录/℃</th><th colspan="2">试样下垂与下层底板接触的温度/℃</th><th>软化点/℃</th></tr>
<tr><th rowspan="2"></th><th rowspan="2"></th><th rowspan="2"></th><th rowspan="2"></th><th rowspan="2"></th><th rowspan="2"></th><th rowspan="2"></th><th rowspan="2"></th><th rowspan="2"></th><th rowspan="2">0</th><th rowspan="2">1</th><th rowspan="2">2</th><th rowspan="2">3</th><th rowspan="2">4</th><th rowspan="2">5</th><th colspan="2">测定值</th><th rowspan="2">平均值</th></tr>
<tr><th>1</th><th>2</th></tr>
<tr><td>1</td><td></td><td></td><td></td><td></td><td></td><td></td><td></td><td></td><td></td><td></td><td></td><td></td><td></td><td></td><td></td><td></td><td></td><td></td><td></td><td></td><td></td><td rowspan="3"></td></tr>
<tr><td>2</td><td></td><td></td><td></td><td></td><td></td><td></td><td></td><td></td><td></td><td></td><td></td><td></td><td></td><td></td><td></td><td></td><td></td><td></td><td></td><td></td><td></td></tr>
<tr><td>3</td><td></td><td></td><td></td><td></td><td></td><td></td><td></td><td></td><td></td><td></td><td></td><td></td><td></td><td></td><td></td><td></td><td></td><td></td><td></td><td></td><td></td></tr>
</table>

任务二 防水卷材的取样、低温柔性及吸水性检测

【知识准备】

说出常用的建筑防水卷材的名称;改性沥青防水卷材的特性是什么?

【技能目标】

掌握卷材取样方法和取样量;熟悉卷材低温柔性、吸水性的检测方法。

一、取样

以同一类型、同一规格的防水卷材 10 000 m^2 为一批，不足 10 000 m^2 的也作为一个取样批，每批中随机抽取 5 卷，按规范要求进行卷重、面积、厚度和外观质量检验。

二、沥青防水卷材低温柔性试验

1. 试验原理

从试样上裁取的试件，上表面和下表面分别浸在冷冻液里一定时间，在弯曲装置上弯曲 180°后，检查涂盖层有无裂缝。

2. 试验设备及材料

(1)低温弯折仪。控温范围－40 ℃～20 ℃，精度为 0.5 ℃，如图 7-9 所示。

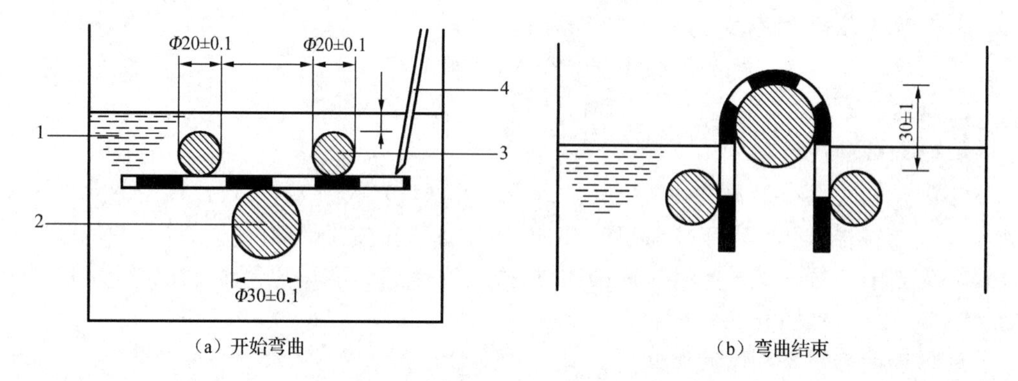

图 7-9　低温弯折仪和弯曲过程示意图

1—冷冻液；2—弯曲轴；3—固定圆筒；4—半导体温度计(热敏探头)

(2)半导体温度计。量程－50 ℃～50 ℃，精度为 0.5 ℃。

(3)冷冻液。丙烯乙二醇/水溶液(体积比 1∶1)低至－25 ℃，或低于－20 ℃的乙醇/水混合物(体积比 2∶1)任选其一。

3. 试验方法步骤

(1)试件制备

①矩形试件尺寸为(150±1)mm×(25±1)mm，试件从试样宽度方向上均匀地裁取，长边在卷材的纵向，试件裁取时应距卷材边缘不少于 150 mm，试件应从卷材的一边开始做连续的记号，同时标记卷材的上表面和下表面。

②去除表面的任何保护膜，适宜的方法是常温下用胶带黏在上面，冷却到接近假设的冷弯温度，然后从试件上撕去胶带；另一方法是用压缩空气吹(压力约 0.5 MPa，喷嘴直径约为 0.5 mm)，假若上面的方法不能除去保护膜，可用火焰烤，用最少的时间破坏膜而不损伤试件。

③试件试验前应在(23±2)℃的平板上放置至少 4 h，并且相互之间不能接触，也不能黏在板上，可以用硅纸垫，表面的松散颗粒用手轻轻敲打除去。

(2)将冷冻液调到规定的试验温度，误差不超过 0.5 ℃，试件放于支撑装置上，且在圆筒的上端，保证冷冻液完全浸没试件。试件放入冷冻液达到规定温度后，保持在该温度

1 h±5 min。半导体温度计的位置靠近试件，检查冷冻液温度，然后开始试验。

(3)两组各5个试件，全部试件按上述在规定温度处理后，一组是上表面试验，另一组是下表面试验，具体方法：

①试件放置在圆筒和筒弯曲轴之间，试验面朝上，然后放置弯曲轴并以(360±40)mm/min速度顶着试件向上移动，试件同时绕轴弯曲。轴移动的终点在圆筒上面(30±1)mm处(图7-9(b))。试件的表面显露出冷冻液，同时液面也因此下降。

②完成弯曲过程10 s内，在适宜的光源下用肉眼检查试件是否有裂纹，必要时，用辅助光学装置帮助。假若有一条或更多的裂纹从涂盖层深入胎体层，或完全贯穿无增强卷材，即存在裂缝，那么一组5个试件应分别试验检查。假若装置的尺寸满足，则可以同时试验几组试件。

4. 试验结果记录及评定

上表面和下表面的试验结果要分别评定。一个试验面的5个试件在规定温度下至少4个无裂缝为通过。沥青防水卷材低温柔性试验记录及结果评价见表7-15。

表7-15 试验记录及结果评价

上表面测定					
试件标号	1	2	3	4	5
表面裂缝					
低温柔性结论					
下表面测定					
试件标号	1	2	3	4	5
表面裂缝					
低温柔性结论					

三、沥青防水卷材和高分子防水卷材吸水性检测

1. 试验原理

将卷材浸入水中规定时间，测量质量增加。

2. 仪器

(1)分析天平，精度0.001 g，称量范围不小于100 g。

(2)毛刷。

(3)容器：用于浸泡试件。

(4)试件架：用于放置试件，避免相互之间表面接触，可用金属丝制成。

3. 试验方法步骤

(1)试件制备

试件尺寸100 mm×100 mm，共3块试件，从卷材表面均匀分布裁取。试验前，试件应在(23±2)℃，相对湿度(50±10)%的条件下放置至少24 h。

(2)试验步骤

①取3块试件，用毛刷将试件表面的隔离材料刷除干净，然后称量W_1。

②将试件浸入(23±2)℃的水中，试件放在试件架上相互隔开，避免表面相互接触，水面高出试件上端20～30 mm。若试件上浮，可用合适的重物压下，但不应对试件带来损伤和变形。

③浸泡4 h后取出用纸巾吸干表面的水分，至试件表面没有水渍为止，立即称量试件质量W_2。为避免浸水后试件中水分蒸发，试件从水中取出至称量完毕的时间不超过2 min。

4. 试验记录及结果计算

试验记录见表7-16，吸水率的计算方法如下

$$H=(W_2-W_1)/W_1\times100\%$$

式中 H——吸水率，%；

W_1—浸水前试件质量，g；

W_2—浸水后试件质量，g。

吸水率取三块试件的算术平均值表示，精确到0.1%。

表7-16 沥青防水卷材和高分子防水卷材吸水性试验数据记录及结果处理

试件编号	浸水前试件质量W_1/g	浸水后试件质量W_2/g	吸水率H/%	算术平均吸水率H/%
1				
2				
3				

知识与技能综合训练

一、名词和符号解释

1. 针入度 2. 沥青老化 3. 沥青玛瑞脂 4. $T_{R\&B}$ 5. 改性沥青

二、简答

1. 防水卷材的取样及检测项目。
2. 简述SBS改性沥青防水卷材和APP改性沥青防水卷材的各自优点及适用范围。
3. 防水密封材料应具备的技术性质？

移动在线自测

建筑功能材料及其性能检测

模块八　建筑材料与检测综合试验实训

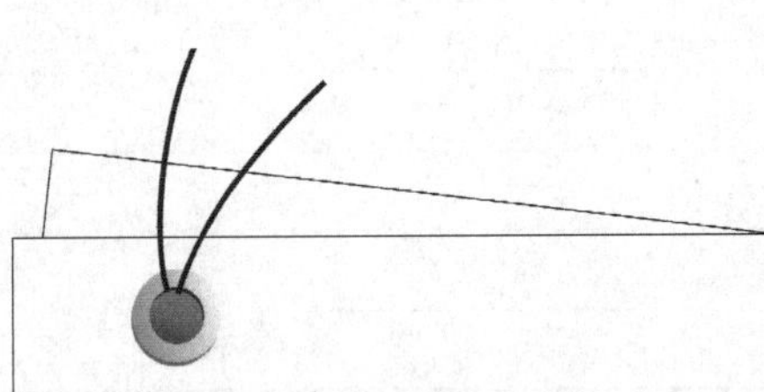

本模块以辽宁某高校机加工中心建设工程为实训案例，仿真完成水泥、钢筋、商品混凝土等主要建筑材料的进场验收和委托试验检测工作；完成掺粉煤灰并同时使用减水剂的水泥混凝土的计算配合比设计、和易性测定、调整和基准配合比的确定工作。

通过系统的模拟仿真综合实训训练，使学生明确施工现场材料的质量控制流程；熟悉现场验收材料的环节和方法步骤；明确检测机构的检测工作流程；熟悉见证取样和送检的具体要求及相关手续的履行，从而进一步提高学生的理论联系实际能力、动手操作能力；提高对试验数据的处理及对试验结果分析评价能力。

一、实训案例

辽宁某高校机加工试验实训中心工程概况

工程名称	辽宁省×××学校机加工试验实训中心		
建筑面积	14 000 m^2	结构层数	框架结构四层
开竣工日期	2018年9月10日——2019年10月10日		
建设单位	辽宁省×××学校		
施工单位	沈阳市×××××建筑工程有限公司		
监理单位	沈阳经济开发区×××××建设管理有限公司		
设计单位	×××大学建筑设计研究院		
勘察单位	×××地质工程勘察施工集团		
质量监督机构	××市建筑工程质量监督总站		

二、学生实训工作任务

【任务一】 施工现场钢筋、商品混凝土和水泥的进场验收

1.钢筋的验收:2018年9月28日,机加工试验实训中心工程施工现场购进Q235－A·F碳素结构钢20 t,钢筋混凝土用热轧光圆钢筋HPB235、热轧带肋钢筋HRB335各20 t。

2.商品混凝土的验收:2019年3月22日,施工现场运进C25商品混凝土300 m^3。

3.水泥的验收:2019年4月2日,施工现场购进袋装P.S.A 42.5级水泥50 t,水泥的出厂日期为2019年2月6日。

【任务二】 材料委托试验检测委托单的填写

1.见证单位、见证人和取样送样人授权委托书。

2.钢筋力学性能和工艺性能委托试验检测委托单的填写。

3.水泥安定性、凝结时间、强度等技术性能委托试验检测委托单的填写。

4.商品混凝土抗压强度委托试验检测委托单的填写。

【任务三】 机加工试验实训中心工程用现浇钢筋混凝土梁的基准配合比设计

工程施工要求:工程用钢筋混凝土梁所在环境为寒冷地区,混凝土设计强度等级为C30,钢筋最小净距为60 mm,最小截面尺寸为300 mm;要求混凝土坍落度为35～50 mm;掺加Ⅰ级粉煤灰,使用高效减水剂,减水率为20%,掺量为1%(内掺);施工采用商品混凝土,机械拌和、机械振捣的方式。施工单位无历史统计资料。

三、知识准备

1.检测机构应具备的从事委托检测工作的两个条件是什么?

2.见证取样送检制度的具体内容是什么?

3.建筑工程要求哪些材料必须见证取样送检?

4.见证取样的送检程序是什么?

5.到质量监督检验部门委托检测的材料,取样和送检分别有何要求?

6.水泥混凝土的组成材料及其在混凝土中的作用如何?

7.水泥混凝土对各组成材料的技术性质要求有哪些?

8.工程中水泥如何取样?砂石如何取样?

9.混凝土拌和物的和易性包括哪些内容?影响因素有哪些?混凝土流动性的检测方法有几种?各自的适用条件是什么?怎样用坍落度法检测拌和物的流动性?和易性不合格时如何调整?

10.水泥混凝土抗压强度的影响因素有哪些?提高混凝土抗压强度的措施有哪些?立方体标准试块的形状、规格、养护条件各是什么?一组标准试块的强度代表值如何确定?

11.混凝土配合比设计应满足的四个基本要求分别是什么?三个参数如何确定?

12.确定混凝土计算配合比的方法步骤是什么?怎样确定基准配合比、实验室配合比、施工配合比?

13.工程中检测混凝土如何取样?

14.工程中如何进行钢筋的验收?低碳钢的拉伸试验如何确定取样量?如何制备标准拉伸和冷弯试件?

15.委托检测时,需要完成哪些委托手续?

四、技能目标

1.能熟练说出实际施工中见证取样、见证送样、委托检测全部工作流程的所有工作要求。

2.会填写见证单位、见证人和取送样人授权委托书。

3.会填写见证取样、送检工作单。

4.会在施工现场验收水泥、钢筋和商品混凝土,填写验收报告单。

5.能根据案例中提供的混凝土工程特性和工程所在环境特点,拟定混凝土用砂、石、水泥等原材料的检测项目;确定要使用的试验规程、技术规范等图书资料。

6.会检测水泥标准稠度用水量、凝结时间、体积安定性及评定结果;会进行水泥胶砂成型;会检测水泥胶砂试块抗折、抗压强度及评定结果。

7.会正确填写检测结果报告单。

8.会确定水泥混凝土的计算配合比;会进行混凝土拌和物和易性检测(坍落度法);会进行混凝土拌和物表观密度检测;会进行水泥混凝土标准件成型;会进行混凝土试块抗压强度检测;会进行检测结果的处理及评价。

五、实训要求

(一)工作方式

学生以学习小组为工作单位,在实训指导教师的指导下,采取自主学习、相互讨论、相互交流、归纳汇总等多种学习方式开展工作。共同完成有关理论知识的预习、学习,熟练掌握每一个理论知识点的要点内容;在学习的基础上,合作完成各个环节的工作任务,在规定的实训时间里,按要求提交相关的工作成果。

(二)学生分组

每一学习小组至少由 4 人组成。在材料见证取样和送检环节，每组中的 4 名同学分别扮演建设单位、施工单位、监理单位、质量检测单位工作人员的工作角色，模拟开展相关的见证取样、见证送检等工作，履行不同的工作职责。

(三)提交的工作成果

1.个人工作成果

(1)现场验收水泥时，验收批的确定、验收的具体操作方法、验收内容及验收情况记录；送检的水泥取样方法；水泥标准稠度用水量、安定性、凝结时间、胶砂强度测定的试验方案(仪器设备、材料、试验条件、结果处理及评价)。

(2)现场验收钢筋时，验收批的确定、验收的具体操作方法、验收内容及验收情况记录；送检的钢筋取样方法及拉伸和冷弯试件的制作；拉伸和冷弯仪器设备及试验结果的分析和评价。

(3)商品混凝土进场验收方法及验收情况记录。

(4)砂筛分析试验方案。包括砂的取样方法和试验用量砂样的制备；砂筛分析仪具设备；完成筛分析结果报告单；确定砂的级配类型、粗细程度；评价砂的工程适用性。

(5)碎石的筛分析试验方案。包括碎石取样量的确定及取样方法；碎石筛分析仪具设备；完成碎石筛分析结果报告单；确定碎石的最大粒径和级配类型。

(6)碎石中针片状颗粒的含量及压碎值的试验检测方案。包括试验用仪器设备，试验方法和结果评价。

2.小组工作成果

(1)材料委托试验检测委托单的填写

①见证单位、见证人和取样送样人授权委托书。

②钢筋力学性能和工艺性能委托试验检测委托单的填写。

③水泥安定性、凝结时间、强度等技术性能委托试验检测委托单的填写。

④商品混凝土抗压强度委托试验检测委托单的填写。

(2)钢筋混凝土梁的基准配合比

①计算配合比的设计方案。列出所用材料需要检测的常规性能，并查询需要使用的技术标准、技术规范。

②拟定水泥标准稠度用水量、凝结时间、安定性和胶砂强度的试验检测方案，内容包括水泥样品的取样方法；上述检测项目所用仪器设备、检测方法步骤；提交检测报告单，并对检测结果做出评价。

③拟定砂筛分析试验方案，内容包括砂的取样方法和试验用量砂样的制备；砂筛分析仪具设备；完成筛分析结果报告单；确定砂的级配类型、粗细程度；评价砂的工程适用性。

④拟定碎石的筛分析试验方案，内容包括碎石取样量的确定及取样方法；碎石筛分析仪具设备；完成碎石筛分析结果报告单；确定碎石的最大粒径和级配类型。

⑤拟定碎石中针片状颗粒的含量及压碎值的试验检测方案，内容包括试验用仪器设备，试验方法和结果评价。

⑥拟定钢筋拉伸强度和弯曲性能检测试验方案。内容包括检测用的仪器设备、钢筋

标准试件制备方法;试验检测方法步骤;完成试验检测报告单,对检测结果进行评价。

⑦给出水泥混凝土计算配合比设计方案。

⑧拟定混凝土和易性检测试验方案,内容包括混凝土的人工拌制,混凝土和易性检测仪具设备,和易性测定方法及和易性的调整;混凝土表观密度的测定;混凝土基准配合比的确定。

⑨基准配合比的确定。

⑩每一个学习小组以自行设计基准配合比的水胶比为基准,上下浮动 0.05,砂石用量参考基准配合比用量确定。分别拌制 3 组混凝土,测定水胶比浮动后得到的两组拌和物的和易性,待和易性合格后,分别测定混凝土表观密度,提交整个试验检测报告。

⑪每组分别制作三组边长为 150 mm 的混凝土标准试块,置于实验室养护一昼夜,脱模后,在标准条件下养护至规定的 28 d 龄期。

六、考核方案

试验实训考核成绩由实训工作过程考核和实训工作成果考核两部分成绩构成。其中实训过程考核占总考核成绩的 60%;实训工作成果考核占 40%;具体考核点及要求如下:

序号	考评项目	分数	考核内容及考核要点	评价方法	评分	备注
1	学习态度	20	自主学习情况;实训参与程度及工作表现	自我评价	5	
				学生互评	10	
				教师评价	5	
2	实训纪律	10	出勤率、仪器设备安全使用情况、实训环境卫生情况、值日生工作情况	组长评价	5	
				学生互评	5	
3	团结协作	10	小组内同学间相互合作、协同工作情况,完成任务速度、工作质量等	组长评价	5	
				同学互评	5	
4	学习能力	20	自主查询资料、收集资料能力;分析和解决问题能力;完成工作方案拟定、配合比设计、检测数据处理能力;编制、填写整理检测报告能力	同学互评	5	
				教师评价	15	
5	检测技能	40	试验条件的掌握,试验设备、仪具的操作使用;试验结果的分析、评价。并提交检测报告书	同学互评	10	
				教师评价	30	
综合得分(总分 100)						

参考文献

[1] 建设部干部学院,建筑材料及试验(住房和城乡建设领域职业培训教材)[M]. 武汉:华中科技大学出版社,2009.

[2] 纪士斌.建筑材料[M].北京:清华大学出版社 ,2008.

[3] 王春阳.建筑材料[M].北京:高等教育出版社 ,2006.

[4] 王秀花.建筑材料[M].北京:机械工业出版社,2009.

[5] 宋岩丽,周仲景.建筑材料与检测[M].北京:人民交通出版社,2013.

[6] 魏鸿汉.建筑材料[M].北京:中央广播电视大学出版社,2013.

[7] 黄新友,高春华.新型建筑材料及其应用[M].北京:化学工业出版社,2012.

[8] 陈桂萍.建筑材料[M].北京:北京邮电大学出版社,2014.

[9] 张光磊.新型建筑材料[M].北京:中国电力出版社,2014 .

[10] 杨静.建筑材料[M].北京:中国水利水电出版社,2004 .

[11] 中国建筑材料检验认证中心,国家建筑材料测试中心.防水材料检测技术[M].北京:中国计量出版社,2008.

[12] 梁勇,钱继春,马智鹏.建筑材料[M].上海:上海交通大学出版社,2014.